WEIKUANGKU JIANSHE
YU ANQUAN GUANLI JISHU

尾矿库建设与安全管理技术

周汉民　主编

化学工业出版社
·北京·

图书在版编目（CIP）数据

尾矿库建设与安全管理技术/周汉民主编．—北京：化学工业出版社，2011.10
ISBN 978-7-122-12211-7

Ⅰ．尾…　Ⅱ．周…　Ⅲ．①尾矿设施-建设②尾矿设施-安全管理　Ⅳ．TD926.4

中国版本图书馆 CIP 数据核字（2011）第 179670 号

责任编辑：刘丽宏　　文字编辑：刘莉珺
责任校对：郑　捷　　装帧设计：杨　北

出版发行：化学工业出版社（北京市东城区青年湖南街 13 号　邮政编码 100011）
印　　装：北京虎彩文化传播有限公司
787mm×1092mm　1/16　印张 15¾　字数 398 千字　2012 年 1 月北京第 1 版第 1 次印刷

购书咨询：010-64518888　　售后服务：010-64518899
网　　址：http://www.cip.com.cn
凡购买本书，如有缺损质量问题，本社销售中心负责调换。

定　价：58.00 元

前　言

金属与非金属矿山是工业生产的高危行业。尾矿库是金属与非金属矿山安全生产的重要环节，也是该领域的重大危险源之一。近年来，尾矿库事故频发，给尾矿库下游人民生命财产造成巨大损失，也给当地环境造成严重污染，给当地经济发展和社会稳定带来严重负面影响。

尾矿库作为一门交叉应用型学科，涉及水文学、水力学、土力学、工程地质、水工结构、岩土工程等多个学科，要求理论与实践紧密结合。现行的高校培养模式难以满足尾矿库专业人才的需求，往往需要在涉猎多学科知识后，通过不断的工程实践积累经验。本书旨在为刚入门的技术人员提供抛砖引玉的指导作用。

本书内容系统丰富，在介绍了尾矿库相关基础知识与安全技术的同时，对尾矿库在建设和日常运行管理中的最关心问题进行了重点介绍。全书共分为 11 章，第 1 章主要介绍了尾矿库的基本现状及各主要安全设施；第 2 章主要介绍了尾矿库选址及勘察的重要性；第 3 章主要介绍了尾矿坝的构成及设计；第 4 章主要介绍了尾矿库排洪系统构成及设计；第 5 章主要介绍了尾矿干式堆排；第 6 章主要介绍了安全评价内容；第 7 章主要介绍了运行过程中的注意事项 ；第 8 章主要介绍了尾矿库安全检查及注意事项；第 9 章主要介绍了尾矿库闭库措施；第 10 章主要介绍了尾矿综合利用现状；第 11 章主要介绍了尾矿库事故教训及案例分析；附录主要介绍了目前常用的尾矿库相关技术规范。

本书作为一本入门级的读物，适合于刚接触尾矿库安全技术的人员学习，也可作为与尾矿库有关的技术人员、生产管理人员以及相关高校学生参考阅读。

本书是由北京矿冶研究总院从事尾矿库相关领域研究和设计工作的全体同仁共同努力下编写完成的，书中汇集了国内尾矿库相关领域的先进理论及北京矿冶研究总院的部分项目实例，同时还引用了部分国内成熟的公开项目实例。

本书由周汉民主编并负责统稿和定稿。各章节具体分工如下：周汉民编写第 1 章、第 2 章、第 8 章、第 9 章，周汉民、刘晓非、翟文龙、张达、王利岗、李小军编写第 3 章，崔旋、周汉民编写第 4 章，龙涛、吴鹏编写第 5 章，张琴、武伟伟、刘恩伟编写第 6 章，刘晓非、张琴编写第 7 章、第 11 章、第 12 章，郭利杰编写第 10 章。

由于编者水平有限，编写时间仓促，书中难免有不妥之处，敬请广大读者和同仁批评指正。

编　者

目　　录

第 1 章　概述 …………………………………… 1

1.1　尾矿设施的功能及组成 …………………… 1

1.2　尾矿库类型 ……………………………… 2

1.3　尾矿坝 …………………………………… 3

1.4　排洪设施 ………………………………… 6

1.5　排渗设施 ………………………………… 7

1.6　尾矿库观测设施 ………………………… 8

1.7　尾矿库的安全现状 ……………………… 9

1.7.1　我国尾矿库的基本现状 ……………… 9

1.7.2　我国尾矿库的特点 …………………… 9

1.7.3　我国尾矿库主要的安全问题……… 10

1.8　尾矿库的污染现状……………………… 11

第 2 章　尾矿库选址与工程地质勘察 …… 13

2.1　尾矿库建造所需基础资料……………… 13

2.1.1　尾矿资料……………………………… 13

2.1.2　水文气象资料………………………… 14

2.1.3　调查资料……………………………… 14

2.1.4　测量资料……………………………… 16

2.1.5　工程水文地质勘测资料……………… 16

2.2　尾矿库的布置…………………………… 21

2.2.1　尾矿库布置类型……………………… 21

2.2.2　材料有效利用系数的概念…………… 23

2.3　水的控制………………………………… 24

2.3.1　正常流入量处理……………………… 24

2.3.2　洪水处理……………………………… 26

2.4　渗漏控制………………………………… 29

2.4.1　渗漏控制目标………………………… 29

2.4.2　垫层…………………………………… 30

2.4.3　渗流障………………………………… 35

2.4.4　渗漏返回系统………………………… 36

2.5　库址软土地基问题处理………………… 37

2.5.1　软土的概念…………………………… 37

2.5.2　软土地基处理………………………… 37

2.5.3　软土地基上尾矿堆坝的稳定计算…………………………………… 40

2.5.4　软土地基筑坝的观测要求…………… 43

2.5.5　地基沉陷计算………………………… 43

2.6　库区工程地质勘察……………………… 44

2.6.1　尾矿堆积坝工程地质勘察目的和要求……………………………… 44

2.6.2　尾矿堆积坝工程地质勘察内容…… 46

2.6.3　勘察工作布置………………………… 47

第 3 章　尾矿坝的设计 ………………………… 53

3.1　尾矿坝的坝型与实例…………………… 53

3.2　初期坝设计……………………………… 54

3.2.1　初期坝设计的一般问题……………… 54

3.2.2　透水堆石坝…………………………… 55

3.2.3　不透水堆石坝………………………… 57

3.2.4　定向爆破筑坝………………………… 58

3.2.5　土坝…………………………………… 59

3.2.6　风化料筑坝…………………………… 61

3.3　后期堆积坝设计………………………… 62

3.3.1　尾矿的物理力学性质………………… 62

3.3.2　尾矿的水力旋流器分级……………… 64

3.3.3　后期坝的堆筑………………………… 65

3.3.4　尾矿堆积坝的构造…………………… 69

3.4　尾矿坝的稳定性分析…………………… 71

3.4.1　尾矿坝地下水渗流场分析…………… 71

3.4.2　孔隙压力与超孔隙压力……………… 72

3.4.3　边坡稳定性分析……………………… 73

3.5　尾矿坝的地震稳定性分析……………… 76

3.5.1　概述…………………………………… 76

3.5.2　设计地震的选择……………………… 77

3.5.3　砂土对循环荷载的响应特性………… 79

3.5.4　地震稳定性分析……………………… 80

3.6　尾矿坝监测系统………………………… 85

3.6.1　尾矿坝监测系统的基本概念………… 85

3.6.2　尾矿坝监测系统的建设原则………… 86

3.6.3　尾矿坝监测的核心内容……………… 87

3.6.4　尾矿坝监测的常用手段……………… 88

3.6.5　尾矿坝安全的分析评价……………… 91

3.6.6　尾矿坝在线监测系统………………… 91

第 4 章　尾矿库排洪系统设计及排水构筑物 ……………………………………… 93

4.1　尾矿库排洪系统概述…………………… 93

4.1.1　排洪系统布置原则…………………… 93

4.1.2　排洪计算步骤简介 …………………… 93
4.1.3　排洪构筑物的类型 …………………… 94
4.2　洪水计算 …………………………………… 95
4.2.1　一般常用计算方法 …………………… 95
4.2.2　水量平衡法 ………………………… 100
4.2.3　截洪沟的排洪流量计算 ………… 102
4.3　调洪演算 ………………………………… 102
4.4　排水系统水力计算 …………………… 103
4.4.1　井-管（或隧洞）式排水系统 …… 103
4.4.2　斜槽-管（或隧洞）式排水系统 ……………………………… 106
4.4.3　明口隧洞 …………………………… 107
4.4.4　侧槽式溢洪道 ……………………… 108
4.5　排水管及斜槽 ………………………… 113
4.5.1　排水管的形式 ……………………… 113
4.5.2　排水管的构造要求 ………………… 113
4.6　排水隧洞 ………………………………… 114
4.6.1　隧洞常用断面开头及实例 ……… 114
4.6.2　隧洞线路布置原则 ………………… 114
4.6.3　隧洞衬砌的作用和形式 ………… 115
4.6.4　隧洞衬砌的构造要求 …………… 116
4.6.5　施工方法对隧洞衬砌的影响 …… 117
4.6.6　喷锚衬砌简介 ……………………… 118
4.7　溢洪道 …………………………………… 118
4.7.1　尾矿库溢洪道概述 ………………… 118
4.7.2　引水渠 ……………………………… 119
4.7.3　溢流堰 ……………………………… 119
4.7.4　陡槽 ………………………………… 119
4.8　排水井 …………………………………… 120
4.8.1　简介 ………………………………… 120
4.8.2　排水井的荷载计算 ………………… 120
4.8.3　排水井的计算与构造 …………… 122
第5章　尾矿干式堆存 …………………… 125
5.1　尾矿浓缩 ………………………………… 125
5.1.1　浓缩的基本原理 …………………… 125
5.1.2　耙式浓缩机 ………………………… 134
5.1.3　高效浓缩机 ………………………… 142
5.1.4　深锥浓缩机 ………………………… 145
5.1.5　水力旋流器 ………………………… 145
5.2　尾矿过滤 ………………………………… 146
5.2.1　过滤概述 …………………………… 146
5.2.2　过滤理论 …………………………… 147
5.2.3　过滤机的分类、选择和计算 …… 151
5.3　尾矿输送 ………………………………… 155
5.3.1　带式输送机 ………………………… 155
5.3.2　管道输送 …………………………… 156
5.4　尾矿堆排及筑坝 ……………………… 159
5.4.1　尾矿堆排 …………………………… 159
5.4.2　干式尾矿筑坝 ……………………… 159
5.4.3　工程实例 …………………………… 160
第6章　尾矿库安全评价 ………………… 163
6.1　尾矿库安全预评价 …………………… 163
6.1.1　准备阶段 …………………………… 163
6.1.2　辨识与分析危险有害因素 ……… 163
6.1.3　划分评价单元 ……………………… 165
6.1.4　选择预评价方法 …………………… 165
6.1.5　定性、定量评价 …………………… 165
6.1.6　提出安全对策措施建议 ………… 167
6.1.7　评价结论 …………………………… 167
6.1.8　编制安全评价报告 ………………… 167
6.2　尾矿库安全验收评价 ………………… 168
6.2.1　准备阶段 …………………………… 168
6.2.2　辨识与分析危险有害因素 ……… 168
6.2.3　划分评价单元 ……………………… 168
6.2.4　选择验收评价方法 ………………… 169
6.2.5　定性、定量评价 …………………… 169
6.2.6　安全对策措施建议 ………………… 171
6.2.7　评价结论 …………………………… 172
6.2.8　编制安全评价报告 ………………… 172
6.3　尾矿库现状评价 ……………………… 172
6.3.1　准备阶段 …………………………… 172
6.3.2　辨识与分析危险有害因素 ……… 175
6.3.3　划分评价单元 ……………………… 175
6.3.4　选择现状评价方法 ………………… 175
6.3.5　定性、定量评价 …………………… 175
6.3.6　安全对策措施建议 ………………… 176
6.3.7　评价结论 …………………………… 176
第7章　尾矿库安全运行 ………………… 177
7.1　安全生产管理职责 …………………… 177
7.2　应急预案 ………………………………… 178
7.2.1　总则 ………………………………… 178
7.2.2　事故应急救援组织机构及职责 … 179
7.2.3　建立事故（灾害）应急救援的各种保障 ……………………………… 181
7.2.4　应急救援运行（响应）程序 …… 181
7.2.5　现场恢复 …………………………… 182
7.2.6　预案管理与评审改进 …………… 182
7.2.7　尾矿库的应急处理 ………………… 182
7.3　尾矿库的安全管理 …………………… 184
7.3.1　尾矿库管理的任务、机构与职责 ……………………………………… 184

7.3.2 尾矿库的安全管理制度 …………… 185
7.3.3 尾矿库的规划 ………………………… 186
7.3.4 尾矿库的险情预测 ………………… 187
7.3.5 尾矿库的闭库 ………………………… 187
7.3.6 尾矿库的档案工作 ………………… 188
7.4 尾矿库水位控制与防汛 ………………… 188
7.4.1 结构的基本功能 …………………… 189
7.4.2 混凝土建筑物病害的主要现象 … 189
7.4.3 裂缝检查与治理 …………………… 190
7.5 尾矿坝的维护 ………………………………… 191
7.5.1 尾矿坝的安全治理 ………………… 191
7.5.2 尾矿坝的抢险 ………………………… 198
7.5.3 尾矿库的巡检 ………………………… 199
第 8 章 尾矿库安全检查 …………………… 200
8.1 防洪安全检查 ………………………………… 201
8.2 尾矿坝安全检查 …………………………… 202
8.3 库区安全检查 ………………………………… 203
第 9 章 尾矿库闭库 ……………………………… 204
9.1 闭库设计 ……………………………………… 204
9.2 施工及验收 …………………………………… 205
9.3 尾矿库闭库后的维护 …………………… 206
第 10 章 尾矿综合利用 ………………………… 207
10.1 尾矿综合利用的意义 ………………… 207
10.2 提取有价金属 ……………………………… 208
10.3 利用尾矿烧制水泥 ……………………… 209
10.4 利用尾矿制砖 ……………………………… 209
10.4.1 铁尾矿制砖 ……………………………… 210
10.4.2 铅锌尾矿制砖 …………………………… 210
10.4.3 铜尾矿制砖 ……………………………… 210
10.4.4 金尾矿制砖 ……………………………… 210
10.4.5 钨尾矿制砖 ……………………………… 211
10.5 利用尾矿制造其他建筑材料 ……… 211
10.5.1 铸石 ………………………………………… 211
10.5.2 玻璃 ………………………………………… 213
10.5.3 耐火材料 ………………………………… 214
10.5.4 陶粒 ………………………………………… 214
10.5.5 型砂 ………………………………………… 214
10.5.6 混凝土的掺和料 ……………………… 215
10.6 利用尾矿作充填材料 ………………… 216
10.6.1 概述 ………………………………………… 216
10.6.2 全尾砂胶结充填技术 ……………… 217
10.6.3 高水固结尾砂充填技术 …………… 222
10.7 尾矿土地复垦 ……………………………… 226
10.7.1 概述 ………………………………………… 226
10.7.2 尾矿复垦规划 …………………………… 227
10.7.3 尾矿工程复垦 …………………………… 228
10.7.4 生物复垦 ………………………………… 228
10.7.5 生态农业复垦技术 …………………… 229
第 11 章 尾矿库事故教训 ……………………… 231
11.1 因洪水而发生的事故 ………………… 231
11.2 因坝体失稳而发生的事故 ………… 232
11.2.1 火谷都尾矿库 …………………………… 232
11.2.2 鸿图选矿厂尾矿库 …………………… 233
11.2.3 镇安金矿尾矿坝 ……………………… 234
11.3 因渗流破坏而发生的事故 ………… 234
11.4 因排洪设施损坏而发生的事故 … 234
11.5 其他原因造成的溃坝事故 ………… 236
11.5.1 责任事故 ………………………………… 236
11.5.2 因地震液化而发生的溃坝 ……… 237
11.5.3 因坝基沉陷发生的事故 …………… 237
11.5.4 因非法开采造成的事故 …………… 237
11.6 事故教训及对策 ………………………… 237
附录 尾矿库建设与管理相关法规和技术规范 ……………………………………… 240
参考文献 ……………………………………………… 242

第1章　概　　述

1.1　尾矿设施的功能及组成

(1) 尾矿设施的概念　金属和非金属矿山开采出的矿石，经选矿厂破碎和选别，选出大部分有价值的精矿以后，剩下泥砂一样的“废渣”，称为尾矿。这些尾矿每年以亿吨计算，不仅数量大，而且有些尾矿中还含有暂时未能回收的有用成分，若随意排放，不仅会造成资源流失，更重要的是大面积覆没农田、淤塞河道，造成严重的环境污染，因此，必须将尾矿加以妥善处理。尾矿除一部分可作为建筑材料、充填矿山采空区以及用于海岸造地等外，绝大部分都需要妥善贮存在尾矿库内。一般情况下，在山谷口部或洼地的周围筑成堤坝形成尾矿贮存库，将尾矿排入库内沉淀堆存，这种专用贮存库称为尾矿库或尾矿场、尾矿池。将选矿厂排出的尾矿送往指定地点堆存或利用的技术，称为尾矿处理。从广义上说，为尾矿处理所建造的全部设施系统，均称之为尾矿设施。但诸如用尾矿作建材，用尾矿充填采空区，尾矿水的专门净化处理等虽也属于尾矿处理，但由于这类处理技术专业性较强，内容涉及面广，故一般尾矿设施主要指尾矿输送、尾矿堆存、尾矿库排洪和尾矿库回水 4 个系统的工程。

(2) 尾矿设施的组成　尾矿设施一般由尾矿输送系统、尾矿堆存系统、尾矿库排洪系统、尾矿库回水系统和尾矿水净化系统等几部分组成。

① 尾矿输送系统。该系统一般包括尾矿浓缩池、砂泵站、尾矿输送管道、尾矿自流沟、事故泵站及相应辅助设施等。

② 尾矿堆存系统。该系统一般包括坝上放矿管道、尾矿初期坝、尾矿后期坝、浸润线观测、位移观测以及排渗设施等。

③ 尾矿库排洪系统。该系统一般包括截洪沟、溢洪道、排水井、排水管、排水隧洞等构筑物。

④ 尾矿水处理系统。该系统包括尾矿库澄清水的回水设施和尾矿水的净化设施。

回水设施大多利用库内排洪井、管将澄清水引入下游回水泵站，再扬至高位水池。也有在库内水面边缘设置活动泵站直接抽取澄清水，扬至高位水池。

尾矿水的净化设施主要指当需要外排的尾矿库澄清水水质含有未能满足排放标准的物质而必须进行专门净化的处理设施。

(3) 尾矿设施的功能

① 保护环境。选矿厂产生的尾矿不仅数量大，颗粒细，且尾矿水中往往含有多种药剂，如不加处理，则必将成为矿山严重的污染源。将尾矿妥善贮存在尾矿库内，可防止尾矿及尚未澄清的尾矿水外溢污染环境。

② 充分利用水资源。选矿厂生产需大量用水，通常每处理 1t 原矿需用水 4～6t；有些重力选矿甚至高达 10～20t。这些水随尾矿排入尾矿库内，经过澄清和自然净化后，大部分

的水可供选矿生产重复利用，起到平衡枯水季节水源不足的供水补给作用。一般回水利用率达70%～90%。

③ 保护矿产资源。有些尾矿还含有大量有用矿物成分，甚至是稀有和贵重金属成分，由于种种原因，或在目前选矿技术尚未达到的情况下，一时没有全部选净，将其暂贮存于尾矿库中，可待将来再进行回收利用。

1.2 尾矿库类型

尾矿库是筑坝拦截谷口或围地构成的，用于贮存金属、非金属矿山进行矿山选别后排出尾矿或其他工业废渣的场所。

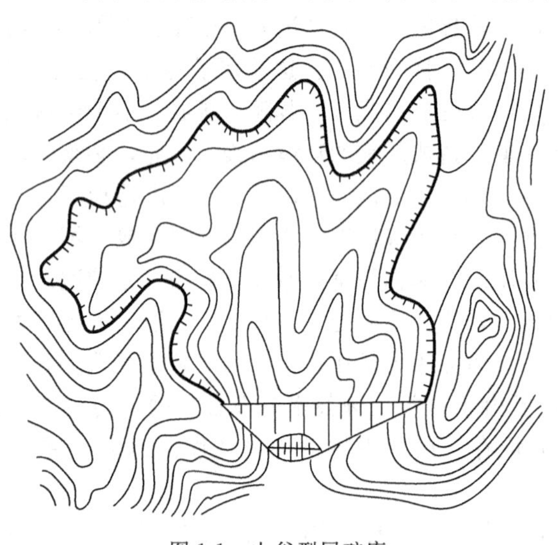

图1-1 山谷型尾矿库

尾矿库通常有下列几种类型。

(1) 山谷型尾矿库 山谷型尾矿库是在山谷谷口处筑坝形成的尾矿库，如图1-1所示。它的特点是：初期坝相对较短，坝体工程量较小，后期尾矿堆坝相对较易管理维护，当堆坝较高时，可获得较大的库容；库区纵深较长，尾矿水澄清距离及干滩长度易于满足设计要求；汇水面积较大时，排洪设施工程量相对较大。我国现有的大中型尾矿库大多属于这种类型。

(2) 傍山型尾矿库 傍山型尾矿库是在山坡脚下依山筑坝所围成的尾矿库，如图1-2所示。它的特点是：初期坝相对较长，初期坝和后期尾矿堆坝工程量较大；由于库区纵深较短，尾矿水澄清距离及干滩长度受到限制，后期坝堆积高度一般不太高，故库容较小；汇水面积虽小，但调洪能力较低，排洪设施的进水构筑物较大；由于尾矿水的澄清条件和防洪控制条件较差，管理、维护相对比较复杂。国内丘陵地区中小矿山常选用这种类型的尾矿库。

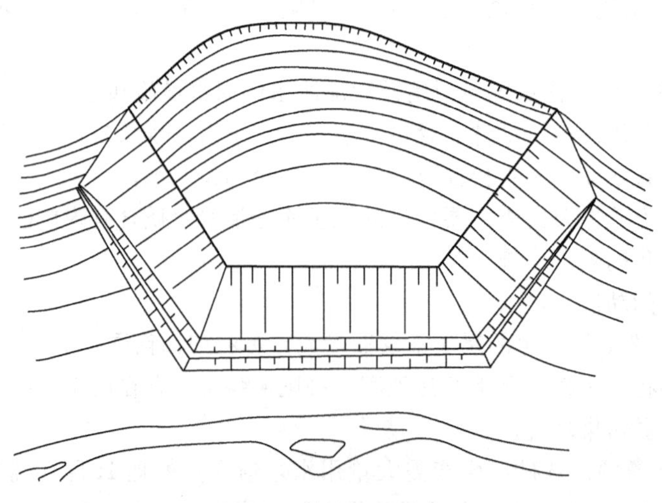

图1-2 傍山型尾矿库

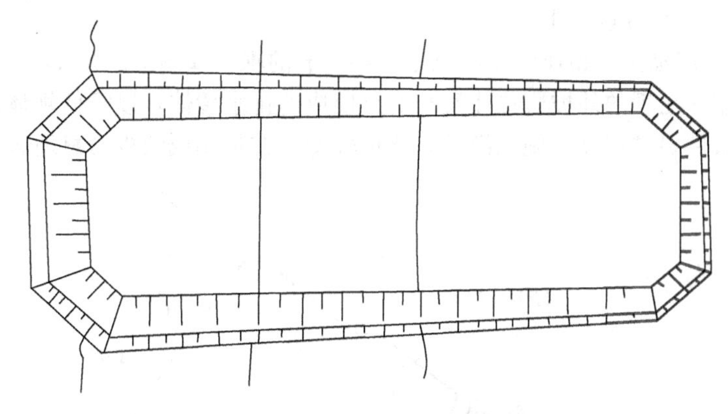

图 1-3　平地型尾矿库

(3) 平地型尾矿库　平地型尾矿库是在平缓地形周边筑坝围成的尾矿库，如图 1-3 所示。其特点是：初期坝和后期尾矿堆坝工程量大，维护管理比较麻烦；由于周边堆坝，库区面积越来越小，尾矿沉积滩坡度越来越缓，因而澄清距离、干滩长度以及调洪能力都随之减小，堆坝高度受到限制，一般不高；汇水面积小，排水构筑物相对较小。国内平原或沙漠戈壁地区常采用这类尾矿库，例如金川、包钢和山东省一些金矿的尾矿库。

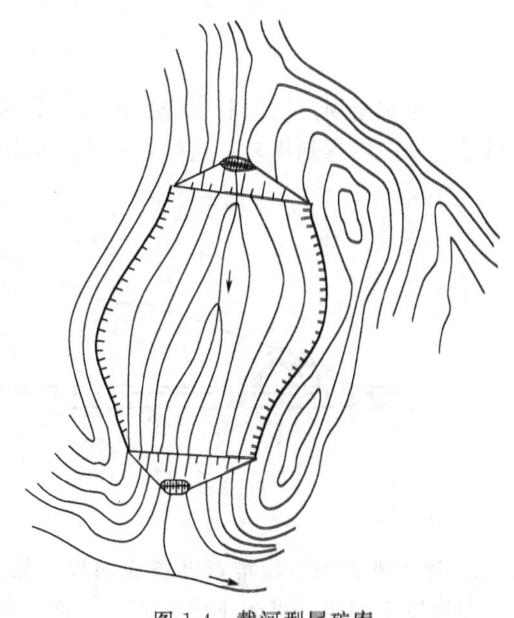

图 1-4　截河型尾矿库

(4) 截河型尾矿库　截河型尾矿库是截取一段河床，在其上、下游两端分别筑坝形成的尾矿库，如图 1-4 所示。有的在宽浅式河床上留出一定的流水宽度，三面筑坝围成尾矿库，也属此类。它的特点是：不占农田；库区汇水面积不太大，但尾矿库上游的洪水面积通常很大，库内和库上游都要设置排水系统，配置较复杂，规模庞大。这种类型的尾矿库维护管理比较复杂，国内采用得不多。

1.3　尾矿坝

尾矿坝是挡尾矿和水的尾矿库外围构筑物，常泛指尾矿库初期坝和堆积坝的总体。

初期坝是在基建中用作支撑后期尾矿堆存体的坝。初期坝可分为不透水坝和透水坝。

不透水初期坝——用透水性较小的材料筑成的初期坝。因其透水性远小于库内尾矿的透水性，不利于库内沉积尾矿的排水固结。当尾矿堆高后，浸润线往往从初期坝坝顶以上的尾矿堆积坝坝坡溢出，造成坝面沼泽化，不利于后期坝坝体的稳定。这种坝型适用于挡水式尾矿坝或尾矿堆积坝不高的尾矿坝。

透水初期坝——用透水性较好的材料筑成的初期坝。因其透水性大于库内沉积尾矿，有利于后期坝的排水固结，并可降低坝体浸润线，提高坝体的稳定性。它是比较合理的初期坝坝型。

初期坝的坝型及其特点如下。

① 均质土坝。用黏土、粉质黏土或风化土料筑成的坝，如图 1-5 所示，它像水坝一样，属典型的不透水坝型。在坝的外坡脚往往设有毛石堆成的排水棱体，以降低坝体浸润线。该坝型对坝基工程地质条件要求不高，施工简单，造价较低。在早期或缺少石材地区应用较多。

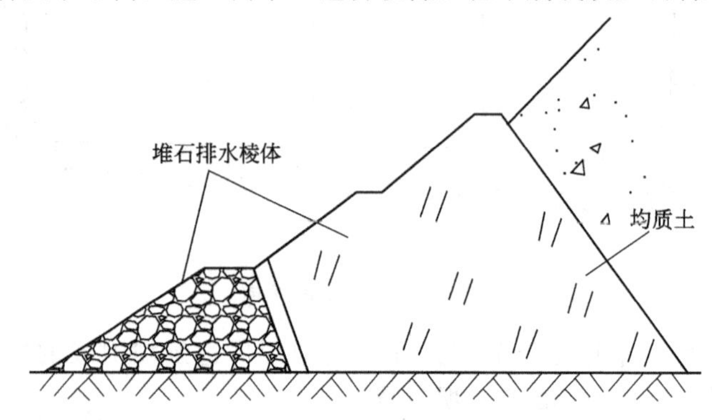

图 1-5　均质土坝

若在均质土坝内坡面和坝底面铺筑可靠的排渗层，如图 1-6 所示，使尾矿堆积坝内的渗水通过此排渗层排到坝外，这样，便成了适用于后期尾矿堆坝要求的透水土坝。

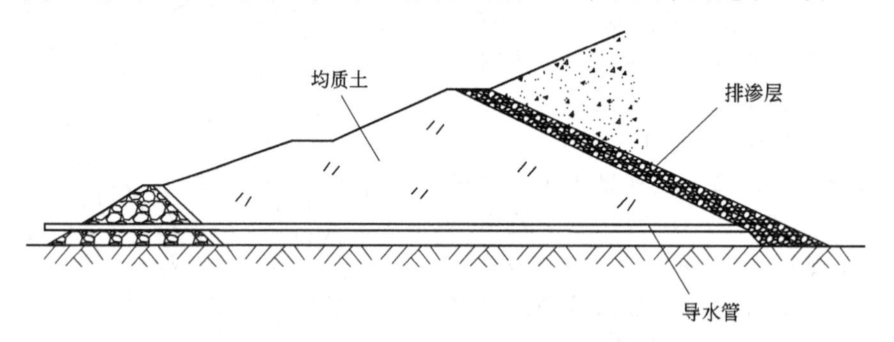

图 1-6　透水土坝

② 透水堆石坝。用堆石堆筑成的坝，如图 1-7 所示。在坝的上游坡面用天然反滤料或土工布铺设反滤层，可防止尾砂流失。该坝型能有效地降低后期坝的浸润线。由于它对后期坝的稳定有利，且施工简便，因此成为 20 世纪 60 年代以后广泛采用的初期坝型。

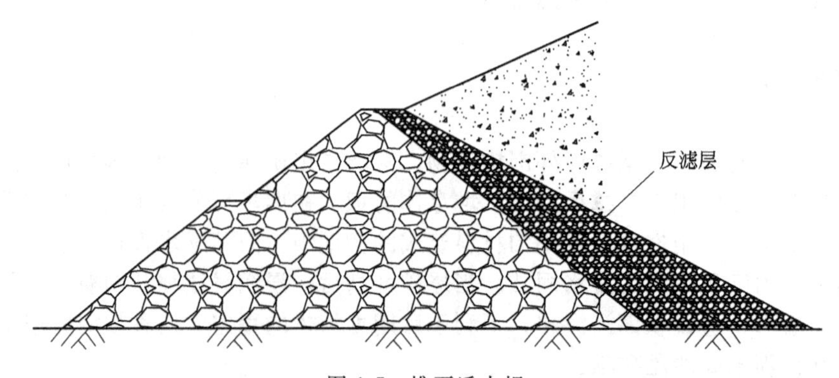

图 1-7　堆石透水坝

③ 砂、石透水堆石坝。该坝型对坝基工程地质条件要求也不高。当质量较好的石料数量不足时，也可采用一部分较差的砂石料来筑坝。即将质量较好石料铺筑在坝体底部及上游

坡一侧（浸水饱和部位），而将质量较差的砂石料铺筑在坝体的次要部位，如图1-8所示。

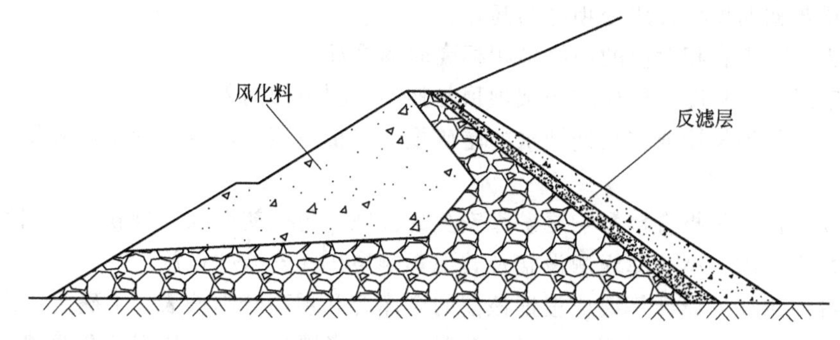

图1-8 砂、石透水堆石坝

④ 废石坝。用采矿剥离的废石筑坝。有两种情况：一种是当废石质量符合强度和块度要求时，可按正常堆石坝要求筑坝；另一种是结合采场废石排放筑坝，废石不经挑选，用汽车或轻便轨道直接上坝卸料，下游坝坡为废石的自然安息角，为安全起见，坝顶宽度较大，如图1-9所示。在上游坡面应设置砂砾料或土工布做成的反滤层，以防止坝体土颗粒透过堆石而流失。

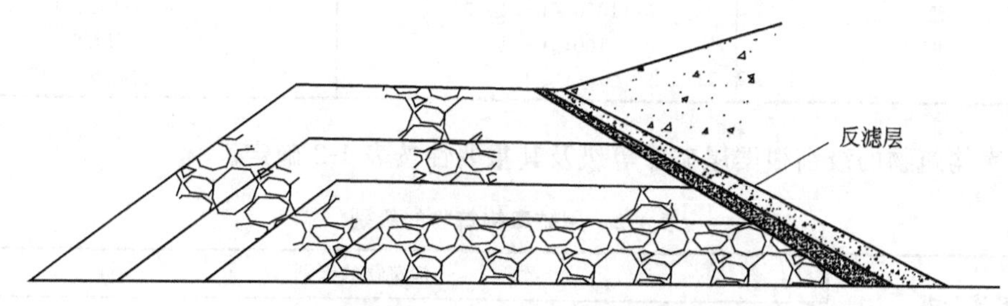

图1-9 采矿废石透水堆石坝

⑤ 砌石坝。用块石或条石砌成的坝，分为干砌石坝和浆砌石坝两种。这种坝型的坝体强度较高，坝坡可做得比较陡，能节省筑坝材料，但造价较高。可用于高度不大的尾矿坝，但对坝基的工程地质条件要求较高，坝基最好是基岩，以免坝体产生不均匀沉降，导致坝体产生裂缝。

⑥ 混凝土坝。用混凝土浇筑成的坝。这种坝整体性好，强度高，因而坝坡可做得很陡，筑坝工程量比其他坝型都小，但工程造价高，对坝基条件要求高，应用较少。

堆积坝是生产过程中在初期坝坝顶以上用尾矿充填堆筑而成的坝。尾矿堆积坝的筑坝方式有上游式、中线式、下游式和浓缩锥式等。

上游式是在初期坝上游方向充填堆积尾矿的筑坝方式。

中线式是在初期坝轴线处用旋流分级粗尾砂冲积尾矿的筑坝方式。

下游式是在初期坝下游方向用旋流分级粗尾砂冲积尾矿的筑坝方式。

沉积滩是水力冲积尾矿形成的沉积体表层，常指露出水面部分。

滩顶是沉积滩面与堆积坝外坡的交线，为沉积滩的最高点。

滩长是由滩顶至库内水边线的水平距离。

最小干滩长度是设计洪水位时的干滩长度。

安全超高是尾矿坝沉积滩顶至设计洪水位的高差。

最小安全超高是规定的安全超高最小允许值。

坝高是对初期坝和中线式、下游式筑坝为坝顶与坝轴线处坝底的高差；对上游式筑坝则为堆积坝坝顶与初期坝坝轴线处坝底的高差。

总坝高为与总库容相对应的最终堆积标高时的坝高。

堆坝高度或堆积高度为尾矿堆积坝坝顶与初期坝坝顶的高差。

尾矿库挡水坝为长期或较长期挡水的尾矿坝，包括不用尾矿堆坝的主坝及尾矿库侧、后部的副坝。

尾矿库安全设施是指直接影响尾矿库安全的设施，包括初期坝、堆积坝、副坝、排渗设施、尾矿库排水设施、尾矿库观测设施及其他影响尾矿库安全的设施。

尾矿库各使用期的设计等级应根据该期的全库容和坝高分别按表 1-1 确定。当两者的等差为一等时，以高者为准；当等差大于一等时，按高者降低一等。尾矿库失事将使下游重要城镇、工矿企业或铁路干线遭受严重灾害者，其设计等别可提高一等。

表 1-1　尾矿库等级

等　级	全库容 V/万立方米	坝高 H/m
一	二等库具备提高等级条件者	
二	$V \geqslant 10000$	$H \geqslant 100$
三	$1000 \leqslant V < 10000$	$60 \leqslant H < 100$
四	$100 \leqslant V < 1000$	$30 \leqslant H < 60$
五	$V < 100$	$H < 30$

尾矿库构筑物的级别根据尾矿库等级及其重要性按表 1-2 确定。

表 1-2　尾矿库构筑物的级别

尾矿库等级	构筑物的级别		
	主要构筑物	次要构筑物	临时构筑物
一	1	3	4
二	2	3	4
三	3	5	5
四	4	5	5
五	5	5	5

注：主要构筑物指尾矿坝、库内排水构筑物等失事后难以修复的构筑物；次要构筑物指失事后不致造成下游灾害或对尾矿库安全影响不大并易于修复的构筑物；临时构筑物指尾矿库施工期临时使用的构筑物。

1.4　排洪设施

排洪设施是尾矿库必须设置的安全设施，其功能在于将汇水面积内汇水安全地排至库外，它的安全性和可靠性直接关系到尾矿库防洪安全。

排洪构筑物的类型及其特点：尾矿库库内排洪构筑物通常由进水构筑物和输水构筑物两部分组成。尾矿坝下游坡面的雨水用排水沟排除。排洪构筑物类型的选择，应根据尾矿库排水量的大小、尾矿库地形、地质条件、使用要求以及施工条件等因素并经技术经济比较确定。

(1) 进水构筑物　进水构筑物的基本形式有排水井、排水斜槽、溢洪道以及山坡截洪沟等。

排水井是最常用的进水构筑物，有窗口式、框架式、井圈叠装式和砌块式等类型，如图 1-10 所示。窗口式排水井整体性好，堵孔简单，但进水量小，未能充分发挥井筒的作用，早期应用较多。框架式排水井由现浇梁柱构成框架，用预制薄拱板逐层加高。框架式排水井结构合理，进水量大，操作也较简便，从20世纪60年代后期起被广泛采用。叠圈式和砌块式等类型排水井分别用预制井圈和预制砌块逐层加高，虽能充分发挥井筒的进水作用，但加高操作要求位置准确性较高，整体性较差，应用不多。

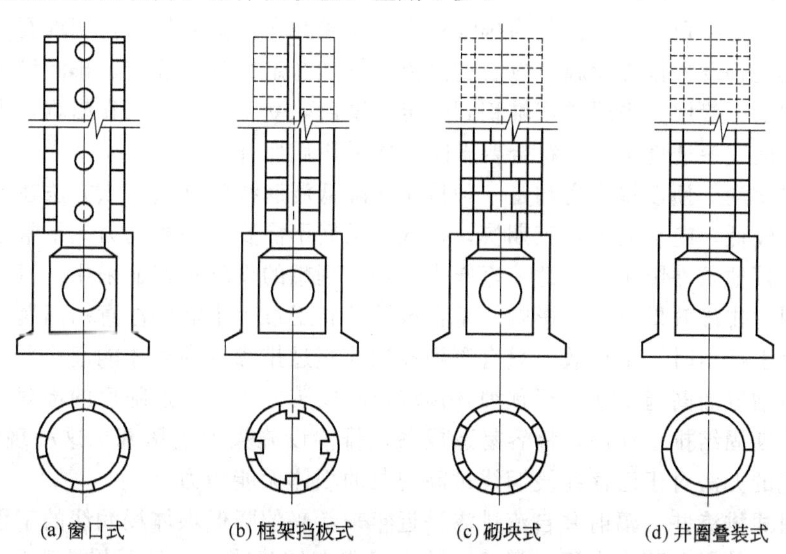

图1-10 排水井类型

排水斜槽既是进水构筑物，又是输水构筑物。随着库水位的升高，进水口的位置不断向上移动。它没有复杂的排水井，但毕竟进水量小，一般在排洪量较小时经常采用。

溢洪道常用于一次性建库的排洪进水构筑物。为减少深度，常采用宽浅式溢洪道。

山坡截洪沟也是进水构筑物兼作输水构筑物，沿全部沟长均可进水。在较陡山坡处的截洪沟易遭暴雨冲毁，可靠性差，管理维护工作量大。

(2) 输水构筑物 尾矿库输水构筑物的基本形式有排水管、隧洞、斜槽、山坡截洪沟等。

排水管是最常用的输水构筑物。一般埋设在库内最底部，因承受荷载较大，一般采用钢筋混凝土结构。

斜槽的盖板采用钢筋混凝土板，槽身有钢筋混凝土和浆砌块石两种。钢筋混凝土管整体性好，承压能力高，适用于堆坝较高的尾矿库。但当净空尺寸较大时，造价偏高。浆砌块石涵管是用浆砌块石作为管底和侧壁，用钢筋混凝土板盖顶而成，整体性差，承压能力较低，适用于堆坝不高、排洪量不大的尾矿库。

隧洞需由专门凿岩机械施工，故净空尺寸较大。它的结构稳定性好，是大中型尾矿库常用的输水构筑物。当排洪量较大，且地质条件较好时，隧洞方案往往比较经济。

(3) 坝坡排水沟 坝坡排水沟有两类：一类是沿山坡与坝坡结合部设置浆砌块石，以防止山坡暴雨汇流冲刷坝肩；另一类是在坝体下游坡面设置纵横排水沟，将坝面的雨水导流排出坝外，以免雨水滞留在坝面造成坝面拉沟，影响坝体的安全。

1.5 排渗设施

排渗设施是为排除尾矿坝坝体渗水，增强坝体稳定性，在坝内设置的排水系统。尾矿库内的水沿尾矿颗粒间的孔隙向坝体下游方向不断渗透形成渗流。稳定渗流的自由水面线称为浸润线。尾矿坝内浸润线位置越高，坝体稳定性越差，地震液化的可能性也越大。坝内设置排渗设施可有效地降低浸润线，并有利于尾矿泥的排水固结，是增强坝体稳定性的重要措施。尾矿坝的排渗设施主要有水平排渗、竖向排渗和竖向水平组合排渗等三种基本类型。按排渗类型及排渗材料划分，主要分为排渗盲沟、排渗井、排渗褥垫、初期堆石坝排渗等主要几种。尾矿坝是否设置排渗设施，应通过渗流计算和稳定性分析确定。排渗设施尽可能预先埋设，以节省工程费用。当尾矿坝堆积到一定调度后，受不可预计因素影响，出现浸润线过高，抗滑稳定性或渗透稳定性不符合要求时，才采用后期补设。

(1) 排渗盲沟 预设排渗盲沟是一种传统的降低浸润线的办法。该方法在堆坝期间由人工敷设，造价较低，施工简单，工期快，投入使用后不需要设备和动力，平常不需要人管理且又不受外部其他条件影响，因此一直作为一种较理想的设施被普遍采用。盲沟的反滤层选料及纵坡控制对排渗效果有很大影响，是在设计及施工过程中需要注意的问题。

该方法完工后当时并不见效，只有等到浸润线超过排渗盲沟后才能起作用，而且排渗盲沟必须在坝体增容加高施工前进行预埋，预埋设施安装好后，经过随后的堆载、碾压等扰动后，再经过后期固结排水作用，极容易造成预埋排渗设施失效或堵塞，这种现象非常普遍，而且这种传统的办法对于已存在浸润线过高现象的坝体无能为力。

(2) 辐射式排渗井 辐射井自流排渗是近年来新兴的降低坝体浸润线的工程措施，具有适应性强、排渗效果显著、支行时间长以及支行成本低等特点，且无传统手段排渗效率低、容易失效和堵塞等缺点。其基本工作原理：将大口径钢筋混凝土井筒沉入地下，在井内向尾矿库施工水平滤水管，收集渗水，利用长距离导水管将渗水排出，实现自流，达到长期、稳定的降水效果。辐射井自流排渗应用于已在浸润线过高现象的尾矿库，可以快速有效地降低坝体浸润线，提高坝体最小安全系数，可以很好地治理一些被判定为病坝、险坝及危坝的尾矿坝。

(3) 排渗褥垫 铺设在土石坝的下游坝体与坝基之间的水平排水体。均质土坝或心墙坝的下游坝体填料如透水性弱，可采用排渗褥垫，以便有效地降低坝体浸润线，防止渗流由下游坝坡溢出。排渗褥垫的构造是在顶层和底层铺筑砂砾料作为反滤层，中间填以块石、大卵石作为排水层。也有不设块石、大卵石中间层的，但排渗效果较差。

(4) 初期堆石坝 用堆石堆筑成的坝，一般在坝的上游坡面用天然反滤料或土工布铺设反滤层，防止尾砂流失。该坝型可以有效地降低后期尾矿堆积坝的浸润线，非常有利于后期坝的稳定性，而且施工简便，因此在20世纪60年代以后，尾矿坝初期坝广泛采用堆石坝。

(5) 联合排渗设施 尾矿坝的排渗至关重要，往往在尾矿坝内采用几种排渗方向相结合的方法来有效降低坝体浸润线。近些年来，水平向排渗与竖向排渗有机组合的联合排渗方式应用广泛，它有很多优点，但造价一般较高。

1.6 尾矿库观测设施

观测设施的功能在于监测尾矿库运行状态的各种参数，尾矿库运行状态是否正常须根据尾矿库观测设施实测数据进行定量判别。尾矿库观测设施主要有库水位观测、坝体位移观测、浸润线观测、构筑物变形观测、渗流水观测等。也有少数尾矿坝曾埋设过孔隙水、坝体固结等观测设施。由于尾矿库往往远离厂区，又处于野外露天状态，范围较广。一些精密自动观测仪器易受各种自然或人为因素损坏，所以尾矿库观测设施的设置应以简便有效、能及时正确指导生产管理为原则。《尾矿库安全技术规程》5.3.26中规定："4级以上尾矿坝应设置坝体位移和坝体浸润线观测设施。必要时还宜设置孔隙水压力、渗透水量及其浑浊度的观测设施。"

(1) 库水位观测设施 一项完善的尾矿库设计必须给生产管理部门提供该库在各运行期的最小调洪深度 $[H_t]$、设计洪水位时的最小干滩长度 $[L_g]$ 和最小安全超高 $[H_c]$，以作为控制库水位和防洪安全检查的依据。库水位观测的目的正是根据现状库水位推测设计洪水位时的干滩长和安全超高是否满足设计的要求。

(2) 浸润线观测设施 浸润线的位置是分析尾矿坝稳定性的最重要的参数之一，因而也是判别尾矿坝安全与否的重要特征。不少尾矿坝需通过降低浸润线以增强稳定性，也必须事先了解浸润线现状的位置。因此，确切测出浸润线的观测设施是必须认真对待的一项工作。

(3) 坝体位移观测设施 目前我国尾矿坝位移观测仍以坝体表面位移观测为主，即在坝体表面有组织地埋设一系列混凝土桩作为观测标点，使用水准仪和经纬仪观测坝体的垂直（沉降）和水平位移。

(4) 排水构筑物的变形观测设施 较高的溢水塔（排水井）在使用初期可能受地基沉降而倾斜，用肉眼或经纬仪观测；钢筋混凝土排水管和隧洞衬砌常见的病害为露筋或裂缝，前者用肉眼检查，后者可用测缝仪测量裂缝宽度，以判断是否超标。

1.7 尾矿库的安全现状

1.7.1 我国尾矿库的基本现状

我国现有尾矿库12718座，其中在建尾矿库1526座，占总数的12%，已经闭库的尾矿库1024座，占总数的8%，截至2010年，全国尾矿堆积问题约110亿吨，仅2010年，全国尾矿排放量近12亿吨。尾矿的基本情况，概括起来就是"占用土地，浪费资源，污染环境，安全隐患"。有尾矿库就会占用土地，截至2005年，我国尾矿堆放占用土地达1300多万亩；我国矿产资源80%为共伴生矿，由于我国矿业起步较晚，选矿技术发展不平衡，大量有价值的资源留在尾矿中，造成对资源的浪费；矿石选矿过程中加入的药剂会残留在尾矿中，同时尾矿中也可能含有重金属离子，甚至有砷、汞等污染物质，会随尾矿水流入河流或渗入地下，污染河流及地下水源。尾矿库的溃坝事故更是不在少数，造成大量人员伤亡及财产损失。

1.7.2 我国尾矿库的特点

相对国外的尾矿库来说，我国尾矿库从安全的角度分析有一些很明显的特点。

(1) 坝的分级标准高 我国尾矿库从设计规范上规定，坝高低于30m的为五等库，即最小的一类库，低于60m的为四等库，低于100m的为三等库，高于100m的为二等库。而前苏联的尾矿库的标准是：坝高低于25m的为小型库，坝高低于50m的为中型库，坝高高于50m的为大型库。在南非，坝高小于12m的为小型库，坝高小于30m的为中型库，坝高高于30m的为大型库。

由于我国土地资源紧张，征地很困难，20世纪60年代以来建造的尾矿库大都已处于中后期，在没有新的接替尾矿库情况下，老坝加高改造已是一种迫不得已的措施。如山西峨口铁矿在堆积到原设计坝高160m后，改为中线式堆坝，而在加拿大，用同样方法筑坝一般只有50～60m高。

(2) 上游式堆坝多 在尾矿坝的堆筑方式中，上游式动力稳定性相对较差，所以国外多发展下游式和中线式筑坝，较高的坝一般是用下游式和中线式筑坝。而我国鉴于上游式工艺简单，便于管理，适用性高的特点，90%以上的尾矿坝都是用上游式堆筑。

(3) 筑坝尾矿粒度细 我国为了充分利用矿产资源，对一些品位低的矿体也进行开采，而且相对国外的某些产矿大国，我国的矿石品位也较低，所以在选矿时磨得很细，尾矿的产出量不但多，而且粒度普遍较细。粒度细的尾矿强度低，透水性差，不易固结，筑坝速度和坝高受到限制。尽管如此，有些矿山企业还要最大限度地挖掘矿产资源，对较粗一些的尾砂加以综合利用（如作建材等）。这样，能用于堆坝的尾矿粒度就更细，筑坝更加困难。

(4) 尾矿坝坝坡稳定性安全系数标准低 我国尾矿坝坝坡稳定性安全系数规定得比国外标准低些（如果提高安全系数，坝体的造价就要提高很多，对绝大多数矿山是难于承受的）。我国设计标准规定，用瑞典圆弧法计算时，4、5级尾矿坝在正常运行条件下的稳定安全系数是1.15；而美国的标准规定用毕肖普法计算时，安全系数为1.5（一般情况下毕肖普法计算结果仅比瑞典圆弧法高10%）。

(5) 尾矿库位置很难避开居民区 尾矿库应选在偏僻的地方，这一点在人口少、地域辽阔的外国较易做到，如在澳大利亚，尾矿库一般建在荒无人烟的地方。而在我国，则很难做到。人口密集、可利用土地少是我国的特点。如本钢南芬铁矿位于沈丹铁路和公路交通要道，坝下城镇居民稠密。位于云南的牛坝荒尾矿库，库容三千多万立方米，处于个旧市的头顶之上，垂直落差250m，时刻威胁下游十多万人民的安全。

1.7.3 我国尾矿库主要的安全问题

在我国，尾矿的重大事故时有发生。如1962年9月26日云锡公司火谷都尾矿库发生溃坝，造成171人死亡，受伤92人，受灾人口13970人。1985年8月25日湖南柿竹园尾矿库发生溃坝，造成49人死亡。1986年4月30日安徽黄梅山铁矿尾矿库发生溃坝，造成19人死亡，受伤100人。1992年5月24日河南栾川县赤土店乡钼矿抢修尾矿库排洪洞时发生大规模坍塌，死亡12人。1993年福建省潘洛铁矿库区内发生大规模滑坡，造成4人死亡，4人重伤。1994年7月13日湖北省大冶有色金属公司龙角山铜矿由于暴雨冲击，尾矿库溃坝，死亡28人，失踪3人。2008年“9·8”山西襄汾新塔矿业有限公司尾矿库溃坝，造成270多人死亡，是非常惨痛的教训，应引起足够警惕。每次尾矿库的事故不但造成人员伤亡，而且在经济上也造成巨大的损失，在社会上造成极坏的影响。

我国尾矿库的安全现状是很复杂的。虽然各级政府，各矿山企业主管部门和矿山企业为加强尾矿库的安全做了大量工作，但是仍然存在很多问题亟待解决。一些重点矿山的尾矿库自启用以来，大都有不同程度的病害史，如坝体渗漏、坝坡渗水、暴雨冲刷、排水塔倒塌、排水涵管断裂、压力回水洞口爆裂以及地震灾害等。

许多地方中小型矿山，包括乡镇集体矿山的尾矿库，由于管理水平较低，尾矿设施先天不足，能达到安全运行标准的更少。

造成我国尾矿库安全问题的主要原因，归纳起来有以下几点。

(1) 设计不规范 我国有相当一批尾矿库是20世纪60年代至70年代建造的，当时国家还没有颁发正式的尾矿设施设计规范，设计中的问题很多。还有一种情况是，改革开放以来，地方矿山如雨后春笋般建立起来，特别是乡镇集体和个体矿山企业的尾矿库，根本没有正规设计。

(2) 勘察不规范 有的矿山企业片面强调节约资金，在尾矿库设计之前不做必要的地质勘察，在尾矿坝建成后，发现初期坝坝基透水或库内发生落水洞和跑水等事故。

(3) 工程质量问题 有些矿山企业在尾矿库建设中以承包代替管理，忽视建设质量，对建设工程的质量监督流于形式，使得尾矿坝的隐蔽工程存在严重问题，有的坝体刚刚建成，就不得不投入大量资金重新加固。

(4) 建设不遵守程序 有些矿山企业片面理解当前的改革政策，各取所需，不遵守国家规定的有关矿山建设的设计审查和竣工验收程序，有的设计单位没有取得相应的设计资格，有的设计没有经过审查和批准，有的建成投产后，长期不申请验收。特别是在设计和验收中不征求安监部门的安全监察意见。

(5) 管理工作弱化 一些矿山企业视尾矿库为矿山的包袱，投入越多，企业效益越差，在管理上存在侥幸心理和短期行为，不严格执行规程、规范，发现问题不及时处理以至酿成重大事故，管理机构不健全，人员素质不高，企业规章制度不完备。企业内部对尾矿库的安全检查流于形式。

(6) 外界干扰严重 由于在经济体制改革和经济发展过程中，必然存在法规制度逐步适应或逐步健全的过程，地方利益和国家利益存在统筹兼顾的问题，一些地方群众法制观念不强，个体和集体矿山企业到国家重点矿山尾矿库附近非法越界开采，有的在坝区采石放炮，有的在库下开采，有的偷抢尾砂，对尾矿库的安全形成极大的威胁。

1.8 尾矿库的污染现状

随着现代工业化生产的迅速发展和新开矿山数量的陆续增加，尾矿的排放、堆积量也越来越大。世界各国每年采出的金属矿、非金属矿、煤、黏土等在 100 亿吨以上，排出的尾矿量约 50 亿吨。以有色金属矿山累计的尾矿为例，美国达到 80 亿吨，前苏联为 41 亿吨。目前我国发现的矿产有 150 多种，开发了 8000 多座矿山，累计生产尾矿 59.7 亿吨，占地 8 万公顷以上，而且每年仍以 3.0 亿吨的速度在增长。随着经济的发展，对矿产品需求大幅度增加，矿业开发规模随之加大，产生的选矿尾矿数量将不断增加；加之许多可利用的金属矿品位日益降低，为了满足矿产品日益增长的需求，选矿规模越来越大，因此产生的选矿尾矿数量也将大量增加，而大量堆存的尾矿，给矿业、环境及经济等造成不少的难题。

(1) 矿产资源浪费严重 由于尾矿中不仅含有可再选的金属矿和非金属矿等有用组分，而且就是不可再选的最终尾矿也有不少用途，因此浪费于尾矿中的有用组分数量是相当可观的。在我国由于大多数矿山的矿石品位低，大多呈多组分共（伴）生，矿物嵌布粒度细，再加上我国选矿设备陈旧、老化现象普遍，自动化水平低、管理水平不高、选矿回收率低，其结果是必然造成资源的严重浪费。特别是老尾矿，由于受到当时条件的限制，损失于尾矿中的有用组分会更大一些。例如云锡老尾矿数量已达 1 亿吨以上，其中平均含锡为 0.15%，损失的金属锡达 20 万吨以上；吉林夹皮沟金矿，老矿区金矿尾矿存量约 30 万吨，含金品位约 0.4～0.6g/t（新尾矿库）、1～1.5g/t（老尾矿库），损失的金的金属量约 1.6t、钼 280t、银 2t、铅 500t；陕西双王金矿，选金尾矿中含有纯度很高的钠长石，储量达数亿吨，成为仅次于湖南衡山的第二大钠长石基地，若加工成半成品钠长石粉，其价值就高达 200 亿元，如只作为金矿回收金时，尾矿中就浪费了相当可观的重要的非金属矿资源钠长石。

(2) 堆存尾矿占用大量土地、堆存投资巨大 目前，除了少部分尾矿得到应用外，相当数量的尾矿只有堆存，占用土地数量可观，而且随着尾矿数量增加而利用量不大的状况仍然继续，占用土地数量必将继续扩大。即使占用的土地目前尚未耕种或暂不宜耕种，但毕竟减少了今后开垦耕种的后备土地资源，对我国这样一个人口众多、人均耕地面积很少的农业大国显然是严重的威胁，给社会造成的压力和难题将是久远的。

另外，修建、维护和维修尾矿库及因建尾矿库征地所需的费用也是相当可观的。尾矿处理设施是结构复杂、投资巨大的综合水工构筑物，其基建投资占整个采选企业费用的5%～40%，有些甚至更高，尾矿库的维护和维修更要消耗大量的资金。

(3) 尾矿对自然生态环境的影响 尾矿对自然生态环境的影响具体表现在以下几点。

① 尾矿在选矿过程中经受了破磨，体重减小，表面积较大，堆存时易流动和塌漏，造成植被破坏和伤人事故，尤其在雨季极易引起塌陷和滑坡。而随着尾矿数量的不断增加，尾矿库坝体高度也随之增加，安全隐患日益增大。而在气候干旱、风大的季节和地区，尾矿粉尘在大风推动下飞扬至尾矿坝周围地区，造成土壤污染，土地退化，甚至使周围居民致病。

② 尾矿成分及残留选矿药剂对生态环境的破坏严重，尤其是含重金属的尾矿，其中的硫化物产生酸性水进一步淋浸重金属，其流失将对整个生态环境造成危害。残留于尾矿中的氯化物、氰化物、硫化物、松油、絮凝剂、表面活性剂等有毒有害药剂，在尾矿长期堆存时会受空气、水分、阳光作用和自身相互作用，产生有害气体或酸性水，加剧尾矿中重金属的流失，流入耕地后，破坏农作物生长或使农作物受污染；流入水系则又会使地面水体和地下水源受到污染，毒害水生生物；尾矿流入或排入溪河湖泊，不仅毒害水生生物，而且会造成其他灾害，有时甚至涉及相当长的河流沿线。

大量尾矿已成为制约矿业持续发展，危及矿区及周边生态环境的重要因素。纵观发展矿业所遇到的严峻挑战，在矿石日趋贫化、资源日渐枯竭、环境意识日益增强的今天，解决困扰的根本出路在于依赖于二次资源的开发利用，尾矿综合利用是矿业持续发展的必然选择。

第2章　尾矿库选址与工程地质勘察

2.1　尾矿库建造所需基础资料

2.1.1　尾矿资料

按实际需要取得表 2-1 所列有关资料。

表 2-1　所需资料的内容与要求

用　　途	资料项目	内容与要求
一般	尾矿量	①选矿厂日尾矿排出量(对分期达到设计规模的选矿厂,应取得各期的日尾矿排出量); ②选矿厂生产年限内排出的总尾矿量
	尾矿特性	①相对密度(当粗细颗粒相对密度差别显著时,应分别给出); ②干容重; ③颗粒组成(应取得颗分的逐级颗粒含量,且最大粒径含量不应大于5%,最小粒级应分析到5μm或其含量不大于10%); ④浓度或稠度
	选矿工艺条件	①选矿厂的工作制度及设计生产年限; ②尾矿排出口的位置与标高; ③选矿生产对尾矿回水水质、水温的要求和最大回水允许量(必要时应做尾矿回水对选矿指标影响程度的试验); ④选矿生产过程中尾矿量和尾矿特性可能的波动幅度
考虑尾矿输送系统冰冻情况	矿浆温度	严寒地区冬季最冷月份选矿厂排出尾矿浆的平均最低温度
考虑尾矿堆积坝的稳定性并做稳定计算时	尾矿的物理力学性质	①尾矿的抗剪强度(根据设计中采用的不同计算方法取得相应的指标;当采用总应力法计算堆积坝的稳定性时,需用总强度指标;当采用有效应力法时,需用有效强度指标); ②内摩擦角(水上和水下); ③尾矿的压缩性(最大试验压力应与尾矿总规程高度时的尾矿土压力相当); ④尾矿的渗透性(分别给出水平与垂直渗透系数)
考虑浓缩回水	尾矿的沉降特性	对在水中能沉降的一般尾矿: ①尾矿的沉降速度用量筒进行试验时,其高度不应小于300mm。对于在沉淀过程中澄清界面明显的尾矿浆,要求确定在不同浓度的矿浆中尾矿的集合沉降速度(不少于5个不同浓度的矿浆试样;最小浓度与设计给矿浓度相当;最大浓度与自由沉降带最浓层矿浆的深度相当,后者比设计排矿浓度小一些);对于无明显澄清界面的尾矿浆,要求确定设计最小溢流粒径的自由沉降速度; ②不同历时沉淀尾矿的平均浓度; ③不同历时澄清水的悬浮物含量

续表

用　　途	资料项目	内容与要求
考虑浓缩回水	混凝沉降试验	对在水中难以沉降的极细尾矿： ①建议采用的混凝剂种类及投药量； ②絮凝体的沉降速度或澄清界面的沉降速度； ③絮凝沉淀物的浓度
考虑尾矿水净化处理	尾矿水的水质	尾矿水中浮选药剂和有害物质的种类与含量或尾矿水的水质分析资料
	卫生试验	尾矿水中个别有害成分对动、植物的危害性
	有害物质净化试验	①建议采用的净化工艺流程； ②采用的净化剂种类及投药比； ③净化效果

2.1.2　水文气象资料

按实际需要取得表 2-2 所列有关资料。

表 2-2　所需资料的内容

工程情况	资　料　内　容	
	第一类（必需资料）	第二类（参考资料）
尾矿库不需径流调节的工程项目	①设计频率的最大 24 小时暴雨量 H_{24P} 或年最大 24 小时暴雨均值 $\overline{H_{24}}$ 及其变差系数 C_v，偏差系数 C_s，暴雨强度衰减指数 n； ②多年一次最大降雨量及基持续时间或三日、七日最大降雨量； ③径流模量的经验公式； ④典型的时程分配雨型； ⑤绝对最高、最低气温； ⑥最大积雪深度； ⑦水体的最大结冰厚度及结冰期； ⑧土壤最大冻结浓度及冰冻期； ⑨常年主导风向及平均见图，最大风速、风力及风向	①雨力参数 A、B 或暴雨公式； ②邻近地区中、小型水利工程暴雨及洪水计算中所采用的有关数据
尾矿库需进行径流调节的工程项目	尚应补充： ①设计保证率的枯水年年径流深度或平均年径流深度及其变差系数 C_v、偏差系数 C_s； ②典型年年径流量的逐月分配； ③最大年蒸发量及其逐月分配	①设计保证率的枯水年年降雨量或多年平均降雨量 H_0 及其变差系数 C_v、偏差系数 C_s； ②典型年年降雨量的逐月分配
需向地面水中排放有害尾矿水的工程项目	尚应补充： 保证率为 95%的枯水年河水流量、流速、水位、含砂量、水质分析资料	①河水的多年平均流量及其变差系数 C_v、偏差系数 C_s； ②河水的最低水位、最低流速

注：水文资料最好取得当地的水文计算手册。

2.1.3　调查资料

（1）当地自然经济调查

① 尾矿库淹没范围内及管道沿线地带内的耕地种类、亩数、单产量、征购价格及赔偿费用；

② 上述范围内的林木种类、面积或株数、经济价值、征购价格及赔偿费用；

③ 尾矿库内及尾矿库下游附近房屋间数、居民户数、人数、居民可迁住的去向、搬迁

费用及房屋拆建费用；

④ 尾矿库内水井、坟墓等的数量及其赔偿费用；

⑤ 下游农田耕地种类、灌溉用水情况及需水量；

⑥ 民用井的供水量及使用情况。

（2）水文地貌调查

① 尾矿库坝址附近河道的最大洪水痕迹调查；

② 拟建构筑物（泵站、浓缩池、管道等）场地能否被洪水淹没及最大洪水淹没边界位置；

③ 尾矿库汇水面积内的地貌，植物被覆情况，山坡与河槽之糙率情况，土壤性质的野外描述；

④ 尾矿库内泉水数量、涌水量、用途以及是否发生过竭流现象，有无落水洞。

（3）其他调查

① 当地材料设备的生产供应情况及价格；

② 交通运输条件；

③ 施工单位的技术力量及机械设备配备情况；

④ 改建、扩建工程原有的尾矿设施情况及必要的实测图，建（构）筑物及设备的折旧情况，原尾矿设施的使用经验等；

⑤ 尾矿库淹没范围内是否压矿及矿藏情况；

⑥ 当地的地震情况；

⑦ 拟建坝址附近筑坝土、石料可能的取料场地、运输距离、土石料的种类（土壤的野外鉴定方法见表 2-3）；

表 2-3　土壤野外鉴定方法

土壤种类	用手触时的感觉	放大镜或肉眼观察下的外表	干土强度	潮湿时用手搓捻	水中溶解	其他特征
黏土	甚细，难于搓出粉末，手指甲在它表面上摩擦呈光润油滑，用力能压成块状	同类细粒，不含有大于 0.25mm 的颗粒	硬，不易被锤击破	很湿时粘手，可以搓成细条，感觉很硬	很慢	用刀切割时表面光滑无砂粒，干黏土有光亮的痕迹
黏壤土	在手掌上揉捻时不感觉是同等粉末，易压成块	可以看到有大于 0.25mm 的颗粒	不硬，以锤冲击及手按时易碎裂	有塑性，可以搓成细条，感觉不太硬	较快	用刀切割时感到砂粒存在，干燥时发光
粉状壤土	手触时感觉有少量砂，类似于粉，易压成块	砂少，可以看得出细的粉砂	能打碎	搓成细条以手一捏即散，搓成球面形稍成裂纹并不破碎	很快	用刀切割时表面有粉砂，干燥时发光
砂壤土	显著感觉其中有砂粒存在，不用力即能压成块	大于 0.25mm 者占多数，更细者为混合物	以手指轻压或掷于板上即碎裂	搓成细条以手指一捏即散，搓成球面形成裂纹，并不破碎	很快	用刀切割时表面粗糙
砂	感觉不到有黏土成分，是飞散的土壤	只能看见砂，几乎全部大于 0.25mm	松散的，无凝聚性	湿度不大时有黏着力，不能滚成圆球	散开	—
细砂	手磨时感觉像面粉	—	松散的	饱和时即成砂浆，不能搓成条	—	—
砂砾土	手磨时感觉像面粉	可以看出比颗粒大的孔隙	易松散	—	—	在地上多呈垂直形的峭壁

⑧ 尾矿库建成后对下游工业、农业（包括林、牧、副、渔）的生产及人民生活可能带来的影响或损害；

⑨ 向地面水中排放含有有害物质的尾矿水时，还应调查下游河水的开发利用情况，上下游工业企业排放工业污水的种类、有害物质的含量等；

⑩尾矿设施距采矿场较近时，应查明采矿崩落区或地表塌陷区的界限。

2.1.4 测量资料

不同设计阶段所需的地形测量资料见表 2-4。

表 2-4 所需资料的内容与要求

设计阶段	资料名称	要　　求
厂址选择	企业区域地形图	比例(1∶50000)～(1∶25000)
初步设计	尾矿设施地形图	比例(1∶5000)～(1∶1000)，测量范围应包括尾矿库全部汇雨面积和建筑材料取材场①；
	洪水痕迹图	包括三个以上的河道横断面(间距 50～150m)，一个纵断面，标明历史最高洪水位
施工图②	坝址地形图	比例(1∶1000)～(1∶500)，测量范围至坝址外 30～50m，标高至坝顶以上 10～20m；
	排水构筑物带状地形图	比例(1∶1000)～(1∶500)，宽 100～200m；
	管道带状地形图	比例(1∶2000)～(1∶1000)，宽 100～200m；
	个别建(构)筑物地形图	比例(1∶1000)～(1∶500)

① 如包括不了，则另需测汇水面积图（图上标明分水岭的分水线及标高，山谷主水道走向及标高以及库周山坡若干个代表性断面的地形标高）和取材场地形图。

② 施工图阶段所需各部分地形图应采用统一的坐标、标高系统，并尽可能采用同一比例尺连成一片。

2.1.5 工程水文地质勘测资料

(1) 勘测资料的一般内容 勘测资料包括勘察报告和勘察测绘图，其内容详见表 2-5～表 2-7。

表 2-5 勘测细目一览表

	资　料　内　容	编号
地貌条件	山谷类型	1
	地貌特征	2
地质构造	各地层的时代、成因、岩性与分布	3
	各地层的含水性及浸水软化性	4
	可致滑动的软弱土层的分布	5
	可致滑动的软弱结构带(面)的分布	6
	地质构造的类型、产状与展布规律	7
	地质岩性构成	8
	岩层产状、厚度	9
	节理、裂隙构造发育情况	10
	有无岩石破碎带	11
	断裂破碎带的宽度及其内岩性特征	12
	断裂、裂隙系统的发育程度，结构面的产状与力学性质	13

续表

	资料内容	编号
自然地质现象	滑坡、崩坍等不良地质现象对场地的影响程度	14
	泥石流对场地的影响程度	15
	泥石流的成因、发育程度、活动规律、类型、固体量、最大平均粒径、今后的速度变化、对工程的危害程度	16
	流沙对场地的影响程度	17
	岩溶发育规律，构造与岩溶的关系，特别是控制岩溶发育的构造带的渗漏和塌陷对场地的影响程度	18
	各种可溶岩的溶化程度	19
自然地质现象	溶洞的类型、分布情况及延伸方向	20
	溶洞的大小、分布具体位置及充填情况	21
	上覆土层及风化层的分布厚度与性质	22
	岩石的程度及风化深度	23
	人工洞穴的分布位置与大小	24
	地震等级	25
水文地质条件	透水层的分布情况，性质及埋藏条件	26
	透水层的透水性	27
	岩层含水性，含水层的位置，涌水量及补给条件	28
	地下水的类型和动态	29
	泉水的位置，涌水量及建库后可能的变化	30
	地下水对混凝土的侵蚀性	31
	地下通道的走向、出口	32
试验与分析	土的抗水性	33
	稳定性	34
	地基土的压缩均匀性	35
	地基标准承载能力	36
	湿陷性黄土的湿陷性类型及湿陷起始压力	37
	岩土的物理力学性质	38
	对场地的工程水文地质评价意见	39
	防治和处理措施的建议	40
	预测工程建筑后所引起的稳定性的变化	41

表 2-6 建（构）筑物基础岩土的分析和试验项目

建(构)筑物	坝基			排水管			隧洞				桥涵基础			挡土墙			路基				工业、民用建筑		
																	深挖		高填基底				
基础土壤	黏土类	砂类土	黄土	黏土类	砂类土	黄土	黏土类	砂类土	黄土	岩石	黏土类	砂类土	黄土	黏土类	砂类土	黄土	黏黄土	砂类土	黏黄土	砂类土	黏黄土	砂类土	黄土
土壤密度	+	+	+	+	+	+	+	+	+	+	+	+	+	+	+	+	+	+	+	+	+	+	+
天然容重	+	+	+	+	+	+	+	+	+	+	+	+	+	+	+	+	+	+	+	+	+	+	+
孔隙比	+	+	+	+	+	+	+	+	+		+	+	+	+	+	+	+	+	+	+	+	+	+
天然含水量	+	+	+	+	+	+	+	+	+		+	+	+	+	+	+	+	+	+	+	+	+	+
饱和度	+		+	+		+	+		+		+	+	+	+		+	+		+		+		+
可塑性	+		+	+		+	+		+		+		+	+		+	+		+		+		+
稠度	+		+	+		+	+		+		+		+	+		+	+		+		+		+
相对密度		+			+			+				+			+							+	
颗分		+			+			+				+			+			+		+		+	
收缩											+①		+①	+①		+①							
剪力	+②						+		+	+	+		+	+		+	+		+	+	+		+
压缩	+		+	+		+	+		+		+		+	+		+			+	+	+		+

续表

建(构)筑物	坝基			排水管			隧洞				桥涵基础			挡土墙			路基				工业、民用建筑		
																	深挖		高填基底				
基础土壤	黏土类	砂类土	黄土	黏土类	砂类土	黄土	黏土类	砂类土	黄土	岩石	黏土类	砂类土	黄土	黏土类	砂类土	黄土	黏黄土	砂类土	黏黄土	砂类土	黏黄土	砂类土	黄土
干、湿休止角		+③						+				+			+			+③		+③		+	
湿化	+		+																				
可溶盐含量	+		+																				+
有机质含量	+		+								+④										+④		
渗透系数	+		+					+⑤				+⑤						+⑤				+⑤	
临界孔隙比		+																					
孔隙水压力系数软化系数	+		+																				
软化系数										+													
相对湿陷系数			+			+			+				+			+							+
饱和自重压力下湿陷系数			+			+			+							+							+
湿陷起始压力																+							+
干湿状态极限抗压强度										+													
弹性模量										+													
泊松比										+													
弹性抗力系数										+													
坚固系数										+													

① 仅对多年冻土区黏性土和百湿陷性土，其天然含水量小于塑限时才需要。

② 浸水剪切。

③ 有地下水的深挖或浸水填方时才需要湿休止角。

④ 经现场鉴定含有机质时才做。

⑤ 考虑基坑排水时才需要。

注：1. 砂类土的试验项目指能采取原状土样时的项目，如只能采取扰动样，则只进行颗分和干湿休止角试验。

2. 红土（西南地区）试验项目，一般可参照黏性土栏确定，但应按工程具体情况适当增加膨胀、收缩等项目。

表 2-7 筑坝材料的分析和试验项目

项目 \ 材料	石料	砾石	砂土	黏质土
颗粒组成	—	+	+	+①
岩石成分	+	+	+	—
可溶盐及亚硫酸盐含量	+	—	+	+
相对密度	+	+	+	+
容重(干)	+	+	+	+
吸水性	+	—	—	—
渗透性	—	—	+	+
有机物含量	—	+	+	+
干湿状态下极限抗压强度	+	+	—	—
抗冻性	+	+	—	—
天然含水量	+	—	+	+
击实	—	—	—	+
孔隙比	—	—	+	+
可塑性(塑限、液限)	—	—	—	+
剪力	—	—	+	+②

续表

项目 \ 材料	石料	砾石	砂土	黏质土
压缩	—	—	—	+②
软化系数	+	—	—	—
孔隙水压力系数	—	—	—	+
临界孔隙比	—	—	+	—
安息角(水下及干的)	—	—	+	—
膨胀及崩解	—	—	—	+
最大分子吸水量	—	—	+	—

① 包括比重计法颗分分析或水析法分析。

② 为在最佳含水量时的试验。

(2) 各设计阶段所需的勘测资料 初步设计阶段要求取得对几个方案的尾矿库主要的工程地质条件进行评价的资料，对能影响场地取舍的不良地质问题作出明确的结论，以作为选定场地的依据。

施工图阶段要求取得建（构）筑物地基的稳定性、渗透性、压缩均匀性等方面的资料，以作为建（构）筑物设计的依据。

各阶段所需资料的内容可视工程的具体情况参照表 2-8 确定。

表 2-8 各设计阶段所需勘测资料的内容

设计阶段	工程项目	所需资料内容或编号(见表 2-5)	
初步设计		(1),(2),(5),(7),(8),(12),(14),(15),(18),(20),(24),(25),(26),(27),(29),(39)	
施工图	尾矿库	对可能成为向邻谷渗漏途径的狭窄分水岭①	(8),(9),(10),(26),(27),(40)
		对被水淹没后可能不稳定的陡薄分水岭鞍部地段	(3),(4),(6),(13),(16),(21),(32),(38)②,(40),(41)
	尾矿坝③	①坝址工程地质纵、横剖面图(平行于坝轴线的纵剖面一般不少于两个，视地形地质条件可适当增减)； ②钻探点的工程地质柱状图(一般深度应为初期坝坝高的 1～15 倍或穿过强风化裂隙带，如遇淤泥层等不良地质现象则应穿透至较坚实的岩层；对于高堆坝还需考虑尾矿堆积坝对坝基的影响)； ③其他(21),(23),(24),(27),(30),(38),(40)	
	排水管	①沿线工程地质纵剖面图(必要时须做横剖面)； ②钻探点的工程地质柱状图(其深度视基础砌置深度、尾矿最大堆积高度和地基土的性质而定，一般为 10～15m 或至基岩，如有淤泥层则应穿透至较坚实的岩层)； ③其他(2)～(6),(13),(23),(31),(35),(36),(38),(41)	
	隧洞	(5),(8)～(11),(13),(14),(17),(19),(22),(27),(28),(31),(34),(38)	
	尾矿管槽	①全线的工程地质描述； ②个别管段(高填方、深挖方处)的地基稳定性； ③其他(19),(41)	
	筑坝材料	①取料场的位置、范围、材料种类； ②材料的可采数量及厚度； ③其他(38)	

① 对不需回水及渗漏水对下游无危害的尾矿库可不要。

② 可参照表 2-6 坝基栏的内容确定。

③ 对于初期坝高度小于 6m，尾矿堆积总高度不超过 30m，且坝基地质条件简单的尾矿坝，可用地表踏勘代替工程地质测绘。

注：1. 土的物理力学性质分析测定，对于不同成因类型的每一主要地层，在尾矿坝地段不应少于 6～10 件（次），在排水构筑物地段不应少于 6 件（次）。

(3) 勘测任务的布置 按设计阶段向有关勘测部门提出工程、水文地质勘测任务书。

任务书的内容包括：工程构筑物的概况、位置、对勘测的技术要求及要求提资料的内容、日期、份数等。

任务书的格式参见表 2-9 和表 2-10。

表 2-9 尾矿设施初步设计阶段工程水文地质勘测任务书

建设单位			工程名称	
随任务书附		图纸　　张　　份；附件　　张　　份		
要求提交资料日期			要求提交资料份数	
勘察项目内容＼方案			第一方案	第二方案
尾矿坝	结构类型			
	坝高/m			
	坝长/m			
	顶宽/m			
	底宽/m			
尾矿库	最终堆积标高/m			
	最终水位			
	使用年限			
	回水率/%			
排水管	结构类型			
	断面尺寸/m			
	管长/m			
排水井	结构类型			
	井径/m			
	井高/m			
	井荷重/t			
隧洞	断面尺寸/m			
	长度/m			
	进出口标高			
筑坝材料	土(石)、砂方量/m^3			
	对质量的要求			

提出任务单位　　　　　　　　　　设计总负责人：　　　　　　（签章）
（公章）　　　　　　　　　　　　提出任务书人：
　　　　　　　　　　　　　　　　提 出 日 期：　　年　月　日

表 2-10 尾矿设施施工图阶段工程水文地层勘测任务书

建设单位				工程名称						
随任务书附		图纸　　张　　份；附件　　张　　份								
要求提交资料日期				要求提交资料份数						
初期坝	结构类型		坝高/m		坝长/m					
	顶宽/m		底宽/m		坝基标高					
尾矿库	最终堆积标高/m		最终水位标高							
	堆积速率		回水率/%		使用年限					
排水井	编号	结构	高度/m	井径/m	基础情况				备注	
					形状	尺寸/m	砌置深度/m	总荷重/t		
排水管	结构类型		断面尺寸/m							
	每米荷重/t		总长/m							
隧洞	断面尺寸/m		进口标高/m		出口标高/m					
	长度/m		拟采用的施工方法							
筑坝材料	勘察区位置及最大运距									
	种类	需要量/m³	对质量的要求							
	土料									
	石料									
	砂料									
尾矿管线	管槽尺寸/mm				总长/m		管槽材料			
	管桥	编号	高度/m	长度/m	结构	基础情况				备注
						形状	尺寸/m	砌置深度/m	总荷重/t	

提出任务单位　　　　　　　　　设计总负责人：　　　　　　　（签章）
（公章）　　　　　　　　　　　提出任务书人：
　　　　　　　　　　　　　　　提 出 日 期：　　　　年　月　日

注：砂泵站、浓缩池的工程地质勘测任务由土建专业提出。

2.2 尾矿库的布置

2.2.1 尾矿库布置类型

尾矿库布置是尾矿库选址过程的组成部分。因为，任一特定尾矿库场地的适用性都必须在充分论证它对特定布置方案的适应性情况下才能确认下来。从某种程度上讲，尾矿布置方案有无限多种，但它必须与各种地形背景相适应，而且与所用坝类型无关，适合于特定尾矿、废水性质及库区特定条件的任意坝类型和升高方法都可以采用。

(1) 环形 在没有天然凹地的平坦地区，最适合采用环形尾矿库，图 2-1 为环形尾矿库的示意图。这种布置方案，相对于其库容量而言，其所用筑坝材料量较大。由于尾矿库全封闭，所以消除了来自外部的地表径流量，汇水仅是尾矿库表面直受降雨量。环形尾矿库一般按规则几何图形布置，因此便于采用任意类型垫层。

正如图 2-1(b) 所示，这种尾矿库可以分块并依序构筑和排放，因为渗流量与发生渗流面积成正比，故可以显著地降低渗流量，可以同时进行土地恢复，延迟建设费用，缺点是需要大量筑坝材料，按图 2-1(b) 所示的情况，大约比单一尾矿库所需量多 50%。

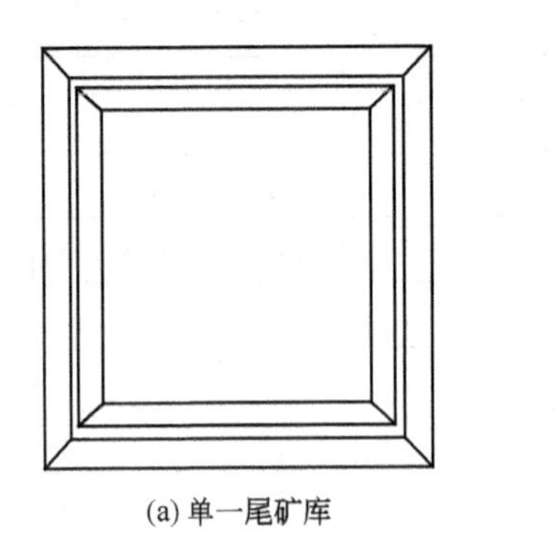
(a) 单一尾矿库

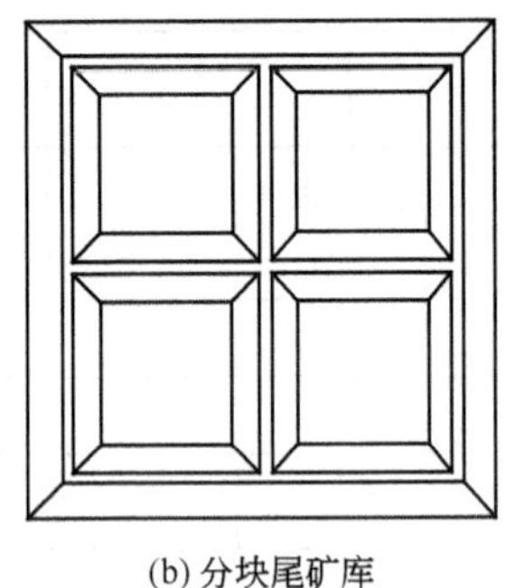
(b) 分块尾矿库

图 2-1　环形尾矿库

(2) 跨谷型 顾名思义，跨谷型尾矿库是由尾矿坝跨过谷地两侧拦截成尾矿库，布置类型近乎同于普通蓄水坝，如图 2-2 所示，其可分单一尾矿库 [图 2-2(a)] 和多级尾矿库 [图 2-2(b)]，因适用性广泛而为世界所普遍接受。跨谷型尾矿库尽可能靠近流域上游布置，以减少洪水流入量。在采用多级型尾矿库时，最上级尾矿库因容积小而负担洪水压力大，需要精心控制地表水。通常采用山坡引水沟汇集正常条件下径流量，但因谷地坡度较陡可以环库布设大型截洪沟，最好采用蓄积、溢洪或在库上游用控水坝分隔方法处理洪水径流。

(3) 山坡型 图 2-3 所示为山坡型尾矿库布置，库区三面采用尾矿坝封隔，因此，所需筑坝材料量一般比跨谷型布置多。在适于跨谷型布置但不切割排泄水系的场合，例如山前冲积平原上，或者在切割排泄水系会使汇水面积过大的场合，可以采用山坡型尾矿库。最适宜的山坡坡度是小于 10%，坡度较陡时，筑坝材料量相对于贮积尾矿量增加过大，并且，如果采用多级坝，上级坝体积占下级库容的很大比例。

(4) 谷底型 谷底型尾矿库兼顾跨谷型布置与山坡型布置的特点，如图 2-4 所示，非常适用于跨谷型布置汇水面积太大，山坡型布置坡度大的场合。因为是两面筑坝，故所需筑坝材料量也介于跨谷型和山坡型布置之间。谷底型尾矿库往往采用多级型 [图 2-4(b)]，随着谷底升高，一个压一个地“叠堆”尾矿库，最终达到较大的总库容。

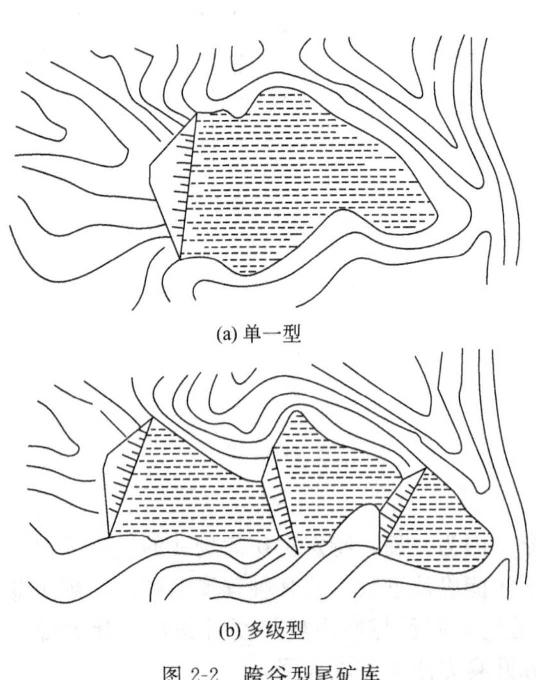
(a) 单一型

(b) 多级型

图 2-2　跨谷型尾矿库

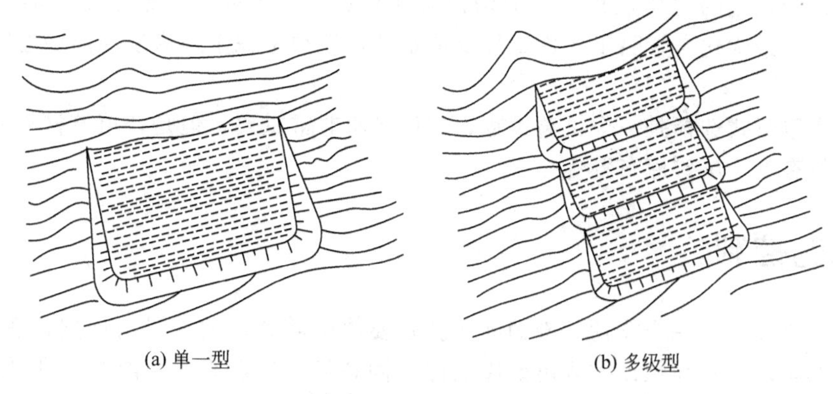

图 2-3　山坡型尾矿库

因为谷底型尾矿库多仅次于较窄的山谷地，往往需要走过原河槽布置，因此，必须绕库设置引水渠道，以输导最高洪峰流量。如果没有足够的空间布置渠道，则需以很高的代价在山谷坡面岩石中开挖较大宽度的渠道。当然，开挖的石料可用作初期坝材料。此外，为防止在预计洪水条件下外坝面发生渗流，需要在坝体逐渐升高过程中连续地抛石维护坝下游面，这样，谷底型布置可能不适用于中心线或下游升高方法。

2.2.2　材料有效利用系数的概念

在尾矿库址、布置方案和坝型已确定的条件下，须实现坝高和库表面积组合的最优化，以便以最少的填筑材料量达到所需求的贮积量。为了定量表达，Coates 和 Yu 首先提出材料有效利用系数的概念，材料有效利用系数定义为尾矿库贮积尾矿量与相应的所需填筑材料量之比。因为填筑材料量直接关系到尾矿库成本，而材料有效利用系数则能够提供尾矿成本的间接指示，不仅在给定贮积尾矿量的坝高和库面积优化方面，而且在不同库容的尾矿库相对成本对比方面也都很有用。但用于后者时，材料利用系数是以有效的尾矿贮积量而不是总容量定义的，没有考虑为蓄积洪水径流量所需要的坝高。

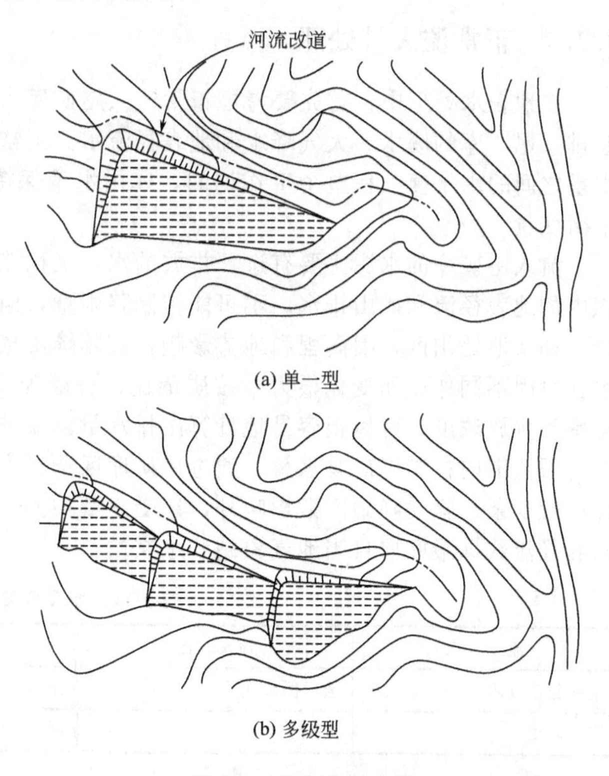

图 2-4　谷底型尾矿库

某些情况下，设计变成最有效坝高和尾矿库长度的选择问题，材料有效利用系数随着坝高和库长增大而增大。这样最优尺寸的一个尾矿库不一定能满足尾矿产出率排放需要，而一系列最优尺寸的多级山坡尾矿库应是极有效的。因为单一尾矿坝再加高将产生回报递降。

还有一些情况下，设计问题是为达到指定的尾矿贮积量而选择尾矿坝高度和尾矿库面积。显然，通过低坝大库或高坝小库都可以实现。只考虑筑坝材料时，低坝大库可以最小的填筑材料量达到指定的尾矿贮积量。但增设其他材料如垫层时，其他因素可能因此发生变化，因此尾矿库最优化布置除了考虑筑坝材料量外，还须考虑土地恢复和渗漏控制工程的土方量。

尾矿库布置形式选择是一个试验过程，工程经验非常重要，但是，填筑材料有效利用系数的概念也将有助于尾矿库布置优化。

2.3 水的控制

地表尾矿库设计中一个非常关键的问题就是要使所需处理的水量与坝型相适应。为此，在规划的早期阶段，必须预计排入尾矿库的尾矿固料量、选矿废水、降水量和径流流入量，并考虑适当的水控制方法。

地表水控制措施的正确设计对坝体抗洪安全性是十分重要的。经验表明，有些尾矿坝可能经受住边坡破坏、渗流引起的破坏，甚至局部液化，但几乎没有能幸免于防洪措施不当所引起的漫坝破坏。库水漫过坝顶之后，尾矿坝遭受快速下切侵蚀，很短时间即可完全溃坝。

尾矿坝的水文分析方法和水力结构物设计方法基本上与普通蓄水结构物相同，但尾矿坝的洪水设计准则和水处理方法略有别于普通水坝。这里讨论地表尾矿库水处理的基本原理。

2.3.1 正常流入量处理

在地表水处理中，首先要考虑正常流入尾矿库水的处理，即正常气候条件下正常选矿作业排入尾矿库的废水、大气降水和地表径流水。正常流入水量处理的关键是流入水量与流出水量之间的水平衡，在整个工作期间，库内水量保持相对稳定，实现平衡。表2-11列出水平衡变量。

流入尾矿库的水源主要有选厂排放的水，沉积滩和沉淀池上直接降雨、尾矿库区汇水面积内的地表径流和矿山排水。不可能控制降雨量，但可以根据当地年平均降雨量作出粗略估计，如果地处山区，因高程和地势影响，实际降雨量可能变化很大。排入尾矿库的尾矿浆体水含量因不同作业而变化很大，按质量比，一般为50%～85%。如果已知选厂的尾矿的产出率和排放浓度，可以很容易地计算出排水量。通过提高浆体浓度（例如高浓度排放）可以在有限范围内控制尾矿废水量。通过尾矿库区选择可使地表径流量减小，但年平均径流量估计比较复杂，除受降雨因素影响外，还受土壤类型、植被和坡度的影响。特定尾矿库区的降雨和径流数据最好取自当地气象站和水文站。

表2-11 水平衡变量

流　入	流　出	流　入	流　出
选矿排放废水	选厂循环用水	地表径流	渗流
直接降雨	蒸发	矿山流水	尾矿孔隙包含的水直接排泄

为了设计有效的水控制系统，还需考察尾矿库的流出水。流出水包括选厂循环再利用水、蒸发、渗流、尾矿孔隙保有水和直接排水。这里，尾矿孔隙中保有的水是从尾矿排放过程中“消耗掉”的水的意义上看作流出的，可以根据单位孔隙比的概念估计出其量。

可以根据区域性年平均蒸发量等值线图估计蒸发量。通常假定蒸发作用只发生在沉淀池表面，因沉积滩上蒸发估计很难，往往忽略不计。显然，蒸发量的控制因素是沉淀池的规模。

返回选厂的再利用水量，各地区因选矿性质不同，差异较大。

一般在尾矿库规划的初期阶段，很少有充分的资料进行复杂的渗流分析。进行水平衡估计，一般采用类比法，即根据相似规模的相当类型尾矿，相近渗透性的尾矿库经验估计渗漏量。影响渗流的因素有尾矿的物理和化学性质，尾矿库基础地质条件，尾矿坝和渗滤设施的特性。渗流水控制方法主要包括坝体分带和排水；布设降压井、防渗墙和截流沟；不透水铺盖；改变沉淀池位置等。

直接排泄是尾矿库排出水的主要方式之一，控制方法包括溢水系统（溢水塔、输水平硐等）和导水工程，或通过溢洪道排出。尾矿库水管理中，应尽可能避免直接排放至环境，为防止水污染，应经水处理后再排放。而且，应尽可能在选厂进行水处理，因为在选厂内消除污染可能比在尾矿库区内处理水经济得多。表 2-12 列出溢水系统的对比。

表 2-12　溢水系统的对比

特性	游动泵和虹吸系统	埋入式溢水管路系统
设计与施工	浮船、泵和回流管路必须抗腐蚀。当浮船和泵安排后，唯一施工即延伸回流管路	设计和施工简单，按单一阶段或多阶段进行
作业要求	全部时间都需要司泵工	需要间断性检查
适应性	需要随自由水池位置的改变重新定位。当广泛变移池位时，在早期阶段，缺乏灵活性可能产生问题，对因流液的质量几乎没有控制	不需要重新定位，坝下游永久性设泵
维护	泵和浮船需要大量维护，特别是在冰冻天气	下游泵很少需要维护
潜在事故	游动泵比固定泵更易受损和破坏（因漂浮物阻塞），停电或泵损坏可能引起漫溢	需要稳定的基础，坝体沉降可能引起管路破坏。埋入式管路的阻塞或破坏是不可恢复的
洪水控制	泵的能力限制了从库区排洪量	随着洪水条件下水头相应提高，管路排水能力增大
废弃后结构物排水	排放作业结束后，需要新的排水方案处理地表径流	溢水系统应提供永久性排水

水平衡方法只能提供尾矿库中预计蓄积水量的粗略估计。实际上，水流入量和流出量都是变量，并且对许多因素都非常敏感，在尾矿库缺少实际作业经验的情况下，这些影响因素又很难确定。例如气候因素（包括降水、蒸发、径流）经常发生偏离“平均”条件的季节性和年度变化。最好按月进行水平衡计算，估计水蓄积的季节性波动变化，按年度采用假定的“干”和“湿”状态划分潜在的水蓄积或排空的上限和下限。

应当承认，在尾矿库的整个服务期间，随着尾矿表面的升高和覆盖面积的扩大，尾矿库表面积、沉淀池水量和支流汇水量也在变化，因此，要全面掌握长期水平衡变化必须对尾矿库整个服务期间的不同时期进行分析。类似地，渗流流出量在尾矿库的整个服务期间也是变化的，而且在任一时期都比较难以估计。

尽管水平衡方法存在这些局限性，但却可以预测过剩水是否在尾矿库内长期蓄积，判别是否需要采取导水渠道或其他措施以减少流入水量。如果在干燥气候条件下，选厂排放水处理比较简单，只需构筑较高尾矿坝，扩大沉淀池表面积以增强蒸发。在这种场合，为了预测达到稳态条件的高程（这里，净流入量平衡蒸发损失），从而预测池水稳定的高程，需要进行分期水平衡分析。如果水平衡分析表明有长期水蓄积，则可以限制采用某些不适合贮水的升高坝型。水平衡分析也可用来快速诊断降水量远远超过流出量的某些危险场合，以便采取有效措施，防止灾害发生。

2.3.2 洪水处理

洪水处理的规划和量化估计主要考虑降雨、融雪或两者共同作用引起的极端事件。洪水可以两种方式危及尾矿库：通过提供过大的入库水量，漫坝而引起坝破坏；或者通过坝址侵蚀，引起坝面损坏或最终破坏。

(1) 设计准则 尾矿库设计洪水的选择包含一定的风险，这是由洪水可能引起的坝破坏后果、库的规模、下游经济发展程度和土地利用情况所决定的。通用的洪水设计准则有：不确定性准则，即采用概率统计方法求得重现期洪水；确定性准则，即按照气象和气候条件（不考虑出现概率）确定极端洪水。

① 不确定性方法。可以根据河流观测记录、降水记录及尾矿库流域的水文特性从统计上求得重现期洪水。指定水平洪水的年出现概率等于其重现期的倒数。例如，100 年重现期的洪水，在任意指定年份内发生概率≥0.01，可以采用下式估计尾矿库整个服务期限内指定水平洪水的超越概率。

$$P[f]_i = 1-(1-P_0)^i$$

式中 $P[f]_i$——第 i 年破坏概率，即在第 i 年内等于或超越指定的设计洪水的概率；

P_0——在任意年内指定的设计洪水的出现概率，即重现期的倒数；

i——尾矿库的服务期限，年。

表 2-13 说明尾矿库不同服务年限，不同洪水重现期的破坏风险计算。结果表明，破坏概率随着洪水重现期的加长而降低；在洪水重现期相同的条件下，尾矿库服务年限越长，破坏概率越大；尾矿库服务年限与洪水重现期相同情况下，所设计的尾矿库具有相同的破坏概率约 64%。

表 2-13 漫坝破坏概率计算

尾矿库服务年限 i/年	洪水重现期/年	年出现概率 P_0	$P[f]_i$/%
10	10	0.10	64
	100	0.01	10
	1000	0.001	1
30	30	0.033	64
	100	0.01	26
	1000	0.001	3

目前，还没有明确的尾矿库可接受破坏风险水平的准则，但从工程实用出发，一般地，设计破坏概率不应超过百分之几，风险水平的确定主要取决于破坏对下游居民和土地用户的危害，对采矿和选矿作业本身所造成的后果，长期影响的环境后果，以及清除废渣的经济后果。

② 确定性方法。确定性方法是在不考虑洪水出现概率情况下估计可能最大洪水，即根据区域内气象和水文条件的可能最不利联合所预计的可能最大降水推断的洪水。最大可有降水往往约为 100 年再现期降水的 5 倍。

设计洪水的量值决定于尾矿库的规模、坝高、破坏的环境、经济和伤亡后果等因素。一般，除小型尾矿库（坝），大多数尾矿库都要以可能最大洪水进行设计。对于风险水平低至中等尾矿库，如果随着尾矿坝升高和库容扩大能提供附加的洪水处理能力，在尾矿排放的初期，适当水平的重现期洪水也是可以接受的。

估计可能最大洪水产生的总水量适当扣除时，可以在尾矿库排水区域上渗入量、累加可能最大降水值求得。所以，选择适当的可能最大降水值需要掌握有关尾矿库设计的极限使用值和所设计尾矿库类型的知识。所要考虑的暴雨有两种：普通暴雨和雷暴雨，前者可能产生最大的总流入量，是确定封闭型尾矿库蓄洪量的重要因素；后者可能产生较高的峰值流速，是控制溢洪道和引水渠道设计的重要因素。可能最大降水资料是由当地气象部门提供的，因为降水最容易受到库区地理因素如高程、风向、地形障碍的影响。

应当再一次强调说明，洪水估计和控制是尾矿库成功设计和运作的关键，务必非常注意。

（2）控制方法　正如前面所指出的，洪水的主要威胁是漫坝的危险，最好是通过合理选择尾矿库址实现入库水量控制。处理洪水方法主要包括以下几种。

① 控制洪水的主要方法是在库内蓄积洪水，就是说，尾矿库无论何时都以充足的容积接受设计洪水流入量，而上升坝仍保持适当的超高，如图 2-5 所示。如果以某种保守程度确定设计洪水量，在尾矿库整个服务期限内未必能经受到如此大的洪水，即使出现设计洪水，如果处在干燥气候地区，所蓄积的径流量最终被蒸发掉，在其他地区，如果洪水受尾矿废水污染，则需要以适当速度加以处理和释放，但这种处理费用往往很高，有时甚至很难处理。

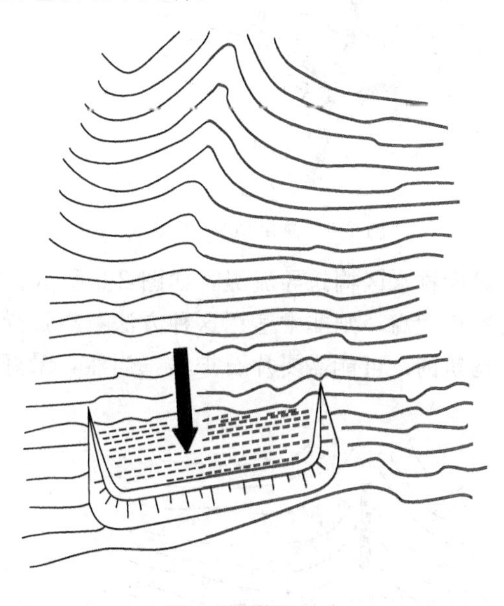

图 2-5　蓄积洪水

② 最常用的排水方法是根据库基地形、尾矿坝升高和排洪能力需求，在库内预设一系列排水井，各排水井超过库底基础的排水涵洞排出洪水。排水井的结构尺寸和排水方式（窗口式、框架式、叠圈式、石坝块式）可根据排水能力选择和设计。

③ 有些地区，地形制约实际坝高和尾矿库容积，并兼有高降雨量和高负荷选矿废水排放量，使得尾矿库不能蓄积洪水量。在这种情况下，唯一选择是在废水尾矿库之前进行水处理，以防混入洪水后造成污染危险。这时，洪水可以经由溢洪道设计，峰值流速（而不是总流入量）是最重要的。但是，升高坝使用溢洪道很不方便，每次坝升高必须在新的坝顶标高构造新的溢洪道，这很明显增加施工的成本和困难，在极端情况下，可能要改作一次建成的挡水坝。溢洪道如图 2-6 所示。

④ 在多数场合，引水渠道适于疏导正常径流量，但也可以用作尾矿周围排洪，如图 2-7 所示。不过，如果设计洪水量较大，相应需要较大的渠道（一般地，可能最大洪水的引水渠道宽超过 30m），且为防止过高水流速的冲蚀又需抛石护堤，这样，若设计引水渠过长，则施工可能很不现实，除非引水渠开挖材料可作为升高坝的初期坝的构筑材料。

⑤ 露天矿山，通过废石场与采场的合理规划也能为尾矿库提供有利的水控制条件。可以把选厂和尾矿库布置在采场和废石场的下游区。如果采场位于尾矿库的排水区域内，矿坑本身的容积可能贮积的最大洪水。如果运输距离合理，可以把废石场跨过尾矿库排水区域横向布置，即在基本上不发生支出情况下通过废石散体实现极端洪水的导流，如图 2-8 所示。但采场安全防洪问题和废石场可能的泥石流危险需另作评价。

⑥ 与引水渠相关的一种方法是导流堤，就是在尾矿库上游、尽可能靠近尾矿库、横跨

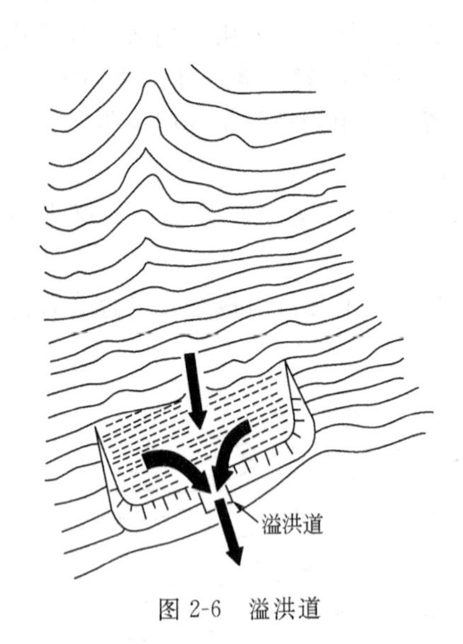

图 2-6 溢洪道

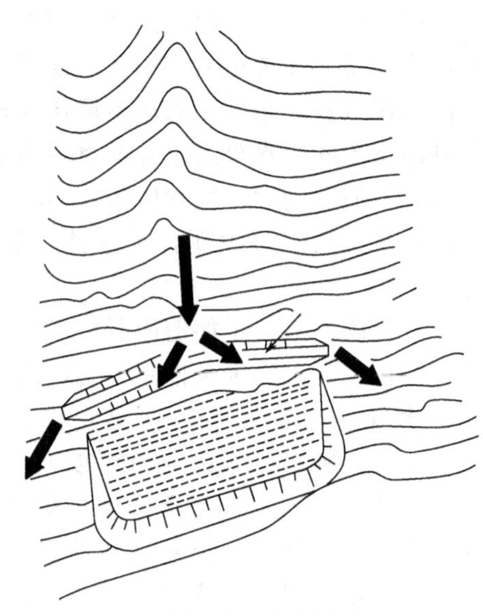

图 2-7 引水渠

尾矿库排水区构筑导流堤，如图 2-9 所示。如果尾矿库处在较浅的基岩上，岩石中开挖引水渠费用太高，则非常适用这种方法。靠近导流堤的水流速可能很高，如果导流堤是采用天然土构筑的，可能需要片石护堤，当然，最好采用露天开采的大块、耐侵蚀废石构筑。

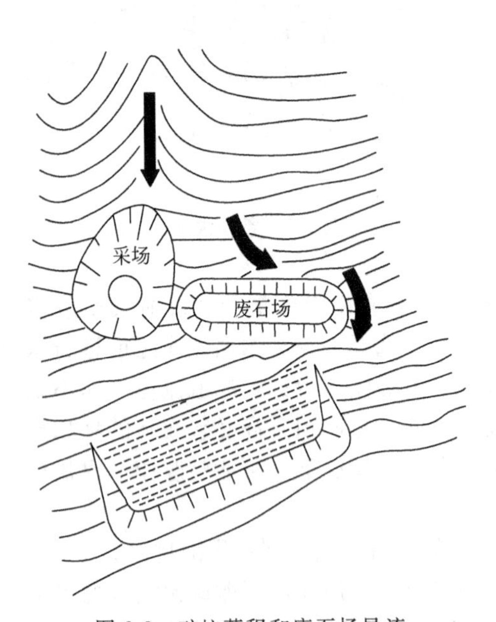

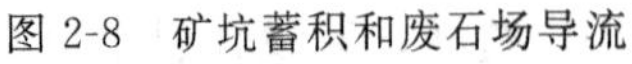
图 2-8 矿坑蓄积和废石场导流

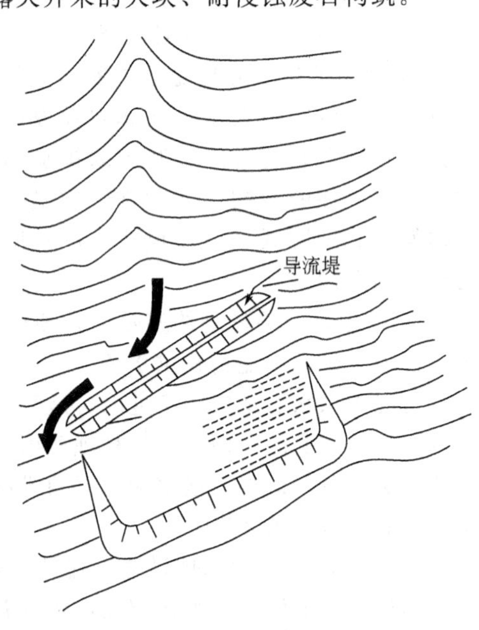

图 2-9 导流堤

⑦ 在非常特殊的场合，例如尾矿库处在一个狭小、缩窄的谷地，上游排水区域又很大，而陡峭的谷坡不可能在尾矿库周围采用引水渠或导流堤排洪，这时，需在尾矿库的上游构筑单独的洪水控制坝，如图 2-10 所示。洪水控制坝应能完全蓄积其上游排水区域的预计洪水径流量，并穿经坝下布置涵洞，以逐渐排空坝内所蓄积的水。如果可能的话，应尽可能避免使用这种方法，因为洪水控制坝需要大量的，甚至超过尾矿坝本身的筑坝材料，而且又不能分阶段构筑，一定要在尾矿库作业之前完成，以实现预期的防洪作用。另外，掩埋式涵洞的维修也成问题，涵洞的有限寿命可能使之必须在尾矿库废弃和土地恢复复垦之后再提供永久

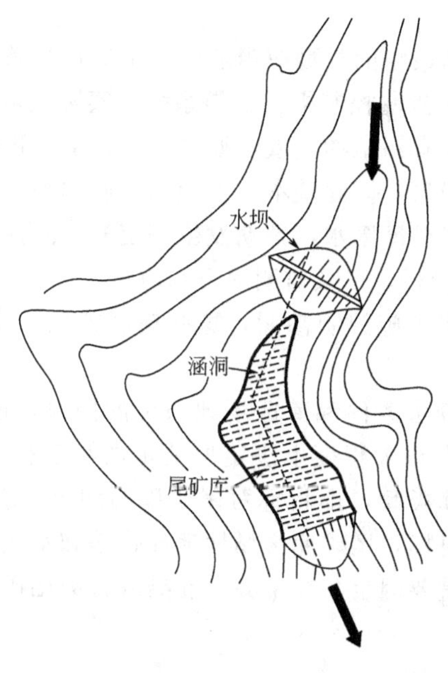

图 2-10　洪水控制坝

性水控制设施。

2.4　渗漏控制

随着世界性水资源和环境保护意识的提高，以及废水管理法规的健全，减少和控制尾矿库渗漏迅速成为矿山工程项目环境评价和管理评价的关键问题之一，从而推动了尾矿库渗漏控制技术的长足进步。然而，就目前而言，在尾矿管理中，认识最肤浅的仍然是尾矿库渗流及其携带污染物对地下水的影响。本节重点介绍各种渗漏控制措施及其有效性。

2.4.1　渗漏控制目标

渗漏控制方法必须与渗漏水的化学特性和特定库区场地条件相适应。尽管有关影响污染物经由尾矿、土壤和地下水运动的某些地球化学过程、水文地质过程的研究才刚刚开始，还不能完全确定出渗流的特定影响，以及选择出最适于把这些影响降低到最小程度的控制方法，但是，基于现有的尾矿知识和相关技术，在明确确定的控制目标下，采取适当的工程措施，可以实现比较经济而有效的控制。

渗漏控制的一般性规则是：

① 不是所有选厂废水都含有毒性组分，因矿石类型、选矿工艺和 pH 值不同，污染物范围可从毒性重金属（即镉、硒、砷）一直到相对无毒材料（诸如硫酸盐或悬浮固体物），而且，决定这些组分危害性的浓度在不同废水中变化范围很宽。

② 含有毒性组分的选厂废水渗漏未必造成扩延的地下水污染，地球化学过程可能阻滞或控制某些组分的迁移，在降低 pH 值废水所伴生的最令人烦恼的金属离子迁移率方面也是最有效的。

③ 如果某毒性组分进入地下水域，必须根据水文地质因素、基线水质量、现时和将来预计使用的地下水资源条件确定地下水环境的最终影响，然后作出使影响最小的渗漏控制

策略。

根据这些规则，渗漏控制策略的类型应当适应废水的化学条件、库区地球化学条件和水文地质条件。Taylor 为铀尾矿渗漏控制提出三类系统，实际上可以把它推广到普通尾矿。

Ⅰ类系统：选厂废水中没有污染物，或者通过地球化学过程能摄取这些污染物，地下水污染潜势不严重，不考虑渗漏量，因此基本上不控制尾矿库渗漏。

Ⅱ类系统：部分地拦截尾矿库废水，预期发生一定的渗漏损失。污染潜势大于Ⅰ类，需要进行较高水平的渗流-污染分析，以及监测地下水质量。

Ⅲ类系统：全然通过结构措施控制渗漏，这些措施如尾矿库垫层等，试图达到尾矿库"零排放"，通常成本很高。

在渗漏控制策略适应于废水条件和库区场地条件的同时，还必须确立地下水保护的目标，见表 2-14。不同的目标在很大程度上决定所要求的渗漏控制措施，或者说，为达到某一目标需要相应的某种尾矿库类型，即目标对尾矿库的约束。表 2-14 中目标是按照递强约束排列的。而且，无论哪一目标，尾矿库区场地地球化学和水文地质因素以及选厂废水性质是决定渗漏控制策略类型的重要因素。在Ⅰ类、Ⅱ类或Ⅲ类尾矿库都适合的情况下，则视特定环境而定。

表 2-14　地下水保护目标

目　　标	尾矿库类型	库区场地条件和废水条件
防止污染物迁移到尾矿库区边界以外	Ⅰ、Ⅱ或Ⅲ	地球化学因素、地下水梯度、缓冲带
限制地下水中特定污染物的浓度达到指定水平	Ⅰ、Ⅱ或Ⅲ	基线水质；地球化学和水文地质因素；废水组分
防止对地下水用户有不利健康的影响	Ⅰ、Ⅱ或Ⅲ	水井的位置；地球化学和水文地质因素；废水组分
防止有毒污染物进入地下水	Ⅱ或Ⅲ	地球化学和水文地质因素；废水组分
防止尾矿库任何渗流释放（"零排放"）	只有Ⅲ	与所有废水，地球化学、水文地质因素无关

显然，必须在确定出渗漏控制要求达到什么水平之前，充分考虑渗漏控制目标、尾矿库区场地和相关废水因素。在作出控制水平的决策之后，则要评价用来达到预计结果的各实施方案。

2.4.2　垫层

为了防止渗漏和使渗漏量最小、从而使污染物释放最小，在地下水保护要求严格、选厂废水中毒性组分浓度较高的场合，常采用垫层作为渗漏控制的最后策略，特别适用于第Ⅲ类系统。

垫层系统的特点是：任何一种垫层的成本都比较高，但如果条件适宜，垫层抗渗效果非常好，这主要因为垫层在地表铺设，可以在控制条件下施工和检查。与渗流障系统和渗流返回系统相比，它不受地下条件的限制，不需考虑地下土壤、岩石性质或地下水条件，可以在任何充分干的地面上进行正常的施工，而渗流障系统和渗流返回系统的效果和施工的可行性完全决定于下部不透水层的存在和所穿过土层的性质。但是垫层必须具有耐废水化学腐蚀和各种物理破裂的性能。实际上，垫层都会发生一定程度的渗漏，即便是合理设计、规范施工的垫层，也不能保证在整个作业期间起到所预计的作用，或者达到"零排放"。可能发生泄漏的主要原因是：

① 合成薄膜经由缺口和接缝发生渗漏；

② 黏土垫层，如果在尾矿排放之前受干，可能产生收缩裂缝；

③ 断裂作用可能增大天然地质垫层的渗透率；

④ 垫层必须有足够的柔性，使之经受住应力破坏。在饱和尾矿 30m 深处，总应力约为 600kPa。

根据垫层材料，垫层可分 3 类：a. 尾矿泥垫层；b. 黏土垫层；c. 合成垫层，包括合成橡胶膜、热性塑胶膜、喷射膜、沥青混凝土。

下面分别讨论尾矿库最常用的垫层材料，并分析它们的相对优点和缺点。

2.4.2.1　尾矿泥垫层

尾矿泥垫层的构想简单，即尾矿泥排至尾矿库内，依靠尾矿自身的低渗透性达到减少渗漏。从表面上看，其类似一般的尾矿排放程序，但因具有别于其他垫层的某些独特的优点，可能达到特殊的抗渗效果，对于某些尾矿类型，甚至达到相当于或优于其他类型垫层的减少渗漏效果，因此，尾矿泥垫层成为一种合理的、正规的、相当廉价的渗漏控制方法。

不言而喻，铺设尾矿泥垫层要求：尾矿泥（−0.075mm 粒级）量必须占全尾矿的 40% 以上，并通过旋流器分离出来；尾矿泥固结后的渗透系数必须接近 10^{-6}cm/s。

尾矿泥垫层的突出特点是能够经受住相当大的基础沉降，甚至是地震液化而不失其抗渗效果。因为，就是中等致密的基础土层，在几十米深尾矿作用的载荷下，可能产生很大的沉降，而其他类型垫层如黏土垫层和合成垫层，都可能因基础沉降而遭破裂。

尾矿泥垫层的主要缺点是：为了使尾矿泥散布在整个尾矿库范围，必须改进正常的排放程序，必须精心控制池水，使之减至最少。正如图 2-11 所示，只从坝顶进行正常的尾矿排放，在尾矿库尾部，池水与天然土壤之间直接接触，形成较大的渗漏通道。如果同时从尾矿库尾部排放，则可能形成连续的尾矿泥垫层。尾矿泥垫层不能为垫层范围内通过地球化学过程减弱污染物迁移提供机会，且因仅仅是减少渗漏量，下覆天然土壤可能摄入污染物，因此，必须会产生地下水质量保护问题。

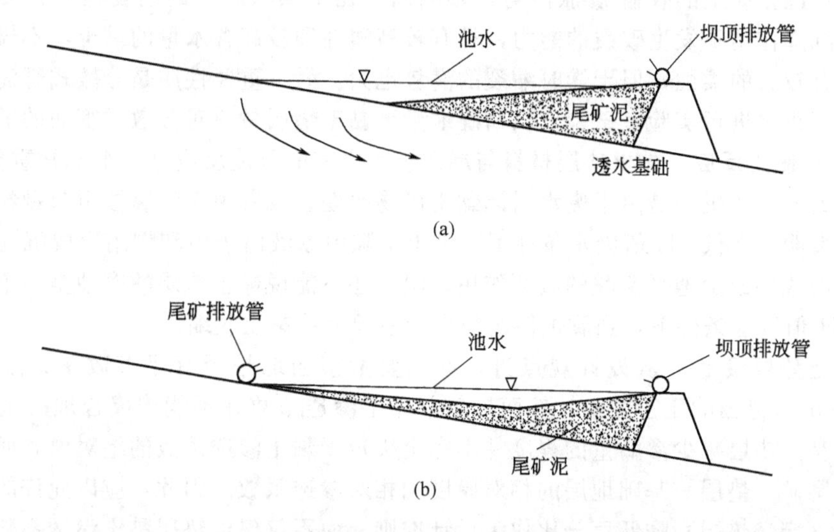

图 2-11　通过尾矿泥排放程序控制渗漏

总之，尾矿泥垫层是一个有发展前途的构想，相对于其他类型垫层而言，它的成本显著降低。然而，由于要求精心排放和水控制程序，尾矿泥垫层最适用于汇水量小的尾矿库和再循环水量大的选厂。

2.4.2.2 黏土垫层

黏土垫层很早就用以降低蓄水库和毒性废料库的渗漏，自然地引入尾矿库工程。

(1) 黏土与添加料 天然黏土或加入添加料的压密土壤均可用作垫层。最普通的添加料是膨润土，按质量比2%～6%的膨润土，在移动捏土机中与天然砂质土掺和，渗透系数可达10^{-6}cm/s，可作为良好的黏土垫层材料，而在地面干散膨润土的则不佳。亦可采用化学分散剂，包括磷酸四钠、三磷酸钠、碳酸钠（碳酸钙）、氯化钠、六偏磷酸钠和硅酸钠。试验结果表明，如果与土壤充分混合，黏土渗透系数能降低1个数量级。化学分散剂主要是通过单个颗粒的分散结构而改变黏土结构，关键是看低pH值废水对分散作用抵消到什么程度。一旦在压密土中形成分散结构，即便日后受到团聚的化学环境的作用，也难以形成大的输水孔隙。

(2) 垫层性质 影响垫层功能的主要性质是渗透性、容积稳定性、柔性和抗管涌性。这些性质强烈地受填料含水量的影响，而其结构和密度则决定于现场压密方法和程度。

压实黏土的饱和渗透性变化范围很宽，实验室值一般从10^{-8}～10^{-5}cm/s。对渗透性影响最大的是各种黏土所特有的黏土矿物。含水量和压密状态决定黏土的结构，进而可能使渗透系数在几个数量级范围内变化。实验室试验证明，在某种黏土含水量15%情况下，测定渗透系数为10^{-7}cm/s，在同样密度下只降低含水量2%，渗透系数提高到10^{-5}cm/s。这主要是因为达到最佳含水量时，压缩产生低渗透性分散结构，而略低于最佳含水量则产生可渗透的絮凝粒状结构。

实验室渗透性试验未考虑现场黏土渗透性的众多影响因素，如干燥作用、黏土聚团大小及杂质等。因此，根据实验室测定结果预测现场压密黏土的渗透系数，可能产生1个数量级以上的变化，用来预测渗漏量，可能引起10倍的变化，并且，在渗流分析中，如果使用饱和渗透系数指导非饱和渗透系数，将会扩大这种不确定性。为此，最好进行现场渗透性试验。

容积稳定性指黏土的收缩-膨胀潜势，影响黏土在干燥状态下的缩裂程度。柔性影响压密黏土经受沉降作用不发生破裂的能力，具有较高塑性和较高含水量的黏土，不仅有较低的渗透性，也有较大的柔性，但干燥时缩裂的潜势也大。另一重要性质是分散式管涌潜势，须采用实际选厂废水进行实验室试验，以精确地量测黏土垫层材料对分散式管涌的敏感性。

(3) 废水-黏土反应 黏土垫层材料与尾矿废水之间的可能反应是一个非常重要的课题。渗透系数增大的可能机理是由于废水引起黏土矿物改变，或者由于酸腐蚀引起颗粒破坏。大量研究结果表明，在低pH值废水条件下，黏土空隙中废液由于中和作用形成沉淀物，沉淀物的堵塞作用或多或少地平衡酸的破坏作用。眼下还不能说黏土垫层酸腐蚀是一个普遍性问题。在高pH值废水条件下，强腐蚀性溶液可能引起某些黏土收缩。

(4) 黏土垫层设计 从设计观点讲，首先要考察当地是否有足够数量、渗透系数在10^{-8}～10^{-6}cm/s范围的压密黏土。然而，单单黏土渗透系数并不能构成合理的垫层设计准则，因为，黏土垫层减少渗漏量的程度并不完全决定于黏土渗透系数的绝对值，而是决定于渗流顺序：尾矿—垫层—基础地层的相对厚度和相对渗透系数。因此，应以允许的渗漏率或要求的渗漏（穿经垫层）降低百分比作为设计准则，而不仅仅以垫层黏土渗透系数作为设计准则。一般地，为使黏土垫层显著地降低渗漏，其渗透系数至少要低于尾矿的10倍。根据贮积材料不同，尾矿砂或尾矿泥，限定的垫层渗透系数为10^{-5}cm/s或10^{-7}cm/s。同样地，为了显著降低饱和渗流条件下的渗漏，黏土垫层的渗透系数至少要低于基础地层的1～2个数量级，视地下渗流距离而定。

实质上，黏土垫层设计主要是确定垫层厚度。合理的确定垫层厚度，前提是要有明确的渗流控制目标。如果指定了尾矿库允许渗漏率，则可以用简单的饱和渗流分析确定出与上覆尾矿厚度相适应的垫层厚度。如果指定渗流运动不准超出垫层底板，则可以采用非饱和渗流模型来确定垫层厚度，使之在尾矿库工作期间湿锋前保持在垫层之内。如果要求污染物不迁移出库外，可以采用非饱和原理辅以地球化学分析方法确定垫层的必需厚度。因为黏土对许多污染物具有衰减的功能，所以黏土垫层的主要价值是地球化学“海绵”作用，而不是单位时间渗流量的减少。

如果在垫层上设置排水系统，则可以减少垫层厚度和渗流量，如图 2-12 所示。排水的作用在于降低作用在垫层上的水头。在饱和条件下垫层渗漏的程度与作用水头成正比，有效的排水可以使垫层厚度减少到最低的实用厚度约 15～30cm。当天然黏土供应不足时，可以在整个垫层之上铺置旋流分离的尾矿砂，形成有效的、廉价的排水平覆盖层，它既可减少渗漏量，又可以加速尾矿固结。但排出的水必须集中处理。

影响垫层厚度的另一因素是垫层适应地基沉降而不破裂或剪裂的能力。黏土垫层和其他任何类型垫层都不应铺置在软弱、松散、压缩性大或对水敏感的地基上。尽管尚无规范明确规定黏土垫层的允许沉降尺寸，但垫层厚度不应小于尾矿库充满后总预计沉降量的一半。

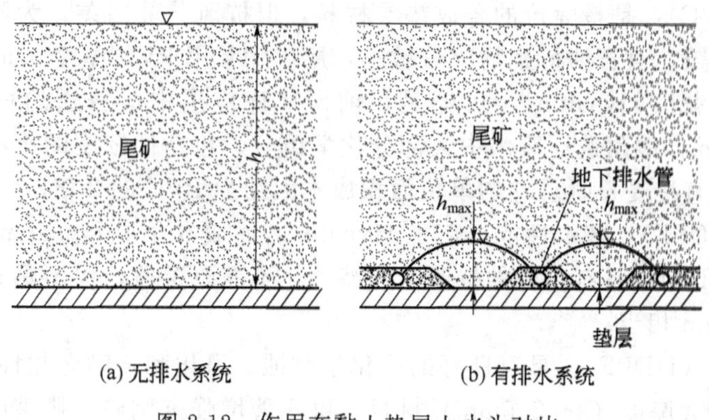

图 2-12 作用在黏土垫层上水头对比

黏土垫层设计还须考虑库底的地形。非常平坦的库底面，刚开始排放就可能全被水淹没，而坡度较大的库底面，可能时达数月或数年有的地方还不能被水所淹没，受干燥和冰冻作用形成重大裂缝，致使渗透系数增大几个数量级。这些裂缝因随后的饱和膨胀作用而密合，密合的程度取决于材料的收缩-膨胀特性。黏土垫层的渗透性的抗渗效果存在很大的不确定性，很难精确预测。

选择黏土垫层的一个关键因素是当地有可用的黏土源地，如果远距离外运则不经济，可考虑合成垫层。

2.4.2.3 合成垫层

近 20 年，尾矿库开始引进合成垫层用作渗流控制。在合成垫层材料中，沥青混凝土和喷射混凝土因成本高，刚性易受不均匀沉降损坏，易受酸腐蚀而碍于在尾矿库广泛应用。喷射膜如沥青-聚合物，抗渗性能好，但日晒老化、喷射厚度不均匀问题有待解决。合成橡胶膜如丁基橡胶、乙烯丙烯二烯单聚体通常专用作饮用水库垫层，因成本高而未能用于尾矿库。热性塑胶膜比较适合且比较广泛应用于尾矿库渗流控制。

国外曾对垫层材料做过大量研究，简要研究结论如下。

① 很多材料都具有良好的抗化学侵蚀性能，但最容易出现的是施工问题。

② 表面密封层和沥青具有低的渗透性，但往往难于贴合和检查，易损坏，沥青膜需要覆盖土壤。

③ 聚合膜虽易检查，但铺设时易损坏，而且它的性能决定于接缝质量。

④ 合成橡胶垫层（聚氯丁烯和乙二环氧丙烷二烯单体），现场接缝困难。偶尔现场接缝成功的有高密度聚乙烯、聚乙烯、氯化碳化聚乙烯、氯化聚乙烯和聚氯乙烯。

⑤ 除了聚乙烯外，聚合树脂和沥青对铀尾矿组分显示出长期耐久性，但煤油浓度高时（可能出现在溶剂萃取循环的废液中）可能对垫层起不利作用。

⑥ 因为柔性隔膜垫层适应用地基内不均匀变形所产生的应力，所以必须精心设计和施工地基。

⑦ 沥青膜渗透系数 1×10^{-8}cm/s，与无垫层沉淀池相比，减少渗流量到50%左右；聚合垫层渗透系数 1×10^{-10}cm/s，减小渗流量到10%以下。

⑧ 尾矿库垫层和相关岩土工程费较高，一般均为尾矿库总投资的1/5～1/3。

(1) 热性塑胶膜性质 不同垫层材料的化学结构导致其经受风化、日晒、废水化学腐蚀能力的差异。根据实验室试验结果，在选厂废水常见的酸、碱、盐浓度下，几乎所有的热性塑胶膜都具有良好的抗化学可溶性。

聚氯乙烯（PVC）：是最廉价的合成垫层材料，但抗风化能力差，为防止日晒老化，需用水、尾矿或土覆盖。对石油衍生物比较敏感，尾矿库常用PVC厚度0.50～0.75mm。

氯磺酰化聚乙烯（Hypalon）：可能是目前尾矿库应用中最普通的材料，常用厚度为0.75mm和0.90mm，能耐选厂废水中大部分化学组分，包括低浓度的石油衍生物，具有良好的时效性，可以直接受日晒。它的单位面积成本大约为PVC的2倍。

氯化聚乙烯（CPE）：基本性能类似于Hypalon，而成本介于Hypalon和PVC之间。

增塑聚烯烃（EP）：具有良好的抗晒老化特性，不需要覆盖，但不具有抗石油衍生物性能，成本与Hypalon相当。

高密度聚乙烯（HDPE）：具有良好的抗化学腐蚀、风化和日晒老化性能，厚度从0.5～3.5mm，如果用较大厚度（2～2.5mm）材料，可显著增强抗刺破、撕破能力。在尾矿库垫层应用中前景看好。

从经济和性能上考虑，也可以结合使用两种不同材料，例如用低价的PVC垫库底，用Hypalon或其他材料垫边坡。总的来讲，合成垫层在尾矿库中应用积累有一定的施工经验，但还缺少运营方面的经验。

特别引起关注的一种新材料——地质聚合物近20年来得以迅速发展。聚硅酸盐型（—Si—O—Al—O）或聚硅酸-硅氧型（—Si—O—Al—O—Si—O）地质聚合物，当它们与矿化尾矿相混合，通过分子键合而达到强度。这些材料，在尾矿管理中应用虽然处于发展阶段，但已明显地显示出低渗透性、高强度、良好的抗溶滤性和耐久性的潜在优势，可能用作垂直防渗墙、水平垫层、坝体加固、表面覆盖等。

(2) 合成膜垫层设计 在选取与选厂废水相适应的垫层材料之后，合成垫层设计就变成材料厚度的选择问题，一般地，按蓄水库垫层厚度可以类比尾矿库设计，但在尾矿沉积物作用下的垫层具有不同于水的力学环境：第一，尾矿容重大于水，因此将以高于水的自重应力作用于垫层上；第二，在垫层的倾斜部位，尾矿产生剪切应力，在剪切应力下垫层的力学状态与行为，目前尚无完善的理论模型描述。所以，合成膜垫层设计仍处于经验设计阶段。

垫层设计的另一部分是土方工程。因为不能在陡于3∶1坡度上铺设垫层，放缓上游坝可能增加筑坝材料量。合成膜垫层最好铺设在平坦的砂质土上，以防刺破。为了使垫层不受风卷和浪冲，以及防晒和油浸，应用土覆盖垫层，并压上片石。

(3) 合成膜垫层效果　如前所述，合成垫层渗漏的主要原因是合成膜裂缝和接缝的存在，可能发生的渗漏量多少是由现场接合的方法和质量决定的。另一渗漏原因就是完整合成膜本身存在孔隙。合成膜垫层渗透性非常低，厚度 0.75mm 垫层的渗透系数约为 10^{-10}cm/s。确定能起到降低渗漏量的作用，实际应用中忽略不计它的渗漏量。但是，通过合成膜的渗漏总是发生的，不可能达到“零排放”，然而，渗流量难以预测，主要是缺少实用的预测方法。如果按 Darcy 渗流定律分析，在不考虑任何撕裂情况下，估算的渗漏量值基本与其他类型垫层相当。

最引人关注的是合成膜的寿命。基于现有的作业经验说明，严格保护的与废水性质相适应的垫层，工作 10 年以上未受老化。控制加速老化的实验室试验结果表明，大多数合成膜有效寿命超过 20 年。这就预示，如果垫层选择、接合、保护得当，其寿命都能达到一般尾矿库的服务期限。

2.4.3　渗流障

渗流障包括截流沟、泥浆墙和注浆幕，如图 2-13 所示。渗流障的使用条件是：尾矿坝设有不透水心墙，而且渗流障要与心墙很好连接，显然，在没有心墙条件下，透水的旋流砂或矿山废石所筑的坝不宜采用渗流障。因此要求上升坝的渗流障必须与初期坝同时施工，将渗流障埋设在下游型坝的上游段，中心线型坝的中心段。渗流障一般不适于上游型坝，因为它没有、也不可能有不透水心墙。事实上，透水基础对上游坝稳定性具有有利的影响，阻止基础渗流可能引起坝内水面升高。渗流障起到使渗流侧向运动的作用，因此，只有当透水基础地层下覆连续的不透水地层时，渗流障才能充分有效。为了显著地减小渗漏量，渗流障必须穿过透水基础地层达到不透水地层。

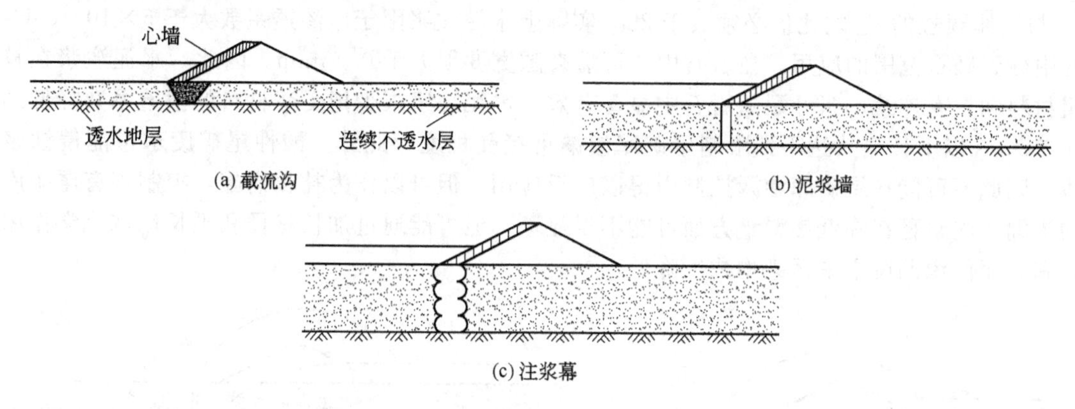

图 2-13　渗流障

(1) 截流沟　截流沟采用垂直挖掘方法形成，充填以压密黏土。截流沟是比较经济、应用最广泛的尾矿坝渗漏控制方法。因透水基础地层深度不同，截流沟施工深度一般为 1.5～6.0m 范围，它的开挖不受基础岩性限制，但受水位限制，如果不采用专门的排水措施，开挖困难，不能回填黏土。

(2) 防渗墙　在不适合开挖截流沟的饱和基础条件下，可用反铲挖掘成窄沟，以土-膨润土浆或水泥-膨润土浆、沥青乳胶、细粒黏土、高密度聚乙烯置换挖掘材料。浆体渗入堑沟周围的孔隙介质，又起到防止施工期间堑沟倒塌的作用。堑沟回填以土壤、膨润土和水的混合物。土-膨润土与水泥-膨润土混合材料的渗透性近似相同，约 10^{-6}cm/s。水泥-

膨润土墙可用于需要强度的场合，浆体凝结成似硬黏土的稠度，墙体加筋也将提高水泥-膨润土混合材料强度。有些土壤渗流控制可采用塑料-混凝土墙。虽然混合材料具有较高强度，但欠柔性，施工费也较水泥-膨润土混合材料高。土-膨润土可达到低渗透性，但必须考虑废水对渗透性的影响。此外，土-膨润土可能产生变形，还要考虑坝体对变形的适应性。

各种防渗墙都有一定的适用范围，橡胶膜和磺酰化聚乙烯类适用于酸性废料，而合成垫层、黏土和沥青基材料则不适用；土基材料（土壤-膨胀土、土壤-沥青和压密黏土）不适用于腐蚀性污染物；沥青基材料、聚合垫层和土基材料不适于侵害性碳氢倾倒物；聚乙烯、聚丙烯、聚氯乙烯、土-水泥、土-膨润土和压密黏土在与有机化学物接触时，可成为有效的抗渗材料。

目前，最深的防渗墙工程实例为30m，但从经济上考虑，一般尾矿库的实用深度15m左右。防渗墙成本较高，不易安全无害裂隙状基岩或含不规则大块的地层。防渗墙最适用于饱和、细粒、较浅、较平坦的场合。

(3) 注浆幕 注浆幕即选取适宜浆体，经由钻孔进行压力注浆。浆体包括水泥、膨胀土悬浮体或二者的混合体，也可以采用化学注浆，其与悬浮液混合可以对地下水渗流提供更有效的密封和水力控制。这些化学浆包括：

① 硅酸钠基（20%～60%）与反应剂（酰胺、酸、多价阳离子）、速凝剂（$CaCl_2$）和水；

② 木质磺酸盐（钙、铵或钠盐）与六价铬反应；

③ 丙烯酰胺，速凝剂（过硫酸铵）、交联剂（亚甲双丙烯酰胺）和催化剂；

④ 酚基-酚和乙醛（高 pH 值下缩聚）。

必须根据浆体所穿过空隙的大小选择浆体类型。为了使浆体颗粒穿入土壤孔隙，土壤的 d_{15} 与浆体颗粒的 d_{85} 之比值必须大于25，实际上水泥注浆限于原渗透系数大于 5×10^{-3}cm/s 的中砂到砾石范围的应用。在岩石中，可灌裂隙宽度须大于0.75mm。因此，水泥注浆在较粗材料和具有连续、张开裂隙岩石中显著有效。水泥注浆很少把受浆材料的渗透系数降低到 10^{-5}cm/s 以下，显然达不到限制尾矿库渗漏可接受程度，此外，酸性尾矿废水可能侵蚀浆体，因此不可能在尾矿库渗漏控制中得以广泛应用，但可以作为补救措施，控制现有尾矿库的渗漏。注浆幕在降低渗漏量方面可能不尽显著，但可能通过加长渗径和延长地球化学作用时间，而使渗漏废水中污染物浓度降低。

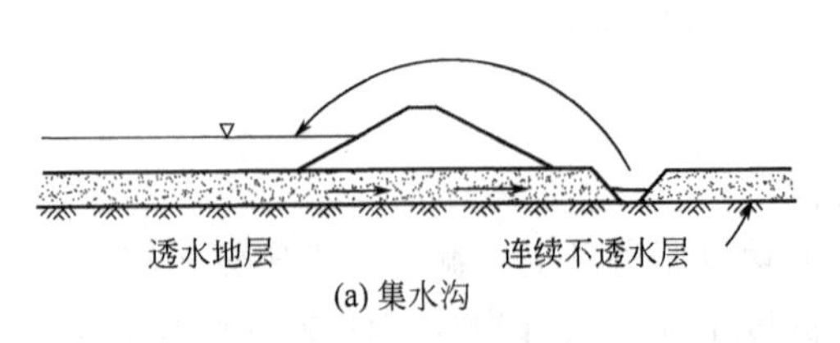

(a) 集水沟

(b) 集水井

图 2-14 渗漏返回系统

2.4.4 渗漏返回系统

渗漏返回系统是渗漏出坝外的废水汇集起来再返回尾矿库，从而消除或减少地下水中污染物迁移。返回系统作业有两种基本形成：集水沟（池）和集水井，如图 2-14 所示，它们的工作原理是相同的，即作为渗漏控制的第一道防线，在尾矿坝下游把渗漏废水集中起来，再泵回沉淀池。

集水沟可以单独使用，也可辅助其他渗漏控制措施一起使用。一般地，沿坝下游坡脚附近开挖集水沟，再将渗漏水汇集到池中泵回尾矿库。其适用条件相似于截流沟，下覆连续的较浅的透水层，集水沟挖穿透水层而达不透水层。因不要求坝体中设置不透水心墙，故可用于透水的上游坝、下游坝或中心线坝。沟内设置反滤层，以防发生管涌。

集水井是沿坝下游打一排水井，截流受污染的渗漏水，从井内抽出，泵回尾矿库。井深应足以拦截污染水流。集水井很昂贵，一般不为尾矿库渗漏控制所选用，但可作为补救措施，防止已污染的含水层进一步被破坏是很有效的。

2.5 库址软土地基问题处理

2.5.1 软土的概念

软土，主要指内陆湖塘盆地、江河海洋沿岸和山间洼地沉积的软弱饱和黏性土层，具有压缩性高、强度低和透水性差的特点。在软土地基上筑坝一般易产生坍滑和沉陷。从力学性能指标来看，凡属下列范围的土均称为软土。

天然含水量大于 40%，孔隙比大于 1.0，压缩系数大于 0.05cm^2/kgf（在 10～30kPa 压力下），饱和度大于 95%，有机质含量较大，渗透系数小于 1×10^{-6}cm/s，快剪的 φ 值小于 16°，c 值小于 1.2kPa。

2.5.2 软土地基处理

尾矿坝建在软土层上的实例至今还不太多。如果必须在软土地层上筑坝，应对地层情况进行详细的勘探，并采取必要的处理措施。国内在软土地基上修筑尾矿坝技术和水坝所采取的一些处理措施简介如下。

2.5.2.1 换土法

换土法是指全部挖除软土，换填以强度较高的土料。它可从根本上改善地基，不留任何后患，是最彻底的处理方法。但只适用于软土层位于地表、厚度较薄且便于施工等情况。

大屯官山尾矿库初期坝部分坝基为沉积多年的尾矿层（类似软土），后因沉陷不均致使坝体开裂。改造时将沉积的饱和尾矿全部挖除填以新土，继续筑坝，效果良好。

此外，会理某矿及包钢尾矿坝的改造也都采取此法处理。

2.5.2.2 反压法

反压法就是在坝体两侧填筑重力平台（图 2-15），在此附加荷载作用下，坝侧地基被挤出和隆起之势得到平衡，从而增强地基的稳定性。此法虽然施工简便，但土方量大，适用于较低的初期坝。

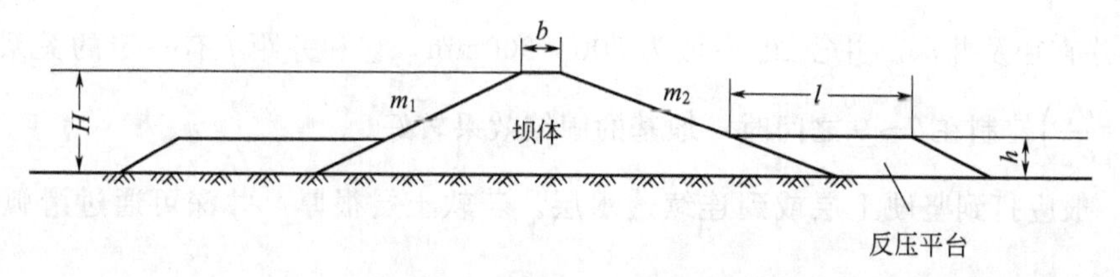

图 2-15　反压法加固示意图

反压平台一般采用单阶形式，其高度及宽度应通过稳定计算确定。在软土地基中，还应考虑到坝体的变形比地基要小。当地基变形到一定的程度时，地基尚未达到破裂，坝体已产生了裂缝，因此坝体强度不能全部用足，应考虑一个折减系数 m 值。m 值的选用，应根据两种土壤的力学性质差别大小来选取，一般砂壤土均质土坝建筑于软土地基上可取 m 为 0.8 左右，当地基强度与坝体强度比较接近时，坝体的强度可不折减。

湖北某尾矿初期坝建在软土地基上，坝高 8m，软土地基厚度 16m，采用了反压台处理方案，如图 2-16 所示，经稳定计算，能满足要求。

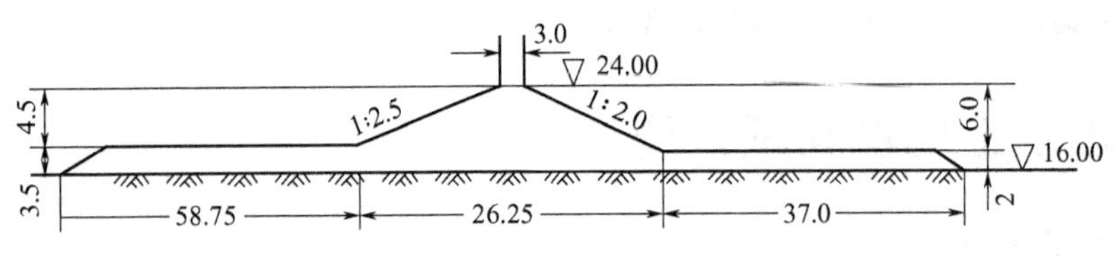

图 2-16　某尾矿库初期坝断面图

2.5.2.3　砂井法

砂井法是在软土地基中设置一系列的砂井，其作用是缩短排水距离，使孔隙水压力能较快的消散，从而加速地基抗剪强度的增长，同时也缩短了地基最终沉陷时间，适用于软基较厚的情况。

(1) 砂井的布置及砂料选择

① 井点平面布置。井点可布置成三角形（或称为梅花形）和正方形两种（图 2-17），前者排列较为紧凑有效，故采用较多。井距 l 一般为 2～5m。每个砂井的影响直径为：

三角形布置时

$$d_e=\sqrt{\frac{4}{\pi}}l=1.128l \tag{2-1}$$

正方形布置时

$$d_e=\sqrt{\frac{2\sqrt{3}}{\pi}}l=1.05l \tag{2-2}$$

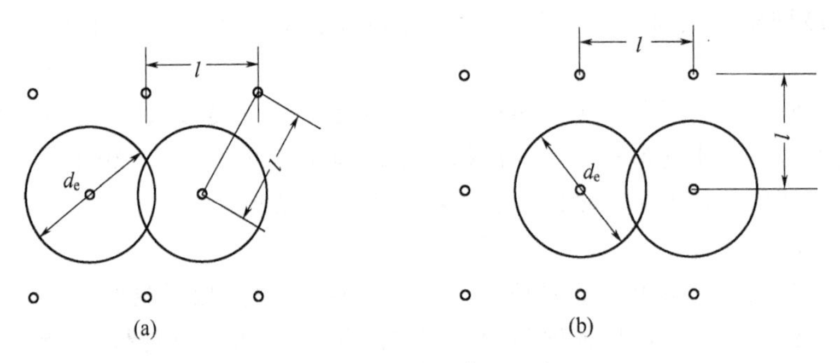

图 2-17　砂井井点布置示意图

② 砂井直径及井深。井径 d_w 一般为 200～300mm，它和井距 l 有一定的关系，一般井径比 $n\left(n=\dfrac{d_e}{d_w}\right)$ 控制在 7～9 之间时，地基的固结效果较好。

井深一般应打到坚硬土层或到连续透水层。若软土层很厚，井深可通过滑弧稳定计算确定。

③ 砂垫层的设置。砂井上端（坝底部）须铺设砂垫层，以沟通砂井，尽快排出孔隙水。

砂垫层的厚度按地基总沉降量之半考虑为宜，但不小于 0.5m。

为节省砂料也可设纵横砂沟代替砂垫层，沟宽为井径的两倍或稍大些。但砂沟较砂垫层施工麻烦。

④ 砂料的选择。砂井及垫层的砂料应为透水性好的材料，且垫层的砂料应比砂井的砂料粗，一般应满足如下要求。

a. 地基土壤中的孔隙水能自由地流入砂井和垫层。

b. 砂井周围地基土壤细粒不致随水流入砂井和垫层中。

为满足上述要求，所选的砂砾料的颗粒大小，应由渗流试验确定；当无此试验条件时，可参照相关资料选用。

(2) 砂井施工方法简介[1]　目前我国砂井施工方法，主要有射水法，打入空心钢管法和爆破法等。各种方法的适用条件及经济比较见表 2-15。

① 射水法。用高压水（一般软土地区可选流量为 25～35t/h，压力为 100kPa 的水泵）通过射水管（一般用 ϕ200mm 钢管）冲射软土，形成井孔，填砂后成为砂井。该法所打井井孔质量良好，孔壁能维持 24h 不坍，灌砂率可达到 95%以上，是一种多快好省的施工方法。

表 2-15　各种砂井施工方法比较

<table>
<tr><th rowspan="2" colspan="2">施工方法</th><th rowspan="2">适用条件</th><th colspan="3">设备情况</th><th colspan="3">平均工率</th><th colspan="2">台班产量</th></tr>
<tr><th>主要设备</th><th>重量/t</th><th>安装/工日</th><th>根/m</th><th>总工日</th><th>工日/m</th><th>根/台班</th><th>砂井深/m</th></tr>
<tr><td colspan="2">射水法</td><td>①设备简单,操作方便
②砂井深度不受设备限制
③水源要足,排淤要方便</td><td>高压水泵、三脚架、手摇绞车、射水头</td><td>2.50</td><td>8</td><td>$\frac{10}{180}$</td><td>12</td><td>0.667</td><td>10</td><td>17.8</td></tr>
<tr><td rowspan="2">钢管法</td><td>用履带吊车改装</td><td rowspan="2">①设备笨重,筹备不易
②施打砂井深度受龙门架或吊车起重高度的限制</td><td>履带式吊车、钢管、钢架、桩帽、桩锤、桩尖</td><td>30</td><td>32</td><td>$\frac{748}{7710}$</td><td>168</td><td>0.75</td><td>32</td><td>8</td></tr>
<tr><td>钢龙门架打桩机</td><td>钢龙门架、钢轨、钢管、桩锤、桩帽、桩尖、卷扬机</td><td>25</td><td>—</td><td>$\frac{510}{2422}$</td><td>3523</td><td>4.58</td><td>14</td><td>11.7</td></tr>
<tr><td colspan="2">爆破法</td><td>①设备简单
②质量不稳定,目前只能施打深度 6m 以内的砂井</td><td>硝铵炸药、雷管、引爆线、塑料布、螺纹钻</td><td>小于1</td><td>4</td><td></td><td>570</td><td>2.35</td><td></td><td></td></tr>
</table>

注：表中工率比较数字，不同的施工条件、不同土质的工点，仅供参考。

② 打入空心钢管法。在履带起重机吊臂上（也可用钢龙门架代替）。适用条件主要设备装置一个高约 13m 的导向钢架。导向架上有钢管桩，桩锤重 1.5t，由吊车卷扬机吊起打孔。打到设计深度后，即刻上拔 0.5～1m，活瓣桩尖自动张开，在管口装上漏斗即可灌砂，灌砂

[1] 摘自铁道部第四工程局编《软土地基上路堤设计与施工》一书。

后拔桩，即成砂井。

活瓣桩尖构造简单，但有时不易张开。有的采用木桩尖，但耗费大量木材，因此有些单位改用钢筋混凝土桩尖。

③ 爆破法。用直径 73mm 的螺纹钻杆钻出一个与砂井设计深度相同的钻孔，然后在钻孔中放置由传爆线和炸药组成的条形药包。爆炸后将孔扩大，成孔后灌水使孔壁不坍，并用竹竿试探爆深，观测井孔是否良好。经检查后开始灌砂，必要时持竹竿捣固，灌满为止。

2.5.3 软土地基上尾矿堆坝的稳定计算

前述换土、反压及砂井等软土地基的处理方法一般仅在初期坝范围内采用。至于尾矿堆坝范围内，由于堆坝的上升速度较慢，一般尾矿渗透系数又较大，有利于软土地基的排水固结，故可不需采取特殊处理措施。当库内贮存细粒尾矿，渗透系数接近软土地基时，可设置纵横砂沟排除孔隙水，加速地基的固结，从而增强地基的稳定。

2.5.3.1 地基的滑动稳定计算

地基的稳定安全系数按式(2-3) 计算。

$$K=\frac{\sum(b\gamma h\cos\alpha-ub\sec\alpha)\tan\varphi'+Cl}{\sum b\gamma h\sin\alpha} \tag{2-3}$$

式中 K——安全系数；

b——土条宽，m；

h——土条的计算高度，m；

α——土条对圆心垂线的夹角，(°)；

u——孔隙水压力，t/m^2；

φ'——固结不排水剪有效应力内摩擦角，(°)；

C——凝聚力，t/m^2；

l——滑弧长度，m；

γ——土壤的计算容重，t/m^3。

计算滑动力时，浸润线以上用湿容重，以下用饱和容重；计算抗滑力矩时，浸润线以上用湿容重，以下用浮重，通过地基滑弧部分，无论计算滑动力或抗滑力，静水位以上均用饱和容重，以下用浮容重计算。

取多个滑弧，求得最小稳定安全系数 K_{min}。此值应大于或等于按尾矿库重要性等级规定的数值，即可认为地基是稳定的。

2.5.3.2 地基孔隙水压力计算

尾矿堆坝范围内的地基只有竖向排渗固结作用，在附加荷载作用下所产生的孔隙水压力可按下列几种情况计算。

(1) 一次骤然加荷，历时为 t 的孔隙水压力计算 尾矿初期坝施工完毕后，经过一段时间投入使用，这时对整个尾矿堆坝而言，可认为初期坝是一次骤然加荷的情况。以初期坝开工到竣工时间的中点时间作为孔隙水压力计算的起始时间。初期坝地基的孔隙水压力按式(2-4) 计算。

$$u=\frac{4\sigma}{\pi}A \tag{2-4}$$

式中 u——初期坝地基计算点的孔隙水压力，t/m^2；

σ——地基表面附加有效荷载，t/m^2；

A——级数值，根据 $\beta_1 t$ 和 Z/H 由表 2-16 查得；

β_1——指数，$\beta_1=\dfrac{\pi^2 C_v}{4H^2}$，1/a；

t——地基固结历时，a；

H——地基的排渗距离，m，单面排水时，H 取软土地基的厚度，双面排渗时，H 取软土地基厚度的 1/2；

Z——计算点的深度，m。

表 2-16　$A=\sum\limits_{i=1,3,5,\cdots}^{\infty}\dfrac{1}{i}e^{-i^2\beta_1 t}\sin\dfrac{i\pi Z}{2H}$ 数值表

$\beta_1 t$ \ Z/H	0.1	0.2	0.3	0.4	0.5	0.6	0.8	1.0
0.01	0.560	0.786	0.786	0.786	0.786	0.786	0.786	0.786
0.05	0.299	0.534	0.679	0.750	0.775	0.783	0.784	0.784
0.06	0.276	0.500	0.650	0.733	0.766	0.781	0.783	0.784
0.07	0.257	0.472	0.625	0.713	0.754	0.777	0.783	0.784
0.08	0.241	0.447	0.599	0.696	0.746	0.772	0.783	0.784
0.09	0.228	0.426	0.578	0.679	0.735	0.766	0.782	0.784
0.10	0.217	0.408	0.558	0.662	0.723	0.759	0.782	0.784
0.12	0.199	0.377	0.523	0.630	0.699	0.743	0.773	0.783
0.14	0.185	0.353	0.494	0.603	0.677	0.726	0.769	0.781
0.16	0.173	0.332	0.469	0.578	0.650	0.711	0.763	0.777
0.18	0.163	0.314	0.447	0.556	0.635	0.695	0.753	0.771
0.20	0.155	0.300	0.429	0.535	0.617	0.679	0.745	0.765
0.30	0.126	0.248	0.359	0.458	0.540	0.607	0.691	0.719
0.40	0.110	0.216	0.315	0.405	0.481	0.545	0.630	0.660
0.50	0.097	0.191	0.280	0.362	0.432	0.492	0.574	0.603
0.60	0.087	0.172	0.252	0.326	0.389	0.446	0.521	0.547
0.70	0.078	0.154	0.226	0.293	0.351	0.402	0.471	0.497
0.80	0.071	0.139	0.204	0.265	0.317	0.364	0.426	0.449
0.90	0.064	0.126	0.185	0.240	0.288	0.330	0.386	0.407
1.00	0.058	0.114	0.168	0.217	0.261	0.298	0.350	0.368
2.00	0.021	0.042	0.061	0.080	0.905	0.109	0.128	0.135
3.00	0.008	0.016	0.023	0.030	0.035	0.041	0.048	0.050
4.00	0.003	0.006	0.008	0.011	0.013	0.015	0.017	0.018
5.00	0.001	0.002	0.003	0.004	0.005	0.006	0.007	0.007
6.00	0.0003	0.0006	0.0009	0.0012	0.0014	0.0016	0.0019	0.0020
7.00	0.0002	0.0003	0.0005	0.0006	0.0007	0.0008	0.0010	0.0010
10.00	0	0	0	0	0	0	0	0

(2) 逐渐加荷情况下的孔隙水压力计算　尾矿堆坝以匀速上升，历时为 t 时，堆坝升高到某标高，此时地基计算点的孔隙水压力 u 按式(2-5) 计算。

$$u=\frac{4\bar{q}}{\pi\beta_1}A_t \tag{2-5}$$

式中　$\bar{q}$——加荷速率，$t/(m^2 \cdot a)$，$\bar{q}=\dfrac{\sigma}{t}$；

A_t——级数值，根据$\beta_1 t$和Z/H由表2-17查得，其他符号意义同前。

表2-17 $A=\sum_{i=1,3,5,\cdots}^{\infty}\frac{1}{i^3}(1-e^{-i^2\beta_1 t}\sin\frac{i\pi Z}{2H})$数值表

$\beta_1 t$ \ Z/H	0.1	0.2	0.4	0.6	0.8	1.0
0	0	0	0	0	0	0
0.01	0.0072	0.0077	0.0077	0.0077	0.0077	0.0077
0.05	0.0229	0.0332	0.0380	0.0394	0.0394	0.0394
0.06	0.0258	0.0382	0.0452	0.0469	0.0469	0.0469
0.07	0.0286	0.0433	0.0527	0.0552	0.0552	0.0552
0.08	0.0311	0.0479	0.0596	0.0627	0.0627	0.0627
0.09	0.0332	0.0521	0.0665	0.0703	0.0703	0.0703
0.10	0.0355	0.0562	0.0758	0.0776	0.0780	0.0780
0.12	0.0396	0.0641	0.0860	0.0928	0.0939	0.0939
0.14	0.0435	0.0715	0.0987	0.1079	0.1096	0.1096
0.16	0.0471	0.0782	0.1104	0.1223	0.1251	0.1251
0.18	0.0504	0.0847	0.1217	0.1362	0.1403	0.1403
0.20	0.0535	0.0908	0.1325	0.1495	0.1546	0.1546
0.30	0.0674	0.1179	0.1821	0.2169	0.2263	0.2275
0.40	0.0791	0.1409	0.2253	0.2715	0.2930	0.2973
0.50	0.0895	0.1626	0.2629	0.3228	0.3515	0.3595
0.60	0.0986	0.1795	0.2972	0.3699	0.4070	0.4173
0.70	0.1058	0.1955	0.3282	0.4119	0.4570	0.4693
0.80	0.1142	0.2105	0.3562	0.4509	0.5020	0.5173
0.90	0.1210	0.2235	0.3812	0.4859	0.5420	0.5593
1.00	0.1268	0.2355	0.4042	0.5159	0.5790	0.5983
2.00	0.1638	0.3075	0.5422	0.7059	0.8000	0.8313
3.00	0.1768	0.3335	0.5922	0.7739	0.8810	0.9163
4.00	0.1798	0.3405	0.6032	0.7919	0.9020	0.9383
5.00	0.1838	0.3475	0.6162	0.8099	0.9230	0.9593
6.00	0.1848	0.3495	0.6212	0.8149	0.9290	0.9963
>6.00	0.1848	0.3495	0.6212	0.8149	0.9290	0.9963

(3) 停止加荷情况下的孔隙水压力计算 尾矿堆坝达某一高度后堆坝，停止的时间为$t-t_1$，则t时地基的孔隙水压力按式(2-6)计算。尾矿堆积坝坡上任意点均符合此种加荷情况（对最终堆积标高而言）。

$$u=\frac{4\bar{q}}{\pi\beta_1}(A_t-A_{t-t_1}) \tag{2-6}$$

式中 A_t，A_{t-t_1}——级数，其他符号意义同前。

某尾矿坝初期坝为均质土坝，坝高9m，如图2-18所示。尾矿库仅次于湖积淤泥地基上，当尾矿堆至标高40m时，历时$t=14a$，试计算此地基的孔隙水压力并验算地基的稳定性。

① 设计数据。

尾矿坝部分 $\varphi=28°$ $C=0$ $\gamma_b=2t/m^2$ $\gamma_f=1t/m^2$

$\varphi'=28°$ $C=0$ $\gamma_b=1.8t/m^2$

地基部分 $\gamma_f=0.8t/m^2$ $C_v=1\times10^{-3}cm^2/s=3.15m^2/a$

地基软土层深度$H=16m$，设坝体浸润线与坝坡表面齐。

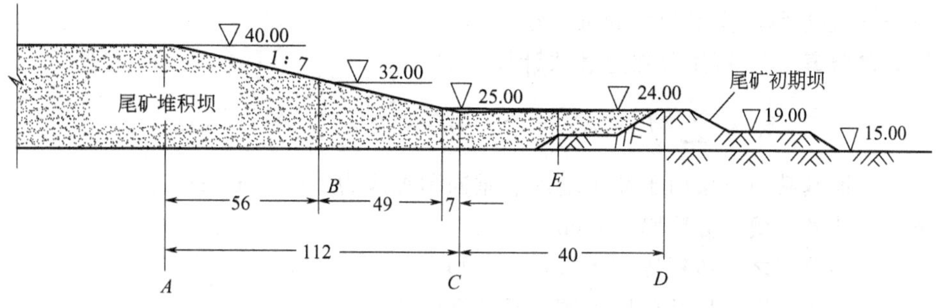

图 2-18　某尾矿坝计算断面图

② 地基孔隙水压力。地基孔隙水压力计算按照上一小节的方式即可。

根据各点孔隙水压力 u 值绘成等压线图，如图 2-19 所示。

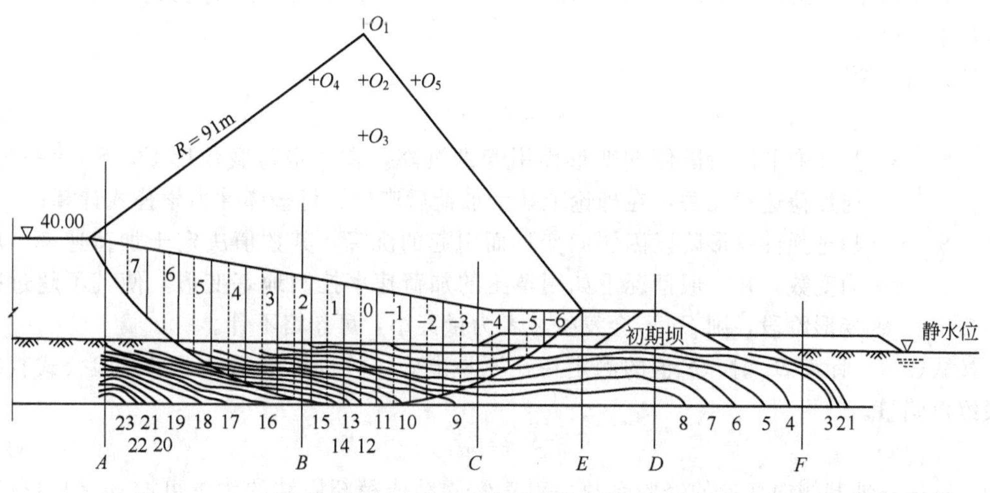

图 2-19　地基滑弧稳定计算图

③ 地基稳定计算。地基的稳定安全系数按式(2-3) 计算。由于计算机电算技术的迅速发展，目前能够提供计算的成熟商业岩土软件非常多，可根据工程设计和研究需要进行合理选取。

2.5.4　软土地基筑坝的观测要求

软土地基筑坝的稳定计算方法尚在不断地研究和改进，在整个加荷过程中还必须设置地基水平位移、垂向位移和孔隙水压力等观测设施，不断通过实测数据验证和修改设计。砂井地基垂向沉陷以每天不大于 20mm，非砂井地基每天不大于 10mm，水平位移每天不超过 10～15mm 为宜。在实测的 u-γh 曲线上（填土重 γh 为横坐标，孔隙水压力 u 为纵坐标），其斜率 $\overline{B}$（又称为孔隙水压力系数）不应出现突增现象。$\overline{B}$ 值大小应根据施工初期观测一段时间后得到的平均值作为标准。

2.5.5　地基沉陷计算

软土地基坝轴线处的沉降量，通常可根据土工试验资料按式(2-7) 估算。

$$S_{\infty}=S_c+S_d \tag{2-7}$$

式中　S_{∞}——地基的总沉降量，cm；

S_c——土壤正常固结产生的沉降量，cm；

S_d——地基侧向变形产生的沉降量，cm。

(1) S_c 的计算 S_c 可用分层总和法计算，即

$$S_c = \sum_1^n M_{Vi}\sigma_{zi}\Delta h = \sum_1^n \frac{a_i\sigma_{zi}}{1+\varepsilon_1}\Delta h = \sum_1^n \frac{\varepsilon_2-\varepsilon_1}{1+\varepsilon_1}\Delta h \tag{2-8}$$

式中 σ_{zi}——地基某一分层由于荷重增加后垂向附加应力，kgf/cm^2；

Δh——地基土壤各分层厚度，cm；

M_{Vi}——各分层之间体积压缩系数，cm^2/kgf；

ε_1——自重作用下地基分层土壤的天然孔隙比；

ε_2——荷载作用后分层土壤的孔隙比；

a_i——压缩系数。

在软土地基中压缩层厚度，应算至附加应力 $\sigma_z=0.1\gamma_s H$ 处（γ_s 为土壤的天然容重，H 为地基土层厚度）。

(2) S_d 计算

$$S_d = S_{d_1} + S_{d_2} \tag{2-9}$$

式中 S_{d_1}——弹性变形阶段因侧向变形而引起的沉降，在一定荷载作用下，S_{d_1} 为一定值，与加荷速率无关，在理论上认为加荷后产生，可按弹性力学公式计算；

S_{d_2}——超过弹性变形阶段因侧向变形而引起的沉降，其数值决定于加荷速率，应视为变数；在一般情况下如用填土的加荷速率控制地基变形，使其不超过弹性变形阶段，则 S_{d_2} 不会发生或者为量甚小，可忽略不计。

按式(2-9) 计算 S_{d_1} 时，E 值的测定往往不易准确，故也可采用如下半经验公式直接计算最终沉陷量。

$$S_\infty = mS_c \tag{2-10}$$

式中 m——地基侧向变形的经验系数，对正常固结或稍超固结的软土可取 $m=1.1\sim1.4$，坝高度大和地基强度低取大值，反之取小值。

(3) 任意 t 时间沉陷量 S_t 计算

$$S_t = S_d + U_t S_c \tag{2-11}$$

式中 U_t——任意 t 时刻时地基固结度，其余符号意义同前。

2.6 库区工程地质勘察

2.6.1 尾矿堆积坝工程地质勘察目的和要求

(1) 勘察目的

① 验证已建尾矿堆积坝的稳定性；

② 为已建尾矿堆积坝继续加高的可行性及设计提供依据；

③ 为同类型的新建尾矿坝提供可资借鉴的工程地质资料。

(2) 勘察要求

① 查明尾矿堆积体的组成、密实程度及其沉积条件；

② 查明尾矿堆积体的力学性质，包括动力性质及高应力状况下的强度与变形性质；

③ 查明勘察期间浸润线的位置，当渗漏较严重或因渗漏而污染自然环境时，尚应查明渗漏途径；

④ 研究尾矿坝基的稳定性，查明各种不稳定因素，提出相应的工程措施方案。

尾矿堆积坝工程地质勘察应依据委托单位提供的勘察任务书进行。针对尾矿堆积坝岩土工程勘察任务书的内容应符合《尾矿堆积坝岩土工程技术规范》(GB 50547—2010）附录 A 的要求（详见表 2-18，尾矿堆积坝岩土工程勘察任务书)。

以某尾矿堆积坝加固治理岩土工程详细勘察为例，其勘察目的和要求如下。

根据相应规程规范，此次勘察的主要目的和要求包括以下几个方面。

① 了解尾矿排放方式，子坝筑坝工艺，查明尾矿的物质组成、密实程度及沉积规律。

② 查明尾矿堆积体的物理力学性质，进行堆积坝在不同坝高和不同运行条件下的地震液化分析。

③ 查明尾矿库基底构造、地层结构特征及其物理力学性质。

④ 查明坝与库区可能的渗漏途径，查明尾矿堆积体的渗透性及坝体浸润线特征。

⑤ 分析对尾矿堆积坝稳定性的主要影响因素，并评价已建尾矿堆积坝在不同运行条件下的稳定性和渗透稳定性，为目前尾矿堆积坝的坝体变形、稳定性分析验算及处理加固方案提供相关物理力学参数及动力参数。

表 2-18　尾矿堆积坝岩土工程勘察任务书

建设单位			工程名称	
已建初期坝	坝型	坝体结构	坝体材料	
	高度：m	顶宽：m	底宽：m	坝基埋深：m
	坝顶高程：m	坝基底高程：m		坝坡比：上游 下游
设计堆积坝	设计最终坝高：m	设计全库容：m³		堆坝材料：
	堆坝方法：上游式/下游式/中线式	每级子坝高度：m		马道宽度：m
	子坝坡比：	堆积速率：m/a		
已建堆积坝	已有堆积高度：m	子坝级数：	每级子坝高度：m	马道宽度：m
	子坝坡比：	堆积速率：m/a		
排水构筑物	初期坝排渗设施：			
	尾矿库排水构筑物：			
随任务书提供资料	①			
	②			
勘察评价要求	□①查明堆积坝及其上游一定范围内已有堆积物的成分，颗粒组成、密实度、沉积规律； □②查明堆积物的岩土工程特性； □③查明坝体浸润线及变化规律； □④分析评价现状坝高和最终坝高时的渗透稳定性和静力稳定性； □⑤分析评价在地震基本烈度为____度时的现状坝高和最终坝高的稳定性，并进行液化分析； □⑥分析评价堆积坝运行中的环境问题； □⑦对堆积坝的运行、管理、监测提出建议，对堆积坝存在的病患提出防治建议			
委托勘察日期：　年　月　日		要求提交成果日期：　年　月　日		
		要求提交成果份数：　份		

委托单位（盖章)：　　　　设计单位（盖章)：

委托人：　　　　填任务书人：

电话：　　　　电话：

⑥ 根据勘察结果，提出合理的加固治理措施建议。

⑦ 提出堆积坝在排放堆积位置、方式、速率、堆积高度、运行管理、坝体监测等方面的合理建议，对已经存在问题的治理建议和尾矿库运行管理措施。

⑧ 分析和预评估堆积坝运行和事故中可能产生的环境问题，并提出防治措施建议。

2.6.2 尾矿堆积坝工程地质勘察内容

尾矿坝勘察可分为可行性研究勘察、初步勘察和尾矿堆积坝勘察三个阶段。

可行性研究勘察应在取得几个场地岩土工程条件比较资料的基础上，论证并选择坝址，推荐初期坝坝址和坝型方案，并应调查下列内容。

① 地形、水文及水文地质条件、不良地质现象。

② 所在地区的地震烈度和震害的历史记录，在强震区宜包括主要构造带和强震震中分布图等。

③ 尾矿的来源，包括矿石种类、成分、粒度和放矿方式，并预计尾矿堆坝的逐年上升高度及最终堆坝高度。

④ 尾矿坝的建设经验，特别是经受洪水、地震后的损坏与修复状况等。

初步勘察应符合下列要求。

① 查明影响坝基、坝坡、坝肩及库区稳定性的工程地质条件，并提出加固措施方案。

② 查明岩土的物理力学性质，并进行分析计算，提出设计参数和尾矿坝设计方案的建议。

③ 查明坝基与库区的渗漏性及其对环境污染的影响，并提出处理措施。

④ 调查筑坝材料的产地、性质和储量。

初步勘察应包括工程地质测绘、勘探，室内试验和原位测试。工程地质测绘的比例尺宜采用（1∶2000）～（1∶5000）。勘探点的布置应符合下列要求。

① 勘探线应垂直于坝轴线，其间距宜采用200～300m，且总数不应少于3条。勘探点的数量应能满足查明软弱土层，结构面及强透水层的分布要求，其间距宜采用30～100m。

② 在全部勘探孔中，控制性勘探孔的数量不应小于勘探孔总数的1/5，其深度可按表2-19确定。

表 2-19　尾矿坝控制性勘探孔深度

最终堆积坝高/m	控制性勘探孔深度/m
＜50	50
50～100	（同最终堆积坝高）
＞100	100

注：当上述深度范围内遇到基岩时，应穿过强风化带。

③ 一般性勘探孔的深度，在坝址穿过透水层时宜为15～20m，在库区时，宜为5～8m。

尾矿堆积坝勘察应在尾矿堆积高度接近或达到初期坝高时进行，包括下列内容。

① 查明尾矿材料的性质、尾矿堆积体的组成和密实程度。

② 查明浸润线的变动，特别是堆高期间的变动，提出保障坝安全的措施。

③ 检验初期坝的稳定程度，评价堆积坝达到最终高度时的稳定性。

尾矿堆积坝勘察的勘探线应垂直坝轴线。勘探线和勘探点间距，可按表2-20确定。勘探孔深度，宜达到原自然地面以下1～2m。

表 2-20　尾矿堆积坝勘探线、点间距

尾矿库等级	勘探线间距/m		勘探点间距/m	
	堆积坝组成以尾矿土为主	堆积坝组成以尾矿砂为主	坝　区	库　区
一～三级	≤200	≤250	30～60(每条勘探线上不宜少于 8 个点)	80～150(每条勘探线上不宜少于 5 个点)
四、五级	≤250	≤250	40～80(每条勘探线上不宜少于 5 个点)	40～80(每条勘探线上不宜少于 3 个点)

尾矿库等级应符合表 2-21 的规定。

表 2-21　尾矿库等级指标

等　级	库容/$\times 10^8 m^3$	坝高/m	工程规模
二	＞1.0	＞100	大型
三	1.0～0.1	100～60	中型
四	0.1～0.01	60～30	小一型
五	＜0.01	＜30	小二型

尾矿堆积坝勘察的测试工作，应符合下列要求。

① 在所有钻孔中，均应进行标准贯入试验。

② 当尾矿泥厚度大于 0.5m 时，宜进行十字板剪切试验。

③ 在尾矿沉积滩上，宜进行 1～2 处抽水试验或注水试验，测定尾矿的渗透系数。

④ 需要进行尾矿坝的动力计算时，可进行波速试验。

当场地抗震设防烈度为 7 度及以上时，应进行土的动力性质试验，评价土的液化势；对三级及以上的尾矿坝宜进行地震危险性分析。

对三级及以上的尾矿坝和安全度较低的四级尾矿坝，应进行监测。当条件允许时宜设置自动监测系统。监测工作的内容应包括位移和变形、浸润线、孔隙水压力、渗流量与浑浊度。

尾矿坝的筑坝材料勘察，应分两个阶段进行。可行性研究阶段应划定材料产地的范围，及估算其储量；初步勘察阶段应根据已确定的坝型进行勘探与试验工作。

尾矿坝岩土工程勘察报告应符合下列要求。

① 可行性研究阶段应阐明不良地质现象；比较几个坝址的岩土工程条件；推荐最优坝址；根据技术经济分析，推荐一个或两个坝型方案。

② 初步勘察阶段应阐明坝基、坝体的岩土工程条件；根据岩土性质，进行分析计算，并论证其稳定性、渗漏性等；提出保证坝的安全稳定和防止渗漏污染的工程措施。

③ 尾矿堆积坝勘察阶段应阐明尾矿堆积体的组成、密度、浸润线的位置及其变动。应根据室内试验及原位测试结果，进行工程分析，论证达到最终坝高时的稳定性和提出保证坝基、坝体安全的工程措施。

2.6.3　勘察工作布置

堆积坝勘察应在明确勘察目的和技术要求、现场踏勘、搜集和分析已有资料的基础上，编制勘察纲要。堆积坝勘察手段应以工程地质调查和测绘、钻探、原位测试和室内试验为主，必要时应采用适宜的物探、井探和槽探等方法。具体勘察工作布置如下。

2.6.3.1　资料搜集与工程地质测绘

堆积坝勘察前应全面搜集、整理和分析与该堆积坝有关的资料。搜集资料应包括以下内容。

① 尾矿的原矿类别，选矿方法与工艺，尾矿的矿物成分和化学成分，尾矿的颗粒组成等。

② 初期坝的结构形式，反滤和排渗设施的设置及其运行情况。

③ 尾矿库的设计参数及使用后尾矿排放堆积方式、逐年堆积高度和运行情况，沉积滩的分布及其变化情况。

④ 堆积坝及其附近其他构筑物分布情况。

⑤ 堆积坝所在地区的区域地质、水文地质和地震地质资料，水文气象资料，前期勘察资料。

⑥ 堆积坝的变形、浸润线、排渗及溢流等方面的监测设施设置情况及观测数据，堆积坝渗漏情况及邻近区域的环境质量。

⑦ 类似堆积坝的工程经验资料。

工程地质测绘和调查的范围应包括堆积坝及其有关的外围。测绘的比例尺和精度应符合下列规定。

① 坝区及复杂地段工程地质测绘比例尺宜采用（1∶500）～（1∶2000），有关的外围地段的比例尺宜为（1∶2000）～（1∶5000）。

② 对堆积坝有重大影响的坝的变形、裂缝、渗漏、流土、管涌等现象及滑坡、断层、软弱夹层、洞穴等地质单元体，可扩大比例尺表示。

③ 地质界线和地质观测点测绘精度在相应比例尺图上的误差不应超过 3mm。

地质观测点的布置、密度和定位应符合下列规定。

① 地质观测点宜按网状布置，对堆积坝有重大影响的地质单元体的点和边界应设地质观测点。

② 地质观测点的密度应根据场地工程地质条件复杂程度确定，在图上的间距宜为 20～50mm。

③ 地质观测点应采用测量仪器定位。

2.6.3.2　勘探与取样

勘探手段应以钻探、标准贯入试验和静力触探试验为主，每个勘探点均应布置钻孔，钻探工作应符合《尾矿堆积坝岩土工程技术规范》（GB 50547—2010）附录 B 的要求。当工程需要时，可布置适量的探井和探槽。当需要查明隐伏断层的位置、破碎带的宽度、岩溶发育情况及水文地质条件等时，应进行必要的物探工作。

勘探线应在工程地质调查和测绘的基础上，布置在对坝体稳定性评价有代表性的地段，勘探线方向宜垂直坝轴线。每个堆积坝应在预估稳定性较差的地段布置不少于 1 条的主要勘探线，其下游端宜达到初期坝趾下游约 30m，其上游端宜达到自坝顶起相当于拟评价坝高 2～3 倍的距离。其他勘探线的长度可按实际条件控制。尾矿堆积坝勘察在主坝的勘探线数量不应少于 3 条。

拦截谷口建库的堆积坝的勘探线、勘探点间距宜符合表 2-22 的规定。

围地筑坝建库的堆积坝勘探线应布置在需评价的各坝段，主坝勘探线数量不应少于 3 条，其他坝段不得少于 2 条。勘探点间距宜符合表 2-22 的规定。

表 2-22　勘探线、勘探点间距

尾矿坝级别	勘探线间距/m		勘探点间距/m	每条勘探线上勘探点数量
	坝体以粉性、黏性尾矿为主	坝体以砂性尾矿为主		
1～3	≤200	≤250	30～60	不宜少于 6 个
4、5	≤100	≤150	20～50	不宜少于 5 个

注：1. 勘探点间距在主要勘探线上宜取小值，一般勘探线上的坝体地段宜取小值。
2. 当存在软弱夹层，特别是可能产生滑动的夹层时，应增加勘探点。
3. 当需查明初期坝的工程地质和水文地质条件时，在初期坝地段应符合初期坝勘察的要求。
4. 当有适用的前期堆积坝勘察资料时，勘探点数量可适当减少。

勘探孔深度应符合下列规定。

① 控制性勘探孔不应少于勘探孔总数的 1/2，且每条勘探线上不应少于 3 个。

② 所有勘探孔深度应进入原天然地面以下 1～2m，其中控制孔深度应满足表 2-23 的规定。

表 2-23　控制性勘探孔深度（进入原天然地面以下）　单位：m

尾矿坝级别	下游坝坡	沉积滩
1～3	15～20	5～8
4、5	10～15	3～5

注：1. 若表中所列勘探孔深度以下存在软弱地层时，勘探孔深度应穿过软弱地层。
2. 在勘探深度内遇见稳定基岩时，孔深可减小。
3. 场地内存在岩溶等不良地质作用时，勘探点深度应另行确定。
4. 当坝体和堆场内设有加筋或防渗层时，勘探孔深度可根据情况进行调整。

所有勘探点均应测定地下水位，地下水位的量测应符合下列规定。

① 遇地下水时应量测水位。

② 稳定水位应在初见水位后经一定的稳定时间再量测。

采取岩土试样应符合下列规定。

① 所有钻孔和探井均应取样。对以粉性和黏性为主的尾矿应采用薄壁取土器或回转取土器采取不扰动试样，对砂性为主的尾矿土应采用取砂器采取不扰动试样；取样的垂直间距宜为 1.0～3.0m。

② 每一主要尾矿层和土层的不扰动试样数量应满足试验项目和统计分析的需要。

③ 对软弱夹层，特别是可能产生滑动的夹层，应采取试样。

④ 当尾矿层和岩土层不均匀时，应增加取样数量。

⑤ 所有标准贯入试验点均应采取扰动试样。

⑥ 堆积坝场地应采取水、土试样，并进行水、土对建筑材料腐蚀性的试验，水、土试样数量分别不宜少于 3 件。

2.6.3.3　原位测试与试验

(1) 静力触探试验　静力触探试验适用于砂性、粉性、黏性尾矿。

静力触探试验应符合下列技术要求。

① 静力触探可根据工程需要采用单桥探头、双桥探头或带孔隙水压力量测的单、双桥探头，测定尾矿土的比贯入阻力（p_s）、锥尖阻力（q_c）、侧壁摩阻力（f_c）和贯入时的孔隙水压力（u）。

② 选择试验设备时，其贯入的能力应满足探测深度的要求。

③ 试验时应匀速垂直压入，贯入速率为1.2m/min。

静力触探试验应按下列规定布置。

① 在主要勘探线上，应有不少于1/2勘探点进行静力触探试验，在其他勘探线上可适量布置静力触探试验；静力触探试验孔与钻孔间距不宜大于105m。

② 静力触探试验孔深度直穿过可能滑动面。

③ 静力触探试验宜在钻探和十字板剪切试验之前进行。

静力触探试验成果整理应包括下列内容。

① 绘制各种测试指标与深度的关系曲线和孔隙水压力消散曲线。

② 根据贯入曲线的特征，结合相邻钻孔资料，判别和划分土层。计算相关测试数据的平均数，对数据进行统计分析，确定各土层的静力触探测试指标。

(2) 标准贯入试验 标准贯入试验适用于砂性、粉性和黏性尾矿。

标准贯入试验应按下列规定布置。

① 标准贯入试验孔数量不应少于钻孔数量的1/2，钻孔中各类土层均应进行标准贯入试验。

② 标准贯入试验点的垂直间距宜为1.0～1.5m。

标准贯入试验成果整理应包括下列内容。

① 绘制单孔标准贯入锤击数与深度关系的直方图或将锤击数直方图标注在钻孔柱状图及工程地质剖面图的相应深度上。

② 分层统计标准贯入锤击数 N 值的平均值，统计时应对异常值分析原因并权衡剔除。

(3) 圆锥动力触探试验 圆锥动力触探试验适用于初期坝筑坝的碎石土、坝基和库底碎石土、极软岩的测试。

圆锥动力触探试验应按下列规定布置。

① 对碎石土，可进行重型或超重型圆锥动力触探试验。

② 每条勘探线的试验孔不宜少于2个。

圆锥动力触探试验成果整理应包括下列内容。

① 绘制单孔触探试验锤击数与贯入深度关系曲线。

② 分层统计触探贯入锤击数的平均值，统计时应对异常值分析原因并权衡剔除。

(4) 十字板剪切试验 十字板剪切试验适用于饱和软黏性尾矿层中进行不排水抗剪强度和灵敏度测试。

十字板剪切试验应按下列规定布置。

① 对堆积的尾矿中具有饱和软黏土特征的尾黏土或尾粉质黏土，宜进行十字板剪切试验，测定其不排水抗剪强度和灵敏度。

② 十字板剪切试验测点竖向间距宜为1m。

十字板剪切试验整理成果应包括下列内容。

① 计算各试验点饱和、流塑状态软黏性尾矿或坝基软土的不排水抗剪峰值强度、残余强度和灵敏度。

② 根据土层条件和工程经验，对实测的十字板不排水抗剪强度进行修正。

③ 绘制单孔不排水峰值强度、残余强度和灵敏度随深度的变化曲线；需要时，绘制抗剪强度与扭剪角的关系曲线。

(5) 现场直接剪切试验 现场直剪试验适用于尾矿层、尾矿软弱夹层的接触面、库岸基底地层的软弱结构面的剪切试验。

现场直接剪切试验应按下列规定布置。

① 现场直接剪切试验可在堆积坝下游坡面或干面滩上选择适宜的地点进行。

② 同类尾矿的现场直接剪切试验数量不宜少于 3 处。

现场直剪试验成果整理应包括下列内容。

① 绘制剪应力与垂直应力关系曲线、剪应力与剪切位移关系曲线。

② 确定强度参数。

(6) 波速测试验　波速测试适用于各类尾矿堆积层及坝基各类天然土层的压缩波、剪切波的波速测定，以获得各岩土层的动力参数。

波速测试验应按下列规定布置：

① 在地震动峰值加速度等于或大于 0.10g 的地区，应进行单孔波速测试。

② 波速测试应在主要勘探线钻孔中全孔段进行，测试孔数量不得少于 3 个，测点间距宜为 1～2m。

波速测试成果整理应包括下列内容。

① 按不同深度提出各测孔的压缩波、剪切波波速 v_p、v_s；

② 计算各岩土层的动弹性模量、动剪切模量和动泊松比。

(7) 抽水试验和注水试验　抽水试验适用于获得尾矿的综合渗透系数、涌水量、影响半径及下降漏斗的形态等水文地质参数。试坑注水试验适用于测定尾矿层的垂直渗透系数，钻孔注水试验适用于测定尾矿土层的垂直渗透系数和水平渗透系数。

堆积坝勘察应采用抽水试验或注水试验测定尾矿土的渗透系数，并应按下列规定布置。

① 在沉积滩上宜进行不少于 3 处的抽水试验或注水试验。

② 在以砂性和粉性为主的尾矿层中，宜采用抽水试验。

③ 注水试验可在探井或钻孔中进行。

抽水试验成果整理应包括下列内容。

① 抽水试验成果应编制抽水试验综合图，内容包括钻孔平面位置、钻孔柱状图、抽水钻孔结构图以及涌水量 Q 与时间 t 关系曲线 $Q=f(t)$、水位降深 S 与时间 t 关系曲线 $S=f(t)$、涌水量 Q 与降深 S 关系曲线 $Q=f(S)$、单位涌水量 q 与降深 S 关系曲线 $q=f(S)$。

② 根据上述成果和水文地质条件，计算影响半径和渗透系数。

注水试验成果整理应包括下列内容。

① 试坑单环法和试坑双环法的成果整理应绘制稳定流量 Q 与时间 t 关系曲线 $Q=f(t)$，并计算试验土层的垂直渗透系数 k。

② 钻孔降水头法应绘制水头高度 H 与初始水头高度 H_0 之比 H/H_0 与时间 t 的关系曲线，确定滞后时间 T；钻孔常水头法应绘制流量 Q 与时间 t 的关系曲线，确定稳定流量。两种方法各根据试验段的渗水方式和试验装置条件计算试验段尾矿层的水平渗透系数 k_h、垂直渗透系数 k_v 和平均有效渗透系数 k_m。

(8) 室内物理力学性质试验　尾矿应按其类别分别进行一般物理力学性质的试验，并应按工程要求进行以下项目的试验。

① 当进行堆积坝抗滑稳定性分析时，应根据计算方法和土的类别按本规范表 2-24 的要求进行三轴压缩试验和直剪试验。

② 当需要进行坝的沉降变形计算时，应对坝体和坝基土层进行固结试验。提供相关土层的固结系数。

③ 各类尾矿应进行垂直和水平方向的渗透试验。测定尾矿的垂直渗透系数和水平渗透系数。

表 2-24　尾矿及坝基土的抗剪强度指标

<table>
<tr><th>强度计算方法</th><th>土的类别</th><th>试验方法和强度指标</th><th>试样起始状态</th></tr>
<tr><td rowspan="5">总应力法</td><td>无黏性土</td><td>固结不排水剪，c_{cu}、ϕ_{cu}</td><td rowspan="9">①坝体材料
含水量及密度宜与原状土样一致；
浸润线以下应预先饱和；
试验应力应与坝体实际应力一致
②坝基应采用原状土样</td></tr>
<tr><td rowspan="2">少黏性土</td><td>固结快剪，c、ϕ</td></tr>
<tr><td>固结不排水剪，c_{cu}、ϕ_{cu}</td></tr>
<tr><td rowspan="2">黏性土</td><td>固结快剪，c、ϕ</td></tr>
<tr><td>固结不排水剪，c_{cu}、ϕ_{cu}</td></tr>
<tr><td rowspan="4">有效应力法</td><td rowspan="2">无黏性土</td><td>慢剪，c、ϕ</td></tr>
<tr><td>固结排水剪，c_d、ϕ_d</td></tr>
<tr><td rowspan="2">黏性土</td><td>慢剪，c、ϕ</td></tr>
<tr><td>固结不排水剪、测孔压，c_{cu}、ϕ_{cu}，c'、ϕ'</td></tr>
</table>

注：1. 少黏性土指黏粒含量小于15%的尾矿。

2. 软弱尾黏土类黏性土采用固结快剪指标时，应根据其固结程度确定；当采用十字板抗剪强度指标时，应考虑土体固结后强度的增长。

④ 颗粒分析试验应根据尾矿类别采用筛析法、沉淀法、密度计法、移液管法进行试验，分析的最小粒径应至0.002mm，并应提供平均粒径、有效粒径、不均匀系数。

⑤ 当场地处于地震动峰值加速度等于或大于0.10g地区时，应对尾矿和坝基土进行动力性质试验。

(9) 室内动力试验　测定尾矿的动力性质应采用振动三轴仪或共振柱。测定小应变范围内的动力特性参数宜采用共振柱试验，测定较大应变范围内的动力特性参数值采用动三轴试验。砂性尾矿的动力性质试验可采用扰动土制备试样。试样制备时采用的干密度、含水率应根据不扰动样的试验成果确定。

动力性质试验应符合下列规定。

① 动强度试验的固结比宜采用1.0、1.5、2.0，最小主应力可采用100kPa、200kPa、300kPa，振动破坏周次可采用10周、20周、30周。

② 测定液化应力比时，采用的最小主应力宜与可能液化层位深度的应力相适应。

③ 测定动弹性模量和阻尼比时，采用的最小主应力宜与坝高相适应。

④ 共振柱试验的围压应根据工程实际确定，宜采用50kPa、100kPa、200kPa、400kPa。

尾矿的动力试验成果宜包括下列内容。

① 动弹性模量、动剪切模量、阻尼比、动强度、液化应力比等参数。

② 动三轴试验提供动弹性模量、阻尼比与动应变的关系曲线，不同固结比和振次的动应力和动应变关系曲线，饱和土的液化应力比与振次关系曲线。

③ 共振柱试验提供小应变时的动剪切模量、动弹性模量和阻尼比。

第3章　尾矿坝的设计

3.1　尾矿坝的坝型与实例

尾矿坝坝型可分为两大类。

一类是初期坝用当地土、石材料筑成，后期坝用尾矿筑成。

初期坝可做成透水坝（有利于尾矿排水固结，近年来采用较多），也可做成不透水坝（国内早期采用较多）。后期坝一般采用上游式筑坝（图 3-1），在地震较多的国家（如日本、智利等）常采用下游式筑坝（图 3-2）或中间加高法筑坝（图 3-3）。

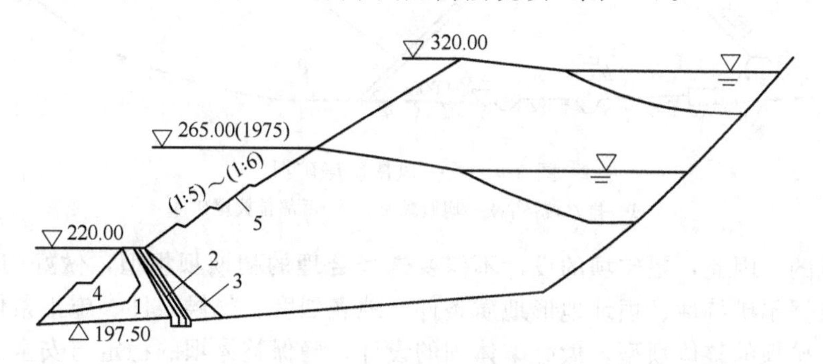

图 3-1　南芬小庙沟尾矿坝

1—块石；2—反滤层；3—保护层；4—风化料；5—尾矿冲积坝

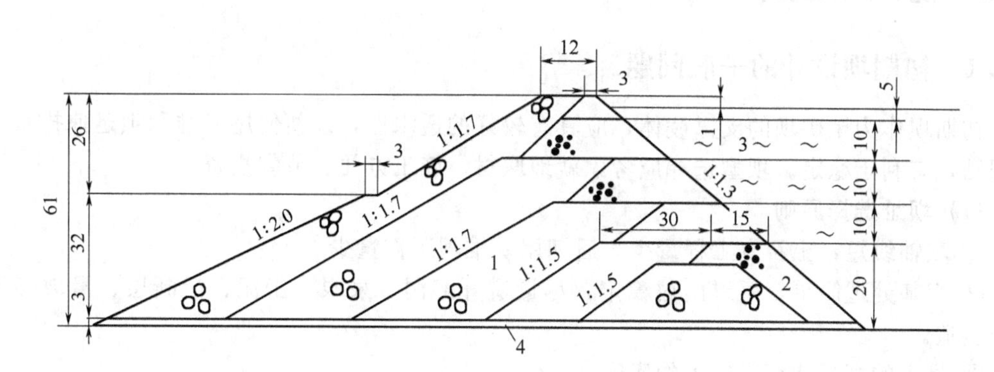

图 3-2　日本尾去泽矿松子泽尾矿坝

1—废石；2—砂；3—矿泥；4—暗渠

另一类是整个坝体全用当地土、石材料筑成（图 3-4）。为了延缓投资，此类坝型也可分期修筑。

后一类坝型仅用于尾矿颗粒很细不能用于筑坝的情况，或采场有大量的废石可用尾矿库作废石堆场的情况，前一类坝型采用较广。

初期坝是在基建时期由施工单位负责修筑的，而后期坝通常是由生产单位在整个生产过

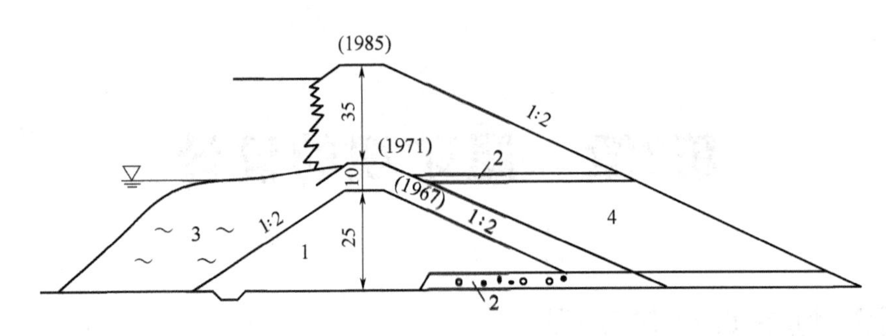

图 3-3　德国某尾矿坝

1—初期坝（1965 年）；2—排渗层；3—矿泥；4—旋流尾矿砂

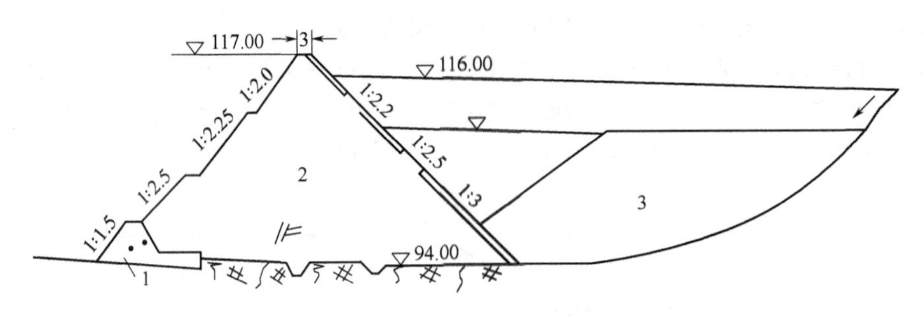

图 3-4　八一凤凰矿尾矿坝

1—排水棱体；2—均质黏土；3—后部排放尾矿

程中逐年修筑的。因此，尾矿坝的设计不但要选择合理的初期坝坝型，做好初期坝的设计，更重要的是根据尾矿特性、坝址地形地质条件、地震烈度、气候条件、施工条件和生产特点等因素选好尾矿坝的整体坝型，做好整体坝的设计，确保整体坝的稳定与安全。

3.2　初期坝设计

3.2.1　初期坝设计的一般问题

初期坝作为尾矿坝的支撑棱体，应具有较好的透水性，以便使尾矿堆积坝迅速排水，加快固结，有利于稳定。坝型选择应考虑就地取材、施工方便、节省投资。

(1) 坝址选择原则

① 坝轴线短，土石方工程量少，后期尾矿堆坝工作量少。

② 坝基处理简单，两岸山坡稳定，尽量避开溶洞、泉眼、淤泥、活断层、滑坡等不良地质构造。

③ 最小的坝高能获得较大的库容。

(2) 坝高确定　初期坝坝高可根据下述原则确定。

初期坝所形成的库容一般可贮存选厂初期生产规模半年到一年的尾矿量（老厂建新库时可适当降低），并按初期坝装满尾矿且库水位降低到控制水位 H_k时的水面长度 l_s（图 3-5）应大于排水系统布置时要求的澄清距离 l_c的条件进行复核。控制水位按式(3-1) 确定。

$$H_k = H - e - h_t - h_j \tag{3-1}$$

式中　H_k——控制水位标高，m；

H——初期坝坝顶高程，m；

e——安全超高，m；

h_t——尾矿库调洪高度，m，由演算确定；

h_j——尾矿回水的调节高度，m，当需用尾矿库进行径流调节时由水量平衡计算确定。

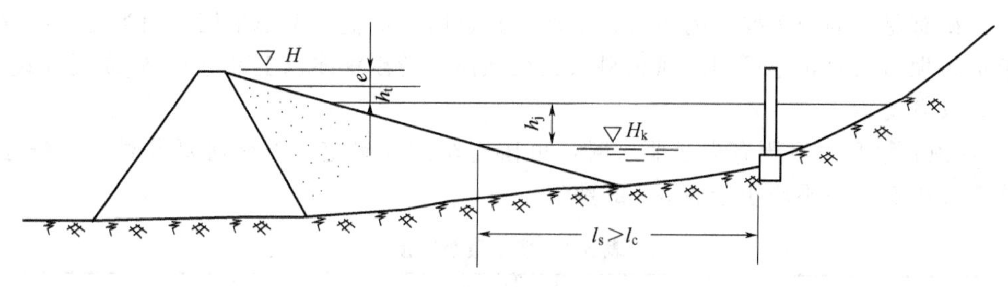

图 3-5 初期坝坝高确定示意图

先将河谷断面形状简化为抛物线形或梯形（图 3-6），然后按式(3-2) 或式(3-3) 计算。

对于抛物线形河谷：

$$V=\frac{2}{3}LH_1(b+0.8mH_1) \qquad (3\text{-}2)$$

对于梯形河谷：

$$V=\frac{1}{2}(l+L)H_1(b+mKH_1) \qquad (3\text{-}3)$$

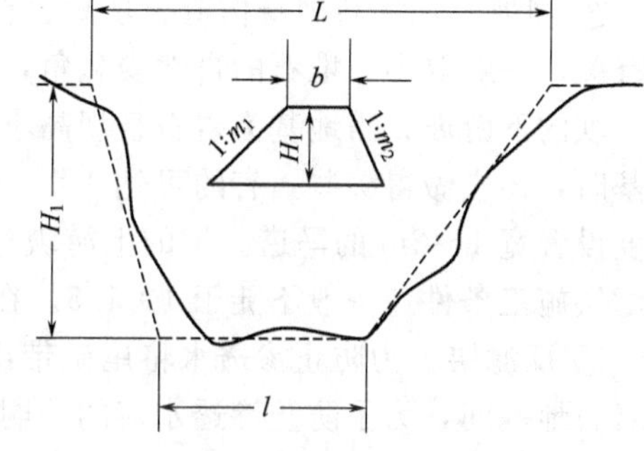

图 3-6 河谷横断面概图

式中 V——坝体工程量，m^3；

L、l——河谷横断面上、下底宽，m；

H_1——坝高，m；

b——坝顶宽度，m；

m——内外坝坡系数的平均值，$m=\frac{m_1+m_2}{2}$；

K——系数，查表 3-1。

表 3-1 系数 K 值

l/L	0	0.1	0.2	0.3	0.4	0.5	0.6	0.7	0.8	0.9	1.0
K	0.67	0.73	0.78	0.82	0.86	0.89	0.92	0.94	0.96	0.98	1.00

3.2.2 透水堆石坝

由堆石体及其上游面的反滤层和保护层构成，因其透水性能好，故可降低尾矿坝的浸润线，加快尾矿固结，有利于尾矿坝的稳定。

(1) 对筑坝石料的要求 一般坚硬的花岗岩、正长岩、辉长岩、闪长岩、斑岩、辉绿岩、石英岩、硅质砂岩、密度大的石灰岩等均可用于筑坝，页岩、泥灰岩、角砾岩等岩石不适合于筑坝。堆石坝筑坝石料，按其上坝部位不同有不同的要求，对于浸润线以下部分的石料要求如下。

① 坝高大于 15m 时，石料的极限抗压强度一般要求不小于 4000kPa。

② 石料的块度及块度组成，应根据坝高、石料质量及施工等因素决定，一般堆石中小于 2cm 颗粒含量不应超过 5%。堆石孔隙率 n 要求：坝高 $H>15$m，$n\leqslant35\%$，$H\leqslant15$m，

$n \leqslant 40\%$；干砌石：$n=25\% \sim 30\%$。

③ 软化系数不低于 0.8～0.9。

④ 莫氏硬度不低于 3。

⑤ 对于干砌石要求方平，最小边长不小于 0.2 m，长短边之比不超过 3～4。

当采矿有足够的合乎要求的废石，且运距较近时，应优先考虑采用。而当尾矿库附近没有足够的筑坝石料时，还可利用风化料（放在坝体下游浸润线以上部分），做成混合式坝型。

(2) 坝身构造

① 坝顶。坝顶宽度当有交通要求时，可按行车需要确定；无交通要求时，可按尾矿工艺操作条件决定，但不应小于表 3-2 的数值。

表 3-2　坝顶最小宽度

坝高/m	<10	10～20	>20
坝顶宽/m	≥2.5	≥3.0	≥4.0

② 坝坡。坝坡与坝身构造、坝高、材料性质、施工方法、坝基地质情况以及地震烈度等有关，一般取小于堆石的自然安息角，并通过计算确定。

坝的下游坡，当地基为岩石且坝高小于 30m 时，一般可取为（1∶1.3）～(1∶1.5)；非岩基时，还应做得缓些，有的可达 1∶2.0。下游坡面应用大块石堆筑平整，每隔 10～15m 高度设置宽 1～2m 的马道。坝的上游坡应不陡于反滤层或保护层的自然安息角，并应考虑反滤层施工条件，一般不陡于 1∶1.5。在地震区，坝坡可放缓 10%～20%。

③ 反滤层。为防止渗透水将尾矿带出，在堆石坝的上游面必须设置反滤层。在堆石与非岩石地基间，为了防止渗透水流的冲刷，也需设反滤层或过渡层。堆石坝的反滤层一般由砂、砾、卵石或碎石等三层组成，粒径沿渗流方向由细到粗，并应确保每一层的颗粒不能穿过另一层的孔隙。

堆石坝的沉陷较大，为避免反滤层断裂造成尾矿外流失事，并便于机械化施工，可适当加大反滤层厚度，减少反滤层层数。反滤层每层平均厚度以不小于 40cm 为宜。

为防止尾矿浆及雨水对内坡反滤层的冲刷，在反滤层表面应铺设保护层，其厚度应由稳定计算决定。保护层可用干砌块石、砂卵石、碎石、大卵石或采矿废石铺筑，以就地取材，施工简单为原则。

(3) 稳定计算　堆石坝的破坏可能有沿地基表面的整体滑动、坝坡坍滑，以及坝坡与地基一起滑动。

① 整体抗滑稳定计算。岩石地基上的堆石坝，一般必须进行整体抗滑稳定计算。建在松散覆盖层或软弱地基上的堆石坝，应校核沿薄弱层滑动的稳定性，可按一般重力式挡土墙的计算方法进行计算。

② 坝坡稳定计算。坝坡稳定计算可按圆弧滑动法或折线滑动法进行。上游坝坡的稳定，因保护层和反滤层与坝体是两种不同的相接触，坝坡往往沿接触面滑动，故应计算以下几种情况：

a. 保护层与反滤层共同沿反滤层下游面滑动；

b. 保护层沿反滤层上游面滑动；

c. 保护层与层的一部分沿反滤层的某一层面滑动。

计算不同土层接触面的滑动时，其抗剪强度值最好通过两种土层的剪切试验确定，否则应采用两层中的较小值。对于坝前放矿的初期堆石坝，上游坡的稳定安全系数，按使用年限的长短，可适当地降低。

(4) 堆石坝的变形　堆石坝的变形有垂直沉陷、水平位移和侧向位移（由坝肩向河谷中心的位移）。

堆石坝的沉陷量可达坝高的 0.5%～3%，甚至达 5%，水平变形为垂直沉陷量的50%～70%。影响堆石坝沉陷的主要因素有以下几点。

① 坝高。堆石愈高，沉陷也愈大。因此，坝的最大断面处沉陷大，愈向两岸，沉陷愈小，对于同一断面，坝顶处沉降最大，愈向上、下游，沉陷愈小。

② 堆石及地基性质。堆石石块的坚硬程度、级配大小和形状影响坝的沉陷大小。石块以圆形为好，扁平细长的石块易在堆石中形成空洞，使坝的沉陷增大。地基愈坚实，沉陷愈小。

③ 河谷形状及两岸坡度。河谷地形及坡度变化较缓，坝的不均匀沉陷值较小，如有突变，则易发生不均匀沉陷。

④ 施工方法。采用适当的施工方法，例如采用分层铺筑堆石并加压实，沉陷量可以减小。

减小沉陷的措施主要有以下几个方面。

① 控制堆石级配。选用良好级配的石料，砾石含量不能超过 5%。

② 加大抛石高度或进行碾压。抛石高度大，堆石易压实。在欧洲一些国家，抛石高度较低，但采用装载石料的车辆对堆石进行压实。使用震动碾压也是一个有效的方法。

③ 压实过程中用水枪冲击。在水利部门，有时采用 10 个大气压的高压水枪冲击卸下的堆石，可使石块很快静止于稳定位置，并移动碎石于大块石的空隙中，使堆石更趋密实。

④ 采取结构上的措施避免沉陷的不利影响，例如预留沉陷余幅，在平面上坝轴线稍凸向上游，以减小水平位移和侧向位移对上游反滤层的影响。

3.2.3 不透水堆石坝

(1) 适用条件

① 尾矿不能堆坝，并由尾矿库后部放矿经济时；

② 尾矿水含有有毒物质，须防止尾矿水对下游产生危害时；

③ 要求尾矿库回水，而坝下回水不经济时。

(2) 构造要求和稳定计算　尾矿不透水堆石坝的防渗斜墙可用黏土斜墙和沥青混凝土斜墙。前者的优点是具有良好的塑性，较能适应坝的不均匀沉陷，便于就地取材，节省投资。对于黏土斜墙的构造要求主要有以下几点。

① 在上游坡产生变形时，斜墙应保持不透水。

② 斜墙与堆石体之间，应铺设由砾石，碎石或细石铺成的过滤层。

③ 斜墙断面应自上而下逐渐加厚，当用壤土或重壤土修筑斜墙时，其顶部厚度（垂直于上游坡面方向的厚度）应不小于表 3-3 中所列数值；底部厚度不得小于水头的 1/10，并不得小于 2m。斜墙厚度初步选定后应根据允许渗流量和渗透坡降计算确定。

表 3-3　斜墙顶部厚度

坝体材料	坝高>50m	坝高 30～50m	坝高<30m
砂土	1.0	0.75	0.5
砾石或块石	3.0	2.5	2.0

④ 在正常运用条件下，斜墙顶在静水位以上的超高，应不小于表 3-4 中规定的数值，在非常运用条件下，斜墙顶不得低于非常洪水位。

表 3-4 斜墙顶超高

坝的级别	Ⅰ	Ⅱ	Ⅲ	Ⅳ、Ⅴ
超高/m	0.8	0.7	0.6	0.5

⑤ 土质斜墙上游必须设置砂土或砂砾石的保护层，保护层的外坡坡度应根据稳定计算确定，一般可取为（1∶2.5）～（1∶3.0）。

⑥ 当地基为透水层时，斜墙应嵌入不透水层、或做铺盖延长渗径。

⑦ 斜墙应放在用大石块精细地干砌起来的块石层上面，块石间的大孔隙用碎石填充，其孔隙率不大于 20%～30%。

黏土斜墙的稳定计算一般采用折线滑动法计算。滑动面位置可假定位于斜墙下卧层或通过斜墙的中心。为简化计算，可按滑动面位于斜墙下卧层的假定计算，绘出斜墙滑动折线，沿滑动折线处将滑动体分成若干个自由土体，分别算出滑动力水平分力的总和与抗滑力水平分力的总和，从而求得斜墙稳定的安全系数。

3.2.4 定向爆破筑坝

定向爆破筑坝在一定的地形、地质条件下是一种多快好省的筑坝方法，尤其适用于修建不设防渗体的堆石坝。它可以节省劳力和投资，加快矿山建设，因而在尾矿工程中也得到应用。

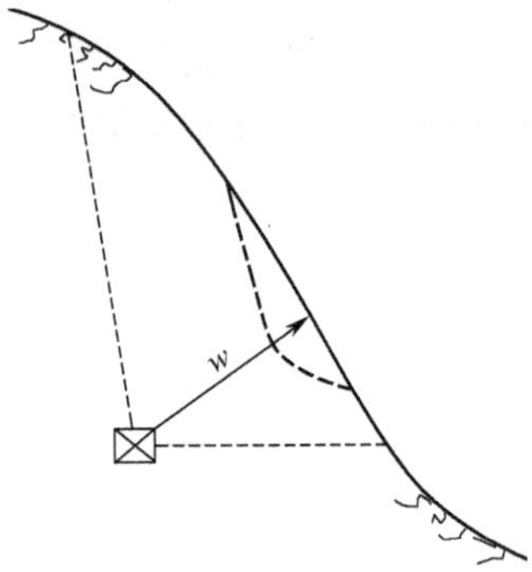

定向爆破筑坝的基本原理是利用炸药在岩土内爆炸时，岩土的主要抛掷方向系沿着最小抵抗线 w 的方向（即从药包中心到临空面最短距离的方向，如图 3-7 所示）抛出的物理现象，把大量土石按指定的方向搬移到预定的位置上去，并使其堆积成所需的坝体形状。

图 3-7 最小抵抗线与临空面示意图

3.2.4.1 采用定向爆破筑坝的技术条件

(1) 地形条件

① 河谷狭窄，岸坡陡峻（要求在 45°以上）。

② 爆破岸山体有一定高度和厚度：山体高度在单岸爆破时应大于坝高的 2～2.5 倍；双岸爆破时应大于坝高的 1.5～2.0 倍，山体厚度应大于坝高的 2～2.5 倍。

③ 爆破岸有一定长度的平直段，最好是有天然的凹形地面。

(2) 地质条件

① 岩性均一，岩石裸露，覆盖层较薄，岩石适于作坝体材料。

② 地质构造简单、稳定（断层、破碎带、大裂隙少，无滑坡等不良地质构造）。

(3) 整体布置与施工条件

① 考虑排水涵管、泄洪隧洞的布置使其处于爆破危险范围以外。

② 考虑导硐开挖与装药、堵塞作业的施工条件。

3.2.4.2 爆破方案的选定

根据地形、地质条件，构筑物布置及工程总的要求，选定合理的爆破方案。

(1) 松动崩塌爆破（包括减弱抛掷）和抛掷爆破问题 松动崩塌爆破主要靠爆破岩块自

重沿陡坡自动滚落成堆，因而单位体积石方的炸药消耗量少（一般为 0.2～0.6kg/m³），药包质量小，对基岩的破坏和周围建筑物的威胁小。但其采用应具备以下的地形条件。

① 岸坡陡峻（应在 60°～70°以上），且坡面平整，没有较大冲沟切割。

② 两岸山高最好均比设计堆积体高 2～3 倍以上，以便从两岸爆破。

③ 山谷或河谷宽度在 10～20m 以内，最好不大于 10m。

抛掷爆破受不利地形的限制较少，能控制爆破方向，把岩块抛掷到需要的位置上，但单位体积石方的炸药消耗量大（一般为 1～2kg/m³）。对基岩和边坡有较多的破坏，个别飞石及地震波对附近建筑物有较大的威胁。

在具体工程中，如地形、地质条件适合，应优先考虑松动爆破。我国石峡口水库即采用松动崩塌爆破，其两岸坡度均为 70°，左岸山高 51m，右岸山高 54m，河底宽 4.5m，爆破单位耗药量为 0.259kg/m³。

(2) 双岸爆破和单岸爆破问题　双岸爆破［图 3-8(a)］可增加爆破方量，缩短抛掷距离，提高坝体堆石的集中程度和有效上坝方量，节省炸药。因此，有条件时应尽量采用。南水、石砭峪等水库和吊茶壶、金堆城等尾矿库即采用双岸爆破。

单岸爆破［图 3-8(b)］仅在下述情况下才被采用：一岸不适于定向爆破，如山头不高，岸坡较缓，山体单薄以及地质构造复杂，岩性不良，覆盖层较厚等，或因一岸设有隧洞、溢洪道或其他建筑物，不宜于大爆破，或一岸在施工上有较大的困难（如为悬崖陡壁，施工道路布置困难）。

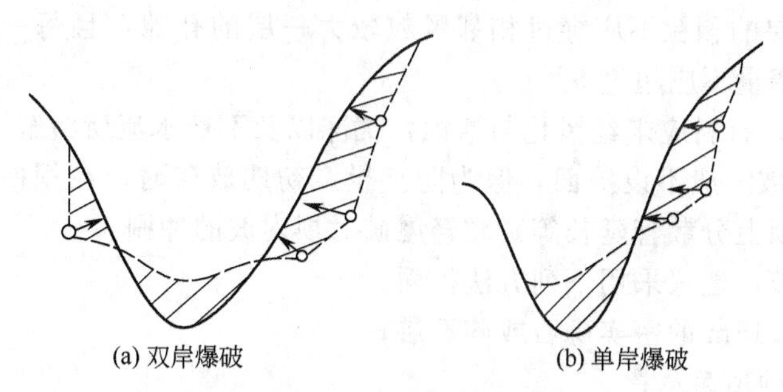

图 3-8　斜坡地面双岩和单岩爆破示意图

爆破过程中爆破岩石抛掷堆积计算，目前在工程中多用体积平衡法，其原理为堆积体积来源于爆破抛掷的有效方量，两者平衡。体积平衡法的基本假定如下：

抛掷堆积体由爆破漏斗边缘开始，是一个连续的整体，在一般情况下，其厚度与离药包中心的距离成反比，堆积体的表面在漏斗范围内呈凹形抛物线，在漏斗外一般呈凸形抛物线，平面上呈半椭圆状，对于复杂地形则应根据特定的地形条件判断其形状；堆积体的最大宽度与抛掷距离或 nw 值成比例关系；多排药包爆破或两岸同时爆破的堆积计算可通过单排药包的计算叠加求得。

根据上述假设，抛掷堆积的计算可用计算和图解相结合的方法完成。

3.2.5　土坝

土坝造价低、施工方便，在缺少砂石料地区是常用的坝型。由于土料的透水性较尾矿差，当尾矿堆积坝达一定高度时，浸润线往往从堆积坝坡溢出，易造成管涌，导致垮坝事故。为此必须切实做好土坝的排渗设施，以降低尾矿坝的浸润线。

筑坝土料应选用颗粒级配好的土料。土的级配良好，则压实性能好，可得到较高的干容重、较小的渗透系数和较大的抗剪强度。

在一定的压实条件下，土料的含水量不同，所能达到的干容重也不同，与其中最大干容重相应的含水量即为最优含水量。土坝设计中常采用最大干容重作为控制填土密实度的指标，而土坝施工则只有在最优含水量下，才能将填土压实到设计所要求的标准。

(1) 土坝坝身构造要求

① 坝顶。当无行车要求时，坝顶宽度一般不小于 3m。为了排除雨水，坝顶面宜向外坡倾斜，坡度建议采用 2%～3%。

② 坝坡。坝坡坡度取决于坝型、坝高、土壤种类、地基性质及渗透条件，设计中应通过边坡静力稳定计算确定，由于尾矿初期坝上游坡堆压尾矿，有利于内坡的稳定，因此尾矿初期坝的内坡可取略陡于外坡或等于外坡。

③ 排渗设施。尾矿初期坝可采用下列形式的综合排渗设施：

a. 斜卧层-褥垫层（或网形排渗带）；

b. 排渗管（或网形排渗带）-排渗管（或网形排渗带）；

c. 棱体-褥垫层（或网形排渗带）。

当坝下游有水时，坝脚应加设棱体或斜卧层排渗。

④ 反滤层设计

a. 反滤层的透水性应大于被保护土的透水性；

b. 被保护土层的颗粒不应被冲过反滤层；

c. 反滤层细粒层的颗粒不应穿过相邻颗粒较大一层的孔隙，且每一层内的颗粒不应发生移动，各层的堵塞量不应超过 5%；

d. 反滤料的砂，石料应未经风化与溶蚀，抗冻以及不被水流所溶解。

⑤ 护坡。坝内坡一般不设护面，但为防止投产初期放矿时，在坝面上冲成小沟，可采取适当措施（如将坝上分散管延长等）减轻尾矿对坝内坡的冲刷。

对于坝顶和外坡，建议采用下列方法护面。

a. 铺盖 0.1～0.15m 的密实砾石或碎石层；

b. 铺种草皮或种植茅草；

c. 在坝肩与坡脚设截水沟和排水沟；

d. 为了排除雨水，下游坡的马道在横向（向上游坡）、纵向都应有一定的坡度。

⑥ 坝与坝基及岸坡的连接。土坝与坝基及岸坡的连接，应使连接面处不产生集中渗流和存在软弱夹层，连接面的坡度及形式也应妥善处理，以防不均匀沉降时坝体产生裂缝。当土坝与岸坡连接处存在渗透性大、稳定性差的坡积物时，如厚度较小，建议全部清除，如厚度较大全部清除有困难时，则应采取适当的措施进行处理。

在任何情况下，坝体与岸坡结合均应采用斜面连接，不得将岸坡清理成台阶式，更不允许有反坡，岸坡清理坡度建议岩石不陡于 1∶0.75，一般黏性土不陡于 1∶1.5。

(2) 土坝施工的几个问题

① 地基清理

a. 清基时，应将坝基范围内的建筑物全部拆除，所有树木、树根、乱石以及腐植土层等均应清除。如清基后不立即筑坝时，建议预留保护层（一般厚为 10～15cm，冬季保护层厚度应考虑冰冻影响深度），在填筑前再行清除。

b. 坝基中的试坑、坟穴、泉眼等，必须加以妥善处理。如遇岩石裂隙涌出泉水，或防渗墙嵌入沟一段内冒水，则由中间向两头堵，最后集中在防渗墙外留泉水孔，待防渗墙填至一定高度后，再用 1∶3 石灰黄泥或水泥黄泥封堵所留出的泉孔。对于水头较大的泉眼，最好采用导流的方法将水引出坝外；也可用水玻璃和水泥或水玻璃液和氯化钙等堵眼。

② 填土质量控制

a. 坝体填筑的压实程度。对黏性土、风化土、风化砂、风化砾石与砂砾料用干容重（γ_g）作为控制标准；对砂土用相对紧密度（D）作为控制指标。

b. 填筑的黏性土含水量。应选与设计填筑干容重相应的含水量，设计上则应尽量考虑天然含水量大小，尽可能不对土料进行人工处理。

c. 压实后填土干容重不合格的样品数量不得超过全部检查样品的 10%，且其偏差不得超过 0.03～0.05g/cm^3；含水量偏差值可采取 ±1%～3%（对低坝及砂性较大的土与砾质黏性土可用大值控制）。

③ 反滤层、排渗设施的铺筑

a. 反滤料铺筑建议用人工压实，铺筑时必须将各层铺成阶梯形，在斜面上的横向接缝，应做成坡度不小于 1∶2 的斜坡。

b. 铺设反滤层各层厚度的偏差不应超过下列数值。

反滤层厚度为 10～20cm 时，其偏差不大于 3cm，反滤层厚度为 20～40cm 时，其偏差不大于 5cm；反滤层厚度超过 50cm 时，其偏差不大于厚度的 10%。

c. 在铺设排渗管和排渗带时，应严格控制坡度。

d. 排渗设施的堆石应分层填筑，靠近反滤层附近应用较小的石料，堆石上下层面应犬牙交错，不得留有水平接缝。相邻两段堆石的接坡，也应逐层错缝，不得垂直相接。

露于坝体外部的排渗设施表面的石料，应采用平砌法砌筑平整。

3.2.6 风化料筑坝

风化料筑坝容易压实，可充分利用开挖弃渣或当地材料，有时可取得节省劳动力、降低造价的效果。

3.2.6.1 风化料的物理力学性质

风化料按其颗粒组成可分为风化砾石、风化砂和风化土三类。

(1) 风化砾石的物理力学特性　风化料中砾石含量大于 50%时即为风化砾石。岩浆岩风化砾石的级配良好，浸水后性能稳定、管涌可能性小。板、页岩风化砾石则级配欠佳，孔隙集中，易发生细粒部分的管涌流失，如果原岩的软化系数低，则其抗水性差，浸水后强度降低，压缩性增加，不利于坝体稳定。

风化砾石所含砾石多为半风化状态，强度低，受力较易破碎，且吸着水含量较大，与一般砾质土不同。

(2) 风化砂的物理力学特性　风化砂是地表岩层风化过程的中间产物，其耐久性较一般土料差，物理力学性质较不稳定。风化砂的特征是颗粒呈棱角状，强度较弱，大小分布不均匀性较大，并含有一定量的细土粒。风化砂的压实性能良好，压实自然含水量的风化砂也能获得较高的干容重。

风化砂的压缩性，受其组成中较弱矿物（特别是云母）的含量影响极大，当压力在10～30kPa 时，其压缩系数大致在 0.005～0.05cm^2/kg 范围内，随起始孔隙比减小而急剧降低，当垂直荷重大于 20～30kPa 后，则变化甚微。

风化砂中云母含量的增多，不但会使风化砂压缩量增大，同时也难于压实。而压实的风化砂浸水饱和时，又可能膨胀。故不宜采用云母含量过多的风化砂筑坝。

风化砂的固结也较快，可以作为良好的透水料或半透水料。

(3) 风化土的物理力学特性 板岩、页岩风化土较多见，如为坡积物，则夹杂有风化砂岩碎块。残积风化土的自然容重达1.8～2.0t/m³，相对密度在2.7以上，天然含水量在15%左右，大多低于最优含水量。

风化程度不同的泥质板岩、页岩风化土的颗粒组成特征是缺乏中间粒径的颗粒，级配较差。

室内试验风化土的渗透系数小于10^{-6}cm/s，可以作为良好的防渗材料。

当采用风化土筑坝时，对于由软化系数较低的岩石风化成的风化土，应特别加强其抗水性的试验研究。

3.2.6.2 风化料筑坝的设计问题

(1) 设计指标的选取

① 风化料压实指标应以室内和工地压实试验所得最优含水量时的最大干容重为标准进行选取。

② 适宜的含砾量有利于土料特性的改善，其最大干容重随含砾量的增加而增大，但极限含砾量约在30%～50%范围内。含砾量为10%～20%时，可使细料部分获得最大的压实，应通过试验确定最优含砾量，选择值应稍低于试验值。填筑在坝体浸润线以上部分的砂砾料，其极限含砾量可大大提高。当风化料的含砾量多，且有较大的变幅时，应根据不同含砾量选定不同的压实标准。

③ 当采用风化土筑坝时，对于由软化系数较低的原岩风化成的风化土，应特别加强其抗水性和饱和对风化料特性影响的研究。

④ 在选择指标时，尚应考虑干湿、冻融循环的影响。

(2) 风化料的填筑

① 板岩，页岩和泥质胶结的砂岩、砂砾岩等风化砾石，多有抗水性差，浸水后强度降低，压缩性增大的特性。页岩风化砾石的渗透稳定性差，在渗透比降为1时发生管涌、细粒流失，同时在干湿与冻融循环作用下易崩解破碎。孔隙胶结砂砾岩风化料与板页岩类似。因此利用时应采取相应措施防止细料的流失，最好将它们填筑在坝体浸润线以上部分。

② 压实风化料时应注意防止大块架空现象，为此应限制上坝风化料的最大粒径，使其不大于铺土厚度的1/2，同时数量也应加以限制。

3.3 后期堆积坝设计

3.3.1 尾矿的物理力学性质

3.3.1.1 尾矿的分类

表3-5～表3-7为选矿学常用的分类法；表3-8为土力学常用的分类法。

表3-5 按平均粒径d_p分类

分类	粗		中		细	
	极粗	粗	中粗	中细	细	极细
d_p/mm	>0.25	>0.074	0.074～0.037	0.037～0.03	0.03～0.019	<0.019

表 3-6　按某粒级所占百分数分类

分类	粗		中		细	
粒级/mm	＋0.074	－0.019	＋0.074	－0.019	＋0.074	－0.019
%	＞40	＜20	20～40	20～50	＜20	＞50

表 3-7　按岩石生成方式分类

分类	脉矿（原生矿）	砂矿（次生矿）
特点	含泥量小，泥粒（即＜0.005mm）一般少于10%，例如南芬尾矿	含泥量大，一般大于30%～50%，例如云锡大部分尾矿

表 3-8　按塑性指数 I_P 分类

<table>
<tr><td rowspan="2">I_P</td><td rowspan="2">＜1</td><td rowspan="2">1～7</td><td colspan="3">7～17</td><td rowspan="2">＞17</td></tr>
<tr><td>7～10</td><td>10～13</td><td>13～17</td></tr>
<tr><td rowspan="2">土壤名称</td><td rowspan="2">砂土</td><td rowspan="2">砂壤土</td><td>轻壤土</td><td>中壤土</td><td>重壤土</td><td rowspan="2">黏土</td></tr>
<tr><td colspan="3">壤土</td></tr>
</table>

3.3.1.2　尾矿在库内的分布

（1）影响尾矿沉积特性的因素

① 粒度。粒径＞0.037mm 者称为沉砂质，在动水中沉积较快，是形成冲积滩的主要部分。

粒径为 0.019～0.037mm 者称为推移质，在动水中沉积较慢，是形成冲积滩的次要部分，是水下沉积坡的主要部分。

粒径为 0.005～0.019mm 者称为流动质，在静水中沉积很慢，为矿泥沉积区的主要部分。

粒径＜0.005mm 者称为悬浮质，在静水中也很不容易沉积，形成水中悬浮物。

图 3-9 为库内尾矿沉积示意图。

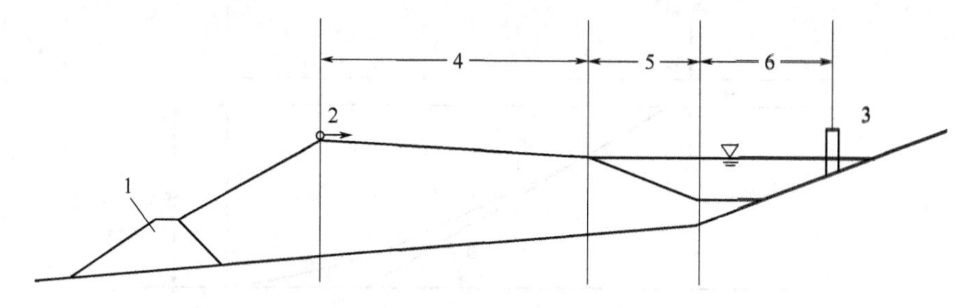

图 3-9　库内尾矿沉积示意图

1—初期坝；2—原尾矿；3—排水井；4—冲积滩；5—沉积坡；6—矿泥区

② 流速。当粒度浓度等条件不变时，流速小易沉积，流速大则不易沉积。

③ 浓度。当尾矿粒度不变时，浓度越大沉积越快。

④ 流量。当浓度、粒度等因素不变时，流量越小沉积越快。

⑤ 药剂。某些选矿药剂和尾矿水的 pH 值会对尾矿沉积有影响，如水玻璃使尾矿不易沉积。为了加速细颗粒的沉积，可加入某些化学药剂，如 $CaCl_2$，HCl 和 F691 等。

（2）尾矿冲积坡　尾矿在动水中自然沉积形成的坡度称为冲积坡。其主要影响因素为粒度、浓度、流量和放矿方法等。靠近放矿点处坡度较大，越接近水边越小，在设计中一般多用平均冲积坡度表示，可在尾矿冲积滩上实测取得或参照以下经验公式计算。

平均冲积坡的计算：

$$i_P=0.1C^{1/3}\left(\frac{d_{50}v_bB}{Q_k}\right)^{1/6} \tag{3-4}$$

式中 i_P——平均冲积坡；

C——矿浆稠度（固体与水的质量比）；

d_{50}——尾矿的中值粒径，m；

v_b——尾矿不冲流速，由试验确定，一般 0.15～0.3m/s；

B——冲积宽度（可取放矿宽度），m；

Q_k——矿浆流量，m^3/s。

(3) 尾矿水下沉积坡 尾矿颗粒在静水中的沉积与尾矿粒度、池底形状和水深有关。由于静水阻力作用，同样粒度的水下沉积坡较冲积坡陡。根据南芬尾矿（中粒）沉积坡试验，距水边 40m 处的水下沉积坡为 2%～2.5%。由于国内实测资料较少，设计中也可参照式(3-5）估算。

$$L_P=\frac{H_0}{L_k}<\tan\varphi \tag{3-5}$$

式中 H_0——沉积区末端水深，m，如图 3-10 所示；

L_k——粒子扩散长度，m，$L_k=0.3h\left(\frac{v_t}{u_c}\right)^2$；

h——滩上水流厚度，m，$h=\frac{q_0}{v_t}$；

v_t——滩上水流流速，m/s（实测或计算）；

u_c——沉积颗粒平均粒径的沉降速度，m/s；

q_0——水的单宽流量，L/(s・m)；

φ——水下沉积尾矿平均内摩擦角。

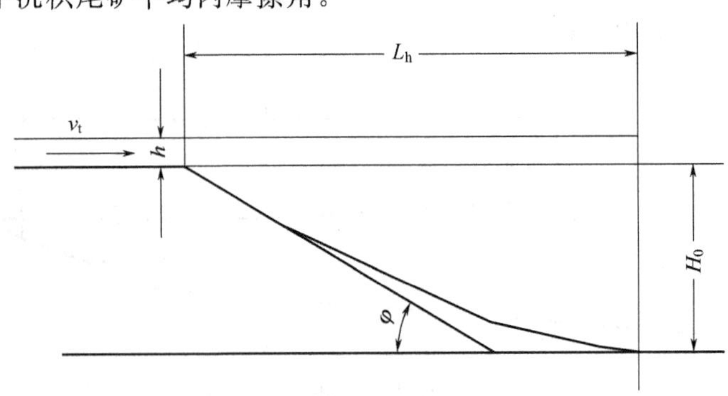

图 3-10 水下沉积坡示意图

3.3.2 尾矿的水力旋流器分级

尾矿分级的目的是为了得到浓度大、颗粒粗的尾矿用于筑坝。除用水力旋流器分级尾矿外，对分级效率要求不高的厂矿还可以采用管式自然分级和分级锥、斗等。水力旋流器的应用与选择中应注意以下几点。

① 水力旋流器适用分级粒度的一般范围 0.01～0.3mm。

② 旋流器要求恒压给矿，恒压箱液面要稳定，保证其正常工作。

③ 要留有备用台数，对分级粒度细的尾矿备用率要高。

④ 旋流器选用规格及数量应根据筑坝尾矿粒度、尾矿量和旋流器的生产能力经计算确定：当需要生产能力大且溢流较粗时，可选大规格，反之选小规格，当需要生产能力大，且要求溢流较细时，可选用小规格的旋流器组。

⑤ 若要求溢流粗的溢流粒度时，可采用较低的进口压力和较高的给矿浓度；要求较细的溢流粒度时，应采用较高的进口压力和较低的给矿浓度。进口压力一般为 5～25kPa，见表 3-9。

表 3-9　旋流器进口压力

计算分离粒度 δ/mm	0.59	0.42	0.3	0.21	0.15	0.1	0.074	0.037	0.019	0.01
进口压力/kPa	2	5	4～8	5～10	6～12	8～14	10～15	12～16	15～20	20～25

3.3.3　后期坝的堆筑

尾矿库应尽量利用尾矿冲积筑坝。如果尾矿库距采矿场较近，利用采矿废石筑坝并兼作废石堆场也是可行的。当尾矿不能堆坝而用废石筑坝又不经济时，也可采用当地其他材料加高后期坝。

3.3.3.1　尾矿水力冲积坝

(1) 尾矿筑坝的基本要求　为使尾矿冲积坝（尤其是边棱体）有较高的抗剪强度，要求各放矿口冲积粒度一致，并使冲积滩上无矿泥夹层。为此应做到以下几点。

① 筑坝期间一般采用分散放矿：矿浆管沿坝轴线敷设，放矿支管沿坝坡敷设，随筑坝增高而加长。在库内设集中放矿口，以便在不筑坝期间、冰冻期和汛期向库内排放尾矿。

② 在冰冻期一般采用库内冰下集中放矿，以避免在尾矿冲积坝内（特别是边棱体）有冰夹层或尾矿冰冻层存在而影响坝体强度。

③ 每年筑坝高度要适应库容的要求，充分利用筑坝季节，严格控制干滩长度，以保证边棱体强度。

④ 尾矿冲积坝的高程，除满足调洪、回水和冰下放矿要求外，还应有必要的安全超高。

(2) 筑坝方法

① 冲积法。一般用斜管分散放矿（小厂矿可用轮流集中放矿），用人工或机械筑子坝向坝内冲填（图 3-11）。冲积法筑坝一般可分为冲积段、准备段、干燥段交替进行。

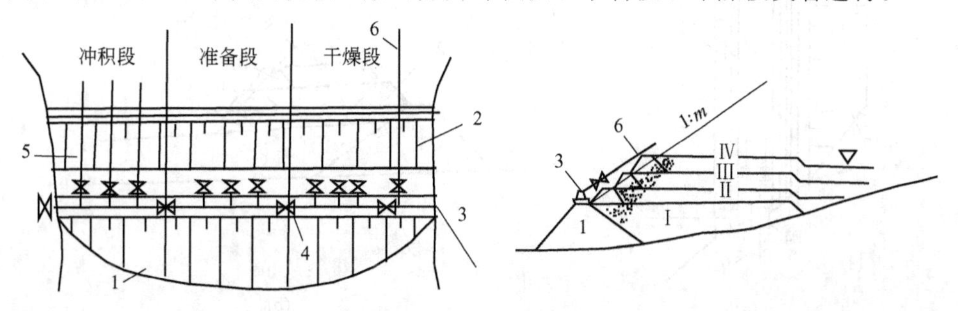

图 3-11　冲积法筑坝示意图

1—初期坝；2—子坝；3—矿浆管；4—闸阀；5—放矿支管；6—集中放矿管；Ⅰ～Ⅳ为冲积顺序

② 池填法（图 3-12）。由尾矿量决定一次筑坝长度，根据上升速度和调洪要求确定子坝调度，内外坡应根据稳定及渗流稳定计算确定。筑子坝步骤如下。

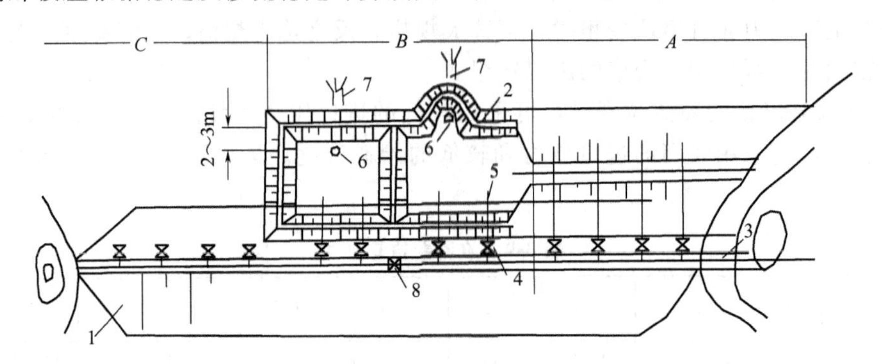

图 3-12　池填法筑坝平面图

1—初期坝；2—转埝；3—矿浆管；4—放矿口阀门；5—放矿支管；
6，7—溢流口及溢流管（可采用其中一种）；8—闸阀

a. 在一次筑坝区段上分几个小池，近方形，池边长 30～50m 左右。

b. 用人工或机械筑围埝，埝高 0.5～1.0m，顶宽 0.5～0.8m，边坡 1∶1 左右（也可用挡板代替筑围埝）。

c. 安设溢流管，溢流管一般用陶土管（不回收）或钢管（回收），溢流口可设在子坝中心（双向冲填时）或靠近里侧围埝 2～3m 处设置（单向冲填时），钢管多设在坝外 2～3m，便于回收，溢流管顶口低于埝顶 0.1～0.2m。

d. 采用分散放矿向池内冲填，粗粒在池内沉积，细粒随水一起由溢流管排放到库内。当冲填至埝顶时，停止放矿，干燥一段时间，再筑围埝，重复上述作业直至达到要求的子坝调度。

③ 渠槽法（图 3-13）。渠槽法是在尾矿冲积坝体上，平等坝轴线用尾矿堆筑两道小堤高 0.5～1.0m 形成渠槽，根据矿浆量、放矿方法和子坝的断面尺寸可选择单渠槽、双渠槽、多渠槽等。由一端分散放矿（尾矿量小也可集中放矿），粗砂沉积于槽内，细泥由渠槽另一端随水排入尾矿库内。当冲积至小堤顶时，停止放矿，使其干燥一段时间，再重新筑两边小

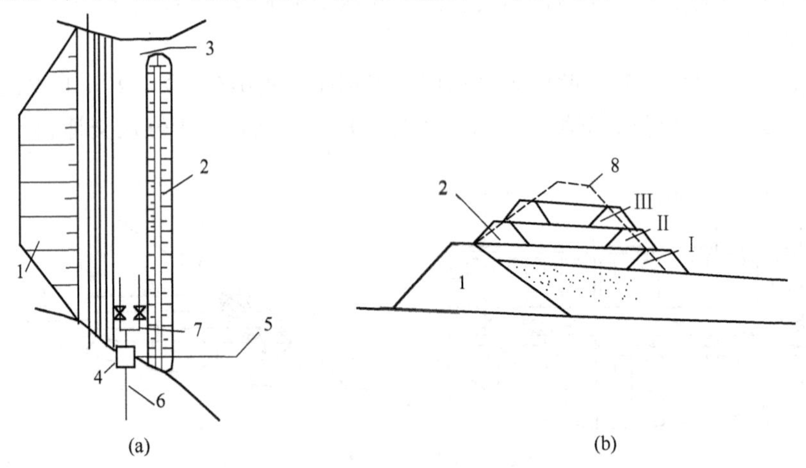

图 3-13　单渠槽法筑子坝示意图

1—初期坝；2—小堤；3—溢流口；4—分级设备；5—放矿管；
6—矿浆管；7—粗砂放矿管；8—子坝筑成轮廓；Ⅰ～Ⅲ为冲填顺序

堤，放矿、冲积直至达到要求的断面。

④ 采用水力旋流器分级的上游法筑坝（图 3-14）。对于细颗粒尾矿，为提高坝壳粒度常采用此法。

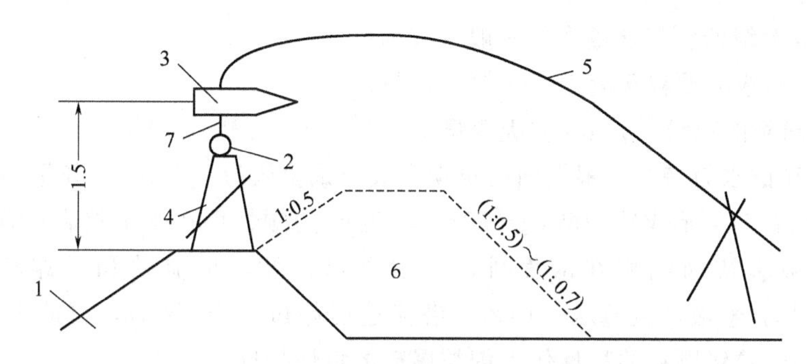

图 3-14　采用旋流器分级的上游法筑坝示意图

1—前期子坝；2—输送管；3—水力旋流器；4—木支架；5—胶溢流管；6—新筑子坝；7—支管

⑤ 尾矿分级下游法筑坝（图 3-15）。用旋流器或其他分级设备将尾矿分级，高浓度粗砂用于下游筑坝，溢流部分可形成冲积滩和充填尾矿库。

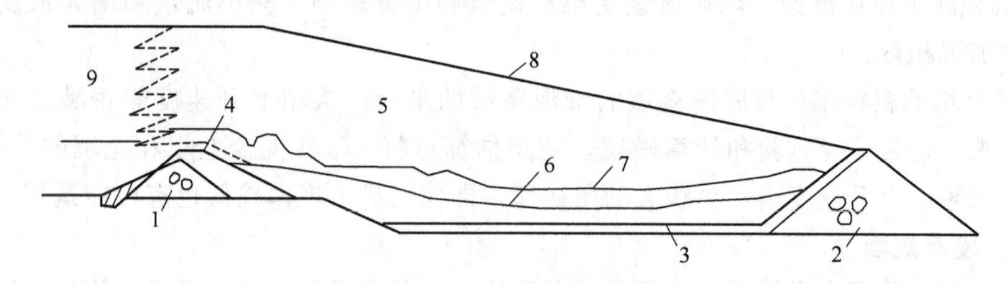

图 3-15　下游法筑坝示意图

1—上游主坝；2—下游主坝；3—排渗；4—子坝；5—旋流尾砂；6，7—砂面；8—终期坝面线；9—矿泥

(3) 筑坝方法选择　尾矿冲积坝筑坝方法的选择，主要应根据尾矿排出量大小、尾矿粒度组成、矿浆浓度、坝长、坝高、年上升速度以及当地气候条件（冰冻期及汛期）等因素决定。各种筑坝方法的适用范围见表 3-10。

表 3-10　各种筑坝方法的适用范围

筑坝方法	特点	适用范围
冲积法	操作较简便，便于用机械筑子坝，管理方便，尾矿冲积较均匀	适于用中、粗颗粒的尾矿堆坝
池填法	人工筑围埝的工作量大，上升速度快	适用于尾矿粒度细、坝较长，上升速度快且要求有较大调洪库容的情况
渠槽法	人工筑小堤工作量大，渠槽末端易沉积细粒，影响边棱体强度	适用于坝体短、尾矿粒度细的情况
尾矿分级上游法	可提高粗粒尾矿上坝率，增强堆坝边棱体的稳定性	适用于细粒尾矿筑坝
尾矿分级下游法	坝型合理，较上游法安全可靠	费用高，目前经验尚少

(4) 细颗粒尾矿筑坝

① 细颗粒尾矿。通常认为大致符合下述条件者为细颗粒尾矿：

a. 平均粒径 $d_P \leqslant 0.03$mm；

b. -19μm 粒级的颗粒含量多，一般$>50\%$；

c. $+74\mu$m 粒级的颗粒含量少，一般$<10\%$；

d. 可用于筑坝的粒级$+37\mu$m 粒级含量$\leqslant 30\%$。

② 细粒尾矿的水力特性。根据国内筑坝实践及试验认为：$+37\mu$m 粒级的尾矿颗粒一般在小流量分散放矿时可形成冲积滩，$-37 \sim +19\mu$m 的颗粒可在水下沉积；而-19μm 粒级的颗粒除个别被裹挟而沉积在滩面外，一般不易沉积，呈流动和悬浮状态。据试验，-19μm粒级颗粒，悬液浓度 5%～10%，潜流速度超过 10cm/s 时，可能发生异重流。因此，一般把 20μm 粒级颗粒的特性作为细粒尾矿的特性指标。

③ 细粒尾矿筑坝可能性的影响因素。

a. -20μm 粒级的颗粒含量分数。根据研究和实践证明，当-20μm 粒级的颗粒占 70%以上时，用其筑坝的可能性将很小。如某尾矿-20μm 粒级的颗粒占 80%～90%，试验结果不能筑坝。

b. 沉积滩上尾矿流速。尾矿流速受尾矿流量和浓度影响，减小流量和增大浓度可减小流速，增加沉积量。

c. 可上坝的粗粒尾矿与库内充填的细泥尾矿的平衡；筑坝上升速度能否满足充填上升速度的要求，通常要经试验和计算确定。初步估算可将 37μm 视为上坝和充填的分界粒径。一般对于坝短、上升速度小、容积大的尾矿库，即使尾矿上坝率较低也有可能筑坝。

3.3.3.2 废石筑坝

(1) 废石的物理力学性质 废石是由各种岩石成分组成的，且块度极不均匀。废石的堆积容重与岩性、级配有关，一般平均为 2.0t/m^3 左右。废石的自然堆积角是设计采用废石内摩擦角的依据，与岩性、颗粒组成等因素有关，一般由实地测量取得。

(2) 废石筑坝的优点

① 稳定性好，特别是抗震稳定性比尾矿堆坝好得多。

② 排渗条件好，使尾矿沉积体加快固结。

③ 便于机械化施工，可大量减少劳动力。

④ 废石筑坝可兼作废石堆场，并可增加尾矿库利用系数。

⑤ 外坡被废石覆盖，库内可缩短干滩长度，从而可减轻尘害。

(3) 废石筑坝易出现的问题及处理

① 塌陷。由于废石松散、块度不均、内边压在尾矿沉积体上而造成。可采取边陷边填边压实的方法处理。

② 坍坡。由于废石松散、机车荷重和雨水等因素造成。局部坍坡无碍整体稳定，坍后趋于稳定。台阶高度不宜过大，在 15m 以内较好。机车不要太靠近边坡。坍滑处注意修补，雨季注意巡视。

③ 渗漏。由于尾矿与废石间无过渡层，易流失尾矿，集中放矿也易发生渗漏。防止办法是利用较细废石（砂砾料）做过渡层，堆在内侧。并采用分散放矿，使坝前沉积成粒度均匀的沉积滩，防止渗漏。

3.3.4 尾矿堆积坝的构造

3.3.4.1 尾矿堆积坝坝体构造

（1）坝顶宽度 根据筑坝机械、管道设备及操作要求确定。

（2）坝坡 外坡应由稳定计算确定，Ⅳ、Ⅴ级尾矿冲积坝也可根据经验确定。下游式筑坝的内坡安全系数可按次要构筑物选用。对于高坝的坝坡可自上而下分段变缓。

（3）马道 在坝坡上每隔 10～20m 高差应设置一条马道，最小宽度为 3～5m。

（4）护坡 为防止雨水、渗流冲蚀以及粉尘飞扬，可在坝坡上覆盖废石或山坡土厚 0.2～0.3m，也可种植草或灌木（当尾矿较粗时，应先铺 0.2～0.3m 厚的腐殖土层）。

（5）截水沟 为防止山坡和坝坡雨水对坝肩及坝面的冲刷，应设截水沟，一般采用砖石或混凝土结构。

3.3.4.2 尾矿堆积坝的排渗设施

（1）底部排渗设施 当尾矿坝位于不透水地基上或初期坝为不透水坝时，常采用底部排渗设施，以降低浸润线。底部排渗的形式有褥垫式、渗水管沟、渗水盲沟及混合式多种，一般均与初期坝同时施工。排渗设施与尾矿砂之间需设反滤层。

（2）冲积坝体的排渗设施 冲积坝体内排渗设施应尽可能预先埋设，以节省工程费用。当尾矿坝堆积到一定高度后，受不可预计因素影响，出现浸润线过高，抗滑稳定性或渗透稳定性不符合要求时，才采用后期补设。尾矿坝的排渗设施有水平排渗、竖向排渗和竖向水平组合排渗等三种基本类型。

① 水平排渗。

a. 水平滤管。该法是在尾矿坝外坡上采用水平钻机按照一定仰角向坝内钻孔，同步跟进套管。套管到位后，拉出钻杆，洗净孔内的残砂，将预先制作好的滤管用钻机推入孔内，最后拔出套管，坝内渗水立刻由滤管流出，因为滤管仰角很小，一般为 1°～3°，简称为水平滤管（图 3-16）。施工时应特别注意钻孔的角度，严禁钻成俯角，否则水不能流出孔外；同时在推送滤管时，严禁将土工布磨损，否则产生漏砂现象，造成隐患。

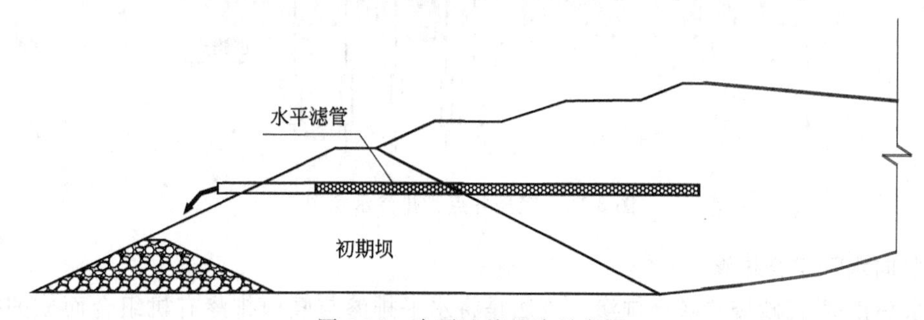

图 3-16 水平滤管排渗示意图

b. 预埋排渗盲沟。在沉积干滩上垂直于坝长方向每隔 30～50m 敷设一道横向盲沟。再在平行于坝长方向敷设一道纵向盲沟，与各条横沟连通。在纵沟上每隔 50～80m 连接一根导水管，通到坝坡以外。横向盲沟汇集的渗水先进入纵向盲沟，再与纵向盲沟汇集的渗水一起进入导水沟，排向坝外。盲沟的坡度及尺寸根据排水量确定，沟内的滤料应选用有一定级配比例的砂石，上部覆盖尾砂即成，如图 3-17 所示。当堆坝长度太长，盲沟数量太多时，也可用预制好的钢筋笼架外包无纺土工布代替盲沟，施工简单。近几年来，有采用各种土工合成材料取代传统盲沟者，施工更加方便，但是造价较高。

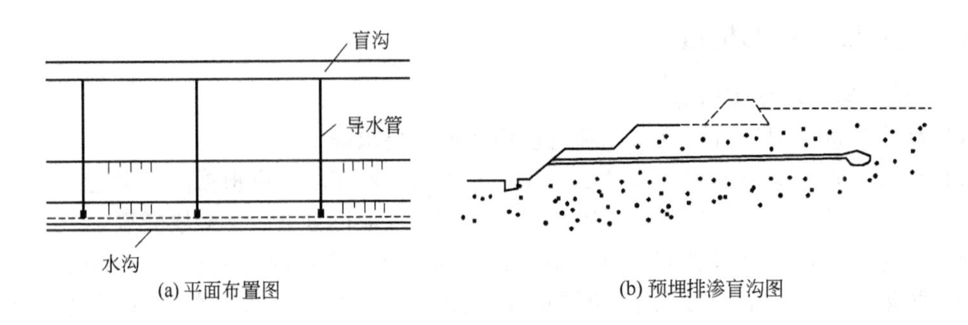

图 3-17 预埋排渗盲沟示意图

为了充分发挥盲沟的作用，可在盲沟的上部均匀布设一些垂直滤水井，随着坝体的升高可继续向上延伸，形成三维排渗系统，效果更好。

② 竖向排渗，轻型井点管抽水排渗法。该法先使用钻机在子坝顶部平台竖直向下敷设井点管（下端带有针状过滤器的钢管），各井点管的上端用胶管与地表敷设的水平总管连接，总管一端封闭，另一端引入地表泵房，接在泵（真空泵或射流泵）的进水口上。由泵造成负压，通过总管和井点管传到埋入地层的过滤器，在其周围形成负压带，则尾矿渗水在中立作用下沿负压合力的矢量方向流向过滤器，进入井点管和总管，由泵的出水口排到坝外，如图 3-18 所示，从而达到降低浸润线的目的。

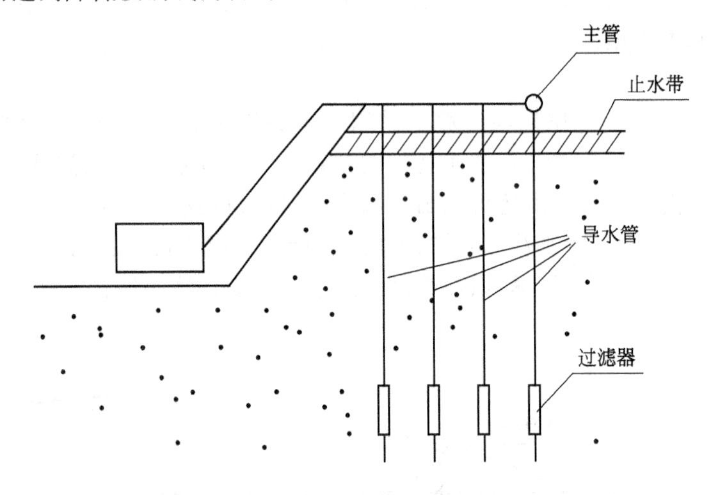

图 3-18 轻型井点管排渗示意图

③ 竖向水平组合排渗。

a. 水平孔-垂直砂袋井联合排渗。该法是将水平排渗与竖向排渗有机组合而成的排渗方式。袋装砂井内汇集渗水，通过水平排渗设施排出坝外。施工过程主要包括水平孔施工和垂直砂袋井施工。其水平孔的施工与水平滤管的施工一致。垂直砂袋井的施工主要采用沉井法逐节振动沉管并冲洗排出钻渣，直到设计孔深，成孔后向孔下投入内装洁净砾石的土工布袋，然后拔出套管，提管时应缓慢提升，严禁割破土工布。

水平孔-垂直砂袋井联合排渗兼有两种排渗方式的优点，但造价较高。多用于有较厚矿泥夹层，浸润线位置很高的尾矿坝。

b. 辐射井。20 世纪 80 年代末，在尾矿坝下游坡上用水平滤管排渗技术治理沼泽化取得成功，效果令人满意。为了将浸润线降得更深，在尾矿坝上将水平滤管排渗技术移植在沉井集水井内施工形成了沉井辐射水平滤管排渗技术，简称为辐射井排渗技术。辐射井排渗技术是基于辐射井取水原理并结合尾矿坝的特点设计的。辐射井排渗系统由一口大直径的集水井和自集水井内在任意高程向四周尾矿层水平打进滤水管及向下游坝坡方向排水管组成（图 3-19）。

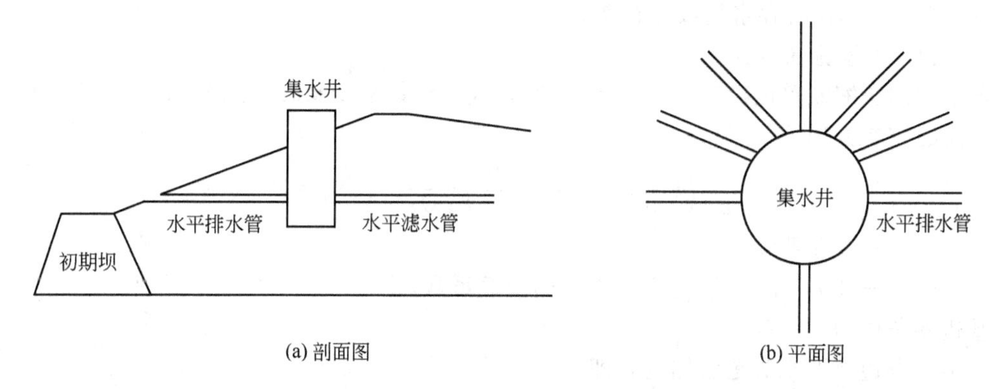

图 3-19　辐射井排渗系统示意图

辐射井排渗系统建立后堆积坝中渗流水在地下水头的作用下向水平滤水管汇流并通过水平滤水管流入集水井中。集水井汇集各水平滤水管的渗水再由一条垂直于坝轴线的水平排水管排出坝坡，从而降低坝体浸润线达到加固尾矿坝，提高坝体稳定性的目的。

3.4 尾矿坝的稳定性分析

前面所叙述的尾矿坝设计过程，实际上是从填筑材料选择、坝体内部分带和地下水位控制方面确立坝体剖面的总体结构形式。然而，未经坝体在各种荷载条件下的稳定性分析和状态评价，只能视作假定的或试验的坝体轮廓设计，还不能算尾矿坝工程设计的完成。

稳定性分析的目的是验证各种试验边坡轮廓形状和内部分带条件下坝体的安全系数或破坏概率，以决定或重新设计坝体结构和几何参数。基于传统岩土工程原理，以下讨论静荷载条件下尾矿坝边坡稳定性分析方法。

尾矿坝边坡稳定性分析是以总体上定量评价和预测坝体的工作状态，其在尾矿坝设计和管理中占有重要位置，也正是由于人们的重视，促使稳定性分析方法有了很大的发展。本节讨论静力稳定性分析，重点讨论坝体渗流和孔隙压力因素，下一节中将讨论动荷载条件下的坝体稳定性分析方法。

3.4.1 尾矿坝地下水渗流场分析

尾矿库工程的最突出特点是，地下水渗流状态成为控制坝坡稳定性和污染物迁移的决定性因素。因此，尾矿库地下水渗流状态的可靠分析与评价是尾矿库工程研究的关键。

渗流分析的主要目的有二：一是为了估计孔隙压力，以为稳定性分析提供输入数据，一般假设尾矿坝内渗流是在重力流动、稳态条件下发生的；二是为了确定尾矿库渗漏损失，以预测污染潜势，需要进行非稳态、瞬态或非饱和渗流评价，非饱和渗流是在毛细作用而不是在重力梯度下发生的。

根据达西定律的均质各向异性可压缩的三维空间无内源非稳定渗流，可得地下水渗流分析有限元法控制方程为

$$\frac{\partial}{\partial x}\left(k_x\frac{\partial h}{\partial x}\right)+\frac{\partial}{\partial y}\left(k_y\frac{\partial h}{\partial y}\right)+\frac{\partial}{\partial z}\left(k_z\frac{\partial h}{\partial z}\right)=S_s\frac{\partial h}{\partial t}(在\ \Omega\ 内) \tag{3-6}$$

式中　　h——待求水头函数 $h=h(x,y,z,t)$；

k_x，k_y，k_z——以 x，y，z 轴为主轴方向的渗透系数；

S_s——单位贮存水量或贮存率；

Ω——渗流区域。

若不考虑压缩或单位贮存率（$S_s=0$）时，式 3-6 变为 Laplace 方程形式的特殊情形，是稳定渗流的控制方程

$$\frac{\partial}{\partial x}\left(k_x\frac{\partial h}{\partial x}\right)+\frac{\partial}{\partial y}\left(k_y\frac{\partial h}{\partial y}\right)+\frac{\partial}{\partial z}\left(k_z\frac{\partial h}{\partial z}\right)=0$$

式中　　h——水头函数；

k_x，k_y，k_z——以 x，y，z 轴为主轴方向的渗透系数。

基边界条件为：

在第一类边界上水头是已知的，即

$$h|_{\Gamma_1}=h(x,y,z)$$

在第二类边界上流量等于零，即

$$k_x\frac{\partial h}{\partial x}\cos(n,x)+k_y\frac{\partial h}{\partial y}\cos(n,y)+\frac{\partial h}{\partial z}\cos(n,z)|_{\Gamma_2}=0 \tag{3-7}$$

由于渗流自由面是流面，没有流量从该面流入或流出，故在渗流自由面上除需满足式（3-7）外，同时还需满足

$$h=z \tag{3-8}$$

Γ_1 和 Γ_2 构成三向空间渗流场的全部边界。通过求解有限元方程即可得尾矿坝地下水渗流场。

确定尾矿坝内渗流场都是假定坝内渗流受重力梯度支配的，渗流源是沉淀池。但是，在某些场合，这些假定需经严格检验。研究表明，快速沉积（>5～10m/a）的尾矿泥，渗流可能受其固结引起的梯度而不是重力流动引起的梯度控制。这里，坝内孔隙压力的分布必须根据固结理论确定。此外，坝上游旋流筑坝，通常是旋流器底渗水，而不是穿过坝的渗流水控制地下水位，如此等等。为了提供可靠的输入数据，必须深入了解、考虑各种尾矿坝的各向异性、非均质性和边界条件影响。

3.4.2　孔隙压力与超孔隙压力

（1）孔隙压力效应　Terzaghi（约 1920 年）发现有效应力原理标志着近代土力学的开始，从而揭示出孔隙压力和超孔隙压力在土力学问题中的非常重要性。孔隙压力与超孔隙压力是两个不同的概念，前者是由于浸没或渗流引起的，对于任一已知边界条件的给定问题，可以采用流网或数值分析方法求解；后者是由于加荷或卸荷引起的瞬态孔隙压力变化。对于大多数低渗透性土体，在孔隙水排出和迁移过程中，超孔隙压力消散发生滞后。当超孔隙压力未完全消散时，有效应力或颗粒间应力增大或降低，取决于超孔隙压力的降低或增大。有效应力控制抗剪强度，因此，超孔隙压力在评价短期条件（施工期）和长期条件的稳定性时是非常重要的。在软黏土基础上初期坝施工，在基础内产生正的超孔隙压力，因此，施工刚一结束，孔隙压力是高的，而抗剪强度和安全系数是低的，随着时间的推移，孔隙压力将消散，强度和安全系数将提高。其效应与黏土内开挖边坡相反，后者相当于应力解除，并引起开挖结束瞬间的孔隙压力解除，从而，抗剪强度和安全系数是高的，随着时间推移，逐步达

到孔隙压力平衡，抗剪强度和安全系数则降低。孔隙压力达到平衡的时间随土体渗透系数的降低而增长。

(2) 基本孔隙压力问题　尾矿坝稳定性分析中可能出现三种基本的孔隙压力问题。

第一种是初始静孔隙压力，其来源于稳态渗流，它的存在与作用在坝体上的任何外部荷载无关。精确地确定静孔隙压力需要根据完整流网分析等势线或有限元分析的压力分布图，而通用的近似方法是：用特定点的孔隙压力以其在地下水位以下深度表示。

第二种是初始超孔隙压力，是由于均匀快速荷载作用产生的，例如，快速升高的上游坝，当后期坝升高速度超过尾矿固结过程消散孔隙压力的能力时，便可能发生这种条件。为建模目的，常假设升高增量是同时施加的，当荷载作用时，荷载增量所施加的总应力是由孔隙压力传递的，产生 u_e 值。还应指出，产生初始超孔隙压力的类似条件是出现在软黏土基础材料内部。

第三种是剪切作用产生的孔隙压力，相对于尾矿排水和孔隙压力消散特性，剪应力迅速发生变化而引起的，通常称为不排水加荷。

尾矿基本上是无黏结力材料，快速施加的剪切应力是否产生孔隙压力取决于尾矿的渗透性和密度（或孔隙比），粗粒透水材料在剪切作用下所产生的孔隙压力可能与加荷同时消散，而压密材料在剪切过程中的剪胀性可能产生负的孔隙压力，其在稳定性分析中常被忽略。分析中最令人困惑的条件是疏松的细粒材料，在这种情况下，剪切应力的快速变化可能在剪切过程中产生很大的孔隙压力，因为它没有机会在快速剪切中消散。剪切应力变化引起的这种孔隙压力不一定受限于所施加的荷载，例如，坝趾材料搬移引起的卸荷可能使剪切应力改变，从而助长孔隙压力产生。

在这三种起因孔隙压力应用于稳定性分析时，可能是叠加的。初始孔隙压力可能起因于静孔隙压力以及先前施加的均匀荷载产生的超孔隙压力。然后，如果假定边坡为旋转破坏，且破坏是由于外部荷载快速变化而引起的，那么，剪切作用也能产生孔隙压力，并应把它加到上述其他起因的孔隙压力上。

3.4.3　边坡稳定性分析

基于尾矿坝几何形态和结构设计，以及强度特性、地下水条件和孔隙压力特性，便可进行尾矿坝边坡静力稳定性分析。

尾矿的性态极为复杂，分析条件很少是常规的，然而，由于尾矿坝技术起步较晚，至今并未形成自身的独立分析体系，均沿用土力学的传统分析方法。这些方法已为岩土工程技术人员所熟知。本节下面重点讨论传统的边坡稳定性分析方法应用于尾矿坝的基本原理。

(1) 尾矿坝稳定性分析的真确性　传统上，采用原本为自然边坡和普通水坝边坡分析研制的方法进行尾矿坝稳定性分析。这些方法应用于下游型尾矿坝分析。从本质上或真确性上讲，几乎没有什么差异，而当应用于水力沉积的尾矿所构成的尾矿坝分析时，则需特别谨慎，需注意了解尾矿的复杂性态变化。

目前在尾矿坝稳定性分析中迫切地需要更为严密的方法，因为，不可能总是按照与普通水坝同样保守性进行尾矿坝设计。然而，如果不充分评价传统分析方法的由来和假设，就分析模型与实际边坡状态之间的关联而言，对尾矿坝可能比对普通水坝更薄弱。边坡稳定性分析方法合理的应用于尾矿坝的核心是构成坝体的尾矿性态和强度特性的评价。经验表明，边坡稳定性分析中，由于计算方法本身固有的近似性原因，来自输入数据的误差比计算方法产生的误差更大。

边坡稳定性计算的极限平衡方法都假定潜在破坏面限定的材料作刚体滑动，而忽略了滑体材料内部变形影响。在工程实践中，虽然大多数尾矿坝滑坡（除振动液化引起的滑坡外）都以旋转滑动作为触发机制，但却有许多发生流动滑坡的实例报道，如1979年南非金矿尾矿坝的流动滑坡、1973年英国阿伯法地区废石场破坏和美国布法罗克里克地区煤矸石场破坏等等，这种流动性态是毁坏性的。可惜，认识和分析流动性态的力学体系仍处于萌发期，因此，尾矿坝边坡稳定性分析不得不引入极限平衡分析的刚体假定，进行初始的旋转型滑动分析。这些分析只描述初始破坏状态，并非描述破坏开始后的状态。

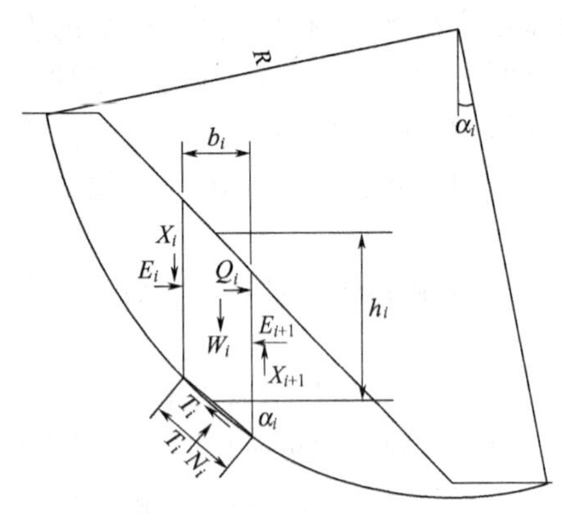

图 3-20　坝坡稳定计算简图

（2）极限平衡分析方法　目前，在坝坡稳定计算中，线性稳定计算分析方法已经得到广泛的应用，如瑞典圆弧法、毕肖普法、Janbu法、Morgenstern-Price法等。在线性计算方法中，强度参数与应力无关。以毕肖普法为例，在坝坡稳定计算中的一般思路如下。

毕肖普法是一种考虑土条间相互作用力的坝坡稳定分析方法。该法假定滑动面是一圆弧面。图3-20为其计算简图。

图3-20中，E_i和X_i分别表示土条间相互作用的法向和切向力；W_i为土条自重，在浸润线上、下分别按湿容重和饱和容重计算；Q_i为水平力；N_i和T_i分别为土条底部的总法向力和总切向力。在计算中可略去土条间的切向力X_i。

根据摩尔-库仑条件有

$$T_i=\frac{1}{K_c}[c_i'l_i+(N_i-u_il_i)\tan\varphi_i'] \tag{3-9}$$

土条处于静止平衡状态，根据竖向力平衡条件有

$$N_i\cos\alpha_i=W_i-T_i\sin\alpha_i \tag{3-10}$$

$$N_i=\frac{1}{m_{\alpha_i}}\left[W_i-\frac{1}{K_c}(c_i'l_i\sin\alpha_i-u_il_i\tan\varphi_i'\sin\alpha_i)\right] \tag{3-11}$$

其中 $m_{\alpha_i}=\cos\alpha_i+\frac{\tan\varphi'\sin\alpha_i}{K_c}$

按滑动体对圆心的力矩平衡有

$$K_c=\frac{\sum\frac{1}{m_{\alpha_i}}[c_i'l_i\cos\alpha_i+(W_i-u_il_i\cos\alpha_i)\tan\varphi_i']}{\sum W_i\sin\alpha_i+\sum Q_i\frac{e_i}{R}} \tag{3-12}$$

式中，c_i'为土条i的黏聚力；l_i为土条i底面长度；μ_i为土条i的孔隙水压力；e_i为Q_i到圆弧中心点的力臂。由于式中两端均含K_c，可先假设$K_c=1$，求出m_{α_i}，从而求出K_c，再将K_c代入m_{α_i}，如此反复迭代，直至迭代前后的K_c值的差小于规定的精度要求为止。

（3）总应力分析与有效应力分析的对比　在某种安全系数计算方法实际应用中，还必须进一步对总应力分析和有效应力分析方法进行选择。总应力分析是基于这样的假定，即水位降低后破坏面上的有效法向应力与水位降低前的有效法向应力相同，从而不考虑孔隙压力变化（由于荷载降低）对强度的影响。总应力分析比较简单。总应力分析使用不排水试验测定

的抗剪强度参数，因为试验条件必须符合现场固结条件（各向异性或各向同性），不排水强度远比排水强度对试样扰动敏感，故必须非常仔细地测定和选择抗剪强度参数。有效应力分析更为合理，因为实际上是有效应力控制强度。有效应力分析使用排水试验（或有孔隙应力测定的不排水试验）的有效抗剪强度参数。有效应力分析是基于估计的孔隙应力，因此必须了解现场孔隙压力，而在施工之前估计现场孔隙压力参数，其精度难以保证。有效应力分析的一个优点是：在能够从现场安装的水压计中实测孔隙压力时，可用以检验分析结果。这两种分析方法应用于特定场合各有其优点，重要的是明确地识别出使用条件，例如，在分析不排水破坏问题时，有效应力分析可能表现出反常的应力途径，而总应力分析则可能得出满意结果，反之亦然。表 3-11 列出总应力分析与有效应力分析的简要对比。

表 3-11　总应力分析与有效应力分析对比

低渗透性饱和黏结土（相对于孔隙压力平衡所需时间短的场合）施工期条件	①采用不固结不排水试验的强度参数进行总应力分析一般可以得到满意结果 ②有效应力分析在理论上更合理，但需要在施工前估计孔隙压力，然而可以在施工过程中测定实际孔隙压力，并可据此进行重新分析，以检验前面的分析结果
低渗透性部分饱和土（坝体施工期相对于固结所需时间短）施工期条件	①采用不固结不排水试验的强度参数进行总压力分析通常是令人满意的（使用参数 C_u、ϕ_u） ②有效应力分析建立在估计的孔隙压力基础上，基于模拟现场荷载条件的实验室试验所测定的孔隙压力参数，在施工过程中监测孔隙压力的场合，可以检验分析结果
①土坡稳定渗流条件 ②天然或开挖边坡的长期条件	①应采用相当于最终库容的孔隙压力进行有效应力分析，适合的流网更便于孔隙压力确定 ②应采用相当于平衡的地下水条件的孔隙压力进行有效应力分析，适于流网确定孔隙压力
地震荷载条件下 ①低渗透性材料 ②高渗透性材料	①对于地震过程中允许孔隙压力几乎无消散的边坡，采用各向异性固结、循环荷载不排水试验测定的强度参数进行总应力分析，在这种情况下，难以为有效应力分析估计孔隙压力 ②有效应力分析适于自由排水材料，采用各向异性固结，循环荷载试验测定的强度参数 ③对于这样的问题，除进行拟静力分析外，应采用地震响应（动力）分析

(4) 可靠性分析方法　可靠性分析是基于可靠性理论发展起来的不确定性评价方法，由于其理论基础完备、工程概念明确而得以迅速发展并日趋成熟，同时得到工程界的广泛接受和应用。目前常用的方法有蒙特卡洛模拟方法、可靠指标法、统计矩近似法、随机有限元法。

区别于传统的安全系数法，可靠性分析方法在对边坡稳定性的分析中考虑了岩土参数的离散性及参数之间的相关性，用概率的方法定量地考虑了实际存在的种种不确定因素，因而更为客观、定量地反映了边坡的实际安全性。岩土工程问题中的不确定性逐渐被工程界所认识，将可靠性分析方法引入边坡工程的稳定性分析用以进行边坡稳定性分析更能反映工程实际。

可靠性分析的主导思想是根据可靠指标 β 计算失效概率，即滑坡滑动破坏概率 P_f。

此处简要介绍蒙特卡洛模拟方法。蒙特卡洛法于 20 世纪 40 年代首次被提出，是以概率和统计理论方法为基础的一种数值计算方法。该方法特别适用于随机变量的概率密度分布形式或符合假定的分布形式情况，在目前边坡稳定可靠度的计算中，是一种相对精确且便于计算机编程的方法。其基本原理为：某事件的概率可以用大量试验中该事件发生的频率来估算，当样本容量足够大时，可认为该事件的发生频率即为其概率。因此，可以先对影响其可靠度的随机变量进行大量的随机抽样，然后把这些抽样值逐一地代入功能函数式，确定结构是否失效，最后从中求得结构的失效概率。

极限状态方程的建立：以边坡稳定分析中较为常用的简化毕肖普法建立边坡稳定的状态方程。

$$K=\frac{\sum \frac{1}{m_{\alpha_i}}(c_i b_i+\omega_i \tan\phi_i)}{\sum W_i \sin\alpha_i}$$

式中 c_i——土体凝聚力；

ϕ_i——土体内摩擦角；

W_i——第 i 个土条质量；

b_i——第 i 个土条宽度；

α_i——第 i 个土条底面滑弧与圆心的连线的倾角。

如果考虑有渗流的情况，此时水下土条的质量应按饱和容重计算，同时还要考虑滑动面上的孔隙水压力和作用在土坡坡面上的水压力。目前常用的方法是容重代替法，其稳定安全系数的计算公式为

$$K=\frac{\sum[c_i l_i+(\gamma_i h_{1i}+\gamma_i' h_{2i}+\gamma_i' h_{3i})b_i \cos\alpha_i \tan\phi']}{\sum(\gamma_i h_{1i}+\gamma_{\mathrm{sat}i} h_{2i}+\gamma_i' h_{3i})b_i \sin\alpha_i}$$

式中 c_i——土体凝聚力；

ϕ'——土体内摩擦角；

γ_i——第 i 个土条湿容重；

γ_i'——第 i 个土条浮容重；

$\gamma_{\mathrm{sat}i}$——第 i 个土条饱和容重；

b_i——第 i 个土条宽度；

α_i——第 i 个土条底面滑弧与圆心的边线的倾角；

h_{1i}——第 i 个土条的浸润线以上的高度；

h_{2i}——第 i 个土条的浸润线以下，坡外水位以上的高度；

h_{3i}——第 i 个土条的坡外水位以下的高度。

3.5 尾矿坝的地震稳定性分析

3.5.1 概述

地震是一种地质构造应力积累超过岩石极限强度后突然发生能量释放的过程，其以断层破裂将变形能传播出去。

地震应力是影响边坡和尾矿坝稳定性的重要因素，它的破坏力极强，历史上曾有许多起地震引起滑坡、破坝、振动液化的灾害记载。也许是由于尾矿坝以往还没有引起人们像对水坝一样关注的原因，尾矿坝震害的记录和报告极少。然而，众多相似结构物的震害分析充分证明，在地质构造活动区，尾矿坝的稳定性不单单受静荷载条件控制，且决定于地震条件下坝体的性态。

地震对尾矿坝的破坏，起因有二：坝体下伏地层断裂和地震振动。前者如果跨过活动断层筑坝，设计必须使之能够适应地震时断层活动引起的基础位移。但是，从根本上讲，尾矿库选址过程中就应避开活动断层。后者则是非常普遍的问题，设计必须保证尾矿坝在预计地震振动水平下是稳定的。

尾矿坝破坏主要是在地震荷载作用下坝体内剪应力增大或强度降低而引起的。在给定的偏应力条件下，破坏的可能性随着偏应力的循环数而增加。由于作用的偏应力增加，在给定循环数下应变也增加，而诱发破坏所需要的循环数降低。强度降低或损失的一个重要原因是在动荷载作用期饱和土和细粒尾矿内产生过高的孔隙水压力，当高孔隙水压力使细粒尾矿或土体强度完全丧失，即发生液化。通常，液化作用后的流动滑坡与过大变形有关，但是，滑动中不发生大变形未必说明没发生液化，可能只是液化面积小。必须指出，地震所造成的滑坡并非都是由液化引起的，大多数边坡破坏是由于剪应力增大引起的。预测地震期间边坡性态很重要，但却很困难。

近年来，在认识边坡和土坝的动力响应特性方面取得重大发展，对地震稳定性评价提出了许多方法，从牛顿第二定律的简单应用发展到三维有限元分析，显著地提高了分析精度。近十几年，人们在处理复杂的工程问题时，更实际地考虑了场地地质和地震、基础和坝体材料的强度与刚度的不确定性，采用"风险"来描述地震发生的可能性和坝体在工作期间的状态，形成地震概率风险评价方法。

因为尾矿坝的破坏不仅决定于地面运动强弱，还依赖于尾矿坝本身的动力特性，所以，地震风险分析应包括地震危险性估计，即某一指定场地或地区在一定时期内可能遭受的最大地震影响，其以地震烈度或其他地面运动参数表示，也包括地震所造成的以及由此而产生的次生灾害的可能破坏和损失的评价，如经济损失，生命财产损失和社会影响等。地震风险分析大体上按以下三个步骤。

① 地震危险性分析（SHA）。考虑地震发生的时空随机性，以及不同震级在随机距离上地面运动预测的不确定性，根据不同震源带及每个震源带的可能地震活动性，确定尾矿库所在场地所要经受的不同水平地面振动强度的概率。

② 地震特性分析（SPA）。考虑尾矿坝动力响应特性和抗震能力，确定在指定地震荷载条件下尾矿坝的破坏概率。

③ 地震风险分析（SRA）。综合地震危险性分析和地震特性分析结果，求得破坏的总风险。

地震工程学是一门知识迅速发展的学科，其包含众多学科如构造地质学、工程地质学、地球物理学和土动力学等。下面将就尾矿坝地震稳定性分析方法进行讨论。地震稳定性分析的一个突出特点是因地理区域不同，基本思路存在很大差异，必须切实地选取适当分析方法。

3.5.2　设计地震的选择

目前尾矿坝抗震计算中无专门的规范要求，仍采用水工建筑物中的设计标准。我国《水工建筑物抗震设计规范》（1987年）规定：水工建筑物抗震设计一般采用基本烈度作为设计烈度。对于Ⅰ级挡水建筑物，应根据其重要性和遭受震害的危害性，可在基本烈度基础上提高一度。不同等级的挡水建筑物的设计烈度按表3-12选用。

表3-12　地震设计烈度

挡水建筑物级别	建筑物地点在下列基本烈度时的设计烈度			
	6	7	8	9
Ⅰ	7	8	9	专门抗震设计
Ⅱ、Ⅲ	6	7	8	9
Ⅳ、Ⅴ	6	6	6	6

在《尾矿库安全技术规程》(AQ 2006—2005)中，对尾矿库的设计等别作了明确规定，详见表 3-13，但对设计地震并无具体规范。鉴此，可参照水工建筑物的设计要求。

表 3-13 尾矿库的等级

等　级	全库容 $V/\times10^4m^3$	坝高 H/m
一	二等库具备提高等级条件者	
二	$V\geqslant10000$	$H\geqslant100$
三	$1000\leqslant V<10000$	$60\leqslant H<100$
四	$100\leqslant V<1000$	$30\leqslant H<60$
五	$V<100$	$H<30$

基本烈度的评定是通过历史地震的调查分析和近代地震的地震仪记录，用数理统计方法推断未来一定时期内可能发生地震的烈度；同时还要用地震地质方法查明发生地震构造背景及其活动性，确定危险点，并分析地震的活跃期与平静期及地震的迁移规律等，进而判断今后 100 年内部能发生的最大地震烈度。

在实际应用中，采用危险性概念是很重要的，因为对同一场地，采用历史地震方法、概率方法和确定性方法进行地震风险评价将得到可能加速度的不同估计值。实际上，也不可能给出唯一的设计地震。因此，在为地震稳定性分析选取适当输入数据时，应当在给出各种方法产生的加速度的同时，给出相应的出现概率或超越概率。

如果把尾矿坝设计成经得住给定的设计加速度，并且，如果超过这个加速度，则认为坝体将发生破坏。从这个意义上讲，可以把指定加速度的超越概率视为坝体破坏概率。通过对比不同重现期的加速度或破坏概率，通过考虑坝体破坏的后果，可以得到合理的设计加速度值。

实际上，在尾矿库工程建设中，要做到绝对安全或零危险性是不现实的，而把危险性控制在可接受的程度是比较合理的，所谓“小震不裂，大震不倒”准则就表明了容许一定程度的可接受的危险性存在。场地的可接受的危险性水平主要依赖于结构物的使用年限和未来地震可能造成的破坏后果的严重性（包括功能的丧失和可能的次生灾害），它因结构类型及用途而异。目前国外使用较多的是：一般工业民用建筑，50 年内的不超越概率，相当于年超越概率 2%；大坝和核电站年超越概率 10^{-4}。尾矿库工程至今还没有严格的准则，但一般地说，在大多数尾矿坝的实际工作寿命范围内，破坏概率至多为百分之几。

总之，应当采用几种方法评价地震风险。首先，应当确立区域地质和地震构造地质背景，在低震区，只需进行历史地震研究，如果地震记录期长，工作区所经受过的最大历史地震作用更能提供地震风险的适当指示。在地震活动区，概率方法是很有价值的，它考虑了周围几个地区发生地震的可能性，以及地震大于历史记录期限内发生过地震的概率。如果库区处于已知活动断层区内，可采用概率方法，并辅助以详细地质研究，同时用确定性方法评价地震风险。

地震风险评价的水平还决定于预计的地震稳定性分析的类型和详细程度。在只需要进行拟静力稳定性分析的低地震区，允许使用经验性的地震系数，但比较精确的液化分析则需要详细的评价地震输入数据。对于详细的动力分析，必须考虑有关附加因素，诸如坝基对基岩加速度的响应、预期的振动持续时间等。

3.5.3 砂土对循环荷载的响应特性

根据有效应力原理，饱和砂土的动力抗剪强度 τ 可用式(3-13) 表示。

$$\tau=(\sigma-u_{\mathrm{d}})\tan\varphi'+c' \tag{3-13}$$

式中 σ——计算深度的上覆有效正重力；

u_{d}——振动孔隙水压力；

φ'——砂土的地震有效内摩擦角；

c'——砂土的地震有效黏结力，对于砂土，$c'=0$。

饱和砂土或尾矿泥受到水平向地震运动的反复剪切或竖直向地震运动的反复振动，土体发生反复变形，因而颗粒重新排列，孔隙率减小，土体被压密，土颗粒的接触应力一部分转移给孔隙水承担，孔隙水压力超过原有静水压力，使土体的有效应力减小，当孔隙水压力达到与砂土的上覆有效应力相等时，动力抗剪强度完全丧失，变成黏滞液体，这种现象称为砂土振动液化。强烈地震往往发生大规模的液化，从而造成很大的危害。

实验研究和实地观察证明，影响液化的主要因素主要有以下几点。

(1) 砂土类型和粒度组成 砂土对循环应力的响应特性决定于许多因素，而其中最基础因素是砂土类型。饱和黏结土受到不排水循环荷载作用产生孔隙压力，但通常程度有限。因此，循环荷载可能略微降低黏土的静态不排水剪切强度，而土仍保持其基本的完整性，并且不发生液化。可以认为，在确定地震荷载条件下的坝体稳定性时，黏性土不是最重要的。

粒度很粗、透水无黏结力材料，如矿山废石，常用于筑坝。由于这种材料的高渗透性，在循环剪切作用过程中难以形成不排水条件，实际上，循环荷载产生的超孔隙压力随之产生很快消散，因此也不存在液化敏感性问题。

就砂土的粒度组成而言，中值粒径 $d_{50}=0.02\sim0.5$mm、不均匀系数小于 10 的级配均匀的粉细砂容易液化，特别是 $d_{50}=0.05\sim0.1$mm、不均匀系数 2～5 的砂最易液化。饱和的黏粒含量在 10%以下的轻亚黏土在地震作用下容易液化。

(2) 相对密度或孔隙比 在中心线型或下游型尾矿坝升高过程中堆置的、在控制条件下的压密的旋流尾矿砂及致密砂，因对循环荷载响应而产生孔隙压力，并可能在瞬间达到很高值。但致密砂的膨胀迅速降低孔隙压力，致使材料稳固。即便在多重循环交变之后，孔隙压力积累也很有限，不过试样可能经受一定程度的永久变形，强度并不发生重大损失，这种材料一般不引起严重的地震稳定性问题。Mittal 和 Morgenstern 指出，尾矿砂压缩到相对密度 50%～60%，足以防止在小于 0.10g 加速度下产生液化，压缩到相对密度 75%以上则能防止较高加速度下产生液化。如果需要，可以根据尾矿坝动力分析确定防止液化所要求的相对密度。防止液化所要求的最低相对密度不仅取决于尾矿特性，而且还取决于坝高、饱和度、地动特性（包括加速度和持续时间）。

松散的饱和砂，未压密的尾矿，一般相对密度为 30%～50%，多用于构筑上游型尾矿坝，以及未压密尾矿砂构筑的下游型和中心线型尾矿坝，易受强烈地震和（或）延续地震作用，在不排水循环荷载下，每次施加循环应力交变期间都产生孔隙压力，孔隙压力且在振动持续时间内逐渐积累。孔隙压力可能达到所施加的侧限应力水平，这时，试样内的有效应力瞬间为 0，表明初始液化发生。在初始液化之后，只以很小的附加循环应力，试样就可能迅速地经受过大的应变。这种材料的破坏标准一是初始液化点，二是某一指定的应变，普遍取作单振幅应变 5%。

相对密度或孔隙比是影响液化的决定性因素，相对密度越高，越不易液化。1975 年海城地震后调查结论是：砂土相对密度 $D\gamma>0.55$，七度地震区不发生液化；$D\gamma=0.70$，八度地震区不发生液化。有资料证明，$D\gamma=0.75$ 的砂土比 $D\gamma=0.50$ 砂土的循环抗剪强度提高70%以上。

(3) 初始应力状态 未压密尾矿的孔隙压力响应特性受到静力和动力条件下所施加应力的有关变量的影响，包括初始有效固结应力的大小、固结应力的各向异性、所施加循环剪应力的大小和方向，以及应力交变的周期数。振动三轴试验结果表明，当轴向固结应力 σ_1 与围限固结应力 σ_3 之比即初始固结应力比 $K_c=\sigma_1/\sigma_3$ 越大，所得到的循环抗剪强度越大，也即振动孔隙水压力比（U_d/σ_3）越小，其中 U_d 为振动孔隙压力。在同样的 U_d 条件下，随着固结应力比 K_c 的增大，破坏面上的初始剪应力增大，越不易液化。在破坏面上动剪应力 τ_{df} 与破坏面上固结应力 τ_{cf} 之比即动剪应力比 α_d 相同情况下，固结应力比 K_c 越小，振动孔隙水压力比越大，当 $K_c>1.5$ 时，U_d/σ_3 达到 0.85，即最大液化度为 0.85，不会完全液化，可见，土体有初始剪应力时不易液化。而水平的半无限体地基，没有初始剪应力，因此容易液化。

(4) 地面振动的强度 在一定围压下砂土是否液化主要决定于地震引起的应力或应变的大小，而应力或应变的大小决定于地面振动的强弱。地震烈度低，地面振动弱，砂土不易发生液化，反之，地面振动强，则容易发生液化。

(5) 地面振动的持续时间 在振动作用下，如果振动时间长，孔隙永压力逐渐积累增大，在一定时间可能达到最大值，则可能发生液化。而液化随时间逐渐扩展，达到一定范围则发生塌滑。

(6) 沉积方法 以同样的相对密度，但采用不同方法制备的试样，其实验室试验表明，液化所需要的循环应力比可变化高达 200%之多。材料在水中沉积类似于尾矿沉积，其显示出最大的液化敏感性。

(7) 老化时间 沉积物经受持续荷载时间越长，其抗液化能力越大。显然，尾矿沉积比天然土沉积年幼得多，因此可能有较大的液化敏感性。

(8) 先前应变史 先前经受过地震振动的天然沉积物，在以后的地震期间表现出抗液化能力的提高，而大多数尾矿沉积层则未必具有这一特性。

(9) 超固结 由于地质过程和地下水波动，有些天然沉积物产生超固结，致使抗液化能力提高，而在正常固结的尾矿沉积层未必会出现超固结作用。

这些因素说明，即便在相同相对密度情况下，天然土与尾矿存在很大不同，必须按照尾砂原地堆置和环境特性制备试验室的尾矿试样。

3.5.4 地震稳定性分析

自 1965 年智利 La Ligua 地震中上游型尾矿坝灾难性破坏之后，地震液化问题引起普遍关注，当今，确定尾矿坝抗地震能力的方法研究已成为热门课题。大多数尾矿坝是由较松散尾矿构筑的，或是水力沉积尾矿或是旋流尾矿，这些材料对强烈地震期间内部孔隙压力升高非常敏感。在极端情况下，这些孔隙压力则引起坝体部分或全部液化，由于流动型滑动造成灾难性破坏。

地震条件下尾矿坝稳定性分析具有很大程度的不确定性，尽管可以根据场地条件、结构类型、材料性质选择适当的地震分析方法，但这是任何分析方法都在所难免的和结果解释都必须考虑的事实，我们不可能消除它，只能通过完善分析方法、精细模拟和准确实验使不确定性产生的风险降至最低程度。

3.5.4.1 经验方法

经验方法是基于以往地震时天然沉积物在不同地震振动水平下发生液化或保持稳定的特性观察，根据世界范围内众多地震时出现液化和不液化的实际资料，以及补充的实验室大型振动台试验的结果，绘制出修正过的平均贯入击数 N_1 与循环剪应力比 τ_L/σ_0' 关系图，这里 τ_L 为现场的液化剪应力，σ_0' 为土层上的有效上覆压力。

平均贯入击数 N_1：需以式(3-14) 和式(3-15) 将标准贯入试验击数 N 修正到上震压力 $10t/m^2$ 时的数值。

$$N_1 = C_N N \tag{3-14}$$

$$C_N = 1 - 1.25\log\frac{\sigma_0'}{\sigma_1'} \tag{3-15}$$

式中 σ_0'——标准置入击数为 N 的有效上覆压力，T/m^2；

σ_1'——$10t/m^2$。

可以用地震引起的平均循环剪应力比（τ_{av}/σ_0'）与加速度的关系表征地震，即

$$\frac{\tau_{av}}{\sigma_0'} \approx 0.65\left(\frac{a_{max}}{g}\right)\left(\frac{\sigma_0}{\sigma_0'}\right)\gamma_d \tag{3-16}$$

式中 a_{max}——地面最大加速度；

σ_0——所考虑砂层的总的上覆压力；

σ'——所考虑砂层的有效上覆压力；

γ_d——应力折减系数；

τ_{av}——地震产生的平均循环剪应力。

当已知修正后的标准贯入击数 N_1 和地震震级 M 时，可根据现场资料及室内试验计算得到不同震级液化潜热评价图，再由曲线求得引起液化的循环应力比 τ_L/σ_0' 根据给定的地面最大加速度值，利用式(3-16) 可求出地震引起的循环应力比 τ_{av}/σ'_0。将 τ_L/σ_0' 与 τ_{av}/σ_0' 比较，如果 $\tau_L/\sigma_0' < \tau_{av}/\sigma_0'$，则发生液化，反之则不液化。

可以用这些关系求得抗液化的安全系数，其表达式为

$$F_a = \frac{\text{引起初始液化所需要的平均应力或在循环应变的可接受极限值}}{\text{循环地震引起的平均剪应力}}$$

应当指出，可接受的安全系数一方面决定于输入数据的可信程度，另一方面也受所研究砂层密度的影响。致密材料，因不大可能经受快速大应变，比较低的安全系数可能是可接受的；而松散材料，可能快速和突然达到大应变，则需要非常保守地确定安全系数。

3.5.4.2 总应力方法

（1）绘制 α_c-τ_{df}-σ_{cf} 关系曲线 首先，采取原状土样，改变固结应力但保持静主应力比 $K_c\left(K_c=\frac{\sigma_1}{\sigma_3}\right)$不变，用不同动应力幅值 σ_d 进行振动试验，取得一组 K_c-σ_d-n_N 关系曲线（图 3-21）。

其次，根据表 3-14 确定的坝址设计等效振动次数 n_{eg}，在图 3-21 上查取与 n_{eg} 相对应的各点［如图 3-21(b) 之 1、2、3］的 σ_1、σ_3、σ_d，再用此三值作莫尔圆，如图 3-22 所示。假定破坏面与小主应力方向成 $\theta\left(\theta=45°+\frac{\varphi}{2}\right)$角，作直线交固结应力圆于 A 点，交动应力圆于 B 点。A 点代表破坏面上的固结剪应力 τ_{cf} 和固结正应力 σ_{cf}，由此求得固结剪应力比 $\alpha=\tau_{cf}/\sigma_{cf}$。$B$ 点至 A 点的竖直距离表示破坏面上的动剪应力 τ_{df}，也即试样的循环抗剪强度 τ_N。

然后，根据 1、2、3 等各点的 α_c、τ_{df}，可绘制 α_c-τ_{df}-σ_{cf} 关系曲线，不同 K_c 曲线组可求

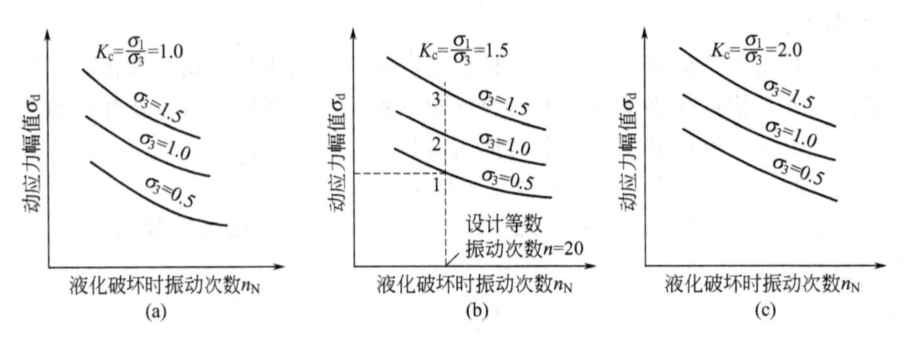

图 3-21 K_c-σ_d-n_N关系曲线

出不同的α_c、τ_{df}，即可绘制一组曲线，如图 3-23 所示。

表 3-14 等效振动次数和振动持续时间

震级	等级振动次数 n_{eg}	振动持续时间/s	震级	等级振动次数 n_{eg}	振动持续时间/s
5.5～6	5	8	7.5	20	40
6.5	8	14	8.0	30	60
7.0	12	20			

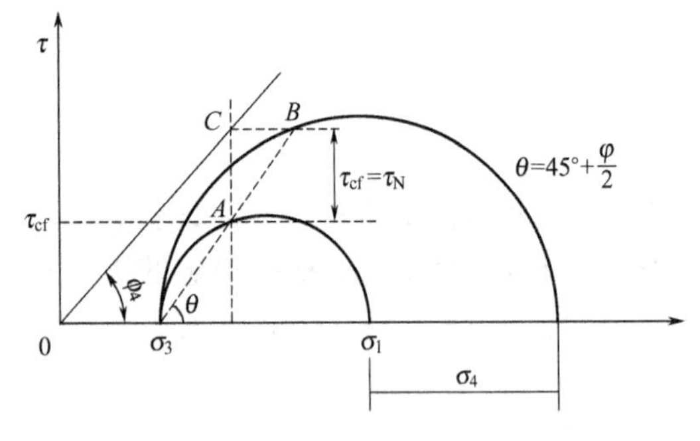

图 3-22 用莫尔圆求τ_{cf}、σ_{df}、τ_{df}

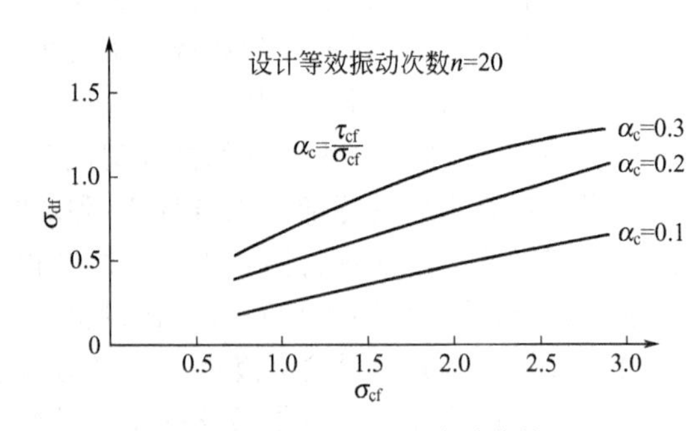

图 3-23 α_c-τ_{cf}-d_{cf}关系曲线

（2）计算动剪应力 τ_d 采用集中质点法进行地基动力反应计算，即依质点水平向位移矩阵方程式。

$$[M]\{\ddot{\upsilon}(t)\}+[c]\{\dot{\upsilon}(t)\}+[K]\{\upsilon(t)\}=-[M]\{1\}\upsilon_g(t) \quad (3\text{-}17)$$

式中 $[M]$——整体质量短阵；

$[c]$——整体阻尼矩阵；

$[K]$——整体刚度矩阵；

$\{\ddot{\upsilon}(t)\}$、$\{\dot{\upsilon}(t)\}$、$\{\upsilon(t)\}$——所有质点的相对水平向加速度、速度、位移的反应列阵。

求得各不同高程的水平位移$\upsilon_i(t)$并计算动剪应力τ_d。

$$\tau_d=G_i\frac{\upsilon_{i-1}-\upsilon_i}{L_i} \quad (3\text{-}18)$$

式中 G_i——各土层的剪切模量；

L_i——各土层内质点间距。

第一高程都可求得动剪应力时程曲线$\tau_d(t)$，如图 3-24 所示，时程曲线的最大剪应力为$\tau_{d,max}$，则等效平均动剪应力为

$$\tau_d=0.65\tau_{d,max} \quad (3\text{-}19)$$

（3）求固结剪应力比 d_c 计算地基内的静竖向有效正应力$\sigma_h'=\gamma h$，其中 h 为从地表向

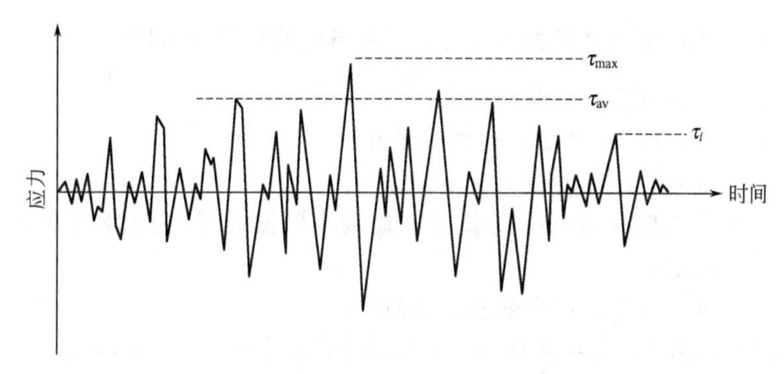

图 3-24　τ_d时程曲线

下计算的深度；γ 为地基砂土浮容重。选取静主应力比 $K_c=1\sim1.5$（饱和疏松细砂、软土可取 1.0，紧密砂卵石可取 1.5，其他土质取中间值），用相应于选定 K_c值的莫尔圆（图 3-22）求出固结剪应力比 $\alpha_c=\tau_{cf}/\sigma_{cf}$。

(4) 求循环抗剪强度 τ_N　按 n_{eg}、α_c及各高程的 σ_h'（相应于 σ_{cf}），由图 3-23 查得 τ_{cf}即循环抗剪强度 τ_N。

(5) 判断液化　地基内各高程的平均动剪应力 τ_d大于该高程的循环抗剪强度 τ_N则液化。地基各高程平均动剪应力 τ_d及循环抗剪强度 τ_N的剖面图如图 3-25 所示。

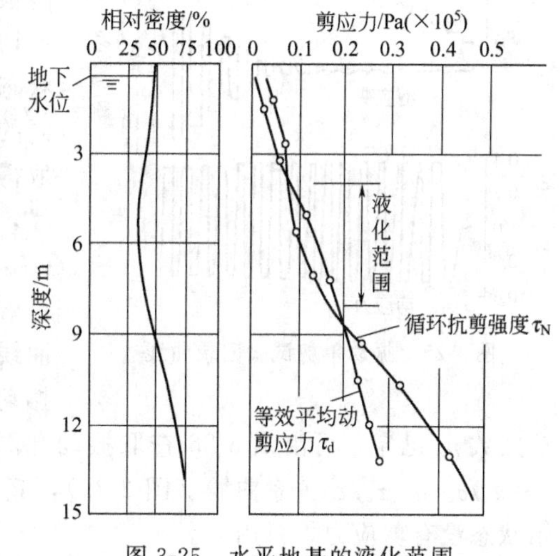

图 3-25　水平地基的液化范围

3.5.4.3　简化总应力方法

Seed 基于黏弹性地基动力计算的最大动剪应力与刚性地基的动剪应力之间的关系，提出了估计动剪应力和土液化特性的简化方法。

取深度为 h 的单元刚体柱，其最大地面加速度为 a_{max}，作用在单元刚体的最大动剪应力为

$$\tau_{d,max}=\gamma h\frac{a_{max}}{g}=\gamma hK_H \tag{3-20}$$

式中　γ——地基土的浮密度；

K_H——水平向地震加速度系数。

土柱实为变形体，地基作为黏弹性体，最大动剪应力为

$$\tau_{d,max}=\gamma_d\gamma h\frac{a_{max}}{g}=\gamma_d\gamma hK_H \tag{3-21}$$

式中　γ_d——折减系数。

相应于均匀循环应力的有效平均动剪应力为（相应的坝址等效振动次数由表 3-14 查取）

$$\tau_d=0.65\gamma_d\gamma hK_H \tag{3-22}$$

而地基的循环抗剪强度为

$$\tau_{df}=\left(\frac{\sigma_d}{2\sigma_s}\right)_{0.5}\times\frac{D_\gamma}{0.5}C_\gamma\sigma_h' \tag{3-23}$$

式中 $\left(\frac{\sigma_d}{2\sigma_s}\right)_{0.5}$——地基相对密度为0.5时，三轴试验的动剪应力比；

σ_d——三轴试验的轴向动应力；

σ_s——试样内45°平面上有效正压力；

D_γ——地基各高程的相对密度；

C_γ——由大型振动单剪试验推求地基实际液化条件的修正系数，一般查虚线确定；

σ_h'——地基各高程的有效竖向正应力。

判断：当地基某高程的动剪应力 τ_d 大于其循环抗剪强度 τ_{df}，则液化。

3.5.4.4 有效应力方法

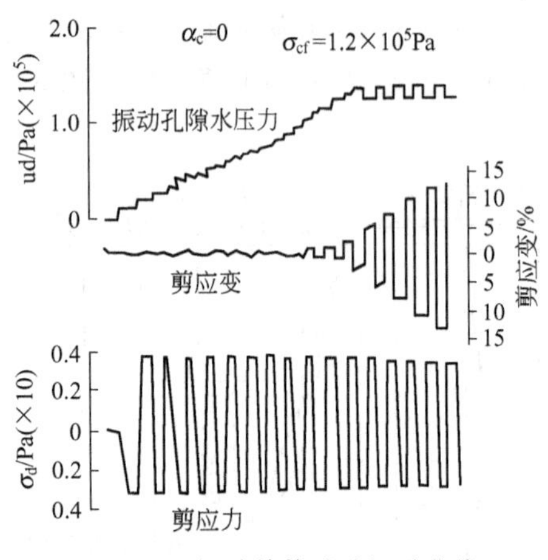

图3-26 振动单剪试验记录曲线

如前所述，地震能使地基产生振动孔隙水压力 u_d，如果 u_d 达到该点上覆荷载的压应力 σ_1 或等于侧向压应力 σ_3，就会发生液化。振动单剪试验能很好地模拟水平向地震运动对水平地基的循环剪切作用，根据振动单剪试验：在同样的 d_c 和 σ_{cf} 状态下，用不同的 τ_d、改变 σ_{cf} 但不改变 α_c，用不同的 τ_d、改变 α_c，用不同的 σ_{cf} 和 τ_d 做振动试验，取得几组动剪应力、剪应变和孔隙水压力记录曲线，如图3-26所示，由这些曲线查取 n_N，绘制 τ_d-α_c-σ_{cf}-n_N 关系曲线（图3-27），根据坝址的设计等效振动次数 n_{eg} 在曲线上截取 τ_d，绘制 τ_d-α_c-σ_{cf} 曲线（图3-28），此 τ_d 就是土样经受坝址设计等效振动次数的循环抗剪强度 τ_N。当坝址的设计等效振动效数 n_{eg} 已定，可由图3-26查取振动孔隙水压力比 u_d/σ_{cf}，根据一系列 u_d/σ_{cf}，可绘制 $a_{max}=u_d/\sigma_{cf}$-α_c-τ_d/τ_{cf} 关系曲线（图3-29），其中 τ_d/τ_{cf} 为动静剪应力比，对于水平地基因其初始状态没有剪应力，只用 τ_d。

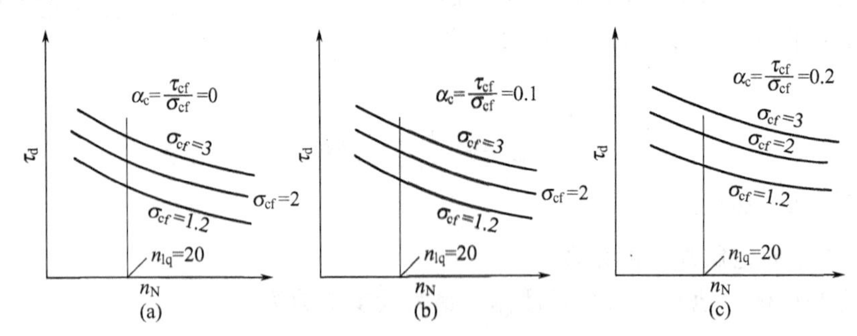

图3-27 τ_d-α_c-σ_{cf}-n_N 关系曲线

采用有限元时程分析进行地基动力反应计算，计算得到各高程的动剪应力时程曲线，由下式得平均有效动剪应力。

$$\tau_d=0.65\tau_{d,max}$$

然后根据 τ_d 和 $\alpha_c=0$（即 $K_c=1$）由图3-29查得 u_d/σ_{cf}，此值等于1.0为液化区，小于1.0为非液化区。

如果应用振动三轴试验资料，可绘制成 u_d/σ_3-K_c-$\sigma_d/2\sigma_1$ 关系曲线进行液化判断。

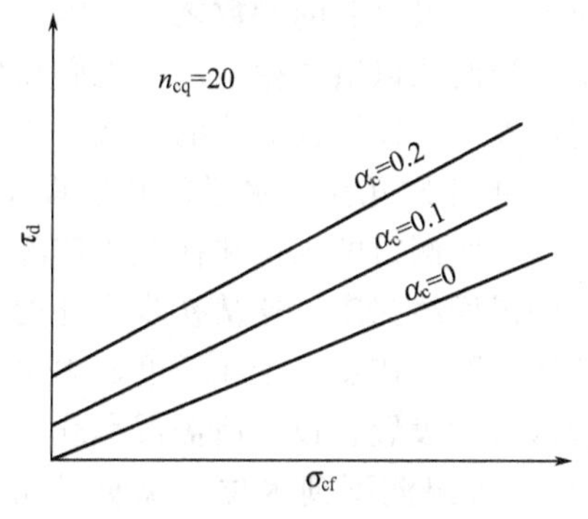

图 3-28　设计等效振动次数已定的 τ_d-α_c-σ_{cf} 关系曲线

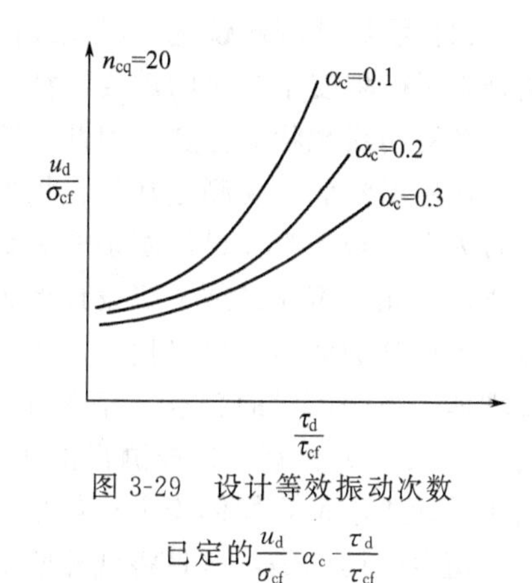

图 3-29　设计等效振动次数已定的$\frac{u_d}{\sigma_{cf}}$-α_c-$\frac{\tau_d}{\tau_{cf}}$

3.6　尾矿坝监测系统

3.6.1　尾矿坝监测系统的基本概念

尾矿坝监测系统是指为了获取尾矿坝的运行状态和安全状况，依据尾矿坝稳定性评价准则，采取一定的观测手段，定期对尾矿坝的各项运行状态和安全状况进行观测、评价、分析、记录的技术与装备的总称。

根据观测方式的不同，尾矿坝监测系统通常分为人工观测和全自动在线监测两类。

3.6.1.1　人工观测

(1) 库水位观测设施　传统的尾矿坝监测系统主要采取人工定期通过传统仪器对于尾矿坝的坝体位移、浸润线等进行测量，再通过离线计算与比对，评估尾矿坝的安全状态。这种观测的方式工人工作量大，间隔时间长，受天气、现场环境、主观因素制约，不能及时反映尾矿坝安全状态，仅能够作为一种参考手段。

一项完善的尾矿库设计必须给生产管理部门提供该库在各运行期的最小调洪深度[H_t]、设计洪水位时的最小干滩长度[L_g]和最小安全超高[H_c]，以作为控制库水位和防洪安全检查的依据。库水位观测的目的正是根据现状库水位推测设计洪水位时的干滩长和安全超高是否满足设计的要求。但至今大多用目测估计的现有干滩长来推测洪水位时的干滩长，这是极不准确的。下面介绍简便可靠的检测法。

① 安全滩长检测法。设现状库水位为 H_s，先在沉积滩上用皮尺量出[L_g]，并插上标杆 a，用仪器测出 a 点地面标高 H_a。当 $H_t=H_a-H_s\geqslant[H_t]$时，即认为安全滩长满足设计要求。否则，不满足。

② 安全超高检测法。设现状库水位为 H_s，先在沉积滩上用水准仪根据[H_c]找出 b 点，并插上标杆 b，用仪器测出 b 点地面标高[H_b]。当 $H_t=H_b-H_s\geqslant[H_t]$时，即认为安全超高满足设计要求。否则，不满足。

对于坝前干滩坡度较大者，只要安全滩长满足要求，安全超高一般都能满足要求，而无需检测安全超高；对于坝前干滩坡度较缓者，只要安全超高满足要求，安全滩长一般都能满足要求，而无需检测安全滩长。

马钢南山铁矿凹山尾矿库已使用上述方法检测了 5 年，为生产管理及时提供了需调控干滩的具体部位从而使长达 4km 的堆坝滩面每年汛期都能全线满足安全要求。

(2) 浸润线观测设施 浸润线的位置是分析尾矿坝稳定性的最重要的参数之一，因而也是判别尾矿坝安全与否的重要特征。不少尾矿坝需通过降低浸润线以增强稳定性，也必须事先了解浸润线现状的位置。因此，确切测出浸润线的观测设施是必须认真对待的一项工作。

尾矿坝浸润线观测通常是在坝坡上埋设水位观测管。观测管的开孔渗水段的长度取 1m 左右为宜。观测管埋设深度是个关键，浅了测不到水位；深了所测得的水位往往低于实际浸润线。为此，事先必须了解设计者为确保坝体稳定所需要的浸润线深度，这从初步设计的坝体稳定计算剖面图中可以找到。生产过程中浸润线的位置还会受放矿水、干滩长度、雨水以及坝体升高等因素的影响，经常有些变动。因此，观测管渗水段设置在设计所需浸润线的下面 1～1.5m 处为宜。这样测得的水位比较接近实际浸润线。如果测不到水位，说明浸润线低于设计要求值，坝体安全；如果测得水位较高，说明需要采取降低浸润线的治理措施。

值得一提的是，盲目将观测管的渗水段埋设得很深，或将观测管从上到下都开孔渗水，这样测得的水位往往比实际浸润线低得多，使人误认为浸润线很深，坝体很安全，这是非常危险的。

有些尾矿坝曾试用过内装传感器的金属测头取代观测管，使用高级绝缘导线引至室内仪表上，进行半自动或自动检测浸润线。这在技术上已不成问题，但用于尾矿坝受到诸多因素的制约，尚未能推广。

(3) 坝体位移观测设施 目前我国尾矿坝位移观测仍以坝体表面位移观测为主，即在坝体表面有组织地埋设一系列混凝土桩作为观测标点，使用水准仪和经纬仪观测坝体的垂直（沉降）和水平位移。

标点的布置以能全面掌握坝体的变形状态为原则。一般可选择最大坝高剖面、地基地形变化较大的地段布置观测横断面。每个观测横断面上应在不易受到人为或天然因素损坏的地点选择几处建立观测标点，此外在坝脚下游 5～10m 范围内的地面上布置观测标点，并同时记录下其最初的标高和坐标。为便于观测，还需在库外地层稳定、不受坝体变形影响的地点建立观测基点（又称为工作基点）和起测基点。生产管理部门定期在工作基点安装仪器，以起测基点为标准，观测各观测标点的位移。

目前由于设计规范尚未对坝体最大位移作出限量规定，一旦发现观测的位移出现异常时，应及时通报有关部门“会诊”分析坝体变形的发展趋势，判别坝体的安全状态，进而确定是否需要采取治理措施。

(4) 排水构筑物的变形观测设施 较高的溢水塔（排水井）在使用初期可能受地基沉降影响而倾斜，用肉眼或经纬仪观测；钢筋混凝土排水管和隧洞衬砌常见的病害为露筋或裂缝，前者用肉眼检查，后者可用测缝仪测量裂缝宽度，以判断是否超标。

3.6.1.2 全自动在线监测系统

全自动在线监测系统综合采用计算机、自动化、网络、通信、传感技术等高新技术手段，通过安装在尾矿坝待检测目标中的传感器，实时获取尾矿坝的各项运行状态，通过尾矿坝安全性分析算法，全自动计算尾矿坝安全性。同时，尾矿坝运行状态还可以通过网络发布系统进行远程查看和管理。

3.6.2 尾矿坝监测系统的建设原则

尾矿坝监测系统的设计和建设过程中，以先进性、可靠性、扩展性、全天候、规范性、安全性为基本原则，进行整体构架建设。

(1) 先进性原则 尾矿坝监测系统的建设首先要体现先进性的设计原则，要在设计中使用先进的监测手段和测量技术，体现技术的超前性和先进性。

(2) 可靠性原则 尾矿坝周边环境一般非常恶劣，对各种监测设备的稳定运行非常不利，因此尾矿坝监测系统的建设要着重考虑系统的稳定性，在选型和设计上要达到系统的可靠性要求指标。

(3) 扩展性原则 尾矿坝监测系统的建设不能一蹴而就，要能够跟随技术的进步而不断改进和补充，形成阶段化的建设模式，在初步设计时要考虑系统的可扩展性，适当预留相关的接口，并在软硬件处理能力方面留出余量。

(4) 全天候原则 尾矿坝监测系统的设计和建设还应满足全天候连续监测的要求，系统应能够适应各种气候条件，进行长期连续不间断的监测，不应出现时间上的监测盲区。

(5) 规范性原则 尾矿坝监测系统的建设要严格按照《中华人民共和国安全生产法》、《尾矿坝监测安全技术规范》（AQ2030—2010）、《尾矿坝安全技术规程》（AQ2006—2005）等国家相关法律法规和技术规范的要求进行设计和建设，体现规范性的设计和建设原则。

3.6.3 尾矿坝监测的核心内容

(1) 坝体表面位移监测 坝体表面位移监测由于实施方便、成本低、直观，成为尾矿坝监测的首选监测内容，通过表面位移变化监测，可以获取坝体的移动情况和内部应力分布情况，进而评价尾矿坝的稳定性。

在具体实施过程中，通常根据尾矿坝规模的不同，在坝体上设置若干观测点，采用一定的技术手段定期观测，从而获取观测点的水平位移和垂直方向的沉降。

(2) 坝体内部位移监测 尾矿坝坝体表面位移在一定程度上反映了尾矿坝的变形情况，但是，坝体位移计算更依赖于坝体的整体位移情况。相比之下，进行坝体内部位移测量就更为重要。

坝体内部位移监测通常在最大坝高处、地基地形地质变化较大处布置监测剖面。每个监测剖面上设置监测点。监测剖面的选择应该根据尾矿库的等级、尾矿坝结构形式、施工方案以及地址地形等情况，选择原河床、合拢段、地质及地形复杂段、结构及施工薄弱段等关键区域。

(3) 坝体渗流量监测 渗流量监测，包括坝体渗漏水的流量及其水质监测。坝体渗漏水的流量监测需要依照尾矿坝的坝型和坝基地质条件、渗漏水的出流和汇集条件以及所采用的测量方法等确定。对坝体、坝基、绕渗及导渗（含减压井和减压沟）的渗流量，应分区、分段进行测量；所有集水和量水设施均应避免客水干扰；对排渗异常的部位应专门监测。

(4) 坝体浸润线监测 浸润线即渗流流网的自由水面线，是尾矿坝安全的生命线，浸润线的高度直接关系到坝体稳定及安全状况。因此，对于浸润线位置的监测是尾矿坝安全监测的重要内容之一。根据尾矿坝的实际情况，采用振弦式渗压传感器及光纤传感器技术等，对浸润线情况进行监测。系统能实时在线、自动测量坝体浸润线埋藏深度，实现采集、贮存数据的自动化，绘制指定监测点浸润线的历史曲线。在数值模拟和分析的基础上，设定不同预警级别并进行预警。系统能对任一时间内的浸润线数据进行统计，能绘制浸润线断面曲线。

(5) 雨量监测 由于尾矿大坝的特殊结构，受外界自然降雨量影响，很容易导致坝体稳定出现波动，雨量监测对坝区的降雨量进行实时监测，能对自然降水尤其是夏季雨季的大量降水导致的坝体稳定波动进行提前预警，具有直观和非常实际的意义。

(6) 视频监测 在尾矿库安全监测系统中，为了实时掌握尾矿库库区的情况和运行状况，通常在溢水塔、滩顶放矿处、坝体下游坡等重要部位设置视频监测系统，以满足准确清晰把握尾矿库运行状况的需要。

3.6.4 尾矿坝监测的常用手段

(1) 坝体表面位移监测 尾矿坝发生溃坝灾害，坝体位移是灾害演化过程中的直观反应指标。对坝体下游坡变形的掌握，可以及时发现尾矿坝变形率和发展速度，并及时采取相应对策措施。在尾矿坝在线监测系统中，比较适合进行坝体表面变形监测的技术手段主要包括高精度智能全站仪技术和 GPS 监测技术等。

① 智能全站仪技术。智能全站仪技术，就是所谓的测量机器人技术（Measurement Robot，或称为测地机器人 Geo-robot），是一种能进行自动搜索、跟踪、辨识和精确找准目标并获取角度、距离、三维坐标以及影像等信息的智能型电子全站仪。利用智能全站仪进行尾矿坝的自动化变形监测，一般采取的监测形式是：一台智能全站仪与监测点目标（照准棱镜）及上位控制计算机形成的变形监测系统，可实现全天候的无人值守监测，其实质为自动极坐标测量系统。系统无需人工干预全自动的采集、传输与处理变形点的三维数据。利用因特网或其他局域网，还可实现远程监控管理。该方式的监测点的布设成本低，管理维护简便，监测精度高，监测测距精度可达$\pm(1\text{mm}+1\times10-6D)$（$D$ 为监测点与基点的距离，单位为 m）。但缺点是系统布设受地形、气候等条件的影响，不能完全实现通视测量，与传统测量方法相比，前期安装成本相对较高。

② GPS 变形监测技术。GPS 变形监测技术是基于全球卫星定位系统来进行坝体的变形监测，该技术具有全天候监测、抗干扰强、精度高等特点。根据尾矿坝的实际情况选择若干个监测断面，在每个断面最上面或初级坝坝顶安装一个 GPS 装置，在坝外稳定山体上建立 GPS 参考站，通过多个 GPS 装置，采用差分方法，确定该处的绝对坐标。然后根据坝的高矮，在该点下的坝坡上均匀布置若干滑坡监测点，其上随各级子坝的逐步形成增设若干滑坡监测点，总数约 4～10 个，最下面一个点应设置在坝脚外 5～10m 范围内的地面上，以用于监测尾矿坝发生整体滑动的可能性。通过位移计监测固定桩之间、固定桩与 GPS 装置之间的位移变化，从而监测整个坝坡的位移，监控坝坡稳定。

目前，GPS 监测技术进行坝体形变监测有两种方式：一是单机单天线方式，即一个天线（监测点）对应一台 GPS 接收机；二是一机多天线方式，即一台 GPS 接收机对应多个天线。前种方式虽费用较高，但是稳定可靠，且每台 GPS 接收机可以实现同步监测；而后种方式则通过一台接收机控制多个天线（监测点），费用相对较低，但是，该方式的各个位移监测点不能实现同步监测，有一定的监测周期，时效性较差，另外，通过多天线控制器来控制多个测点天线，系统的可靠性较差，系统维护量较大，再者，由于多天线控制器的费用也较大，其节省的费用一般也有限。

(2) 坝体内部位移监测 坝体位移监测的另一个重要方面是坝体内部的位移监测，它能反映坝体内部的稳定情况，是监测大坝稳定性的重要手段。固定测斜仪适用于长期监测大坝、筑堤、边坡、基础墙等结构的变形，可以用来监测坝体水平位移变化。基本原理是使用测斜仪准确测量被测结构的钻孔内局部的倾斜度。仪器安装于带标准导槽的测斜管中，通过测量滑轮的倾斜长度以及角度从而计算出横向和纵向水平位移。

测斜传感器内有 1 组或 2 组 MEMS（微型机电系统）传感器密封在壳体内部。传感器上部有一个安装支架，可与滑轮组件固定。一个滑轮为定滑轮（固定轮），另一个滑轮具有弹性，保证传感器在有槽的测斜管内位置居中，并可沿测斜管向下滑动，且不会整体旋转，如图 3-30 所示。传感器下端有一个突出的部件，可与连接杆固定。电缆由测斜管的管口引出。双轴传感器装有两组MEMS传感器，互成90°，有的仪器内部还装有热敏电阻，可用以测量温度。另外，还有一种土体沉降仪（位移计）可以用来监测坝体的沉降位移变形，通过将整套仪器安装在钻孔中监测灌浆锚头和沉降板之间的土体压缩沉降变形量。

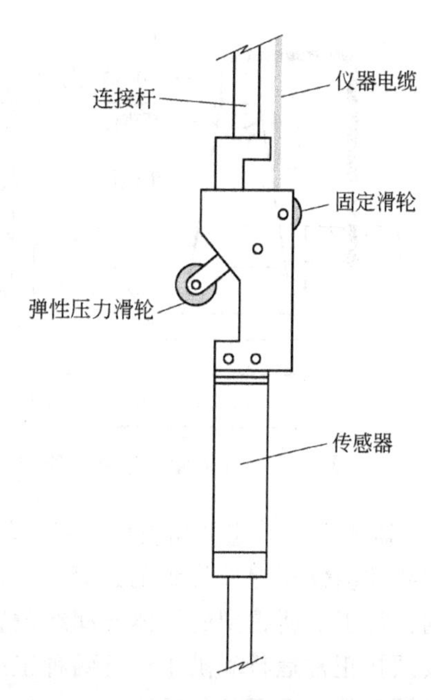

图3-30　某型测斜传感器结构示意

（3）坝体渗流量监测　渗流量监测系统的布置，应根据坝型和坝基地质条件、渗漏水的出流和汇集条件以及所采用的测量方法等确定。对坝体、坝基、绕渗及导渗（含减压井和减压沟）的渗流量，应分区、分段进行测量；所有集水和量水设施均应避免客水干扰；对排渗异常的部位应专门监测。当下游有渗漏水溢出时，应在下游坝趾附近设导渗沟（可分区、分段设置），在导渗沟出口或排水沟内设量水堰测其溢出（明流）流量。当透水层深厚、地下水位低于地面时，可在坝下游河床中设测压管，通过监测地下水坡降计算出渗流量。其测压管布置，顺水流方向设2根，间距10～20m。垂直水流方向，应根据控制过水断面及其渗透系数的需要布置适当排数。

根据渗流量的大小和汇集条件，选用如下几种方法和设备。

① 当流量小于1L/s时宜采用容积法。

② 当流量在1～300L/s之间时宜采用量水堰法。

③ 当流量大于300L/s或受落差限制不能设量水堰时，应将渗漏水引入排水沟中，采用测流速法。

量水堰法的基本原理是尾矿坝排出的水流通过一个三角形或矩形槽口的堰板，堰口流出的水量与量水堰的水头高度具有一定的函数关系，先用试验方法确定堰槽水头高度与流量之间的转换关系，然后用超声波液位计监测量堰的水头高度进而得出流量。图3-31为坝体渗流量监测原理示意。堰槽水头高度与流量之间的一般关系式如下：

$$Q=1.4\times h^{2.5}$$
$$h=H-S$$

式中　Q——渗流量，m^3/s；

h——堰槽水头高度，m；

H——仪器到堰板三角尖的高度，m；

S——仪器到水面的距离，m。

量水堰的设置和安装应符合以下要求。

① 量水堰应设在排水沟直线段的堰槽段。该段应采用矩形断面，两侧墙应平行和铅直。槽底和侧墙应加砌护，不漏水，不受客水干扰。

② 堰板应与堰槽两侧墙和来水流向垂直。堰板应平整和水平，高度应大于5倍的堰上水头。

③ 堰口水流形态必须为自由式。

④ 测读堰上水头的水尺或测针，应设在堰口上游3～5倍堰上水头处，尺身应铅直，其零点高程与堰口高程之差不得大于1mm。水尺刻度分辨率应为1mm，测针刻度分辨率应为

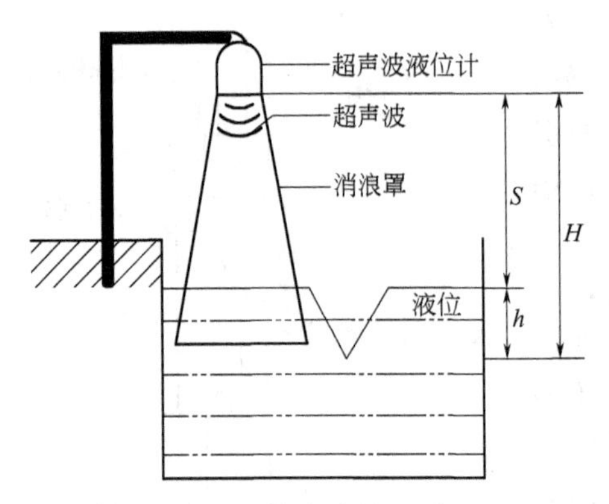

图 3-31 坝体渗流量监测原理

0.1mm。必要时可在水尺或测针上游设栏栅稳流。

测流速法监测渗流量的测速沟槽应符合以下要求。

① 长度不小于 15m 的直线段。

② 断面一致，并保持一定纵坡。

③ 不受客水干扰。

(4) 坝体浸润线监测 一般选择尾矿坝坝上最大断面或者一旦发生事故将对下游造成重大危害的断面作为监测剖面。大型尾矿坝在一些薄坝段也应设有监测剖面。每个监测剖面应至少设置5个监测点，并应根据设计资料中坝体下游坡处的孔隙水压力变化梯度灵活选择监测点。浸润线监测仪器埋设位置的选择，应根据《尾矿坝安全技术规程》（AQ2006—2005）中规定的计算工况所得到的坝体浸润线位置来埋设。在作坝体抗滑稳定分析时，设计规范规定浸润线须按正常运行和洪水运行两种工况分别给出。设计时所给出的浸润线位置应是监测仪器埋设深度的最重要的依据。

在各种浸润线测试仪器中，振弦式渗压计以其结构简单、性能稳定的特点得到了广泛的应用，振弦式渗压计可埋设在水工建筑物、基岩内或安装在测压管、钻孔、堤坝、管道和压力容器里，测量孔隙水压力或液体液位。其各种性能非常优异，其主要部件均用特殊钢材制造，适合各种恶劣环境使用。特别是在完善电缆保护措施后，可直接埋设在对仪器要求较高的碾压混凝土中。标准的透水石是用带 50μm 小孔的烧结不锈钢制成，以利于空气从渗压计的空腔排出。图 3-32 为振弦式渗压计在尾矿坝浸润线监测中的安装示意图。

(5) 雨量监测 坝体雨量监测由雨量监测仪器完成，雨量监测仪器是用于收集地面降雨信息的自动观测仪器，它可精确的记录一定时间段内的降水，主要应用于气象水文资料收集、城市给水灌排监测、生态环境监测、泥石流预警、人工降雨监测、农业气象监测等领域。尾矿坝的雨量监测要求具有采集精度高、反应灵敏度高等功能，另外，野外实施环境艰苦恶劣，雨量监测仪器还应具有稳定可靠、寿命长、供电方式多样等特点，尤其是野外线路供电比较困难，可采用太阳能、风力发电或者风电互补、双电源冗余供电系统等供电方式，确保供电的稳定性。雨量监测仪器可采用有线或无线的通信方式，要求通信可靠性好，通信功能强。自动报警也是系统应该具备的功能，可采用声光报警、GSM/GPRS 网络短信或语音报警等方式，保证预警的时间余量。

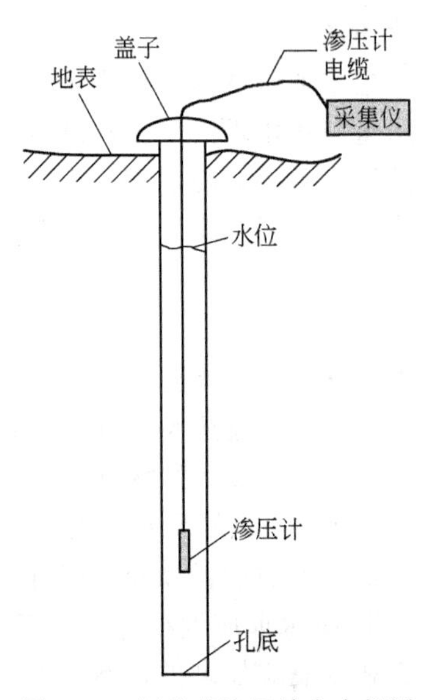

图 3-32 振弦式渗压计在大坝浸润线监测中的典型安装示意图

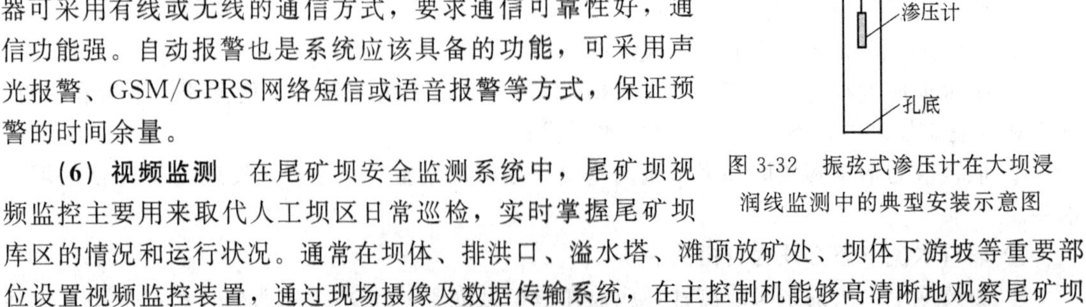

(6) 视频监测 在尾矿坝安全监测系统中，尾矿坝视频监控主要用来取代人工坝区日常巡检，实时掌握尾矿坝库区的情况和运行状况。通常在坝体、排洪口、溢水塔、滩顶放矿处、坝体下游坡等重要部位设置视频监控装置，通过现场摄像及数据传输系统，在主控制机能够高清晰地观察尾矿坝生产放矿及筑坝等运行情况，以满足准确清晰把握尾矿坝运行状况的需要。所采集视频信号

的回传可采取有线或无线通信的方式，但一定要满足视频信号传输的稳定可靠，同时，在值班室或监控中心内应加设大容量硬盘服务器，对尾矿坝每日的运行状况视频资料进行储存，以便日后随时查阅对比。

3.6.5 尾矿坝安全的分析评价

针对尾矿坝安全的分析评价，尾矿坝安全监测系统应依据尾矿坝系统的专业理论，对尾矿坝整体的安全状况进行全面的安全评价分析。

监测系统通过对影响尾矿坝的各个因素进行逐个在线监测，再对各模块监测数据结果进行专业分析，通过定量化计算后，采用软件用户界面输出尾矿坝实时动态变化过程及安全度，并通过对监测数据的深度挖掘，总结出尾矿坝在运行过程中可能出现的危险、有害因素，形成尾矿坝的安全预警功能，并提出切实可行的对策措施，为尾矿坝的日常运行管理提供便捷可靠手段。

尾矿坝的安全状态分析包括三个部分，即坝体安全分析、渗漏安全分析及调洪安全分析。其中坝体安全分析包括表面位移分析模块；渗漏安全包括浸润线、渗流量分析模块；调洪安全包括库水位、干滩长度与安全高差监测分析模块。每个安全状态分析模块均对应一个安全系数和安全级别，通过对这些安全系数和级别的综合评价系数设置不同的预警级别，并提出相应的防治措施。从而实现坝体的总体安全状态专家评价系统，分析成果简单明了。

系统对尾矿坝运行情况进行全天候连续监测预警，一旦发生预警、报警，系统自动合成报警信息到相关监管人员手机上；更详细的图文信息和分析报表可随时随地通过互联网查阅。系统支持内网和互联网授权访问。

3.6.6 尾矿坝在线监测系统

尾矿坝在线监测系统是一项新兴的多学科、跨专业的系统集成技术，经过近年来的快速发展和实践应用，尾矿坝在线监测系统已经呈现出智能化、功能丰富、可靠度高、系统兼容性强、抗干扰能力强、可视化程度高、用户界面友好的发展趋势。系统将不仅能监测尾矿坝现场各种参数，准确表达各监测点的运行状态，而且还将具备对相关数据进行分析并提出初步风险评价的能力，还能多渠道多形式适时分级发布预警信息，为运行单位随时随地掌握工程结构安全和决策部门在关键时刻的决策分析提供了有效可靠的技术支持。将来尾矿坝在线监测系统还会与尾矿坝灾害应急指挥系统等其他相关系统相结合，做到功能延伸，形成具有一体化处理功能的综合系统。

与人工方式不同，尾矿坝在线监测系统利用遍布尾矿坝各监测点的传感器实时获取尾矿坝的各项运行数据，再采用多信息融合技术将数据进行整合重组，送入尾矿坝安全性分析模块进行计算，从而在线监控尾矿坝的运行状态。当尾矿坝出现安全隐患时，系统能及时判断并发出预警信号，提示相关部门进行处理，从而有效降低尾矿坝溃坝及人员伤亡事故的发生。同时，系统将尾矿坝的运行数据进行互联网发布，相关监管人员可以通过互联网方便、直观地了解尾矿坝的运行状态。当发生尾矿坝灾害事件时，相关部门也可以通过该系统进行事件跟踪、辅助决策和应急指挥调度。

尾矿坝在线监测系统应包含数据自动采集、传输、存储、处理分析及综合预警等部分，并具备在各种气候条件下实现实时监测的能力。

尾矿坝在线监测系统应具备数据自动采集、现场网络数据通信和远程通信、数据存储及处理分析、综合预警、防雷及抗干扰等基本功能，还应具备数据备份、掉电保护、自诊断及故障显示等辅助功能。

尾矿坝在线监测系统的布置，应符合下列要求。

① 在线监测系统的更新改造设计应在完成原有仪器设备检验和鉴定后进行。

② 在线监测系统控制中心的设置应符合国家现行的有关控制室或计算机机房的规定。

尾矿库在线监测系统设备的选择应符合下列要求。

① 数据采集装置能适应应答式和自报式两种方式，按设定的方式自动进行定时测量，接收命令进行选点、巡回检测及定时检测。

② 计算机系统与数据采集装置连接在一起的监控主机和监测中心的管理计算机配置应满足在线监测系统的要求，并应配置必要的外部设备。

③ 数据通信、数据采集装置和监控主机之间可采用有线和（或）无线网络通信，尾矿坝安全监测站或网络工作组应根据要求提供网络通信接口。

由于组成尾矿坝在线监测系统的各种传感设备种类多样且布设的范围广，通信距离远近不一，有线通信网络线路架设困难且成本高、野外应用环境恶劣且多样化等因素，使得尾矿坝在线监测系统的通信架构无法使用单一的通信手段，而是结合有线、无线、短距离、长距离等多样化的综合通信系统。

在线监测系统的远程发布软件采用模块化结构，主要由这样几个模块组成：浸润线软件模块、渗流量软件模块、库水位软件模块、降雨量软件模块、视频监控软件、干滩软件模块、尾矿坝监控测值处理模块、尾矿坝监测数据远传模块、尾矿坝安全监测报警模块、尾矿坝监测分析发布模块等。通过这些模块完成所有监测数据的采集、传输、存储、处理、分析、预测、报警、发布等功能。

尾矿坝在线监测系统采用分级架构，包括监测站、监测管理站、现场监控中心以及上层监控中心。其中，监测站布置在尾矿坝监测区域内，用于在线获取监测点数据；监测管理站布置在工作环境较好的尾矿坝坝顶、两岸坝肩，也可设在远离现场的管理区内，用于现场监测数据采集、存储和备份；现场监控中心一般布置在尾矿坝现场值班室内，也可与监测管理站设置在一起，用于数据管理、展示、分析及互联网发布；矿山监控中心、集团监控中心乃至政府安监部门通过互联网进入监测系统，可以对尾矿坝的运行状态进行实时查看、分析，经授权后，可以对监测系统进行控制。

第4章　尾矿库排洪系统设计及排水构筑物

4.1　尾矿库排洪系统概述

4.1.1　排洪系统布置原则

尾矿库设置排洪系统有两个方面的原因：一是为了及时排除库内暴雨；二是回收库内尾矿澄清水用。

对于一次建坝的尾矿库，可在坝顶一端的山坡上开挖溢洪道排洪。其形式与水库的溢洪道相类似。

对于非一次建坝的尾矿库，排洪系统应靠尾矿库一侧山坡进行布置，选线应力求短直，地基的工程地质条件应尽量好，最好无断层、破碎带、滑坡带及软弱岩层或结构面。

尾矿库排洪系统布置的关键是进水构筑物的位置。排尾过程中，坝上排矿口的位置在使用过程中是不断改变的，进水构筑物与排矿口之间的距离应始终能满足安全排洪和尾矿水得以澄清的要求。也就是说，这个距离一般应不小于尾矿水最小澄清距离、调洪所需滩长和设计最小安全滩长（或最小安全超高所对应的滩长）三者之和。

当采用排水井作为进水构筑物时，为了适应排矿口位置的不断改变，往往需建多个井接替使用，相邻两井井筒有一定高度的重叠（一般为0.5～1.0m）。进水构筑物以下可采用排水涵管或排水隧洞的结构形式进行排水。

当采用排水斜槽方案排洪时，为了适应排矿口位置的不断改变，需根据地形条件和排洪量大小确定斜槽的断面和敷设坡度。

有时为了避免全部洪水流经尾矿库增大排水系统的规模，当尾矿库淹没范围以上具备较缓山坡地形时，可沿库周边开挖截洪沟或在库后部的山谷狭窄处设拦洪坝和溢洪道分流，以减小库区淹没范围内的排洪系统的规模。

排洪系统出水口以下用明渠与下游水系连通。

4.1.2　排洪计算步骤简介

排洪计算的目的在于根据选定的排洪系统和布置，计算出不同库水位时的泄洪流量，以确定排洪构筑物的结构尺寸。

当尾矿库的调洪库容足够大，可以容纳得下一场暴雨的洪水总量时，问题就比较简单，先将洪水汇积后再慢慢排出，排水构筑物可做得较小，工程投资费用最低；当尾矿库没有足够的调洪库容时，问题就比较复杂。排水构筑物要做得较大，工程投资费用较高。一般情况下尾矿库都有一定的调洪库容，但不足以容纳全部洪水，在设计排水构筑物时要充分考虑利用这部分调洪库容来进行排洪计算，以便减小排水构筑物的尺寸，节省工程投资费用。

排洪计算的步骤一般如下。

(1) 确定防洪标准　我国现行设计规范规定尾矿库的防洪标准按表4-1确定。当确定尾矿库等别的库容或坝高偏于下限，或尾矿库使用年限较短，或失事后危害较轻者，宜取重现期的下限；反之，宜取上限。

表 4-1　尾矿库防洪标准

尾矿库等别		一	二	三	四	五
洪水重现期/年	初期		100～200	50～100	30～50	20～30
	中、后期	1000～2000	500～1000	200～500	100～200	50～100

注：初期指尾矿库启用后的 3～5 年。

(2) 洪水计算及调洪演算　确定防洪标准后，可从当地水文手册查得有关降雨量等水文参数，先求出尾矿库不同高程汇水面积的洪峰流量和洪水总量，再根据尾矿沉积滩的坡度求出不同高程的调洪库容，进行调洪演算。

(3) 排洪计算　根据洪水计算及调洪演算的结果，再进行库内水量平衡计算，就可求出经过调洪以后的洪峰流量。该流量即为尾矿库所需排洪流量。最后，设计者以尾矿库所需排洪流量作为依据，进行排洪构筑物的水力计算，以确定构筑物的净空断面尺寸。

4.1.3　排洪构筑物的类型

尾矿库库内排洪构筑物通常由进水构筑物和输水构筑物两部分组成。尾矿坝下游坡面的洪水用排水沟排除。排洪构筑物类型的选择，应根据尾矿库排水量的大小、尾矿库地形、地质条件、使用要求以及施工条件等因素，经技术经济比较确定。

(1) 进水构筑物　进水构筑物的基本类型有排水井、排水斜槽、溢洪道以及山坡截洪沟等。

排水井是最常用的进水构筑物。有窗口式、框架式、井圈叠装式和砌块式等形式。窗口式排水井整体性好，堵孔简单。但进水量小，未能充分发挥井筒的作用，早期应用较多。框架式排水井由现浇梁柱构成框架，用预制薄拱板逐层加高。结构合理，进水量大，操作也比较简便。从 20 世纪 60 年代后期起，框架式排水井被广泛采用。井圈叠装式和砌块式等形式排水井分别用预制拱板和预制砌块逐层加高，虽能充分发挥井筒的进水作用，但加高操作要求位置准确性较高，整体性差些，应用不多。

排水斜槽既是进水构筑物，又是输水构筑物。随着库水位的升高，进水口的位置不断向上移动。它没有复杂的排水井，但进水量小，一般在排洪量较小时采用。

溢洪道常用于一次性建库的排洪进水构筑物。为了尽量减小进水深度，往往做成宽浅式结构。

山坡截洪沟也是进水构筑物兼作输水构筑物。沿全部沟长均可进水。在较陡山坡处的截洪沟易遭暴雨冲毁，管理维护工作量大。

(2) 输水构筑物　尾矿库输水构筑物的基本形式有排水管、隧洞、斜槽、山坡截洪沟等。

排水管是最常用的输水构筑物。埋设在库内最底部，荷载较大，一般采用钢筋混凝土管。

斜槽的盖板采用钢筋混凝土板，槽身有钢筋混凝土和浆砌块石两种。钢筋混凝土整体性好，承压能力高，使用于堆坝较高的尾矿库。但当净空尺寸较大时，造价偏高。浆砌块石管是用浆砌块石作为管底和侧壁，用钢筋混凝土板盖顶而成。整体性差，承压能力较低，适用于堆坝不高、排洪量不大的尾矿库。

隧洞需由专门凿岩机械施工，故净空尺寸较大。它的结构稳定性较好，是大、中型尾矿库常用的输水构筑物。因为当排洪量较大，且地质条件较好时，隧洞方案往往比较经济。

(3) 坝坡排水沟 坝坡排水沟有两类：一类是沿山坡与坝坡结合部设置浆砌块石截水沟，以防止山坡暴雨汇流冲刷坝肩；另一类是在坝体下游坡面设置纵横排水沟，将坝面的雨水导流排出坝外，以避免雨水滞留在坝面造成坝面拉钩，影响坝体的安全。

4.2 洪水计算

尾矿库洪水计算的任务是确定设计洪水的洪峰流量、洪水总量和洪水过程线，以供尾矿库排洪设计用。洪水计算应优先考虑当地水文手册，当无法获取时可考虑以下通用公式。

尾矿库设计洪水频率应根据尾矿库的重要性等级，按表 4-2 确定。

表 4-2　尾矿库设计洪水频率标准　　单位：%

尾矿库重要性等级		Ⅰ	Ⅱ	Ⅲ	Ⅳ、Ⅴ
尾矿库运用情况	正常(设计)	0.1	1.0	2.0	5.0
	非常(校核)	0.01	0.1	0.2	0.5

尾矿库的汇水面积常常很小，而水面面积所占的比例有时就较大（尤其是在尾矿库使用后期），这种情况下的尾矿库汇流条件与天然河谷有较大差别。对此就不宜再用一般的方法计算洪水，而需考虑水面对尾矿库汇流的影响。

4.2.1 一般常用计算方法

4.2.1.1 洪峰流量

(1) 按简化推理公式计算 简化推理公式是根据推理公式的基本形式 $Q=\frac{1}{3.6}\phi iF$（其中 $i=\frac{S}{\tau^{n}}$，$\tau=\frac{L}{3.6v}$，$v=mJ^{1/3}Q^{1/4}$，$\phi=1-\frac{\mu}{i}$）进行推演，并运用二项式定理的近似计算公式加以简化而得，使用于较小汇水面积的洪水计算。它与原型公式比较，产生的误差最大不超过 1%，但可直接求解，省去联解试算过程，应用较方便。

简化推理公式如式(4-1) 所示。

$$Q_P=\frac{A(S_PF)^B}{\left(\frac{L}{mJ^{1/3}}\right)^C}-D\mu F \tag{4-1}$$

式中　Q_P——设计频率 P 的洪峰流量，m^3/s；

S_P——频率为 P 的暴雨雨力，mm/h；

F——坝址以上的汇水面积，km^2；

L——由坝址至分水岭的主河槽长度，km；

m——汇流参数；

J——主河槽的平均坡降；

μ——产流历时内流域平均入渗率，mm/h；

A、B、C、D——最大洪峰流量计算系数，可根据式(4-2) 确定。

$$A=\left(\frac{1}{3.6}\right)^{\frac{4(1-n)}{4-n}}\quad B=\frac{4}{4-n}\quad C=\frac{4n}{4-n}\quad D=\frac{1}{3.6}\times\frac{4}{4-n} \tag{4-2}$$

式中　n——暴雨递减指数，当 $\tau\leqslant1$ 时，取 $n=n_1$，$\tau>1$ 时，取 $n=n_2$（n_1、n_2 可由当地水文手册查取）；

τ——流域汇流历时，h。

S_P、m、J、μ 及 τ 的确定如下。

简化推理公式的计算方法：

先取 $n=n_1$，计算得 A、B、C、D，并按下述确定出 S_P、m、J、μ，代入式(4-1) 即可求出一个 Q_P。然后再用式(4-11) 计算 τ。当计算的 τ 值也小于或等于 1 时，Q_P 即为所求；如计算得 $\tau>1$ 时，则应取 $n=n_2$ 重新计算。

有时可能遇到如下情况：设 $\tau\leqslant1$，算出得 $\tau>1$；再设 $\tau>1$，算出得 $\tau\leqslant1$。遇到此种情况。可取 $n=\frac{n_1+n_2}{2}$ 进行计算。

① S_P 的计算。

$$S_P=\frac{H_{24P}}{24^{1-n}} \tag{4-3}$$

$$H_{24P}=K_P\overline{H}_{24} \tag{4-4}$$

式中　H_{24P}——频率为 P 的 24 小时降雨量，mm；

K_P——模比系数，由相关资料查取；

$\overline{H}_{24}$——年最大 24 小时降雨量均值，mm，由当地水文手册查取；

n——暴雨递减指数。

② m 的确定。此值除与河床及山坡的糙率、断面形状等因素有关之外，还反映与流量形成有关的其他一切在公式中未能反映的因素，对流量的影响很大，工程设计中应尽可能从当地新整编的水文手册中查取。如无此项资料时，m 可参照表 4-3 选用。

表 4-3　汇流参数 m 值

流域河道情况	m		
	$\theta=1\sim30$	$\theta=30\sim100$	$\theta=100\sim400$
周期性水流陡涨陡落，宽浅型河道，河床为粗粒石，流域内植被覆盖，黄土沟壑地区，洪水期挟带大量泥沙	0.8～1.2	1.2～1.4	1.4～1.7
周期性或经常性水流，河床为卵石，有滩地，并长有杂草，流域内多为灌木或田地	0.7～1.0	1.0～1.2	1.2～1.4
雨量丰沛湿润地区，河床有山区型卵石、砾石，河槽流域内植被覆盖较好或多为水稻	0.6～0.9	0.9～1.1	1.1～1.2

注：表中数值只代表一般地区的平均情况，相应的设计径流深为 70～150mm，如大于 150mm 时，m 值略有减小；小于 70mm 时，m 值略有增加，表中 $\theta=\frac{L}{J^{1/3}}$。

③ J 的计算。

$$J=\frac{(Z_0+Z_1)l_1+(Z_1+Z_2)l_2+\cdots+(Z_{n-1}+Z_n)l_n-2Z_0L}{L^2} \tag{4-5}$$

式中　Z_0——主河槽纵断面上，坝址断面处的地面标高，m；

Z_i——坝址上游各计算断面处的地面标高，m，$i=1$，2，3，…，n；

l_i——各相邻计算断面间的水平距离，m，$i=1$，2，3，…，n；

L——由坝轴线至分水岭的主河槽水平长度，m。

④ μ 的计算。

入渗率 μ 值可先按式(4-6) 求出。

$$\mu=X\left(\frac{S_P}{h_R^n}\right)^Y \tag{4-6}$$

$$X=(1-n)n^{\frac{n}{1-n}} \quad Y=\frac{1}{1-n} \tag{4-7}$$

式中　X、Y——计算系数，根据式(4-7) 计算；

h_R——历时 t_R 的主雨峰产生的径流深，mm。

对于有暴雨径流相关资料的地区，可根据主雨峰降雨量 $H_R=S_P t_R^{1-n}$ 由暴雨径流相关图上查取；对于无上述资料的地区，则可按式(4-8) 计算历时 24 小时降雨的径流深 $h_{R_{24}}$，取 $h_R=h_{R_{24}}$。

$$h_{R_{24}}=\alpha_{24}H_{24P} \tag{4-8}$$

式中　α_{24}——历时 24 小时的降雨径流系数，可由表 4-4 查取。

在计算出 μ 值后，应用式(4-9) 进行复核。

$$t_c=\left[(1-n_2)\frac{S_P}{\mu}\right]^{\frac{1}{n_2}}\leqslant t_R \tag{4-9}$$

式中　t_c——主雨峰产流历时，h；

t_R——主雨峰降雨历时，h，取 $t_R=24$h；

其他符号意义同前。

复核结果如满足式(4-9) 的条件，则按式(4-6) 计算出的 μ 值即为所求。如 $t_c>t_R$，则应该按式(4-10) 计算 μ 值。

$$\mu=(1-\alpha_{24})\frac{H_{24P}}{24} \tag{4-10}$$

式中符号意义同前。

表 4-4　降雨历时为 24h 的径流系数 α_{24}

地区	山区					丘陵区				
H_{24}	100～200	200～300	300～400	400～500	>500	100～200	200～300	300～400	400～500	>500
黏土类	0.65～0.8	0.8～0.85	0.85～0.9	0.9～0.95	>0.95	0.6～0.75	0.75～0.8	0.8～0.85	0.85～0.9	>0.9
壤土类	0.55～0.7	0.7～0.75	0.75～0.8	0.8～0.85	>0.85	0.3～0.55	0.55～0.65	065～0.7	0.7～0.75	>0.75
沙壤土类	0.4～0.6	0.6～0.7	0.7～0.75	0.75～0.8	>0.8	0.15～0.35	0.35～0.5	0.5～0.6	0.6～0.7	>0.7

⑤ τ 的计算。

$$\tau=0.278\frac{L}{mJ^{1/3}Q^{1/4}} \tag{4-11}$$

式中符号意义同前。

(2) 用经验公式计算　我国多数地区都有小流域洪水计算的经验公式，其一般形式如式(4-12) 所示。

$$Q_P=M_PF^x \tag{4-12}$$

式中　Q_P——设计频率 P 的洪峰流量，m^3/s；

M_P——频率为 P 的流量模数，由当地水文手册查取；

F——流域面积，km^2；

x——指数，由地区水文手册查取。

地区经验公式适用的流域面积仍较大，使用时应与调查洪水及其他计算方法比较综合确定。

(3) 用调查洪水资料推求 在流域的设计断面处或附近洪痕易于确定的河段，找当地老年人调查历史上出现的洪水位及其出现的年份，并测绘该河道的纵、横断面及洪水位，据此进行洪峰流量计算。

① 调查洪水的洪峰流量计算式如下。

$$Q=\omega C\sqrt{Ri} \tag{4-13}$$

式中 Q——计算流量，m^3/s；

ω——过水断面面积，m^2，可取调查河段几个实测断面的平均值；

C——谢才系数，可根据 R、n 查相关资料；

i——河槽水面坡降，如无法确定时，可近似取为河床坡降；

R——河槽的水力半径，m，对宽浅式河槽可取为平均水深；

n——河槽的粗糙系数；

② 调查洪水频率的近似确定。在被调查者所知的年限内发生过几次洪水，其中各次洪水的频率可按式(4-14) 近似确定。

$$P=\frac{M}{N+1}\times 100\% \tag{4-14}$$

式中 P——调查的历次洪水的频率，%；

M——调查的历次洪水由大至小排列的次序数；

N——调查的历次洪水发生的前后总年数。

③ 由调查断面洪峰流量推求设计断面的洪峰流量。当设计断面距调查断面有一定距离时，设计断面处的洪峰流量可按式(4-15) 推算。简化计算也可按式(4-16) 计算。

$$Q_2=\frac{F_2^{\alpha}b_2^{\beta}J_2^{0.25}}{F_1^{\alpha}b_1^{\beta}J_1^{0.25}}Q_1 \tag{4-15}$$

$$Q_2=\left(\frac{F_2}{F_1}\right)^{\alpha}Q_1 \tag{4-16}$$

式中 Q_1、Q_2——调查断面和设计断面处的洪峰流量，m^3/s；

F_1、F_2——调查断面和设计断面处的汇水面积，km^2；

b_1、b_2——调查断面和设计断面处的流域平均宽度，km；

J_1、J_2——调查断面和设计断面流域主河槽平均坡降；

α——汇水面积指数，大流域 $\alpha=1/2\sim2/3$，小流域（$F\leqslant 30km^2$）$\alpha=0.8$；

β——流域形状指数，对于雨洪采用 $\beta=1/3$。

④ 设计频率的洪峰流量确定。由调查洪水推求设计洪水的洪峰流量可按式(4-17) 计算。

$$Q_{P_2}=\frac{K_{P_2}}{K_{P_1}}Q_{P_1} \tag{4-17}$$

式中 Q_{P_1}、Q_{P_2}——调查洪水和设计洪水的洪峰流量，m^3/s；

K_{P_1}、K_{P_2}——调查洪水和设计洪水频率 P_1、P_2 的模比系数，可由相关资料查取。

4.2.1.2 洪水总量

设计洪水总量按式(4-18) 计算。

$$W_{tP}=1000\alpha_1 H_{tP}F \tag{4-18}$$

式中　W_{tP}——历时为 t 频率为 P 的洪水总量，m^3；

α_t——与历时 t 相应的洪量径流系数，α_{24} 见表 4-4；

H_{tP}——历时为 t 频率为 P 的降雨量，mm；

F——流域汇水面积，km^2。

4.2.1.3　洪水过程线

小流域的设计洪水过程线多简化为某种形式，常用的有三角形概化过程线和概化多峰三角形过程线。

三角形概化过程线计算简便，但洪量过分集中，可能脱离实际情况甚远。

概化多峰三角形洪水过程线是结合一定的设计雨型计算绘制的，它结合了推理公式的特点，并能反映我国台风季风区暴雨洪水的特点，比较切合实际，适用于中小型水利工程设计。

概化多峰三角形洪水过程线的基本原理是假定一段均匀降雨可相应产生一个单元三角形洪水过程线，此三角形的面积等于该段降雨产生的洪水量 W_t，三角形的底长相当于该段降雨的产流历时与汇流历时之和，而三角形的高即相当于该段降雨产生的最大流量 Q_m。把设计雨型按下述原则分为若干段，把每段降雨所形成的单元三角形洪水过程线按时序叠加，即得概化多峰三角形洪水过程线。

(1) 设计暴雨时程分配雨型的确定　设计暴雨的时程分配雨型，一方面要能反映本地区大暴雨的特点（如时段雨型、时段分配、雨峰出现位置、降雨历时等），另一方面又要照顾到工程设计上的安全要求。有条件时，可按地区编制的综合标准雨型采用。

当无条件取得雨型资料时，则只能从尾矿库安全运用的角度出发，作如下假定，从而定出 H_{24P} 的时程分配。

① 一般可将主雨峰置于设计降雨历时的 3/4 或稍后一些的时程上。

② 次雨峰对称地出现于主雨峰两侧。

降雨分段的各段历时 t_c，对于主雨峰可取 $t_c=\tau$（τ 为流域汇流历时），对于次雨峰可取 $t_c=\tau$，也可取 $t_c=b\tau$（b 为整数）。

以主雨峰为中心，按公式 $H_t=S_P t^{1-n}$ 确定不同历时 t 的降雨量（历时 t 的取值，对于对称区间以内的次雨峰取为两对称时段间各段历时之和，对于对称区间以外的次雨峰则取为计算段起点至一次降雨终点的各段历时之和）。

次雨峰各段的降雨量，对于对称区间以内的次雨峰为 $H_R=\dfrac{H_{ti}-H_{ti-1}}{2}$，对于对称区间以外的次雨峰为 $H_R=H_{ti}-H_{ti-1}$。

(2) 概化多峰三角形过程线的绘制

① 时段峰量的确定。各段均匀降雨产生的单元峰值流量可按式(4-19) 确定。

$$Q_m=0.566\frac{h_R F}{t_c}\tau \tag{4-19}$$

式中　Q_m——时段峰量，m^3/s；

t_c——时段历时，h；

F——流域面积，km^2；

τ——流域汇流历时，h；

h_R——t_c时段降雨产生的径流深，mm，可根据式(4-20) 求得。

$$h_R=H_R-\mu t_c \tag{4-20}$$

式中　H_R——时段降雨量，mm；

μ——土壤入渗率，mm/h，见式(4-6)～式(4-10)。

② 主峰段过程线的绘制。主峰段洪水过程线一般可按三点进行概化。

三点概化过程线：三点概化过程线的起点 A 与时段降雨起点对齐，终点 B 位于时段降雨终止后延长一段集流时间 τ 的地方，最大流量 $Q_m = Q_P$ 位于时段降雨终止的地方（图 4-1）。

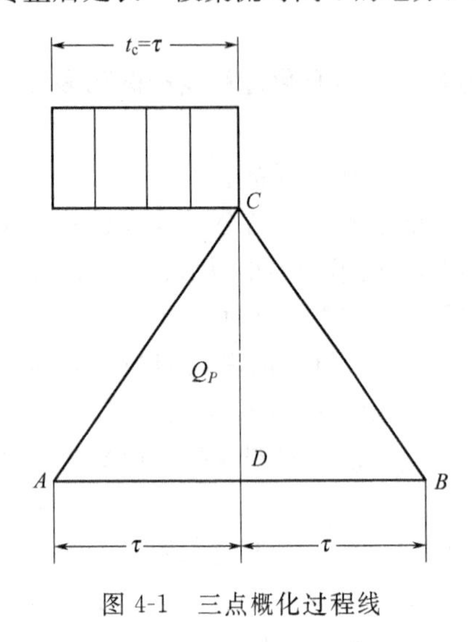

图 4-1　三点概化过程线

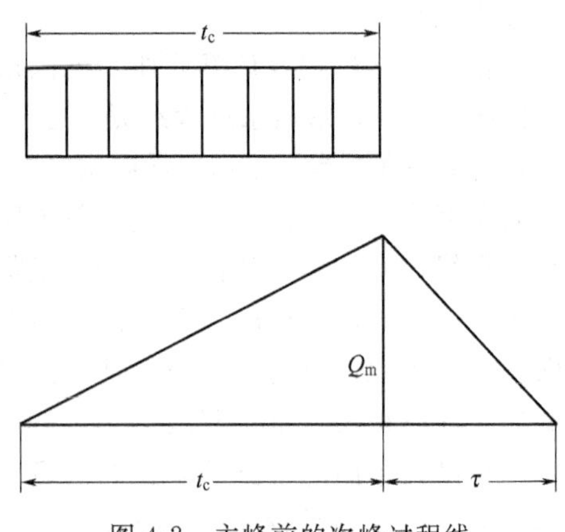

图 4-2　主峰前的次峰过程线

③ 次峰段过程线的绘制。单元三角形过程线的起点与该段降雨起点对齐，终点则在该段降雨停止后延长一段集流时间 τ 的地方。峰值 Q_m 出现的位置视该段洪水出现于主峰前后而定：如在主峰之前，则峰值位于该段降雨的终点位置（图 4-2）；如在主峰之后，则峰值位于该段降雨起点后延长一段集流时间 τ 的地方（图 4-3）。

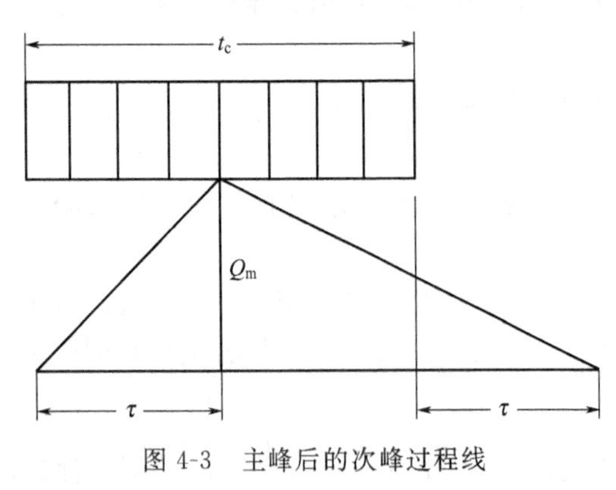

图 4-3　主峰后的次峰过程线

按上述方法计算绘制出各段单元洪水过程线之后，将它们按时序迭代，即可得到以暴雨时程分配雨型为根据的一次暴雨概化多峰三角形洪水过程线。

4.2.2　水量平衡法

水量平衡法是非线性汇流计算法，用水动力学方法分别解决坡面、地下和河槽的汇流计算问题，从而求出坝址断面处的洪水过程线及洪峰流量。故本法尤适用于解决流域内分部计算的问题。

4.2.2.1　基本计算方法

水量平衡方程式为

$$\overline{I} - Q_{i-1} + M_{i-1} = M_i \tag{4-21}$$

式中　$\overline{I}$——时段平均入流；

Q_{i-1}——按时段初值的出流；

M_{i-1}——时段初 M 值；

M_i——时段末 M 值。

一般，对于汇流面积不大的尾矿库的水量平衡计算只需进行坡面汇流计算即可，大大地简化了计算工作量，其方法及步骤如下。

(1) 确定设计暴雨 H_{24P} 的时程分配　可参考本章洪水过程线部分。

(2) 坡面汇流计算

① 计算与绘制辅助曲线。按表 4-5 所列坡面汇流公式，假设一系列 Q 值求出相应的 M 值，绘出坡面汇流 Q-M 辅助曲线。

② Δt 的取值可根据坡面糙率和平均坡长等因素初步估定，通常可先取 $\Delta t=1\text{h}$ 进行计算。

③ 根据各时段的降雨量，按式(4-21) 进行坡面汇流计算。计算可列表进行。

表 4-5　汇流辅助曲线计算公式

汇流类别	坡面汇流	地下汇流	河槽汇流
计算公式	$M=\left(\frac{\tau_S}{\Delta t}+0.5\right)Q$ $\tau_S=\frac{G'}{Q^{0.4}}$ $G'=36.5\frac{(N_0L_0)^{0.6}}{E_0^{0.3}}$ $L_0=\frac{F}{2(L+\sum l)}$ $E_0=\frac{d\sum P}{F}$	$M=\left(\frac{\tau_E}{\Delta t}+1\right)Q$	$M=\left(\frac{\Delta\tau_S}{\Delta t}+0.5\right)Q$ $\Delta\tau_S=\frac{\gamma\tau}{n_i}$ $\tau=0.278\frac{L}{v}$ $v=mJ^{1/3}Q^a$ 抛物线形河槽： $m=0.761\left(\frac{1}{N}\right)^{\frac{9}{13}}\frac{c^{2/13}}{(1+a)^{6/13}}$ $c=\sqrt{\frac{\left(\frac{b}{2}\right)^2}{H}}$ 三角形河槽： $m=0.707\left(\frac{1}{N}\right)^{\frac{3}{4}}\left(\frac{m_P}{1+m_2^P}\right)^{\frac{1}{4}}$ 矩形河槽： $m=\frac{1}{b_j^{2/5}}\cdot\frac{1}{N^{3/5}}$

注：表中符号说明：
Δt—计算时段长，h；
N_0—山坡糙率；
l—支流长度，km；
L—流域长度，自分水岭起，km；
F—流域汇水面积，km^2；
P—一条等高线的长度，km；
d—相邻等高线的高差，m；
τ_s—流域汇流历时，h；
τ_E—地下汇流时间，对小汇水面积汇流计算一般可取 $\tau_E=9\sim15h$；
n_i—等流时面积分块数，取整数；
a—河槽平均断面形状指数，对三角形 $a=1/4$，抛物线形 $a=1/3$，矩形 $a=2/5$；
J—河槽平均坡降，以小数计；
m_P—三角形河槽的代表性平均边坡坡度，$m_P=\cot\beta$；
c—抛物线形河槽的扩展指数；
b—抛物线形河槽水深 H 时的水面宽，m；
H—抛物线形河槽任意时刻的水深，m；
N—河槽的糙率；
β—山坡线与水平线之夹角，(°)；
b_j—矩形河槽的宽度，m；
γ—系数，对抛物线形河槽 $\gamma=13/22$，三角形 $\gamma=4/7$，矩形 $\gamma=5/8$。

以下各行计算均同此，但历时 24 小时降雨终止，其后各行的计算与前略有不同。此时 $H_R=0$，地表入渗继续发生，但不是由降雨补给，而是由前期坡面的 M_i 补给。

(3) 验算 Δt 取值是否适当 由坡面汇流出流过程中查出最大出流深 Q_{im}(mm)，再换算成单位面积的出流量 $Q'_{im}=\frac{Q_{im}}{3.6\Delta t}$ [$m^3/(s \cdot km^2)$]；然后按公式 $t_0=\frac{58.4(N_0L_0)^{0.6}}{(Q'_{im})^{0.4}E_0^{0.3}}$ 计算 t_0。

当计算出的 t_0 与原取的 Δt 大致相等（即 $\frac{t_0}{\Delta t}\approx 1$）时，则说明原取的 Δt 是合适的，否则应改变 Δt 重新计算。

4.2.2.2 考虑库内水面影响的洪水计算

当库内水面面积超过汇水面积的 10%时，应考虑水面对尾矿库汇流条件的影响，可用水量平衡法计算洪水。如水面以外的陆面为沟谷地形时应按坡面汇流和河槽汇流计算；如无明显的沟谷时，坡面水流直接汇入水体，此时只应计算坡面汇流。将陆面汇流过程与水面降水过程同时程相加，即得设计洪水过程。

洪水总量可按式(4-22) 计算。

$$W_{24P}=1000(\alpha_{24}H_{24P}F_1+H_{24P}F_s) \tag{4-22}$$

式中 F_1——路面面积，km^2；

F_s——水面面积，km^2；

α_{24}——径流系数；

H_{24P}——设计频率为 P 的 24h 降雨量，mm；

W_{24P}——频率为 P 的 24h 洪水总量，m^3。

4.2.3 截洪沟的排洪流量计算

截洪沟一般通过多个沟谷，各沟谷的洪水分别于不同的里程上汇入截洪沟，各汇入点的洪峰流量可按推理公式求解。对于 $F<0.1km^2$ 的特小排水块，直接用推理公式计算有较大误差，可用坡面汇流公式计算，或用下述简化公式近似计算。

$$Q_P=0.278(S_P-1)F$$

式中 S_P——设计频率 P 的雨力，mm/h；

F——排水块的汇水面积，km^2。

4.3 调洪演算

调洪演算的目的是根据既定的排水系统确定所需的调洪库容及泄洪流量。对一定的来水过程线，排水构筑物越小，所需调洪库容就越大，坝也就越高。设计中应通过几种不同尺寸的排水系统的调洪演算结果，合理地确定坝高及排水构筑物的尺寸，以便使整个工程造价最小。

① 对于洪水过程线可概化为三角形，且排水过程线可近似为直线的简单情况，其调洪库容和泄洪流量之间的关系可按式(4-23) 确定。

$$q=Q_P\left(1-\frac{V_t}{W_P}\right) \tag{4-23}$$

式中 q——所需排水构筑物的泄流量，m^3/s；

Q_P——设计频率为 P 的洪峰流量，m^3/s；

V_t——某坝高时的调洪库容，m^3；

W_P——频率为 P 的一次洪水总量，m^3。

② 对于一般情况的调洪演算，可根据来水过程线和排水构筑物的泄水量与尾矿库的蓄水量关系曲线，通过水量平衡计算求出泄洪过程线，从而定出泄流量和调洪库容。

尾矿库内任一时段 Δt 的水量平衡方程式如式(4-24) 所示。

$$\frac{1}{2}(Q_s+Q_z)\Delta t-\frac{1}{2}(q_s+q_z)\Delta t=V_z-V_s \tag{4-24}$$

式中　Q_s、Q_z——时段始、终尾矿库的来洪流量，m^3/s；

q_s、q_z——时段始、终尾矿库的泄洪流量，m^3/s；

V_s、V_z——时段始、终尾矿库的蓄洪量，m^3。

令 $\overline{Q}=\frac{1}{2}$ (Q_s+Q_z)，将其代入式(4-24)，整理后得

$$V_z+\frac{1}{2}q_z\Delta t=\overline{Q}\Delta t+\left(V_s-\frac{1}{2}q_s\Delta t\right) \tag{4-25}$$

求解式(4-25) 可列表计算，但需预先根据泄流量 (q)-库水位 (H)-调洪库容 (V_t) 之间的关系绘出 $q-V+\frac{1}{2}q\Delta t$ 和 $q-V-\frac{1}{2}q\Delta t$ 辅助曲线备查。

4.4　排水系统水力计算

排水系统水力计算的目的在于根据选定的排水系统和布置，计算出不同库水位时的泄流量，供尾矿库调洪计算用。

4.4.1　井-管（或隧洞）式排水系统

4.4.1.1　泄流量计算

井-管（或隧洞）式排水系统的工作状态，随泄流水头的大小而异。当水头较低时，泄流量较小，排水井内水位低于最低工作窗口的下缘，此时为自由泄流；当水头增大，井内被水充满，但排水管（或隧洞）尚未呈满管流，泄流量受排水管（或隧洞）的入口控制，此时为半压力流；当水头继续增大，排水管（或隧洞）呈满管流时，即为压力流。不同工作状态时的泄流量按表 4-6 中的公式计算。

表 4-6　井-管（或隧洞）式排水系统泄流量计算公式

排水井形式	工作状态	计算公式
窗口式井	自由泄流 (a)水位在两层窗口之间时 (b)水位在窗口部位时	$Q_a=Q_2=2.7n_c\omega_c\sum\sqrt{H_i}$ $Q_b=Q_1+Q_2$ 对于方孔：$Q_1=1.8n_c\varepsilon b_c H_0^{1.5}$ 对于圆孔：$Q_1\approx n_c A D_c^{2.5}$
	半压力流	$Q=\varphi F_s\sqrt{2gH}$ $\varphi=\dfrac{1}{\sqrt{1+\lambda j\dfrac{l}{d}+f_1^2+\xi_1 f_2^2+\xi_2+2\xi_3 f_1^2}}$
	压力流	$Q=\mu F_x\sqrt{2gH_z}$ $\mu=\dfrac{1}{\sqrt{1+\sum\lambda_g\dfrac{L}{D}f_3^2+\sum\xi f_3^2+\xi_1 f_4^2+\xi_2 f_9^2+2\xi_3 f_5^2}}$

续表

排水井形式	工作状态	计算公式
框架式井	自由泄流 (c)水位未淹没框架圈梁时 (d)水位淹没圈梁时	$Q_c = n_c m \varepsilon b_c \sqrt{2g} H_y^{1.5}$ $Q_d = Q_b = Q_1 + Q_2$（Q_1按方孔公式计算）
	(e)水位淹没井口时	$Q_e = \varphi \omega_s \sqrt{2gH_j}$ $\varphi = \frac{1}{\sqrt{1+\xi_4+\xi_5 f_6^2}}$
	半压力流	$Q = \varphi F_s \sqrt{2gH}$ $\varphi = \frac{1}{\sqrt{1+\lambda_j \frac{1}{d} f_2^2 + \xi_2 + \xi_3 f_1^2 + \xi_4 f_1^2 + \xi_5 f_7^2}}$
	压力流	$Q = \mu F_x \sqrt{2gH_z}$ $\mu = \frac{1}{\sqrt{1+\sum \lambda_g \frac{L}{D} f_3^2 + \sum \xi f_3^2 + \xi_2 f_9^2 + \xi_3 f_3^2 + \xi_4 f_5^2 + \xi_5 f_8^2}}$
叠圈式井	(f)$\frac{H_j}{d} < 0.5$时 (g)$\frac{H_j}{d} \geqslant 0.5$时	$Q_f = \pi d m_h \sqrt{2g} H_j^{1.5}$ $Q_g = Q_e$ 但 $\varphi = \frac{1}{\sqrt{1+\xi_4}}$

注：表中符号说明：

H_i—第 i 层全淹没工作窗口的泄流计算水头，m；

H_0—最上层未淹没工作窗口的泄流水头，m；

H—计算水头，为库水位与排水管入口断面中心标高之差，m；

H_z—计算水头，为库水位与排水管下游出口断面中心标高之差，m，当下游有水时，为库水位与下游水位的高差；

H_y—溢流堰泄流水头，m；

H_j—井口泄流水头，m；

ω_c——个排水窗口的面积，m^2；

ω_s—井口水流收缩断面面积，m^2，$\omega_s = \varepsilon_b \omega_j$；

ω_1—框架立柱和圈梁之间的过水净空总面积，m^2，主要用于水头损失系数计算 $f_6 = \frac{\omega_s}{\omega_1}$；$f_7 = \frac{F_s}{\omega_1}$；$f_8 = \frac{F_x}{\omega_1}$；

ω—井中水深范围内的窗口总面积，m^2；

ω_j—排水井井筒横断面面积，m^2；

ω_1—排水井窗口总面积，m^2；

ω_2—排水井井筒外壁表面积，m^2；

F_s—排水管入口水流收缩断面面积，m^2，$F_s = \varepsilon_b F_e$；

F_e—排水管入口断面面积，m^2；

F_x—排水管下游出口断面面积，m^2；

F_g—排水管计算管段断面面积，m^2，用于最后部分水头损失系数计算，$f_3 = \frac{F_x}{F_g}$；

ξ—排水管线上的局部水头损失系数，包括转角、分叉、断面变化等；

ξ_0—闸墩头部局部水头损失系数，用于排水管入口水流收缩断面面积计算，$\xi = 1 - 0.2\xi_0 H_y / b_c$；

ξ_1—排水窗口局部水头损失系数，$\xi_1 = \left(1.707 - \frac{\omega_1}{\omega_2}\right)^2$；

ξ_2—排水管入口局部水头损失系数，直角入口 $\xi_2 = 0.5$，圆角或斜角入口 $\xi_2 = 0.2 \sim 0.25$，喇叭口入口 $\xi_2 = 0.1 \sim 0.2$；

ξ_3—排水井中水流转向局部水头损失系数；

ξ_4—排水井进口局部水头损失系数；

ξ_5—框架局部水头损失系数，为立柱、横梁的局部水头损失系数之和，即 $\xi_5 = \sum \xi = \sum \beta K_1$；

β—梁、柱形状系数，矩形断面 $\beta = 2.42$，圆形断面 $\beta = 1.79$；

K_1—梁、柱有效断面系数；

ε—侧向收缩系数；

ε_b—断面突然收缩系数；

d—排水井内径，m，对于非圆形井取 $d=4R_j$；

D—排水管计算管段的内径，m，对于非圆管取 $D=4R_g$；

l—排水井内管顶以上的水深，m；

L—排水管计算管段的长度（断面无变化时，即为管道的全长），m；

A—圆孔堰系数；

R_g—排水管计算管段的水力半径，m；

R_j—排水井井筒断面的水力半径，m；

D_c—排水窗口直径，m；

m_h—环形堰流量系数；

m—堰流量系数，$\frac{\delta}{H_y}<0.67$ 时，按薄壁堰计算，$m=0.405+\frac{0.0027}{H_y}$，$0.67<\frac{\delta}{H_y}<2.5$ 时，按实用堰计算，$m=0.36+0.1\left(\frac{2.5-\frac{\delta}{H_y}}{1+\frac{2\delta}{H_y}}\right)$；

δ—堰顶宽，m；

b_c—一个排水口的宽度，m；

n_c—同一个横断面上排水口的个数；

λ_j—排水井沿程水头损失系数，$\lambda=\frac{8g}{C^2}$；

λ_g—排水管沿程水头损失系数，$\lambda=\frac{8g}{C^2}$；

C—谢才系数，$C=\frac{1}{n}R^{1/6}$；

n—管壁粗糙系数；

R—水力半径；

$$f_1=\frac{F_s}{\omega_j};\ f_2=\frac{F_s}{\omega};\ f_3=\frac{F_x}{F_g};\ f_4=\frac{F_x}{\omega};\ f_5=\frac{F_x}{\omega_j};\ f_6=\frac{\omega_s}{\omega_l};$$

$$f_7=\frac{F_s}{\omega_l};\ f_8=\frac{F_x}{\omega_l};\ f_9=\frac{F_x}{F_e}$$

4.4.1.2　工作状态选定及气蚀问题

(1) 工作状态选定　进行排水系统的水力计算时，应分别求出各流态在不同库水位时的泄流量，并将计算结果点绘于同一坐标格纸上，即可得几条陡度不同的线段（每一流态对应一条线段），每两条线段的交点即可视为两种流态的过渡点，其水位即为两种流态的过渡水位。过坐标原点及各过渡点的曲线即为所求的尾矿库泄流量与库水位关系曲线。

尾矿库排水系统（排水管或隧洞）采用何种流态工作，应通过技术经济比较来确定。一般可设计为在设计频率的洪水时为压力流，而在常水位时为无压流的工作状态。但应研究其过渡流态对构筑物可能产生的不良影响，并应避免构筑物长期在明、压流交替状态下工作。

无压流的排水管（或隧洞），在通气良好的条件下，对于稳定流充满高度不应大于85%，且空间高度不小于 0.4m；对于非稳定流充满高度不大于 90%，空间高度不小于0.2m。对于不衬砌的隧洞，要求应比上述适当提高。

高速水流无压流排水管（或隧洞）的直径或高度，建议考虑掺气的影响，并应通过水工模型试验确定。如可能有冲击波产生且难以消除时，在掺气水面以上应留有足够的空间（一般为断面面积的 15%～25%），对圆拱直墙断面隧洞应将冲击波波峰限制在直墙范围以内。

(2) 气蚀问题　有的排水系统虽可满足泄流量的要求，但某些断面如排水管（或隧洞）进口附近、管道急转弯处、断面形状突变处以及消能工等部位在高速水流下可能出现负压，产生气蚀，使管道的正常工作受到影响，甚至使构筑物表面产生剥蚀，严重时形成空洞，危及构筑物的安全运用。

因此，设计中应对某些断面处的压强进行验算。如可能产生负压及气蚀时，需采取措施予以消除。

常见的气蚀的措施主要有以下几种。

① 改善水流流态。防止气蚀的办法是把导致产生气穴的低压区消除或减小。控制设计断面流速，使表面平整和使断面变化尽可能符合流线型，对防止产生气蚀是十分重要的措施。

② 通气。在构筑物的适当部位通气是工程上使用的措施之一。通气有利于消除或减轻负压和缓冲气穴，但结果又可能使高速水流掺气，故确定设计断面时应予考虑。

③ 选用高强度的材料。在有可能产生气蚀的部位选用高标号混凝土，也可用环氧树脂砂浆护面。

4.4.1.3 排水管（或隧洞）及下游连接的水力计算

（1）正常水深计算 压力流排水系统的管道为满管流。而自由泄流和半压力流则为非满管流，其正常水深可按明渠均匀流计算。

（2）下游连接计算 排水管出口收缩断面水深可按式(4-26) 求解。

$$h+\frac{av^2}{2g}+\Delta Z=h_c+\frac{av^2}{2g}+h_\omega=h_c+\frac{\alpha Q^2}{2g\omega_c^2\varphi^2} \tag{4-26}$$

式中 h——排水管出口断面的水深，m；

v——排水管出口断面的流速，m/s；

ΔZ——排水管出口处水流跌差，m；

α——流速水头修正系数，$\alpha=1.0\sim1.1$；

h_c——收缩断面水深，m；

v_c——收缩断面处流速，m/s，$v_c=\frac{Q}{\omega_c}$；

h_ω——由排水管出口断面至收缩断面的水头损失，m；

φ——流速系数，可取 $\varphi=0.97\sim1.0$。

用式(4-26) 求解 h_c需用试算法：假设 h_c值，求出 ω_c，代入公式使其两边相等，则 h_c即为所求。求出 h_c后即可进行共轭水深计算及消力池的设计，参见侧槽式溢洪道下游连接的水力计算部分。

4.4.2 斜槽-管（或隧洞）式排水系统

当斜槽上水头较低时，为自由泄流，由水位以下的斜槽侧壁和斜槽盖板上缘泄流；当水位升高斜槽入口被淹没时，泄流量受斜槽断面控制，成为半压力流；当水位继续升高，排水斜槽与排水管均呈满管流时，即为压力流。各种流态的泄流量按表 4-7 中的公式计算。

表 4-7 斜槽-管（或隧洞）式排水系统泄流量计算公式

工作状态	计算公式
自由泄流 (a)水位未超过盖板上沿最高点 (b)水位超过盖板上沿最高点	$Q_a=Q_2=0.8\sigma_n m_1(\tan\beta+\cot\beta)\sqrt{2g}H_s^{2.5}$ $Q_b=Q_1+Q_2$ $Q_1=m_1(b+0.8H_t\cot\beta)\sqrt{2g}H_t^{1.5}$
半压力流	$Q=m_2\omega_x\sqrt{2gH_b}$

续表

工　作　状　态	计　算　公　式
压力流	$Q=\varphi\omega_c\sqrt{2gH_y}$ $\varphi=\dfrac{1}{\sqrt{1+(0.92+\zeta_1+2g\dfrac{l}{C_x^2R_x})p_1^2+(\zeta_2+\zeta_3+\sum n\zeta_4+2g\dfrac{L}{C_g^2R_g})p_2^2}}$

注：表中符号说明：

H_s—自由泄流水头，m，自斜槽侧壁过水部分的最低点起算；

H_t—自由泄流水头，m，自盖板上缘最高点起算；

H_b—半压力流泄流水头，m，为库水位与斜槽进口断面中心的标高差；

H_y—压力流泄流水头，m，为库水位与排水管下游出口断面中心的标高差，当下游淹没时，为库水位与下游水位的标高差；

b—梯形堰的底宽，m，$b=b_1+\dfrac{2h}{\sin\beta}$；

h—平盖板的厚度或拱形盖板的外缘拱高，m；

b_1—斜槽的净空宽度，m；

β—斜槽的倾角，°，$\beta=\tan^{-1}i$；

i—斜槽的坡度；

m_1—堰流量系数，对于宽顶堰（$2.5<\dfrac{\delta}{H'}<10$，$H'$为堰顶泄流水头）

直角堰口　$m_1=0.30+0.08\dfrac{1}{1+\dfrac{P}{H'}}$

圆角堰口　$m_1=0.36+0.01\dfrac{3-\dfrac{P}{H'}}{1.2+1.5\dfrac{P}{H'}}$

对于薄壁堰与实用堰取 $m_1=m$，m 见表 4-6 符号说明；

m_2—孔口流量系数，平盖板 $m_2=0.52$，拱形盖板 $m_2=0.55$；

P—堰高，m；

σ_n—淹没系数；

ω_x—斜槽断面面积，m^2；

ω_g—排水管断面面积，m^2；

ω_c—排水管出口断面面积，m^2；

ζ_1—排水斜槽末端局部水头损失系数，槽与管为相同断面直接连接时，按转角考虑，取 $\zeta_1=\zeta_4$，当用井连接时，则按水流突然扩大考虑；

ζ_2—排水管入口局部水头损失系数，当槽与管为相同断面直接连接时，$\zeta_2=0$，用井连接时，按水流突然缩小考虑；

ζ_3—排水管断面变化的局部水头损失系数；

ζ_4—排水管转角局部水头损失系数；

R_x、C_x、l—斜槽的水力半径、谢才系数、长度；

R_g、C_g、L—排水管的水力半径、谢才系数、长度；

$p_1=\dfrac{\omega_c}{\omega_x}$；

$p_2=\dfrac{\omega_c}{\omega_g}$。

4.4.3　明口隧洞

隧洞的进口不设其他进水构筑物，由洞口直接进水者，称为明口隧洞。隧洞的工作状态，可参照表 4-8 确定。

表 4-8 隧洞流态的判断

压力流	半压力流	无压流
$\frac{H_0}{h}>1.5$ 时出现压力流	①进口为喇叭口式的矩形断面，$1.15<\frac{H_0}{h}<1.5$ 时出现半压力流； ②进口为喇叭口式的圆形断面，$1.10<\frac{H_0}{D}<1.5$ 时出现半压力流	①进口为喇叭口式的矩形断面，$\frac{H_0}{h}<1.15$ 时出现无压流； ②进口为喇叭口式的圆形断面，$\frac{H_0}{D}<1.1$ 时出现无压流

不同工作状态的泄流量，按表 4-9 所列公式计算。

表 4-9 明口隧洞泄流量计算公式

<table>
<tr><th>流态</th><th>分类条件</th><th>类别</th><th>计算公式</th><th>符号说明</th></tr>
<tr><td rowspan="3">非淹没泄流</td><td>$i>i_k$ 或
$i<i_k$ 且
$4H_0<l<83.2(1-2.55m)H_0$</td><td>短洞</td><td>$Q=mb\sqrt{2g}H_0^{1.5}$</td><td rowspan="5">H_0—隧洞进口处的计算水头，m，自洞口底起算；
m—流量系数；
b—隧洞宽度，m；
m'—流量系数，取 $m'=(1.02\sim1.03)m$；
σ_n—淹没系数；
h—隧洞高度，m；
ω—隧洞断面面积，m^2；
μ_0—流量系数；见表 4-10；
β—系数，对圆形或圆拱直墙断面取 $\beta=0.708-2i$，对矩形断面取 $\beta=\eta$，η 值见表 4-10；
i—隧洞坡度；
C—谢才系数；
l—隧洞长度，m；
R—水力半径，m；
ζ—阻力系数，矩形断面见表 4-10，非矩形断面 $\zeta=1.22$</td></tr>
<tr><td>$i<i_k$ 且 $l<4H_0$</td><td>厚壁孔口</td><td>$Q=m'b\sqrt{2g}H_0^{1.5}$</td></tr>
<tr><td>$i<i_k$ 且
$l>83.2(1-2.55m)H_0$</td><td>长洞</td><td>$Q=m\sigma_n b\sqrt{2g}H_0^{1.5}$</td></tr>
<tr><td rowspan="2">淹没泄流</td><td colspan="2">半压力流</td><td>$Q=\mu_0\omega\sqrt{2g}(H_0-\beta h)$</td></tr>
<tr><td colspan="2">压力流</td><td>$Q=\mu_H\omega\sqrt{2g(H_0+il-0.85h)}$
$\mu_H=\frac{1}{\sqrt{1+\zeta+\frac{2gl}{C^2R}}}$</td></tr>
</table>

表 4-10 μ_0、η、ζ 值表

进口首部形式	系数		
	μ_0	η	ζ
走廊式	0.576	0.715	2.05
衣领式	0.591	0.726	1.85
从土坝斜面伸出的管道	0.596	0.726	1.81
具有圆锥体的喇叭式	0.625	0.735	1.56
具有潜没边墙喇叭式($\theta=30°$)	0.670	0.740	1.22

4.4.4 侧槽式溢洪道

侧槽式溢洪道由溢流堰、侧槽、泄水道及消能构筑物组成，其各部水力计算如下。

4.4.4.1 溢流堰

溢流堰一般做成实用断面堰（折线式或圆角式），其泄流量按式(4-27) 计算。

$$Q=\varepsilon mB\sqrt{2g}H^{1.5} \tag{4-27}$$

式中　Q——泄流量，m^3/s；

ε——侧向收缩系数，$\varepsilon=1-0.2\zeta_k\frac{H}{B}$；

m——实用堰流量系数，$m=0.36+0.1\left(\frac{2.5-\frac{\delta}{H}}{1+\frac{2\delta}{H}}\right)$；

B——堰长，m；

H——堰顶水头，m；

δ——堰顶计算宽度，m。

4.4.4.2　侧槽

(1) 侧槽平面　侧槽内的流量自槽首向下游逐渐增大，故侧槽宽度也应与之相应逐渐加大。侧槽末端宽度 b_m 可根据地形地质条件结合经验预先假定；槽首宽度可取为 $b_s=(1/6\sim1/5)b_m$。

(2) 槽中水面线的推算　侧槽内水流的流态为由缓流过渡到急流，过渡断面水深为临界水深 h_k。确定水面线需首先求出过渡断面的位置和水深，再求出其上下游各计算断面的水面高差，从而求得槽中水面线。

① 过渡断面的位置和水深确定。先取几个侧槽横断面，按式(4-32) 求出各断面的临界水深 h_k，再按式(4-28) 求出各相邻断面间的水面高差 Δy_i。然后按比例作图：绘出各断面的位置、断面上水面的高度和水深 h_k，连接各断面 h_k 下端各点得一条曲线。再在图上画出侧槽设计底坡 i_0 线，与该曲线相切，则切点 M 的位置及水深即为过渡断面的位置和水深 h_g。

$$\Delta y_i=\frac{2b_1}{b_1+b_2}\beta\frac{v_1}{g}\left(\Delta v+\frac{q\Delta x}{Q}v_2\right)+S_f\Delta x \tag{4-28}$$

式中　Δy_i——相邻断面间的水面高差，m；

β——流速水头系数，一般取 $\beta=1$；

S_f——单位损失水头，m，$S_f=\frac{n^2v_p^2}{R_p^{4/3}}$；

v_p、R_p——相邻两断面间的平均流速、水力半径；

n——渠槽粗糙系数；

Δv——相邻断面间的流速差，$\Delta v=v_2-v_1$；

② 槽首水深的确定。已知过渡断面水深 h_g，可由根据边墙平行、有底坡的侧槽求得的图，求出槽首水深 h_s。

③ 各计算断面处的水深确定。

$$\Delta y_{1\text{-}2}=h_1-h_2+i_0\Delta x \tag{4-29}$$

相邻两计算断面的水深和水面高差，既应满足式(4-29) 的关系，又应同时满足式(4-28) 的关系。为此，可用此二式联立求解 $\Delta y_{1\text{-}2}$ 和 h_2。

由于式(4-29) 为线形方程，式(4-28) 为曲线方程（其二阶导数小于零，为上凸曲线），解此二式可得两个解。当计算断面位于过渡断面上游时，应取 $h_2>h_k$ 的一个解，位于其下游时，则应取 $h_2<h_k$ 的一个解。解此联立方程用列表试算法进行。

④ 保证堰流不被淹没的条件。以设计最高洪水位时溢洪道通过的最大流量为依据选择侧槽尺寸，使侧槽尺寸满足 $Q_k=Q_{max}$，$\sigma_k=0.5H$（图 4-4）的要求，则在其他流量时，侧槽

均可呈不淹没泄流，安全泄洪即可得到保证。

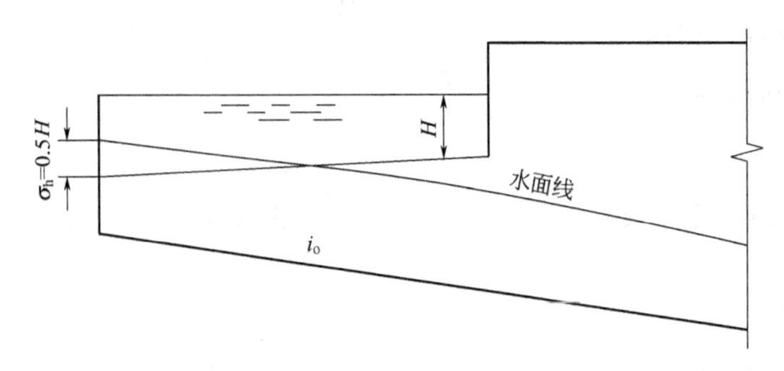

图 4-4　侧槽不被淹没的条件

(3) 侧槽内最大底流速的确定　试验表明，在侧槽末端由于水流紊乱。沿轴线方向往往测不出底流速多大，有时甚至出现负值，而沿垂直轴线方向反而出现较大的底流速，设计中应以此流速 v_d作为选择衬砌材料的依据。

$$\sigma_k=0.5Hv_d=\varphi\sqrt{2g(P_0+H)} \tag{4-30}$$

式中　φ——流速系数，可取 φ=0.6～0.7；

P_0——侧槽末端槽底至堰顶的高差，m；

H——相当于 $Q_{max}=Q_k$时的堰上水头，m。

4.4.4.3　泄水道

一般工程的泄水道多为明流陡槽（$i>i_k$），有时受地形条件的限制，也可用无压隧洞。泄水道与侧槽的连接，应以不影响侧槽的泄水能力为原则。

陡槽由进口段、陡坡段和出口段等部分组成。进口段是连接侧槽和陡坡段的结构物，其作用是使水流顺利流入，保证上游水位不变或变化不大，其断面可为矩形、梯形，其底与侧槽底齐平，且底坡 $i=0$，其宽度与侧槽末端宽度相同。陡坡段一般做成矩形（有时也采用梯形），其宽度与进口段相同，坡度 i 根据地形条件决定。

由于侧槽内水面不平（靠山一侧一般比靠堰一侧高 15％左右），因此泄水道一般不宜有收缩段或急转弯，以免造成严重冲刷。

(1) 正常水深计算　对于任意断面管渠的正常水深 h_0可用式(4-31) 求解。

$$\frac{Q}{\sqrt{i}}=\omega_0 C_0\sqrt{R_0} \tag{4-31}$$

式中　Q——流量，m^3/s；

ω_0——管渠的过水断面面积，m^2；

C_0——谢才系数；

R_0——管渠过水断面的水力半径，m；

i——管渠坡高。

(2) 临界水深计算　对于任意形状断面的临界水深 h_k可用式(4-32) 求解。

$$\frac{\omega_k^3}{B_k}=\frac{\alpha Q^2}{g} \tag{4-32}$$

式中　ω_k、B_k——临界水深 h_k时的过水断面面积、水面宽度；

α——流速水头修正系数；

g——重力加速度；

Q——流量，m^3/s。

求解 h_k需用图解分析法：设不同的水深 h 求出相应的$\frac{\omega^3}{B}$值，作出 h-$\frac{\omega^3}{B}$关系曲线（图4-5），再在横轴上取 $\frac{\omega_k^3}{B_k}=\frac{\alpha Q^2}{g}$的点向上作垂线交 h-$\frac{\omega^3}{B}$曲线于 A 点，则 A 点的纵坐标即为所求的 h_k值。

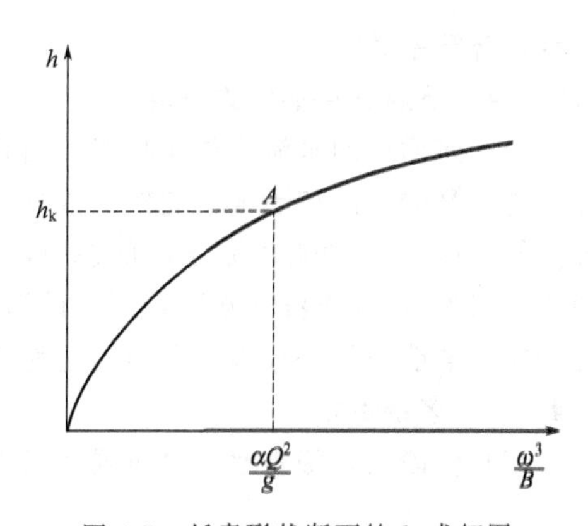

图 4-5　任意形状断面的 h_k求解图

(3) 正坡渠道流态判定　正坡（$i>0$）棱柱体渠道中均匀流水深（正常水深）h_0大于临界水深 h_k时为缓流；小于 h_k时为急流；$h_0=h_k$时为临界流。

渠道中的流态也可用式(4-33) 判定：当 $Fr=1$ 时为临界流；$Fr<1$ 时为缓流；$Fr>1$ 时为急流。急流正坡渠道又称为陡槽。

$$Fr=\sqrt{\frac{\alpha Q^2}{g\omega^3}B} \tag{4-33}$$

式中　ω——过水断面面积，m^2；

B——水面宽度，m；

Fr——弗汝德数。

(4) 变底宽陡槽水面曲线的确定　对于坡度较陡的地形，有时为了增加陡槽末端水深，保持槽中水深不变，可采用变底宽陡槽，即将槽底宽逐渐减小，其水力计算就成为非棱柱形河槽非均匀流问题，计算应分段进行。

$$\Delta l=\frac{\left[\left(h_2+\frac{\alpha v_2^2}{2g}\right)-\left(h_1+\frac{\alpha v_1^2}{2g}\right)\right]}{i-i_f} \tag{4-34}$$

式中　Δl——两计算断面之间的距离，m；

i——陡槽坡度；

i_f——摩阻坡降，$i_f=\frac{Q^2}{\omega_P^2 \cdot C_P^2 \cdot R_P}$；

h_1、h_2——所取两计算断面的水深，m；

v_1、v_2——两断面的流速，m/s；

C_P、ω_P、R_P——两断面的平均谢才系数、断面积及水力半径。

已知断面 1—1 处坡底 b_1，假定断面 2—2 处底宽 b_2，可用式(4-34) 求出两断面之间的距离 Δl。依次进行计算，即可求得陡槽的水面线及其平面尺寸。

(5) 陡槽的人工加糙　有时为了减低陡槽中的流速，可采取人工加糙措施。选定允许流速，以式(4-35) 计算单位糙率 K，然后确定所选用加糙形式的具体尺寸。

$$K=\frac{1}{C}=\frac{\sqrt{Ri}}{v} \tag{4-35}$$

式中　K——单位糙率；

v——选定的允许流速，m^3/s；

R——水力半径，m；

C——谢才系数；

i——陡槽坡度。

陡槽中水流速度通常很大，往往夹带大量空气使水深增高。增高后的水深为槽中计算水深乘以含气系数。

4.4.4.4　下游连接的水力计算

由于陡槽中的水流为急流状态，当其下游渠道为缓流时，则在连接处产生水跃。下游连接水力计算的目的在于根据陡槽下游收缩断面水深 h_c，即跃前水深 h_{c_1}，计算出其跃后水深，即共轭水深 h_{c_2}，据此判别水跃的性质，并确定是否设置消能设施。当 $h_{c_2}<h_\sigma$（h_σ为下游渠道中的水深），为淹没式水跃，不需设消能设施；当 $h_{c_2}>h_\sigma$，则为远驱式水跃，需要设置消能设施，消能设施一般以设置消力池为宜。

4.4.4.5　多级跌水

（1）台阶式多级跌水　台阶式多级跌水每级台阶长度 l 可按式(4-36) 计算。

$$l=l_1+l_0+l_2 \tag{4-36}$$

式中　l_1——水流的射程，m，$l_1=P+h_k$；

l_0——回水曲线长度，m，$l_0=\frac{1}{i_k}(0.75h_k-h_c)$；

l_2——台阶的富余长度，$l_2=2h_k$；

i_k——临界坡度，$i_k=\frac{g}{\alpha C_k^2}\left(\frac{P_k}{B_k}\right)=\frac{Q^2}{K_k^2}$；

C_k、P_k、B_k、K_k——临界水深断面的谢才系数、湿周、水面宽度、流量率，其余符号如图4-6 所示。

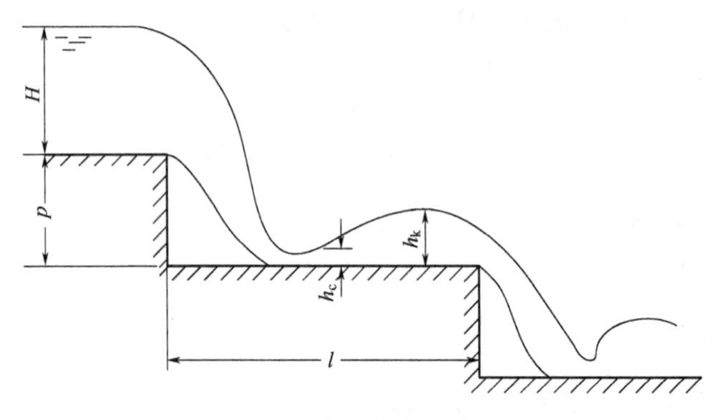

图 4-6　台阶式多级跌水

（2）消力池式多级跌水　为计算方便起见，通常取各级水面落差相等，即 $Z_1=Z_2=\cdots=Z_0/m$。

先给几个 P_1 值，求出相应的收缩断面水深 h_{c_1} 及共轭水深 h_{c_2}，则水深为 $t=\sigma h_{c_2}$（$\sigma=1.05\sim1.1$）。同时 $t_1=H_0+P_1-Z_1$。根据所得数据可绘制 $t_1=f(P_1)$ 及 $\sigma h_{c_2}=f(P_1)$ 曲线，据此两曲线之交点即可求出跌水墙高 P_1 及水深 t_1。由图 4-7 可得

$$c_1=t_1-H_1$$

式中　H_1——消力墙上水头，m，可按实用堰流量公式计算。

消力池长按下式计算：

$$L_1=l_1+\beta l_n$$

$$l_1=\delta+1.33\sqrt{H_0(P+0.3H)}$$

式中　δ——消力墙顶厚度，m。

通常只计算第一级，其他各级均用第一级尺寸。

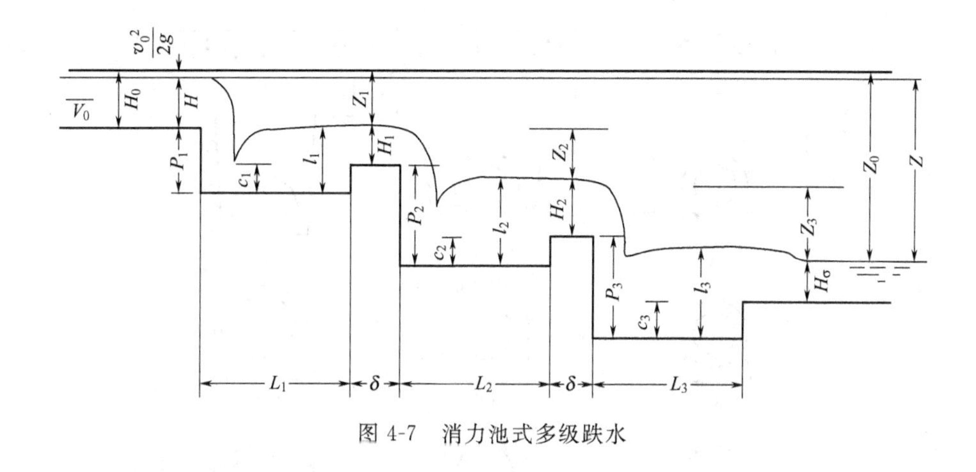

图 4-7　消力池式多级跌水

4.5　排水管及斜槽

4.5.1　排水管的形式

尾矿库排水管的形式根据泄洪量、荷载、地形地质情况、施工及当地的建筑材料的条件等因素而定，详见表 4-11 和图 4-8。

表 4-11　排水管形式

分类方法	形式	图号	特点及适用条件
按敷设方法分	上埋式	图 4-8(a)	垂直土压较大，适用于尾矿堆积高度不大的尾矿库
	平埋式	图 4-8(b)	垂直土压较小，较常采用
	沟埋式	图 4-8(c)	垂直土压最小，但开挖量较大，一般较少采用
按结构及断面形状分	刚性垫座圆管	图 4-8(d)	中小管径可预制，土基时垫座较大，较常采用
	整体式圆管	图 4-8(e)	施工较方便，较刚性垫座圆管节省材料，较常采用
	拼合式圆管	图 4-8(f)	施工较方便，当基座在基岩中开挖时，最节省材料
	长圆管	图 4-8(g)	侧压力较小的情况下，内力较合理
	整体式圆拱直墙管	图 4-8(h)	水力条件稍差，施工较方便
	拼合式低拱直墙管	图 4-8(i)	水力条件较差，拱脚水平推力较大，故边墙较厚，适用于斜槽排水
按水力性质分	有压	图 4-8(j)	管内承受均匀内水压力
	无压	图 4-8(k)	管内承受明流水压力

4.5.2　排水管的构造要求

① 排水管的基础，一般应设于均质地基上，不宜设于淤泥质土壤地基上。在均质地段，每隔 15～30m 应设温度缝。在地质变化处应设置沉降缝。重要的工程，可在温度缝和沉降缝的外侧设置反滤层，以防坝体涂料进入管内。

② 排水管基础之下应设垫层：在尾矿场内的管段，可设碎石垫层，其厚度为 0.1～0.2m，通过坝身的管段，应设碎石垫层或混凝土垫层，混凝土可为 50～75 号，其厚度为 0.1～0.15m。

③ 尾矿坝下的排水管，为了防止沿光滑的管道表面发生集中渗流，应设置截水环，并仔细回填不透水土料，分层夯实。截水环用 100 号混凝土筑成，间距一般约为 8～10m，高度一般为 60～100cm。截水环应尽量靠近每节管道的中央，绝不可设在两节管道的接合处。

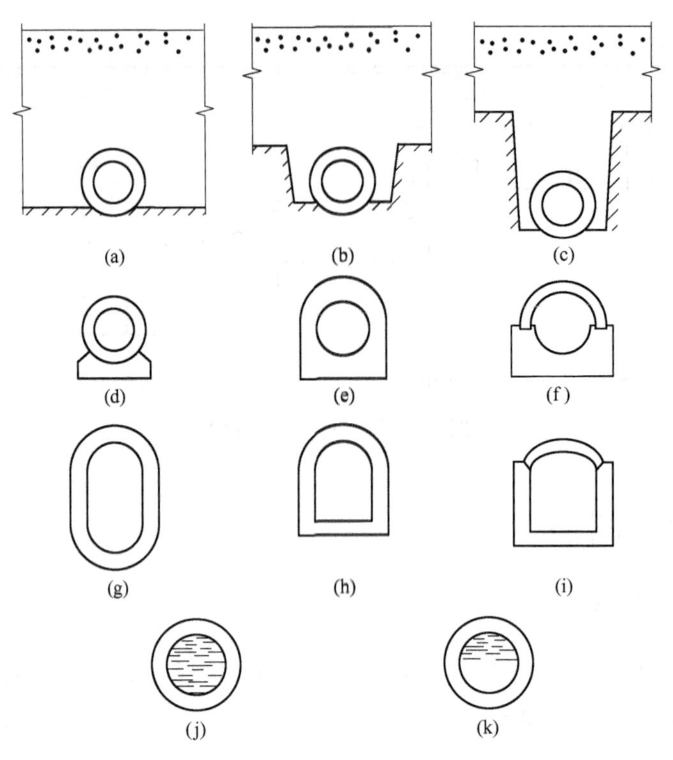

图 4-8 排水管形式

④ 为了减小管顶垂直土压，可在排水管两侧填筑压缩性小的土料或提高两侧填土的碾压质量。

⑤ 排水管的接缝处应作止水处理。过去的接缝处理大多采用紫铜片、铝片或镀锌铁片作止水材料。近年来也有采用不锈钢片和橡胶作止水材料的。其中有些材料价值昂贵，国内外已大量采用塑料止水带，既适用，又经济。

4.6 排水隧洞

4.6.1 隧洞常用断面开头及实例

尾矿库内的隧洞主要用于回水和排洪；输送管线上的隧洞则用以通过尾矿管（槽）。

隧洞的常用断面形状见表 4-12。

隧洞断面的最小尺寸主要根据施工条件决定。一般圆形断面净空内径不小于 2m，非圆形断面净高不小于 1.8m，净宽不小于 1.5m。

4.6.2 隧洞线路布置原则

隧洞的线路取决于进出口的位置及标高，而进出口的位置和标高除了首先要满足使用要求以外，还要结合隧洞线路的地质地形条件慎重确定。

一般应考虑下述原则。

① 隧洞进口应位于水流平顺地段，出口处应泄流通畅。

② 线路力求平直，如需转弯时，转弯半径不宜小于 5 倍洞径或洞宽，转角不宜大于 60°。

表 4-12　尾矿库隧洞常用断面形状

断面形状	圆形	圆墙直墙式	马蹄形($R=2r$)	马蹄形($R=3r$)
示意图				
特点	从水力学和结构力学的观点看最有利,但施工困难	施工较方便,水力学条件较圆形差	水力学条件较圆拱直墙好,施工较复杂	同左,有利于机械化施工
适用条件	有压隧洞	无侧向山岩压力的坚硬岩层;无压和低压隧洞	顶部、两侧和底部具有较大山岩压力作用(即岩石较软弱)时;无压和低压隧洞	适用条件同左

③ 为了充分利用围岩的承载能力，衬砌顶部的埋置深度最好要大于 3 倍洞宽。

④ 洞轴线应尽可能与地形等高线正交，以免承受偏压。

⑤ 尽可能避开断层和大破碎带，不能避免时，轴线应与断层正交。

⑥ 在岩层倾向河谷的山体倾斜段、向斜岩层的转折点处（特别是垭口段）都不宜布置隧洞。

⑦ 尽量避免在斜地层、乱槎层、薄土层内布置隧洞。

⑧ 山体的滑坡地段不宜布置隧洞。

⑨ 在硬石膏、石膏、盐岩、火山灰、泥灰岩及含大量可溶盐类的岩层分布区不宜布置隧洞。

⑩ 在广泛分布着喀斯特溶洞的岩层中，以及含有自然气体（沼气、硫化氢、二氧化碳）的岩层中不宜布置隧洞。

⑪ 在岩石中具有承压含水层以及热水、碳化和侵蚀性强烈的水，特别是在构造破碎带内流入量很大时，对隧洞的工作及施工极不利，应尽可能避免。

4.6.3　隧洞衬砌的作用和形式

(1) 衬砌的作用

① 承受山岩压力，内外水压力和其他荷载，保证围岩稳定。

② 封闭岩石裂缝，防止隧洞渗漏，免除水流、泥沙、温度变化等对岩石的冲蚀、风化和破坏作用。

③ 减小隧洞表面糙率。

(2) 衬砌的形式

① 按材料分。有混凝土、钢筋混凝土、浆砌块石（或料石）。

② 按作用分。

a. 无衬砌隧洞。当岩石坚硬稳定、裂隙少，而水头和流量较小时，可以不做衬砌。对于宣泄大流量的隧洞，不衬砌糙率较大，是否比有衬砌的隧洞经济，要通过技术经济比较决定。

b. 平整衬砌隧洞。适用于围岩坚硬、裂隙少、洞顶岩石能自行稳定，而隧洞的水头、流速和流量又比较小的情况。

c. 顶拱加固衬砌。适用于中等坚硬岩石中的无压隧洞或小水头的有压洞。

d. 整体式衬砌。适用于地质条件和水文地质条件较差，或隧洞断面比较大、水头比较高、流速比较大的隧洞。

无压隧洞一般采用圆拱直墙式或马蹄形隧洞；压力隧洞则多采用圆形隧洞。

4.6.4 隧洞衬砌的构造要求

(1) 隧洞断面的允许超挖及欠挖值 隧洞断面允许的超挖值见表 4-13。现浇衬砌一般不允许欠挖。如出现个别欠挖处，欠挖部分进入衬砌的深度不得超过衬砌断面厚度的 1/4，并不得大于 10cm。对于装配式钢筋混凝土衬砌和砌块衬砌，不允许欠挖。

表 4-13 允许超挖值

工程部位	拱部	边墙	底板
允许超挖值/cm	20	15	20～10

(2) 衬砌的最小厚度及钢筋保护层厚度 衬砌的最小厚度参照表 4-14 选用。

表 4-14 衬砌最小厚度 单位：cm

材料	喷砂浆	混凝土	钢筋混凝土	料石	混凝土衬块	青砖	浆砌乱毛石	乱毛石混凝土	装配式钢筋混凝土	喷混凝土
拱圈	2	20	20	30	30	50			5	5
边墙		20	15	30	30	50	40～50	40～50	5	
底拱或仰拱		20（严寒区）10	20（严寒区）10					35		

(3) 衬砌的接缝 浆砌条石衬砌一般不分缝，但相邻层的切缝应错开。

混凝土和钢筋混凝土衬砌需设置伸缩缝，有时还要设置沉降缝。

伸缩缝的间距视洞径、衬砌厚度和位置不同而定。据经验认为：当$\frac{\delta R_L}{L}>1.2$时，裂缝较少；当$\frac{\delta R_L}{L}<1.2$时，裂缝较多（δ为衬砌厚度，m；R_L为混凝土的抗拉强度，t/m²；L为分块长度，m）。

在隧洞的横断面突然变化的地方，或穿过较宽的断层破碎带的地方，为了防止由于不均匀沉降产生裂缝，应设置沉降缝，并做好止水。该处衬砌应加厚，并放置较多的钢筋。

为了防止产生裂缝，设计时还可采取下列措施。

选择合理的混凝土配合比和原材料，尽可能使用早期强度较高，析水率和干缩率较小、水化热较低的水泥；钢筋混凝土的配筋，应结合施工条件，尽量采用较细钢筋。

(4) 衬砌的排水 在隧洞下游段，渗漏水可能影响山岩稳定，需要设置排水。对于无压隧洞，一般在洞底衬砌下埋纵向排水管：先在岩石内挖排水沟，尺寸为 0.4m×0.4m，中间埋直径 0.2～0.3m 的疏松混凝土管或缸瓦管，四周填砾石，排水管通向下游。隧洞地层较差地段，外水压力较大时，也可在洞内水面线以上设置通过衬砌的径向排水管。梅花形布置，3m 一孔。在衬砌上保留灌浆孔，伸入岩层 20～30cm（条件好的留 10cm 即可），以减低外水压力。

对于有压隧洞，除在洞底衬砌下埋设纵向排水管外，还设置横向集水槽，间距约 5～10m，布置在回填灌浆孔的中间。横向集水槽先在岩石内挖 0.3m×0.3m 的沟槽，槽中填以卵石，外面用木板盖好，并应与纵向排水相通。

有压洞的排水一般只在出口部分设置，如排水过长，在接触灌浆和固结灌浆时易被堵塞。

凡是设置排水的地方，即不再做固结灌浆。即使做回填灌浆也要特别小心。排水孔与灌浆孔应相同布置。灌浆压力也不能太大，以免堵塞排水系统。

地下水位高或来水量很大时，为了减小或减除衬砌的井水压力，以下几种排水方法可供参考。

① 环状盲沟排水法。如果地层涌水量很大无法封闭，或封闭后衬砌四周静水压力增加甚巨难以处理时，可在衬砌外围加设厚 20cm 的干砌石盲沟，靠边墙处每隔 4～6m 设宽30～60cm 干砌片石盲沟，中间做成 1∶5 斜坡，这样，所引壁之水全部流入洞内排水沟排出。

② 衬砌水槽排水法。地层排水量很大时，也可采用本法排水，加拱肋使承受地层压力，水槽即利用拱肋间减薄后的一段衬砌形成，应不承受外力。拱肋间的水槽断面及设置多少个水槽视排水量大小而定，一般设 30～60 个。地下排水沟设置在隧洞中间或两边。

(5) 衬砌的灌浆　隧洞的灌浆分回填灌浆和固结灌浆两种。

回填灌浆的作用是保证衬砌与围岩紧密结合，从而使山岩压力均匀地作用在衬砌上，使岩层产生应有的弹性抗力，还可减少接触渗漏。对混凝土和钢筋混凝土衬砌隧洞，一般只在顶拱部分进行回填灌浆。先将管预先埋好，灌浆孔的深度与衬砌厚度一致。回填灌浆压力较低，一般为 20～50kPa。

固结灌浆的作用为加固围岩，减小山岩压力，提高弹性抗力，减少渗漏，并对衬砌起预压作用。灌浆孔的布置与地质条件关系密切，应由灌浆试验确定。灌浆孔深一般不超过洞径的 2/3，以便于施工。固结灌浆应在回填灌浆之后进行。灌浆压力一般可为 30～100kPa。

如果地下水对混凝土有侵蚀性，除设置排水将地下水引走外，还可采用沥青或抗侵蚀的水泥作为灌浆材料。

4.6.5　施工方法对隧洞衬砌的影响

施工方法对保证隧洞衬砌质量起重要作用，具体影响有下列几点。

① 在开挖过程中如发现地质条件与勘察所提资料不符时，应及时提出，适当处理，必要时修改设计。

② 隧洞开挖后应及时衬砌，拱脚上下 1m 左右回填应密实，否则可引起围岩松弛和坍塌，从而造成很大的围岩压力。

③ 对地下水丰富的地段，在混凝土浇筑前必须采取排水或封堵措施，以保证混凝土的浇筑质量。

④ 混凝土衬砌的浇筑程序，一般先底拱，后边墙，再顶拱，以利于工作缝的紧密结合，如地质条件不好，先衬顶拱时，对反缝要进行妥善处理，目前多采用灌浆接缝。

⑤ 施工缝的位置应尽量结合伸缩缝设置。其他部位的工作缝应设在结构内力较小处。对无压洞可用冷缝相接；对有压洞，分缝处应有受力筋通过，并适当增加插筋。接缝处做键槽，混凝土表面凿毛，用水泥砂浆和后一期混凝土接合。

⑥ 隧洞开挖面应大致平整，避免引起衬砌应力集中。如开挖与衬砌平行作业时，两个工作面应保持一定的距离，或采取防震措施，以防爆破对衬砌的影响。

⑦ 加强混凝土的养护工作，拆模时间不宜过早，必要时控制混凝土入仓温度。在严寒地区，为了减少衬砌内外温度剧烈变化，可在洞口采取保温措施，以防产生裂缝。

4.6.6 喷锚衬砌简介

喷锚是一种使围岩从被动受压状态变为主动的自身受力状态，增加围岩抗拉和抗剪能力的衬砌形式。

喷锚衬砌的类型有喷射混凝土衬砌、锚杆衬砌、喷射混凝土-锚杆联合衬砌（简称为喷锚联合衬砌）、喷射混凝土-钢筋网联合衬砌（简称为喷网联合衬砌）、喷射混凝土-锚杆-钢筋网联合衬砌（简称为喷锚网联合衬砌）等几种。

在选择喷锚衬砌形式时，必须考虑围岩的稳定性和具体地质情况：易风化岩层不宜做锚杆衬砌，宜做喷射混凝土衬砌；层理分明的成层岩层宜采用喷锚联合衬砌；节理裂隙发育的岩层宜采用喷射混凝土或喷锚联合衬砌；切割破碎的围岩宜采用喷锚网联合衬砌；有塌方的不稳定围岩可先喷射混凝土，再做喷锚网联合衬砌。

遇有下列情况，在未取得成功经验前暂不宜做永久衬砌：

① 大面积渗、淋水或局部涌水，经处理无效的区段；

② 遇水产生较大膨胀压力的岩体；

③ 局部地段介质有较大的腐蚀性；

④ 难以保证与喷射混凝土及锚杆砂浆黏结质量的散状岩体。

4.7 溢洪道

4.7.1 尾矿库溢洪道概述

尾矿库的溢洪道，一般都采用自由溢流的形式，多在溢水口做一条堰，堰下连接陡坡。这种形式的溢洪道又称为堰流式溢洪道。溢洪堰的轴线与渠道的中线正交时，称为正堰式（宽浅式）溢洪道；大致平行时称为侧堰式（侧槽式）溢洪道。

宽浅式溢洪道由进口段（引水渠及溢流堰）、陡坡段、出口段（消能设施及泄水渠）三部分组成。有的溢洪道在进口段和陡坡段之间还有一个由宽到窄的渐变段。

侧槽式溢洪道的进口段由溢流堰和侧槽构成，其他部分和宽浅式溢洪道相同。

由于尾矿库的尾矿堆积坝是随着生产年限的增长而逐渐加高的，所以溢洪道的溢流堰顶标高也需随尾矿库水位的升高而逐渐提高。提高的方式，由低到高逐一使用不同标高的引水渠，也可使用同一个引水渠而将溢流堰顶分期分层加高。

当尾矿库周边有合适的山凹或山势较平缓的山坡时，可采用宽浅式溢洪道。如岸坡较陡或在狭窄的山谷中开溢洪道，为了减少土石方量，大都采用侧槽式溢洪道。

溢洪道的进口距坝端最少应在 10m 以上。

根据地形、工程地质、使用要求和施工要求等因素，经水力计算和技术经济比较，确定了溢洪道的进口形式、位置、平剖面布置、尺寸、消能设施及有关数据后，即可进行溢洪道的结构设计。

有条件时，应进行水工模型试验以验证水力计算，并为结构设计提供必要的数据。

4.7.2　引水渠

引水渠应尽量做到平顺，避免在溢流堰前产生漩涡，影响堰顶泄水。

(1) 断面形状及尺寸　在基岩上一般采用矩形断面，在非基岩上一般采用梯形断面。

引水渠的断面尺寸按渠道内的水流速度一般为 1～1.5m/s，最大不超过 3m/s 的要求，经水力计算确定。

(2) 衬砌　当岩石较差或是非岩基时，必须做好衬砌和排水，特别是引水渠靠近溢流堰的一段，由于流速增加，更应做好衬砌和排水。常用的护面是浆砌块石及混凝土衬砌。

① 浆砌块石护面。浆砌块石护面厚度通常为 25～30cm，下面铺设 10～15cm 厚的砾石或碎石垫层。石料用水泥砂浆砌筑。这种护面的缺点是糙率较大。为了减小糙率，可以在表面抹一层 1.5～2.0cm 厚的水泥砂浆。

② 混凝土及钢筋混凝土护面。有就地浇筑式和预制装配式两种。

就地浇筑式混凝土护面厚度一般为 0.1～0.2m，边坡顶部薄一些，向下逐渐加厚。护面下面铺设一层砾石（碎石）或粗砂排水垫层，其厚度可参考以下数据。

a. 当地下水位很深时可采用 0.1～0.2m。

b. 地下水位较高但不超出垫层时采用 0.2～0.3m。

c. 当溢洪道通过重黏土地带，且地下水位高于溢洪道中水位时采用 0.3～0.4m。

为了防止温度应力或地基沉陷引起裂缝，护面板应设置温度伸缩缝和沉陷缝。横向缝（即施工缝）间距一般为 2～5m。纵向缝一般在溢洪道底和边坡相交处设置。当溢洪道底宽大于 6～8m 时，当中也需设纵向缝。缝的宽度一般不超过 1～2cm，并需设止水。

4.7.3　溢流堰

溢洪道的溢流堰通常用混凝土或浆砌块石修建。在非岩基上，一般采用宽顶堰形式；在岩基上，尤其是在岸坡较陡的情况下，为了增大流量系数以缩短溢流前沿，减少开挖量，多采用实用断面堰的形式。

溢流堰在平面上通常布置成直线形状，应尽可能使流向堰的水流平顺且与堰正交，并使泄洪道在平面上呈直线或者曲度很小。

4.7.4　陡槽

陡槽在平面上应尽可能布置成直线形，但有时采用曲线形可减少工程量，因而在实践中也常被采用。当水流沿着曲线陡槽流动时，水面将交替地升高与降低，形成冲击波系。这种冲击波系常延长相当距离不会消失，使陡槽中的水流状态恶化，并使其与下游连接发生困难。为了避免这种现象，陡槽的底可做成横坡或稍微突起。

当弯道的转弯半径较大时，仍可采用平底，但需考虑冲击波的影响，采取相应的措施，如将侧墙加高或在弯道的陡槽中设导流墙，也能实现较小水面的超高。

由于地形和地质条件，陡槽不得不转弯时，其转弯半径要大于底宽的 5～10 倍。

陡槽的纵向坡度，应根据地形、地质条件和护面的容许流速加以确定，一般采用 3%～5%，有时可达 10%～15%，在基岩地基上可以更陡。

在非基岩上多采用梯形断面，边坡不宜过缓，以防止水流外溢，通常采用（1∶1）～（1∶1.5）。在岩基中开挖的陡槽，多采用矩形断面。

断面尺寸根据水力计算确定。槽宽可以溢流堰的过水宽度相同。但有时为了减少工程量，也可使槽宽沿水流方向逐渐收缩。这种变宽陡槽通常按固定水深进行设计，一般在流量较小时采用。

陡槽两侧的边墙高度，应根据水面曲线加安全超高来决定。水面曲线可由水力计算确定，并考虑高速水流掺气和冲击波的影响。安全超高一般采用0.3～0.5m，有时可达1m。当溢洪道位于坝端时，需设导水墙与坝隔开，导水墙应高出最高水面线至少0.7m。

4.8 排水井

4.8.1 简介

尾矿库排水井的形式有窗口式、框架挡板式、砌块式和井圈叠装式（叠圈式）等。

窗口式排水井是一次建成，具有结构整体性好、操作维护简便的优点，但泄水量较小。

框架挡板式排水井的操作维护虽比窗口式麻烦些，但泄水量显著增大，故近年来采用较多。

井圈叠装式排水井是随库水位升高用整体井圈逐层叠加而成。为便于安装起见，井圈直径不宜太大。

砌块式排水井过去多为一次建成，预留窗口，特点与窗口式井相同，最近发展为随库水位升高而逐渐加高，呈井顶溢流进水，由于没有立柱，故净水量比框架式更大。

4.8.2 排水井的荷载计算

(1) 荷载组合 作用于排水井上的荷载分为基本荷载和特殊荷载两种。

基本荷载：风载、自重、尾矿及澄清水的压力和浮力。

特殊荷载：地震荷载。

设计时可按下列情况进行组合。

① 排水井已建成但未投产使用时，其主要荷载为：

a. 风荷载＋自重；

b. 25%风荷载＋自重＋地震荷载。

② 排水井已建成，虽未投产使用但库内已蓄水时，主要荷载为露出水面部分的风荷载、排水井自重和水的浮力。

③ 排水井投产使用时，主要承受尾矿和澄清水的压力。

(2) 荷载计算

① 风荷载。

$$W=\beta K_f K_z W_0$$

式中 W——作用于排水井上的风压值，kg/m^2；

β——风振系数，见表4-15；

K_f——风载体型系数；

K_z——风压高度变化系数；

W_0——基本风压值，kg/m^2。

表4-15 风振系数β值

周期 T_1/s	0.5	1.0	1.5	2.0	3.5	5.0
钢筋混凝土及砖石结构	1.40	1.45	1.48	1.50	1.55	1.60

注：排水井自振周期 T_1 可根据实测、试验和理论计算确定。

② 地震荷载。当排水井建于地震设计烈度为 7 度及 7 度以上地区时，应考虑地震荷载。作用在井身重心的地震惯性力（水平作用力）按下式计算。

$$S_0 = c a_1 W_g$$

式中　S_0——水平地震惯性力；

c——结构影响系数，排水井一般可取 $c=0.4$；

a_1——相应于结构基本周期 T_1 的地震影响系数；

W_g——排水井的自重。

③ 尾矿及澄清水的压力（图 4-9）。

a. 井筒所受压力。当尾矿堆至井顶时，便需在井座上口加盖封闭，该排水井即告报废。故井筒的尾矿荷载只需按井身高度计算，澄清水可按高于井顶 2m 计算，井筒底部压力最大，按下式计算。

$$q_{max} = (1-\sin\varphi_0)\gamma_f H + \gamma_0 H_0$$

式中　q_{max}——井筒底部所受压力，kg/m^2；

φ_0——尾矿的有效应力抗剪角，°；

γ_f——尾矿浮容重，kg/m^3；

γ_0——清水容重，kg/m^3；

H——井筒高度，m；

H_0——清水高度，m。

b. 井座所受压力。尾矿荷载按最终堆积高度 H_1 计，水位按 H_2 计算，最大压力按下式计算。

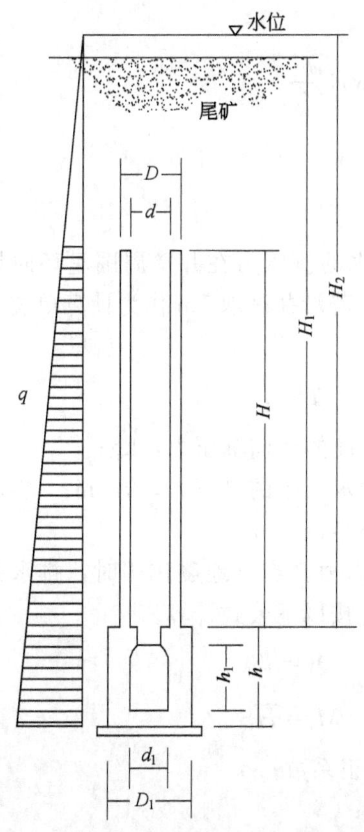

图 4-9　尾矿及澄清水压力计算图

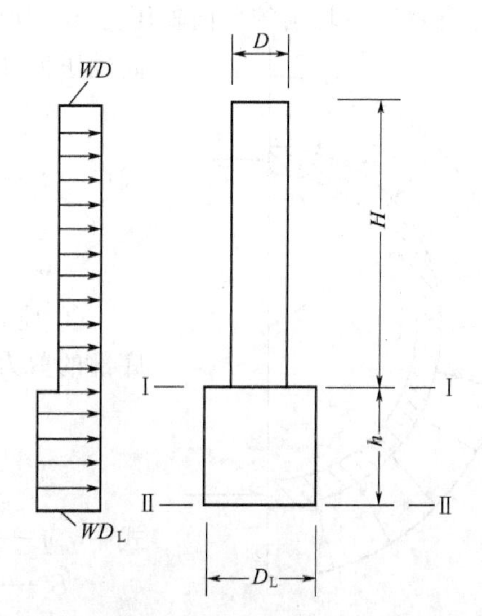

图 4-10　风载分布图

$$q_{max}=(1-\sin\varphi_0)\gamma_f(H_1+h)+\gamma_0(H_2+h)$$

式中 q_{max}——井座底部所受压力，kg/m²；

H_1——尾矿最终堆积高度，m；

H_2——清水高度，m；

h——井座高度，m。

④ 浮力。当窗口式排水井有可能被尾矿澄清水或洪水淹没时，其浮力可按实际淹没水位及井内可能出现的水深计算。较矮的井可按下式计算。

$$W_f=A_1\gamma_0H+A_2\gamma_0h$$

式中 W_f——排水井所受的浮力；

A_1——排水井井筒外围横断面面积，m²；

A_2——排水井井座外围横断面面积，m²；

γ_0——清水容重，kg/m³。

4.8.3 排水井的计算与构造

4.8.3.1 窗口式排水井

(1) 内力计算

① 由风荷载产生的内力（图 4-10）。

井筒Ⅰ—Ⅰ断面处的弯矩为

$$M_{\mathrm{I}}=\frac{WDH^2}{2}$$

井座Ⅱ—Ⅱ断面处的弯矩为

$$M_{\mathrm{II}}=WD\left(\frac{H^2}{2}+Hh\right)+WD_1\frac{h^2}{2}$$

式中 W——风荷载，kg/m；

D、H——井筒的外径和高度，m；

D_1、h——井座的外径和高度，m。

② 由尾矿及澄清水产生的内力。由于尾矿及澄清水的侧压力在井壁周围呈环向均匀分布，故井壁产生均匀的环向轴压力 T，如图 4-11 所示。若沿井高取 1m 作为计算单位，则环向轴压力 T 按下式计算。

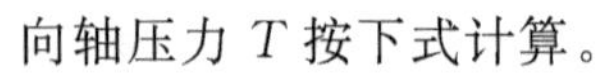

$$T=qr$$

式中 T——井壁单位高度的环向轴压力，kg；

q——尾矿及澄清水产生的侧压力，kg/m；

r——排水井的外半径，m。

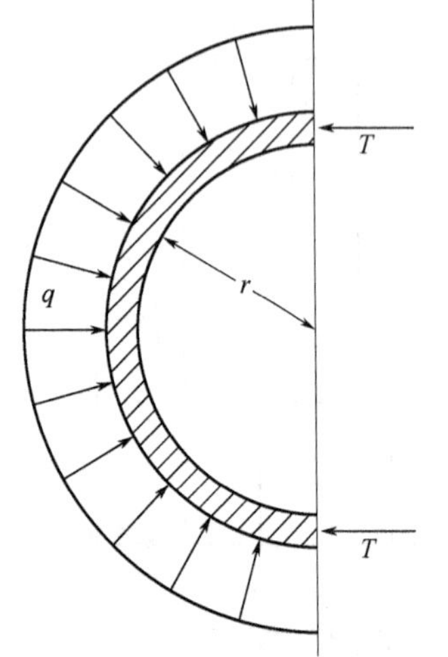

图 4-11 井壁环向轴压力 T

③ 地震作用产生的内力。当有地震作用时，排水井井筒底部的剪力 Q_0 和弯矩 M_0 按以下公式计算。

$$Q_0=\upsilon S_0$$

$$M_0=\overline{H}S_0$$

式中 υ——底部剪力修正系数；

S_0——地震惯性力；

$\overline{H}$——排水井井筒的重心高度（自井座顶面算起）。

(2) 结构计算

① 抗倾覆验算。排水井尚未使用时，风载、水平地震力和地下水浮力（浮力的合力作用于基础底板的中心）对基础边缘的力矩称为倾覆力矩 M_0，排水井自重、井座凸出部分上方的回填土重对 A 点的力矩称为抗倾力矩 M_y。抗倾验算应满足下式要求。

$$\frac{M_y}{M_0} \geqslant K_0$$

式中　K_0——抗倾安全系数，基本荷载组合下一般取 1.2～1.3，特殊荷载组合下取 1.05～1.1。

② 抗浮验算（多用于窗口式排水井）。抗浮验算应满足下式要求。

$$\frac{N}{W_f} \geqslant 1.1$$

式中　N——垂直力总和；

W_f——浮力。

③ 井壁厚度验算。井筒及井座的壁厚可按下式验算。

$$t \geqslant \frac{KT}{100R_0}$$

式中　t——壁厚，cm；

K——安全系数；

T——井壁环向轴压力，kg/m；

R_0——混凝土轴心抗压极限强度，kg/cm^2。

4.8.3.2　框架式排水井

排水井框架随井高及直径大小的不同，可设计成双柱和多柱的形式。当排水井直径大于 2m 时，为便于安装挡板，宜采用多柱式框架。

(1) 框架及挡板的计算

① 框架。在排水井未投产前，柱及横梁主要承受风荷载，因受风面积较小，故在柱子不高、风压不大的情况下可不计算。投产后柱由于受挡板传来的径向推力而向内变形，当挡板端部横截面与柱子挤紧后，尾矿的侧压力可近似认为全由挡板的环向轴压力平衡，不再传到柱上，故柱子的弯矩及剪力一般较小，也可不必计算，断面尺寸及配筋满足构造要求即可。

在井身很高或风压很大的情况下，尚应进行内力计算。对于双柱式框架，当风载方向与框架平面垂直时，按悬臂柱计算，对于多柱式框架应按空间框架计算。

② 挡板。挡板可视为双铰拱，承受均布径向荷载，挡板跨度较小时，可采用混凝土结构进行验算。

$$K_a N \leqslant \varphi R_0 A$$

式中　K_a——强度安全系数；

N——拱板承受的轴向压力；

φ——混凝土构件纵向弯曲系数；

R_0——混凝土轴心抗压极限强度；

A——拱板截面面积。

当用混凝土结构不经济或因重量太大不便操作时，宜采用钢筋混凝土结构，可按下式配置钢筋。

$$A_0' = \frac{KN - \varphi R_0 A}{\varphi R_0'}$$

式中 A_0'——拱板所需的受压钢筋面积；

R_0'——纵向钢筋抗压屈服极限；

R_0——钢筋混凝土的轴心抗压强度。

框架挡板式排水井的抗浮、抗倾覆及井座、井壁的结构计算同窗口式排水井。

(2) 构造要求

① 框架。为便于固定挡板，框架柱最好为 T 形断面。可采用不低于 C20 的水工混凝土，在现场一次浇捣完或。可采用Ⅰ级钢筋、Ⅱ级钢筋。当配筋按构造设置时，其面积应不小于柱截面面积的 0.3%，柱断面尺寸根据构造和施工要求 $b\times h$ 不宜小于 250mm×300mm，翼缘部分的长度 c 不宜小于 100mm，厚度 d 不宜小于 100mm。挡板与框架柱一般不需设置固定装置。

柱内钢筋应对称放置，翼缘部分每边不少于 2 根 ϕ12mm 的构造筋，箍筋均为封闭式，箍筋直径不宜小于 ϕ6mm，间距不大于 300mm。梁内钢筋按构造配置。

② 挡板。板厚不小于 70mm，混凝土为 200～250 号，受力筋常采用 ϕ8～12mm，间距不宜小于 70mm，也不宜大于 150mm。挡板为预制构件，其尺寸要准确，表面应平整，板的高度应根据井的大小和板的自重来考虑，一般应按两个人借助于简单的机具能搬动为原则。

③ 其他。因挡板是随库内水位逐渐升高而向上叠加，为此，在横梁上可预埋铁件，临时吊挂手动葫芦，以吊装挡板。为了便于检修，在排水井一个柱子的内外表面均应设置爬梯。挡板式排水井基础的构造要求与窗口式排水井相同。

4.8.3.3 井圈叠装式排水井和砌块式排水井

井圈式排水井的井圈是随尾矿升高而逐渐加高，故不需考虑风荷载的作用，仅承受尾矿及澄清水的均布环压力。砌块式排水井如是一次建成者，内力计算与窗口式相同；如为逐渐加砌者，内力计算与井圈式相同，故不再赘述。

第5章　尾矿干式堆存

常规的湿堆尾矿库在安全及环保方面存在不利影响，尾矿库的库底渗流将污染地下水及河流。湿式尾矿库尾矿堆体上游可形成一个高势能水体，一旦尾矿库失事，将对人民的生命财产安全及周边环境造成巨大损失。因此，尾矿的排放与堆存方式已由传统湿式排放，发展到开始尝试使用干式排放法。其特点是尾矿经过脱水后干式堆存于地表，从而可节省建设常规尾矿库的投资。此方法可以在峡谷、低洼、平地、缓坡等地形条件下应用，基建投资少，维护简单，尾矿回水率高，综合成本低。国内采用尾矿干式堆存技术的矿山多为黄金矿山，近几年在个别铁矿和有色金属矿山也有所应用，特别是在干旱少雨地区。

尾矿干式堆存是将尾矿压滤或过滤至低含水率滤饼状态并以胶带运输机或汽车等运输方式运至尾矿堆场排放的尾矿处置方式。对此，本章将主要介绍与尾矿干式堆存相关的尾矿浓缩、尾矿过滤、尾矿输送以及尾矿堆排和筑坝方面的内容。

5.1　尾矿浓缩

5.1.1　浓缩的基本原理

浓缩是将较稀的矿浆浓集为较稠的矿浆的过程，同时分离出几乎不含有固体物质或含有少量固体物质的液体。选矿产品浓缩过程，根据矿浆中固体颗粒所受的主要作用力的性质，分为以下几种。

① 重力沉降浓缩。料浆受重力场作用而沉降。

② 离心沉降浓缩。料浆受离心力场作用而沉降。

③ 磁力浓缩。由磁性物料组成的料浆，在磁场作用下聚集成团并脱出其中的部分水分。

5.1.1.1　重力沉降的基本原理及沉降速度计算

颗粒的单体（自由）沉降或集合（干扰）沉降不仅受其本身的特性，例如颗粒形状、密度、粒度组成以及成分等因素所支配，还受到温度、磁团聚、胶体效应、异重流、横向脉动流速、水力挟带、机械搅拌、药剂含量等诸多因素的影响。许多试验研究都证实了沉降浓缩过程包含着复杂的物理与化学的综合作用。目前，对于浓缩理论的研究仅限于重力沉降作用的范围，即以液体中悬浮的固体颗粒的沉降作用为基础。

最初，人们研究了在不同浓度的悬浮液中球形颗粒自由沉降的行为。颗粒在浆体中下沉所受到的作用力主要有三种，即重力、浮力和阻力。对于一定的颗粒与一定的浆体，重力和浮力都是恒定的，而阻力却随颗粒与矿浆间的相对运动速度变化而改变。小颗粒有被沉降较快的大颗粒向下拖曳的趋势。在均匀颗粒的沉降过程中，拖曳力的增大主要是由速度梯度的增加造成的，而固体浓度增高引起的黏度变化对其影响则较小。

作用于颗粒上各力的代数和应等于颗粒质量与其加速度的乘积（符合牛顿第二运动定律）。颗粒的沉降过程分为两个阶段，即加速阶段和等速阶段。在等速沉降阶段里，颗粒相对于浆体的运动速度称为“沉降速度”。因为沉降速度就是加速阶段终了时颗粒相对于流体的速度，因此也称为沉降末速度或“终端速度”。由于工业上的沉降作业所处理的颗粒往往很小，颗粒与浆体间接触表面相对较大，因此，在重力沉降过程中，加速阶段的时间很短，常常可以忽略不计。

将重力沉降过程中颗粒所受各力与沉降速度的关系，用牛顿第二定律为基础建立表达式，经整理和因次分析可知，影响重力沉降速度的阻力系数应是颗粒与流体相对运动时的雷诺数 Re 的函数。综合试验便可得到球形颗粒的阻力系数与雷诺数 Re 的函数关系曲线。该曲线按 Re 值大致可分为三个区，即滞流区、过渡区、湍流区。各区内的曲线分别用相应的关系式表达，并将等速沉降阶段相应的雷诺数也换成以沉降速度 v_t 来计算，即可得到表面光滑的球体在流体中自由沉降时各个区内的沉降速度公式。

滞流区　$10^{-4}<Re<1$，$\zeta=\dfrac{24}{Re}$时

$$v_t=\frac{d^2(\delta-\rho)g}{18\mu} \tag{5-1}$$

过渡区　$1<Re<10^3$，$\zeta=\dfrac{18.5}{Re^{0.6}}$时

$$v_t=0.27\sqrt{\frac{d(\delta-\rho)g}{\rho}Re_t^{0.6}} \tag{5-2}$$

湍流区　$10^3<Re<2\times10^5$，$\zeta=0.45$ 时

$$v_t=1.74\sqrt{\frac{d(\delta-\rho)g}{\rho}} \tag{5-3}$$

式中　v_t——球形颗粒的自由沉降速度，m/s；

d——颗粒直径，m；

δ——颗粒密度，kg/m^3；

ρ——流体密度，kg/m^3；

g——重力加速度，m/s^2；

ζ——阻力系数，无量纲，与雷诺数有关；

μ——流体的黏度，Pa·s。

式(5-1)、式(5-2) 和式(5-3) 分别称为斯托克斯（Stokes）公式、艾伦（Allen）公式和牛顿（Newton）公式。在滞流区，由流体的黏性而引起的表面摩擦阻力占主要地位。在湍流区，由流体在颗粒尾部出现边界层分离而形成旋涡所引起的形体阻力占主要地位，而流体的黏度 μ 对沉降速度 v_t 已无影响。在过渡区，摩擦阻力和形体阻力二者都不可忽略。

自由沉降发生在流体中颗粒稀疏的情况下。因此，上述沉降速度公式的应用条件必须是容器的尺寸远远大于颗粒的尺寸（100 倍以上），以消除器壁对颗粒沉降产生显著的阻滞作用。其次必须是颗粒不过分细小，以防止颗粒因流体分子的碰撞而发生布朗运动，或从流体分子间漏过，从而达到高于计算值的沉降速度。此就是当 $Re<10^{-4}$时（矿粒粒度达到 0.1～0.5μm），斯托克斯公式不再适用的原因。

由细粒矿石构成的矿浆是一种悬浮液。在其沉降过程中，由于流体中伴随有紊流发生，小颗粒有被沉降较快的大颗粒向下拖曳的趋势。微细矿粒的絮凝现象也会改变颗粒的有效尺寸。所以矿浆沉降脱水一般属于干涉沉降，其中大颗粒受干扰较大，其沉降速度减慢；而小颗粒因受拖曳，沉降速度相对加快。但是试验表明，对于固体粒度相差不超过 6 倍的悬浮

液，其中全部粒子以大体相同的速度沉降。当选矿厂使用浓缩机脱水时，为了防止粒度过粗而“压耙”，一般需预先筛除矿浆中的+0.25～+0.8mm 粒级的矿粒，因而沉降过程中的干涉现象并不严重。再者，选矿产品脱水时，要求矿粒全部下沉，以获得澄清的液体。因此，矿浆沉降速度必须按沉砂中最小颗粒的沉降末速计算，一般采用适于较小的雷诺数范围（滞流区内）的斯托克斯公式［式(5-1)］。其使用的粒度范围最高为 $Re\approx1$，约相当于直径为 0.15mm 的矿粒在水中沉降的情况；最细约为 0.5μm，即相当于悬浮液转变成胶体溶液之前的情况。当颗粒尺寸达到 0.5μm 以下时则失效。具体计算时，一般先假定沉降属于某一流型，譬如滞流，用与该流型相应的斯托克斯公式求 v_t，并按 v_t，计算 Re 值，检验所得的 Re_t 值是否在 $1\times10^{-4}\sim1.0$ 的范围内。如果超出此范围，则应另设流型，改用相应的其他公式求 v_t，直到按求得的 v_t 所算出的 Re_t 值恰与该公式所适应的 Re_t 值范围相符为止。此外，也可采用避免试差的摩擦数群法借助于 ζ-Re 关系曲线经过转换的曲线计算沉降速度。

选矿产品一般由经破碎磨矿后的非球形自然粒子构成，其沉降时颗粒所受到的阻力除受前述诸因素的影响外，还与其形状密切相关。其球形度（颗粒的表面积与同体积的球体表面积之比）越小，对应于同一 Re 值的阻力系数 ζ 越大，沉降速度相应变慢。这一影响随 Re 值的增大而逐渐变大。但在滞流区内球形度对阻力的影响并不显著。根据对自然形状石英粒子的实测数据统计，斯托克斯公式用于细粒选矿产品沉降速度计算时，须乘以颗粒的形状系数 K（即矿粒沉降末速与同体积同质量的球体沉降末速之比）。不同形状矿粒的 K 值大致为：圆滑形为 0.78；多角形为 0.72；长方形为 0.67；扁平形为 0.52。

含有大小不同的矿粒的悬浮液在沉淀时，较粗的矿粒最先沉降到容器的底部，细小的则形成浑浊液，沉降速度较慢。在较浓的矿浆中，或当使用凝聚剂时，由于矿粒的凝聚，较大的矿粒带动较小的矿粒沉降，此时上层澄清的液体量逐渐增加，容器中的矿浆逐渐出现分层现象，即由上至下分成 4 个区，且矿粒的大小和沉淀的浓度由上往下逐渐增加，如图 5-1 所示。图 5-1 中 A 区为澄清区，其固体颗粒含量低，颗粒之间的内聚力小；B 区为沉降区，其浓度与开始沉降前的悬浮液相同。此区间的固体粒子含量增多，彼此间的内聚力大于固体颗粒沉降时所受的阻力；C 区为过渡区，该区内的固体颗粒间的内聚力增大，固体颗粒含量相应增高；D 区为压缩区，固体间的内聚力更大，浓度更高，颗粒间的黏滞性也增大。随着沉淀过程的进行，D 区和 A 区逐渐增加，而 B 区则逐渐减少以至消失，这时 C 区也随着消失。此时矿浆处于沉降过程的临界点状态。在临界点以后就只剩下 A 区和 D 区。

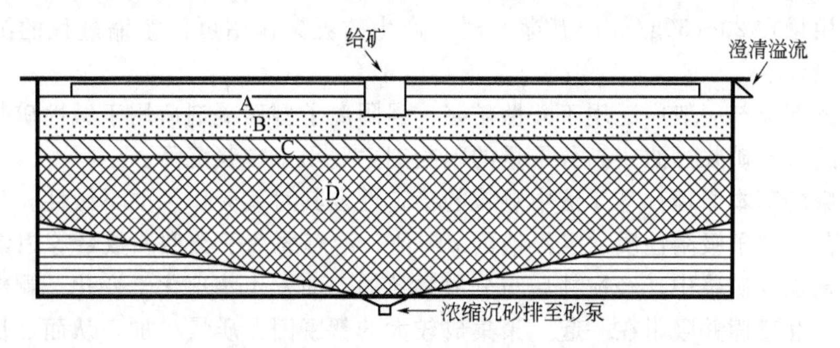

图 5-1　压缩过程

在连续作业的浓缩机中，矿浆不断地给入和排出，上述 4 个区总是存在的。所以矿浆的沉降速度是以沉降区的沉降速度来计算的。而浓缩产品的最终浓度，则由矿浆在压缩区停留的时间决定。压缩过程往往占用整个浓缩过程的绝大部分时间。当浓缩机的给料和排料速度一定时，浓缩机压缩区高度就决定了其底流排出的浓度大小。实践表明，压缩区的高度增加会使底流浓度提高。但由于压缩区矿浆呈变速沉降，沉降速度小，故一般不用增加压缩区的高度来提高底流浓度。因此，实际生产的浓缩机澄清区和沉降区总高度约为0.8～1.0m。压缩区的高度需经试验和计算确定。

5.1.1.2 絮凝浓缩

(1) 絮凝剂的应用 从式(5-2)可知，选矿产品在沉降浓缩过程中，矿浆的澄清速度和所得浓缩产品的质量，在很大的程度上决定于矿粒的大小。粗颗粒很快沉降，其沉淀物含水也很少；而胶体颗粒因其所受的重力作用，已被表面能和布朗运动所平衡，在矿浆中能长久保持悬浮状态而不沉降。目前因矿石品位变低，各种有用矿物的加工粒度日趋变细，有时小于0.043mm的粒级含量高达80%～90%，其中含有相当数量的小于5～10μm的微细粒。用自然沉降法浓缩这种矿浆时间长，需要的沉降面积也较大。为了强化浓缩（澄清）过程，通常必须加入适量的絮凝剂使分散的细颗粒聚合为较大的凝聚体，加速沉降。

在选矿厂的精矿和尾矿浓缩、水冶生产的逆流洗涤、环境保护和废水回收等部门，越来越多地采用絮凝浓缩技术。

(2) 絮凝剂的分类 生产中经常使用的凝聚剂和絮凝剂有两种类型。一种是电解质类的凝聚剂，如石灰、硫酸、硫酸铝、氯化铁及硫酸铁等。它们在水中溶解后产生离子，改变分散颗粒的表面电性，减小细颗粒之间的静电排斥力，使细颗粒在机械运动过程中互相碰撞而结合成较大的凝聚体。另一类为天然的或人工合成的高分子有机化合物。如淀粉、糊精、马铃薯渣、明胶、聚丙烯酰胺和聚乙烯醇等。这类絮凝剂是多糖类高分子化合物，其分子具有长线形并包含大量的羟基官能团。这些分子依靠羟基官能团中的氢形成氢链而吸附在矿粒上。由于这些多糖类分子很大，能够以其中一部分吸附在悬浮液的一个颗粒上，而另一部分吸附在另一颗粒上，这样就把矿粒联系起来成为凝聚体。

人工合成的高分子有机化合物可分为A类絮凝剂和B类絮凝剂两类。相对分子质量介于1×10^6～2×10^7之间，以聚丙烯酰胺为基体的非离子型、阴离子型及阳离子型的高分子有机化合物为A类絮凝剂；B类絮凝剂大部分是相对分子质量较低的（5×10^5）并且具有较强的阳离子性质的高分子有机化合物。

无论是用无机化合物或天然高分子化合物，它们的种类和凝聚能力总是有限的，而且要消耗大量的农产品，现在已很少应用。目前在矿物加工工业中，A类聚合物特别是非离子型和阴离子型是最常见的絮凝剂。其产品主要呈固体、胶状和悬浮液状。实践证明其絮凝效果较好，当用量在20～50g/m^3（矿浆）时，产生的凝聚作用可使浓缩过程的沉降速度提高数倍至数十倍。

非离子型絮凝剂一般广泛用于酸性矿浆；强阴离子型絮凝剂适用于碱性矿浆；中等分子量絮凝剂更适合于矿浆过滤；高分子量的絮凝剂主要用于矿浆沉降。

(3) 絮凝的基本原理 悬浮液中颗粒的稳定性及其对絮凝作用的灵敏性，与其中悬浮固体的表面电荷、离子吸附性质、悬浮液的pH值、溶解的离子类型和数量等因素有关。选用适当的絮凝剂加入矿浆中，经搅拌后与分散颗粒的表面发生物理化学变化，颗粒在内聚力作用下，彼此相互碰撞并吸附在一起，聚集成较大的絮凝团，质量增加，从而加快沉降速度。

粒子聚集的方式一般有以下4种可能。

① 双电层的压缩。高浓度可溶盐类如石灰和硫酸钙的离子使颗粒的ζ-电位降低至零，从而导致凝聚作用。

② 吸附凝聚。三价铁离子或水解物吸附于矿物表面，降低其ζ-电位，从而形成凝聚。过量的三价铁离子能引起相反的变化，并重新使悬浮的细粒处于稳定状态。这类凝聚过程取

决于 pH 值，因为水介质的碱性程度决定水解物的类型和数量。

③ 长链聚合物絮凝剂的架桥絮凝作用。长链聚合物吸附在许多细粒固体物的表面，并把它们连接在一起形成较大的絮团，称为架桥絮凝。聚合物的类型和分子量影响着絮凝团的大小和性质。所选用的絮凝剂需适应细粒物料表面电性的要求。

④ 分子量相对低的强阳离子型合成凝聚剂的作用。这类聚合物在凝聚过程中主要起电性中和作用。

絮团的形状和密度与各分散颗粒的初始性质关系不大，主要取决于絮凝剂对颗粒的吸附和分散程度。絮团的沉降速度却取决于絮团的大小和絮凝程度。目前还很难用数学方法来准确计算絮团的沉降速度，只能通过试验方法和经验来确定。絮凝沉降效果的好坏则取决于絮凝剂的选择和使用。料浆中固体颗粒大小和含量在一定程度上影响澄清方式的选择和絮凝剂的用量。颗粒周围的双电层引起 ζ-电位的升高，粒子晶格大小或颗粒表面吸附离子的情况则主要影响电荷密度和絮凝剂的选型。水溶液的性质对絮凝剂的选择有着决定性的影响。

(4) 影响絮凝的因素

① 絮凝剂分子量的影响。一般是较高分子量的絮凝剂能形成较大的絮凝物，然而，在某些情况下也不一定如此。图 5-2 所示为在浓缩操作中絮凝剂分子量对自由沉降速度的影响。加入中等用量的高分子絮凝剂（一般大于 0.01kg/t）可产生较快的沉积作用；而中等分子量的絮凝剂在用量小于 0.01kg/t 时也能产生较快的沉降；在絮凝剂用量为中等和较高的情况下，自由沉降速度随分子量增高而增加。

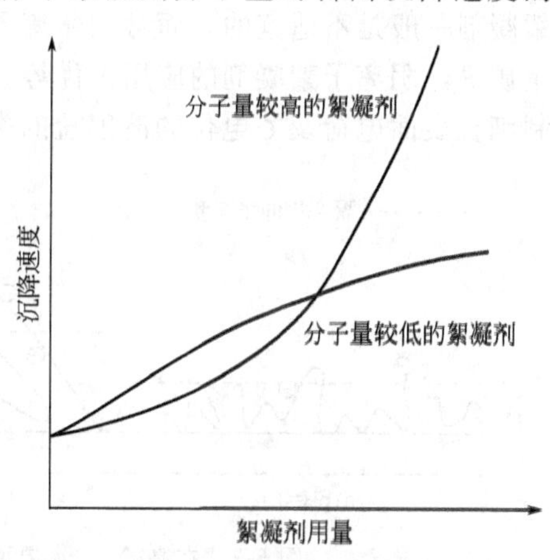

图 5-2 絮凝剂用量对自由沉降速度的影响

有许多因素影响浓缩溢流的清晰度。絮凝浓度为 10%的 $CaCO_3$ 浆体时，絮凝剂分子量对上层溢流清晰度的影响列于表 5-1。在该表中分子量低于或等于 9×10^6 的絮凝剂，其捕集悬浮细粒的能力是很差的。当使用分子量很高的絮凝剂（大于 14×10^6）在用量为 0.15kg/t 时，可得到最小浊度的溢流。

表 5-1 絮凝剂分子量对溢流液清晰度的影响

絮凝剂的平均相对分子质量	絮凝剂用量/(kg/t)			
	0.05	0.10	0.15	0.20
	上层溢流浊度，浊度单位			
20×10^6	440①	270	180	240
16×10^6	750	600	180①	200
14×10^6	650	680	140①	250
11×10^6	800	700	125	110
9×10^6	640	670	310	210
8×10^6	600	640	320	300
6×10^6	820	460	320	300

① 约等于 20m/h 的沉降速度。

注：处理 $CaCO_3$ 浆体，浓度为 10%、pH=9，细粒直径平均为 2.9μm，使用非离子型絮凝剂。

在用量过大的情况下（见表 5-2 中用量为 0.2kg/t 的数据）细粒有重新稳定的现象。其原因是矿浆沉降太快，矿浆层对悬浮而未被捕集的粒子或微小絮凝物不起“过滤”作用，大量的絮凝剂会使得许多单个悬浮细粒间的架桥作用无法产生。在沉降速度一定，所形成的絮凝物的大小差不多的情况下，大用量的分子量较小的絮凝剂比小用量分子量较大的好。中等相对分子质量（11×10^6）的絮凝剂用于上述浆体的澄清效果最好。值得注意的是，分子量最高的絮凝剂在用量较低（0.05kg/t）时，表现出了较好的能力。

表 5-2 絮凝剂分子量对底流浓度的影响

絮凝剂平均相对分子质量	用量/(kg/t)	自由沉降速度/(m/h)	底流浓度/(kg/m³)	
			沉降 1h	沉降 7h
20×10^6	0.02	4.5	553	623
17×10^6	0.02	3.5	556	658
15×10^6	0.02	3.1	554	670
11×10^6	0.02	2.8	532	661
9×10^6	0.02	2.5	520	670

② 絮凝剂离子电荷类型和电荷密度的影响。在大多数矿浆的絮凝操作中，都采用阴离子及非离子型架桥絮凝剂。对于高酸浆体以及那些含有大量可溶电解质的浆体来说，用阴离子絮凝剂一般是不适宜的，而常用非离子型絮凝剂。对于条件要求不严格的操作，如处理浮选尾矿等，阴离子絮凝剂的应用占优势。实际上最适合的阴离子电荷密度取决于 pH 值和能控制细粒表面电荷及 ζ-电位的溶解盐的类型，也取决于絮凝剂的构型。

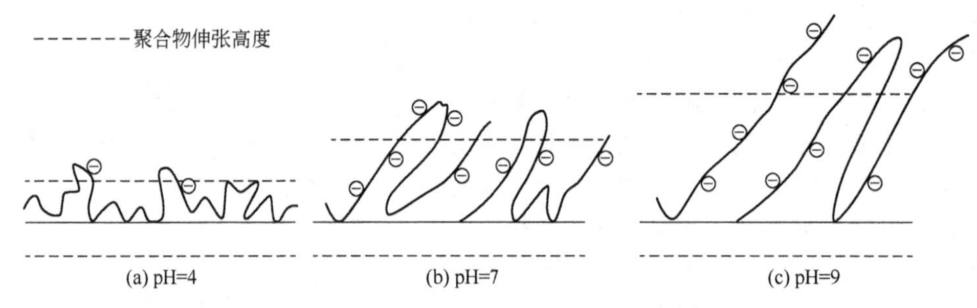

图 5-3 在高岭土/水界面上 pH 值对阴离子絮凝剂构型的影响

图 5-3 所示为在确定阴离子絮凝剂与作用物之间的相互作用时 pH 值的重要性。图 5-3(a) 中 pH 值低，由于表面斥力小，聚合物主要以卷曲状吸附。低的 ζ-电位促进细粒接近，并形成结实的絮凝物。图 5-3(b) 的 pH 值较高，增大了表面斥力，聚合物伸长呈环形和尾状物。图 5-3(c) 的 pH 值更高，强的表面电荷使细粒与聚合物间相斥，呈大环形和尾状物，并在溶液中伸张得很大，形成大而松散的絮凝物。表 5-3 列出的是在不同 pH 值下，高岭土分批沉降试验的结果。结果表明：

a. 由于 pH 值升高，负的表面电荷和 ζ-电位增高，强阴离子聚合物的吸附变得更加困难，悬浮固体的量增多；

b. 在 pH 值和 ζ-电位都较低的情况下，阴离子聚合物呈卷曲状态，能很牢固地吸附在一起，起到了有效的架桥作用。

5.1.1.3 离心浓缩

离心浓缩是利用离心力的作用来加快悬浮液中微细颗粒与液体的分离速度，缩短固液分离过程的一种浓缩方法。当离心机回转时，机内的矿粒所受的离心力大小可用下列公式计算。

表 5-3 高岭土分批沉降试验结果（初始浓度＝0.05g/L，絮凝剂用量＝0.1kg/t）

pH 值	沉降状况	阴离子的含量/%				
		0	5	15	20	30
4.35	初始的沉降速度/(cm/min)	0.1	0.1	0.9	3	4.2
	底部产品浓度/(g/L)	168.4	170.8	170.8	172.2	171.9
	悬浮固体/(mg/L)	40	33	50	50	132
7.00	初始的沉降速度/(cm/min)	0.1	1.2	3	5.5	3.1
	底部产品浓度/(g/L)	178.3	191.9	181.3	171.9	171.9
	悬浮固体/(mg/L)	4050	765	610	500	940
9.00	初始的沉降速度/(cm/min)	0.2	8	24	24.4	21
	底部产品浓度/(g/L)	239.1	268.8	300.8	305.6	330
	悬浮固体/(mg/L)	5850	1840	2085	2650	3680

$$P=\frac{mv^2}{r}\times 10^{-5}=\frac{Gv^2}{gr}\times 10^{-5} \tag{5-4}$$

$$v=\frac{2\pi rn}{60}$$

式中 P——离心力，N；

m——矿粒的质量，g；

G——矿粒的有效重量，N；

r——回转半径，cm；

v——回转圆周速度，cm/s；

n——转速，r/min；

g——重力加速度，cm/s^2。

将 v 以转速 n 表示可得

$$P=\frac{G}{gr}\left(\frac{2\pi rn}{60}\right)^2\times 10^{-5}\approx\frac{Grn^2}{9\times 10^5}\times 10^{-5} \tag{5-5}$$

式(5-5) 表明，对于一定重量的矿粒，离心力随回转半径和转数的增加而增大。但增加转数比增大回转半径更易增大离心力。

在离心浓缩脱水操作中，常用离心加速度与重力加速度的比值来表示设备的工作特性，并称其为离心分离因数 K，其值等于

$$K=\frac{v^2}{gr}=\frac{rn^2}{900} \tag{5-6}$$

分离因数愈大，则离心力的作用愈强，矿粒愈易沉淀，从式(5-4) 可知，增加矿粒在机内的回转速度或增加其回转半径可以提高分离效果。

在离心沉降过程中，离心加速度随着矿粒的回转半径而改变，因此矿粒的沉降速度也是个变数。此外，矿粒的离心力线互不平行，因此各个矿粒所受离心力作用的方向也不相同。所以一般的重力沉降规律不完全适于离心沉降。

目前在尾矿干堆方面用得较广泛的离心脱水设备是水力旋流器。

5.1.1.4 重力沉降试验及浓缩面积计算

沉降试验的目的在于测定矿浆中固体物料沉降特性。影响物料沉降性能的因素主要有矿浆性质，如物料的粒度组成、固体密度、造浆液体的密度等、矿浆中的泡沫、药剂和电解质

的性质；操作因素，如给矿和排矿浓度、给矿量及其波动范围、矿浆温度、是否用凝聚剂等。通过对有代表性的矿浆的沉降试验，找出诸因素相互制约的关系，是选择和设计浓缩机的重要依据。利用沉降试验，通过适当的计算可直接或间接地获得设计浓缩机的原始资料，如矿浆沉降时间、单位沉降面积和可能的底流浓度。利用经验和半工业性试验来设计浓缩机是比较简便的。但是，由于时间和财力的限制以及有代表性矿样较难准备等原因，间断沉降试验常常成为一种简易可行的方法。

沉降试验一般在2000mL的量筒中进行，其测试的方法有多种，但所测试的内容基本相同，最终都应绘制出料浆的沉降曲线，如图5-4所示。为便于选用不同的方法确定料浆沉降速度，沉降试验一般应提供下列数据：

a. 矿浆试样质量，g；

b. 干固体重，g；

c. 固体密度，g/cm^3；

d. 液体密度，g/cm^3；

e. 矿浆的体积浓度，g/L；质量分数，%；

f. 矿浆的温度，℃；

g. 矿浆沉降的最终体积，L；高度，mm；

h. 澄清液的浓度和密度；

i. 在24h的沉降过程中，不同的沉降时间所对应的沉降界面高度，mm。必要时尚须提供不同的沉降时间 t 对应的澄清液浓度（mg/L）和沉砂的质量分数（%）的关系曲线，如图5-4(d)所示。

根据沉降试验，计算单位沉降面积的方法主要有三种。

① 当沉降界面清晰，沉降曲线没有明显的临界压缩点，或要求的底流浓度低于临界状态下的矿浆浓度时，宜采用图解法。即将沉降试验所得到的 H-t 沉降曲线由两条直线近似的代替，如图5-4(a)所示。其沉降曲线用折线 H_0KL 代替，则 H_0K 为自由沉降过程线，KL 为压缩过程线，K 为临界点。按式(5-7)可求出粒子群的沉降速度。

$$v_P=\frac{H_0-H_K}{t_K-t_0} \tag{5-7}$$

式中 v_P——矿浆浓度为 P 时的粒子群的沉降速度，m/h；

H_0——量筒中矿浆面起始高度，m；

H_K——临界点的高度，m；

t_K——由沉降开始时刻到临界点经历的时间，h；

t_0——开始沉降的时刻，h。

由 v_P 值可计算处理每吨固体所需的沉降面积，即单位浓缩面积，用式(5-8)计算。

$$a_P=\frac{K}{v_P}\left(\frac{1}{c_1}-\frac{1}{c_2}\right) \tag{5-8}$$

式中 a_P——矿浆浓度为 P 时，处理1t固体物料所需的沉降面积，$m^2/(t \cdot h)$，对应于不同的 v_P 可以得到不同的 a_P，在计算浓缩机面积时应选用最大值 a_{max}；

K——校正系数，一般采用1.05～1.20，当试验的代表性较好、准确性高、给料量及性质稳定和设计的浓缩机直径较大时取小值；

c_1——试验矿浆的单位体积的固体含量，t/m^3；

c_2——设计的浓缩机底流单位体积的固体含量，t/m^3；

根据试验资料并参考类似厂矿的生产资料确定。

② 沉降界面清晰，沉降曲线圆滑而无临界压缩点时，沉降试验及数据处理宜用切线法，如图 5-4(b) 和图 5-4(c) 所示。

在沉降试验所得到的 H-t 曲线上选取几个点 A_i（H_i、t_i），分别作曲线的切线，交纵轴于 B_i 各点，按式(5-9) 计算澄清界面高度在各 B_i 点以下的矿浆的平均单位体积固体含量。

$$c_{P,i}=\frac{c_{P,0}H_0}{B_i} \tag{5-9}$$

式中　i——选点的次别；

$c_{P,i}$——澄清界面沉降到 B_i 时，B_i 以下矿浆的平均单位体积的固体含量，t/m³；

H_0——量筒内矿浆面的高度，m；

B_i——切线在纵坐标上的交点高度，m。

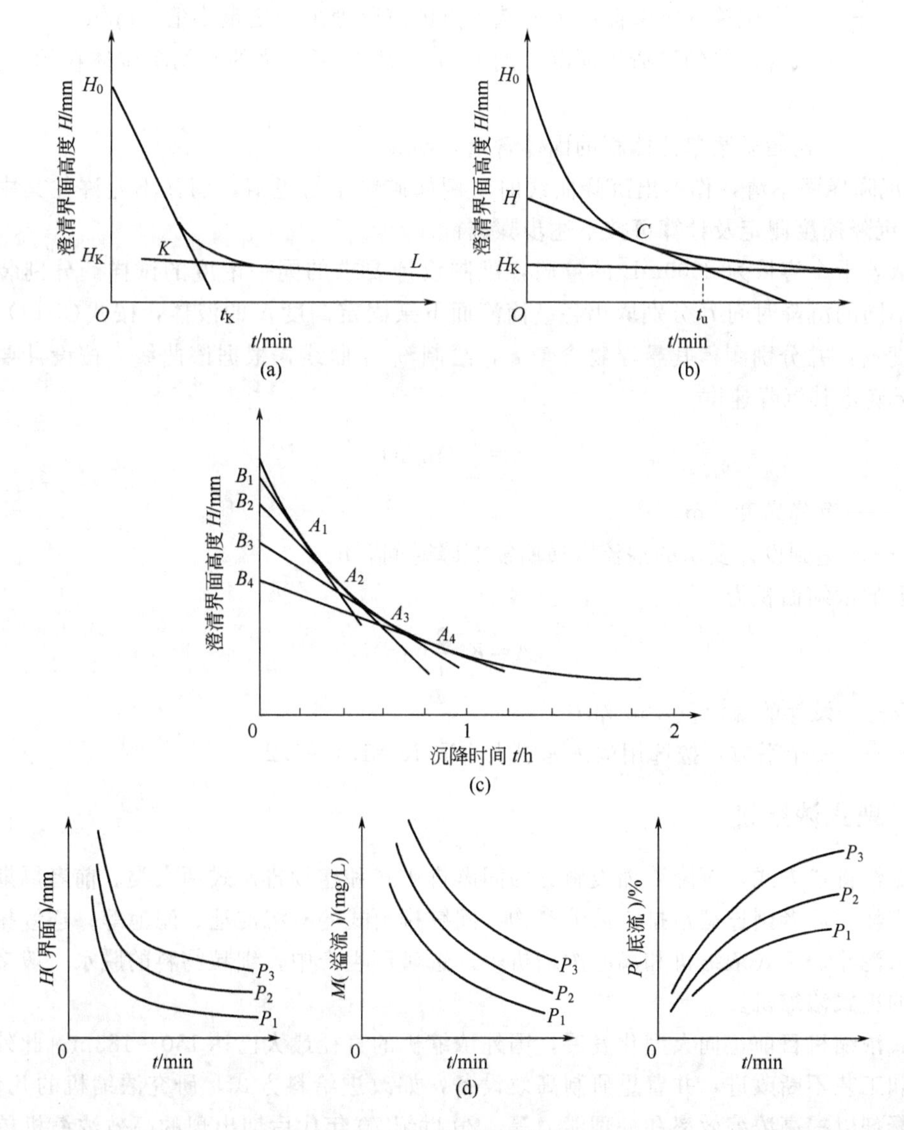

图 5-4　静止沉降曲线示意

按式(5-10) 计算各次试验的沉降曲线上所选各点的沉降速度。

$$v_{ij}=\frac{B_{ij}-H_{ij}}{t_{ij}} \tag{5-10}$$

$$v_{\min}=\mathrm{Min}(v_{i1},v_{i2},\cdots,v_{in}) \tag{5-11}$$

式中　j——试验的次别；

v_{ij}——沉降曲线上所选各点的沉降速度，m/h；

H_i——曲线上所选各点的高度，m；

t_i——上述各点的沉降时间，h。

按式(5-12) 求出所需最大单位浓缩面积。

$$a_{\max}=\frac{1}{v_{\min}}\left(\frac{1}{c_{Pij}}-\frac{1}{c_P}\right) \tag{5-12}$$

式中　$a_{\max}$——所需浓缩机的最大单位浓缩面积，$m^2 \cdot h/t$；

$v_{\min}$——各次试验的沉降曲线上所选各点的沉降速度中之最小值，m/h；

c_{Pij}——试验矿浆的澄清界面沉降到 B_{ij} 时，B_{ij} 以下矿浆的平均单位体积的固体含量，t/m^3；

c_P——初始矿浆单位体积的固体含量，t/m^3。

③ 沉降界面不清，作不出沉降曲线时（例如矿浆不易澄清，而又不允许往其中添加絮凝剂），沉降速度测定及计算可按下述步骤进行。

选取若干个容量为 2000mL 的量筒，配制设计要求的同一浓度的试样，分别装入各量筒。按不同的沉降时间 t_i 分别取出各量筒液面下某固定高度 h 的液体，按式(5-13) 计算其沉降速度 v_i，并分别测得其悬浮物含量 c_i，绘制 v_i-c_i 曲线，根据该曲线，按设计要求的溢流水质 c 确定其沉降速度

$$v=\frac{h}{t_i}(\mathrm{m/h}) \tag{5-13}$$

式中　h——沉降高度，m；

t_i——达到设计要求的溢流水质所需沉降时间，h。

需要的浓缩面积为：

$$A=K\frac{Q}{v}(\mathrm{m}^2) \tag{5-14}$$

式中　Q——设计的溢流量，m^3/h；

K——安全系数，按选用的浓缩机大小取 $K=1.1\sim1.2$。

5.1.2　耙式浓缩机

根据给排矿方式，沉降浓缩设施分为间歇排矿式和连续排矿式两大类。前者周期性地排卸浓缩产物，后者则连续地排卸浓缩产物。间歇排料式的有沉淀池、滤池等；连续排料式的有锥形浓泥斗、耙式浓缩机和离心浓缩机等。选矿厂生产中，细粒物料的脱水一般多采用连续排料的耙式浓缩机。

耙式浓缩机目前正向大型化发展，国外浓缩机的直径最大已达 150～183m。此外对传统的结构和工艺不断改进，并着重研制高效设备，如改进给料方式，研究浓缩机的几何形状，添加絮凝剂以提高浓缩效率和处理能力等。20 世纪 70 年代后期出现的高效浓缩机单位面积的生产能力比传统设备增长了许多倍，这对生产规模大，工业场地紧张以及气候严寒必须在室内作业的选矿厂具有特别重要的意义。

5.1.2.1 耙式浓缩机的结构

(1) 浓缩机的槽体 浓缩机的槽体结构按其规格、给料性质、排除沉砂的操作要求以及地形条件，可以做成钢质、混凝土质、木质或在泥土中用块石衬砌。槽壁和槽底可用相同或不同的材质制作（或砌筑）。为了防止腐蚀，槽内壁可涂以油漆或衬以合成橡胶或塑料。在土壤好的情况下，也可用块石砌筑或黏土夯实作槽底，而无需用钢筋混凝土。

根据具体情况，浓缩机的槽体安装方式有以下几种。

① 槽体安置在地面上，底部嵌入地面以下，并设地下通廊供排矿用。这种结构形式便于槽体的支承，土建费用较低，但浓缩机沉砂输送设施位于地面以下数米深的地方，生产操作条件较差。大、中型浓缩机常采用这种配置。

② 槽体置于地面以上，依靠钢筋混凝土梁柱支承。沉砂可自流或在地表用砂泵扬送至下一工序。该类结构的建筑费用较高，但生产操作条件较好，池底空间可作其他使用。一般中、小型浓缩机或建于室内的浓缩机有时采用该配置方式。

(2) 浓缩机的给料方式 以往的浓缩机一般均采用中心给料，矿浆被送入浓缩机中心的给矿筒内，再缓缓流进沉降区。近年来国外出现了周边给料和底部给料的浓缩机。周边给料浓缩机的矿浆分配器沉浸在矿浆中，装在浓缩机的周边，距溢流堰有一定深度。与中心给料相比，周边给料浓缩机处理量大，溢流中固体含量约降低 50%，例如由 2.72g/L 降至 1.3g/L，底流产品浓度约增加 4.2%；底部给料浓缩机的料流从浓缩机底部中心管给入，缩短了颗粒下降距离，因而处理能力大，溢流较清，占地小，反应灵敏，处理粒度范围宽。

(3) 安全保护装置 浓缩机设过负荷信号和保护装置是保证大型浓缩机正常运转的重要措施。目前有三种形式，即液压式、机械式和电控式安全保护装置。

① 液压式。该装置在液压马达的线路中编入过载监控报警器，由压力安全阀控制中心轴上部的转矩极限，也可根据驱动管线直接测得液体压力，以便启动过载报警信号装置、耙架提升装置和普通指示器或转矩记录器。如果过载时间过长，则温度控制开关启动，防止液体过热，这时液压系统停止工作，耙架也停止运转。

② 机械式。该装置装在驱动头的蜗轮轴端部。当浓缩机过负荷时，蜗轮轴的端部推动减压器，借助于齿轮系统的旋转而移动信号装置的盘面弹簧，当其转至一定位置，即可接通水银开关，立即发出声响和信号，或关停设备，同时接通提升电动机的电源，自动将耙提起。也可用手摇提升轮实行人工提耙，以免损坏设备。

③ 电控式。该装置使用过载报警器，可以单独使用，也可和机械报警系统联合使用。其控制工作建立在浓缩机的电动机驱动电流强度或电压信号传感的基础上。国外在使用液压马达情况下，使用液力过载报警器，并将其联络信号编入液压马达回路中。

(4) 浓缩机的传动机构 由于细粒物料沉降速度较慢，为了减小沉降过程的干扰，耙式浓缩机耙臂转速必须缓慢，因而传动减速比很大。一般采用蜗轮蜗杆减速和三级齿轮减速器能满足要求；为了确保浓缩机安全运转，传动机构必须有安全装置，以防因沉淀过浓或给料过多而损坏机件或电动机。

浓缩机常用的传动机构有以下几种。

① 小型中心传动浓缩机。其耙臂装在中心轴上，由置于管桥中心的蜗轮蜗杆减速机构驱动中心轴，并附有安全信号及手动或电动提耙装置。

② 大型中心传动浓缩机。耙臂由中心桁架支承，桁架和传动机构置于钢筋混凝土结构或钢结构的中心柱上，或钢筋混凝土箱体构成的中空柱上，采用锥形辊柱轴承或液体静压油膜轴承，以及具有行星齿轮系统的传动机构。国外制造的这类设备中，直径在 100m 以下

的，一般均装有自动或手动提耙装置。对于更大直径的，则配有自动润滑、测压、测负荷等自动测控装置。

③ 小型周边传动浓缩机。其传动装置装在耙臂桁架靠周边一端的小车上，经齿轮减速器驱动车轮使小车在轨道上移动。不需设特殊的安全装置。当负荷过大时，车轮打滑，小车即停止前进。

④ 大型周边传动浓缩机。其驱动小车上装有带小齿轮的减速器。浓缩池的周边上与轨道并列固定了一圈齿条。减速器的一小齿轮与齿条啮合，既推动小车前进又带动耙臂运转。通常设有熔断器以保护电动机。

5.1.2.2 耙式浓缩机的类型及性能

耙式浓缩机可分成两大类型，即中心传动浓缩机和周边传动浓缩机（表 5-4）。

表 5-4 耙式浓缩机分类

分类方法 \ 传动装置位置	中心传动浓缩机	周边传动浓缩机
按提耙方式分类	手动提耙	手动提耙
	自动提耙	自动提耙
	无提耙装置	无提耙装置
按耙臂驱动方式分类	中心竖轴蜗轮蜗杆	周边辊轮式
		周边齿条式
按浓缩机层数分类	单层式	
	多层式	
按中心轴结构形式分类	中心轴式	
	中心轴架式	
按浓缩效率分类	普通型	
	高效型	

(1) 中心传动浓缩机 中心传动浓缩机由槽体、给料装置、耙架、传动装置及其支承体（中心柱、中心桁架或沉箱式中空柱）和提升装置构成。如图 5-5、图 5-6 所示，槽体是用钢板或钢筋混凝土建造的一个圆池（槽），其底部呈水平或微倾斜的缓锥体状。槽的上部装有传动装置、提升机构和起支撑作用的桁架。排矿用的耙架置于槽底，与中心柱桁架或中心竖轴相连接。当传动装置驱动耙架旋转时，槽内沉积的物料被耙板刮运至槽中心的排料口排出。耙板刮运沉砂时给沉积物以压力，有利于从中挤出部分水分。

中心传动浓缩机工作时，矿浆给入槽体中心半浸没在澄清液面之下的给矿筒内，沿径向往四周流动（国外也有沿切线方向给矿的），逐渐沉降。澄清液从槽体上部的环形溢流槽排除。当给料量过多或沉淀物浓度过大时，安全装置发出信号，通过人工手动或自动提耙装置提起耙架，以防止烧坏电动机或损坏机件。

小型中心传动浓缩机的特点是耙臂装在中心轴上，中心轴由蜗轮蜗杆减速机构传动，并且设有安全信号装置及自动或手动提耙装置。这类耙架多数为直耙臂，但也有做成螺旋状，呈渐开线形。

目前我国制造的小型中心传动浓缩机规格有直径 1.8m、3.6m、6m、9m 和 12m 五种。

我国中心传动浓缩机系列产品已规划有直径 53m、75m 和 100m 三种规格的大型浓缩机。另有直径 16m、20m、30m 和 40m 四种规格的中型浓缩机。前者设有自动提耙装置，

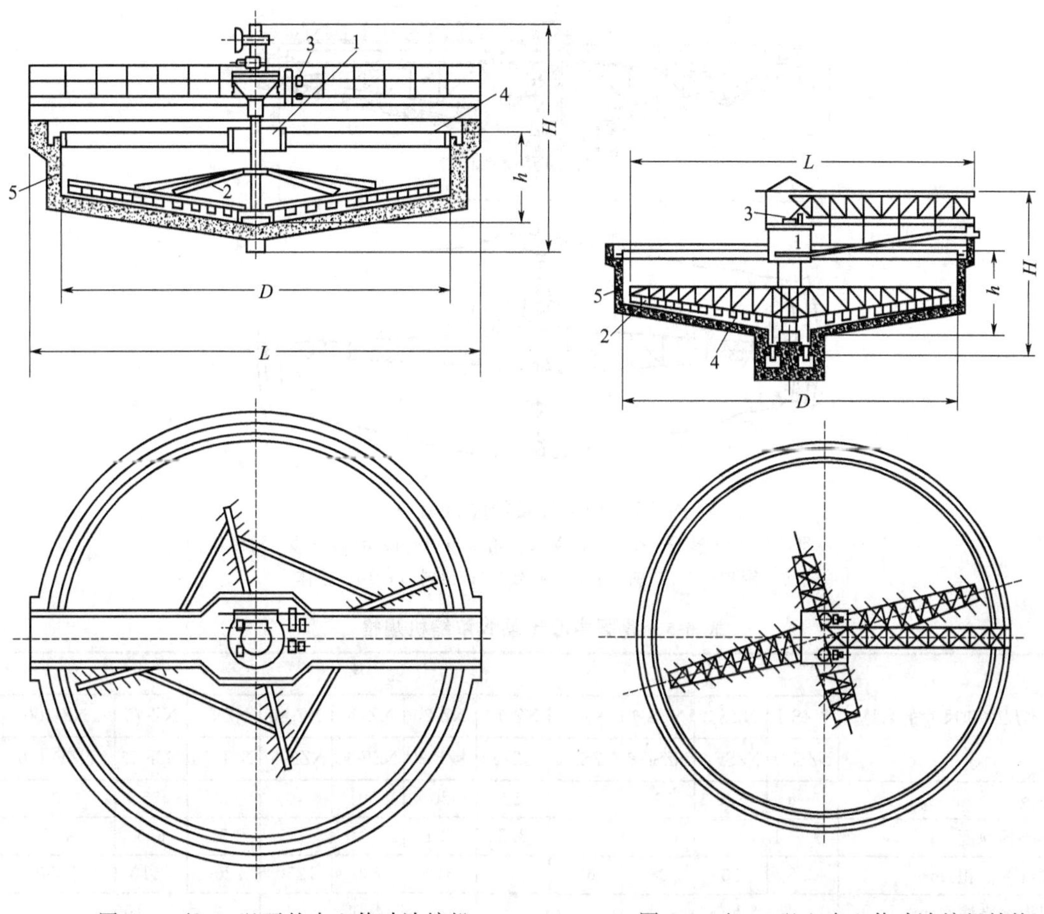

图 5-5　ϕ20m 以下的中心传动浓缩机
1—给料装置；2—耙架；3—传动装置；
4—支承体；5—槽体

图 5-6　ϕ20m 以上中心传动浓缩机结构
1—给料装置；2—耙架；3—传动装置；
4—支承体；5—槽体

后者备有自动或手动提耙装置。

我国中心传动浓缩机系列化产品的结构参数列于表 5-5。

大型中心传动浓缩机的耙架的一端装在中心柱桁架或沉箱式中心柱的钢筋混凝土外壁上，另一端用钢结构的耙臂支承，也有用钢缆绳悬挂于较小的悬臂梁下方的。

(2) 周边传动浓缩机　周边传动浓缩机按耙架支承方式可分为两种形式，即钢桁架支承式和悬臂支承式。前者的传动架与耙架成为一体，后者的耙架完全由悬臂支承。

耙架用钢桁架支承的周边浓缩机的机构如图 5-7 所示。其槽体是用钢筋混凝土建造的池子，池壁呈圆筒形，池底向中心倾斜（一般约为 12°）。池子中央有钢筋混凝土柱。传动架的一端借助于轴承支承于中心柱上，另一端支承与环池轨道上。桁架可做人行道，也可敷设给矿管（槽）。传动机构使滚轮沿轨道滚动并带动桁架。中心柱上装有电动机的接线花环，电源动过电刷、滑环和敷设在桁架上的电缆供给电动机。

直径 15m 以上的大型周边传动浓缩机，在浓缩槽的环池上与轨道并列安装着固定的齿条，传动装置的齿轮减速器有一小齿轮与齿条啮合以推动小车前进。通常设有过负荷断电器来保护电动机。我国拟定系列化生产的大型周边传动浓缩机列于表 5-6。它们均设有自动控制装置，供检查、显示和调节浓缩机的工作状况，以确保设备安全运转。

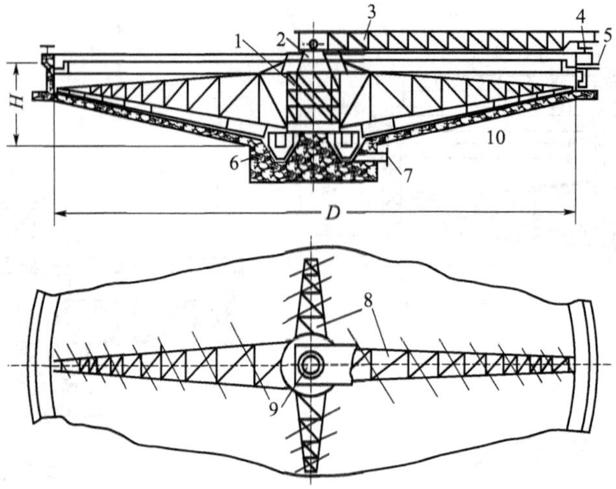

图 5-7 周边传动浓缩机结构

1—中心筒；2—中心支承部；3—传动架（桁架）；4—传动机构；5—溢流口；
6—副耙；7—排料口；8—耙架；9—给料口；10—槽体

表 5-5 我国中心传动式浓缩机规格

基本尺寸和尺寸的名称	型号规格										
	NZS-1	NZS-3	NZS-6	NZ-9	NZ-12	NZ-20	NZ-30	NZ-40	NZ-53	NZ-75	NZ-100
	NZSF-1	NZSF-3	NZSF-6	NZSF-9	NZF-12	NZF-20	NZF-30	NZF-40	NZF-53	NZF-75	NZF-100
浓缩池直径/m	1.8	3.6	6	9	12	20	30	40	53	75	100
池中心的深度/m	1.8		3		3.5	4.4	4		5	6.5	7.5
公称沉淀面积/m²	2.5	10	28	63	110	310	700	1250	2200	4410	7350
耙架提升高度/mm	200			260		400			700		
耙架每转时间/min	2	2.5	3.7	4	5.2	10.4	13,16,20	15,18,20	18,26,33	26～60	33～80
耙架传动装置功率/kW	1.1			3		5.2	7.5	13		17	22
带金属池浓缩机总重/kg	1235	3144	8576								
不带金属池浓缩机总重/kg				6000	8500	25000	30000	70000	80000	130000	200000

表 5-6 周边传动浓缩机技术参数

型号	NG-15	NT-15	NG-18	NT-18	NG-24	NT-24	NG-30	NT-30	NQ-38	NT-45	NTJ-45	NT-53	NTJ-53
浓缩池直径/m	15		18		24		30		38	45		53	
池中心的深度/m	3.6		3.4		3.44		3.6		5.05	5.06		5.07	
沉淀面积/m²	177		255		452		707		1134	1590		2202	
耙架每转时间/min	8.4		10		12.7		16		18	19.3		23.18	
处理能力/t/24h	390		560		1000		1570			2400	4300	3400	6250
电动机功率/kW	5.5		5.5		7.5		7.5		7.5	10	13	10	13
总重/t	9.3	11	10	12.5	24	29	27	32	49	59	72	70	80

5.1.2.3 浓缩机的选择与计算

(1) 浓缩机的选型 浓缩机的类型和规格的确定，一般根据所处理的物料性质、生产和建设条件以及试验研究提供的有关技术资料进行。在国外，制造厂根据用户提供的资料进行计算和选择，然后再向用户推荐。我国则由用户或设计单位自行选用。对于生产规模较大的选矿厂，有条件的情况下应尽量采用大型浓缩机。国外资料表明，采用大直径浓缩机可节省钢筋混凝土约 25%，节省建设费约 50%。

① 周边传动浓缩机。用钢筋桁架支承耙架的周边传动浓缩机，其耙架和钢桁架支承两者结合为一整体，刚性好，强度大。但桁架结构在工作过程中高出水面，对澄清层有搅动作用，不利于微细颗粒物料沉降，影响溢流的水质。耙架为悬臂结构的周边传动浓缩机，对周边轨道的技术要求不太严格，耙架运转时对沉降层影响较小，溢流水质较好。

② 大型中心传动浓缩机。中心轴架支承（使用液体静压轴承）的中心传动式浓缩机摩擦阻力很小，具有很高的有效传动扭矩。使用精密滚珠轴承的中心传动式浓缩机，可以防止负荷过大时损坏耙臂和驱动装置。常用来处理铁、铜矿石的选矿产品。

大型沉箱中心柱式浓缩机采用中空柱基础结构，沉箱内可容纳排料、电控、工艺管网和辅助设施，并可提供便于设备操作和维护的空间场地。该设备的底流用管道经桥架从中空柱内扬送到后续作业点，可省去地下通道和泵房的建设费用。该类浓缩池的底流，用多级泵并联排出。当出现峰值负荷时砂泵可自行处理，直到把中心柱周围集矿沟槽内的矿浆浓度降到正常值。这种排矿方式能使矿浆具有较高的线速度，防止排矿口堵塞。如果排矿出现短路，则底流浓度变稀，泵的吸入压头增大。生产中应尽量防止排矿短路。该类浓缩机的管线安装费高，泵的吸入管易堵，维修较困难。但其构造简单，操作方便，传递的扭矩大，运行稳定可靠。

缆绳式中心传动浓缩机直径为 12～75m，利用钢绳自动调整耙子上下左右浮动的数据可测出浓缩机内的负荷情况。在均匀负荷条件下，通过输入数据处理，浓缩机可获得最佳工作状况。该机适合于具有波动性和间歇性负荷的脱水作业。其耙子位置的自动补偿能防止池内产生不平衡的负荷，因而排矿浓度均匀，并能自行调节扭矩，保证设备正常运行。

多层中心传动浓缩机结构简单，占地面积小，动力消耗少，基建费较低。当工业场地较紧而又要求有足够的沉降面积时宜选用该类浓缩机。该设备传递的扭矩较小，直径较小，适合于中小型选矿厂使用。

高效浓缩机（槽内也可装倾斜板）的给料需添加絮凝剂，经搅拌后送入浓缩机的沉降部位。该机占地面积小，浓缩效率高，适于处理细粒物料以及必须在室内脱水的物料，也适于旧厂扩大生产能力选用。

（2）耙式浓缩机的计算 为了确定在一定条件下工作的浓缩机的面积、结构尺寸及台数，必须进行浓缩机的技术计算。由于在连续作业的耙式浓缩机中，矿粒的沉淀过程十分复杂，目前尚无准确的计算方法。国外一些公司根据经验和不同的研究方法，如模拟法、图解法、初始沉降速度法、经验定额法等设计浓缩机。

我国目前进行浓缩机计算，主要根据单位浓缩面积的生产能力和矿浆在静止沉降试验中的沉降速度来确定所需要的有效沉降面积、浓缩机尺寸和台数。我国选矿厂的生产实践表明，在目前情况下，较切合实际的计算方法，应该是通过沉降试验并参照同类厂矿的生产实际资料来确定。在满足底流浓度要求的同时，应考虑溢流水质的要求。黑色金属矿山使用环水时，要求溢流中的固体含量小于 0.5%；有色金属矿山应以金属流失最少为度。

浓缩机单位面积的生产能力与所处理的物料颗粒或絮团的粒度、密度、给矿和底流的浓度、料浆成分、泡沫黏度、矿浆温度和物料的价值有关。单位面积的生产能力一般根据半工业试验或静止沉降试验确定，在无试验条件的情况下，可参照类似厂矿的生产指标确定。单位浓缩面积处理不同精矿的生产能力实例列于表 5-7。

表 5-7 浓缩机单位面积生产能力

被浓缩物料特性	单位面积生产能力/[t/(m²·d)]
机械分级机的溢流(浮选前)	0.7～1.5
氧化铅精矿和铅-铜精矿	0.4～0.5
硫化铅精矿和铅-铜精矿	0.6～1.0
铜精矿和含铜黄铁矿精矿	0.5～0.8
黄铁矿精矿	1.0～2.0
辉钼矿精矿	0.4～0.6
锌精矿	0.5～1.0
锑精矿	0.5～0.8
浮选铁精矿	0.4～0.6
磁选铁精矿	3.0～3.5
锰精矿	0.4～0.7
白钨矿浮选精矿和中矿	0.4～0.7
萤石浮选精矿	0.8～1.0
重晶石浮选精矿	1.0～2.0
浮选尾矿或中矿	1.0～2.0

① 浓缩面积计算。浓缩面积计算可采用如下三种方法。

a. 用半工业试验或生产定额指标计算浓缩机面积可采用下述经验公式计算。

$$A=K\frac{W}{q} \tag{5-15}$$

式中 A——浓缩机总有效面积，m^2；

q——在满足溢流水质要求的条件下，浓缩机单位面积处理的固体物料质量，$t/(m^2\cdot d)$，该值由试验确定。缺试验资料时可参照表 5-7 选取；

W——给料中的固体质量，t/d；

K——矿浆波动系数。

一般对于工业性试验 $K=1$，对于模拟试验 $K=1.05\sim1.20$；当矿样代表性较好，给矿数量和性质稳定，以及选择较大直径的浓缩机时可取小值，反之取大值。

b. 按静止沉降试验或模拟试验资料计算浓缩机面积。

$$A=KQ_0C_0a_{max} \tag{5-16}$$

或

$$A=KWa_{max} \tag{5-17}$$

式中 A——所需浓缩机总面积，m^2；

K——系数，取 1.05～1.2，取值原则同式(5-15)；

Q_0——设计的给入料浆量，m^3/d；

C_0——设计给矿的单位体积含固体质量，t/m^3；

a_{max}——浓缩每吨固体物料所需要的最大沉降面积，$m^2\cdot d/t$ 由试验确定；

W——给入浓缩机的固体质量，t/d。

c. 在缺乏试验数据而又无实际经验资料时，可按斯托克斯公式近似地计算固体物料的沉降速度之后，再用式(5-18) 近似计算浓缩机的面积。

$$A=\frac{W(R_1-R_2)K}{86.4v_0K_1} \tag{5-18}$$

式中 A——浓缩机面积，m^2；

W——给入浓缩机的固体质量，t/d；

R_1、R_2——浓缩前后矿浆的液固比；

K_1——浓缩机有效面积系数，一般取 0.85～0.95，ϕ12m 以上的浓缩机取大值；

K——矿量波动系数，视原矿品位而定，浓缩机直径小于 5m 时取 1.5，大于 30m 时取 1.2；

v_0——溢流中最大粒子在水中的自由沉降速度，mm/s。

沉降速度也可用式(5-19) 近似计算。

$$v_0=545(\delta-1)d^2 \tag{5-19}$$

式中 δ——固体物料密度，g/cm^3；

v_0——溢流中最大粒子在水中的自由沉降速度，mm/s；

d——溢流中固体颗粒最大直径，mm，精矿溢流中最大粒度一般取 5μm，浓缩煤泥时，最大不应超过 30～50μm。

对于絮凝沉降，v_0 只能通过试验测定。A 值的计算应在进料与底流之间的整个浓度范围内选取，其中最大值作为沉降槽的横断面积。浓缩机的面积必须保证料浆中沉降最慢的颗粒有足够的停留时间沉降至槽底。因此浓缩机溢流速度 v（或上升水流速度）必须小于溢流中最大颗粒的沉降速度。选定的浓缩机面积须用式(5-20) 验算，须保持 $v<v_0$。溢流速度计算如下。

$$v=\frac{V}{A}\times 1000 \tag{5-20}$$

式中 v——上升水流速度 mm/s；

A——浓缩机面积，m^2；

V——浓缩机的溢流量，m^3/s。

② 浓缩机深度计算。耙式浓缩机的深度决定矿浆在压缩层中的停留时间，为了保证底流的排矿浓度，矿浆在浓缩机中必须有充分的停留时间。因此，浓缩机应具有一定的高度，即

$$H=h_C+h_P+h_Y \tag{5-21}$$

$$h_P=\frac{D}{2}\tan\alpha$$

$$h_Y=\frac{(1+\delta R_C)t}{24\delta a_{max}}$$

式中 H——浓缩机所需的总高度，m；

h_C——澄清区高度，取值为 0.5～0.8m；

h_P——耙臂运动区高度，m；

D——浓缩机底部直径，m；

α——底部水平倾角，通常 $\alpha=12°$；

h_Y——压缩区高度，m；

t——矿浆浓缩至规定浓度所需的时间（实测），h；

δ——矿粒密度，g/cm^3；

a_{max}——澄清 1t 干矿所需的最大澄清面积，$m^2\cdot d/t$；

R_C——矿浆在压缩区中的平均液固比，可按矿浆沉降到临界点时的液固比与排矿底流液固比（均为实测）的平均值计算。

我国选矿厂使用国产的系列化浓缩机时，其结构尺寸已经固定了，选用这类标准规格的浓缩机时，其压缩区的高度 h_Y 应满足式(5-22) 要求。

$$h_Y \leqslant H-(h_C+h_P) \tag{5-22}$$

当计算的 h_Y 不能满足式(5-22) 的要求时，应增加浓缩机的面积。

③ 浓缩机的直径计算。

$$D=\sqrt{\frac{4A}{\pi}}=1.13\sqrt{A} \tag{5-23}$$

式中 D——浓缩机直径，m；

A——浓缩机横断面面积，m^2。

5.1.3 高效浓缩机

5.1.3.1 高效浓缩机的工作原理

从式(5-16) 和式(5-18) 可知，增大料浆中固体颗粒的粒度和浓缩机的沉降面积可以提高浓缩机的处理能力。在浓缩机中添加絮凝剂使微细颗粒凝聚成团，即可增大沉降颗粒的粒度，在普通浓缩机内放入倾斜板，就可增加沉降面积，缩短颗粒的沉降距离，提高浓缩效率。高效浓缩机和加倾斜板的浓缩机正是从上述两个方面显示了其突出的优点。试验与工业生产表明，在处理能力相同的情况下，高效浓缩机的直径仅为普通浓缩机直径的1/2～2/3，占地面积约为普通浓缩机的1/9～1/4，而单位面积的处理能力却可以提高几倍至几十倍。

5.1.3.2 高效浓缩机的结构

高效浓缩机的槽体、耙架及传动部分的结构与普通浓缩机大致相同。其浓缩效率高的主要原因在于有一个特殊的给矿筒。国外常用的高效浓缩机主要有三种，即艾姆科（Eimco）型、道尔-奥利弗（Dorr-Oliver）型和恩维罗-克利阿（Enviro-Clear）型。

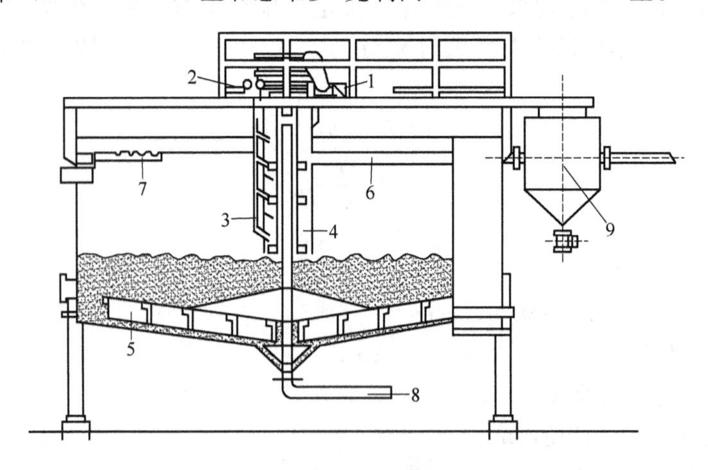

图 5-8 艾姆科高效浓缩机结构

1—耙传动装置；2—混合器传动装置；3—絮凝剂给料管；4—给料筒；5—耙臂；6—给料管；7—溢流槽；8—排料管；9—排气系统

艾姆科高效浓缩机的给矿筒结构如图 5-8 所示。给矿筒被分隔成三段竖直的机械搅拌室，并与浓缩机的中心竖轴同心。矿浆给入排气系统，带入的空气被排出，然后通过给矿管进入混合室，与絮凝剂充分混合后，再经混合室下部呈放射状分布的给矿管直接给到沉砂层的中、上部。液体经沉砂层的上层过滤以后上升成为溢流，絮团则留在沉砂层中进入底流。

道尔-奥利弗高效浓缩机的结构如图 5-9（a）所示。该设备有一特殊结构的给矿筒，如图 5-9（b）所示。送进浓缩机的矿浆被分成两股，分别给到给矿筒的上部和下部的环形板上，两者流向相反，使得由给矿造成的剪切力最小。当一定浓度的絮凝剂从给矿筒中部给入后可与矿浆均匀混合，形成的絮团便从剪切力最小的区域较平缓地流到浓缩机内沉降。

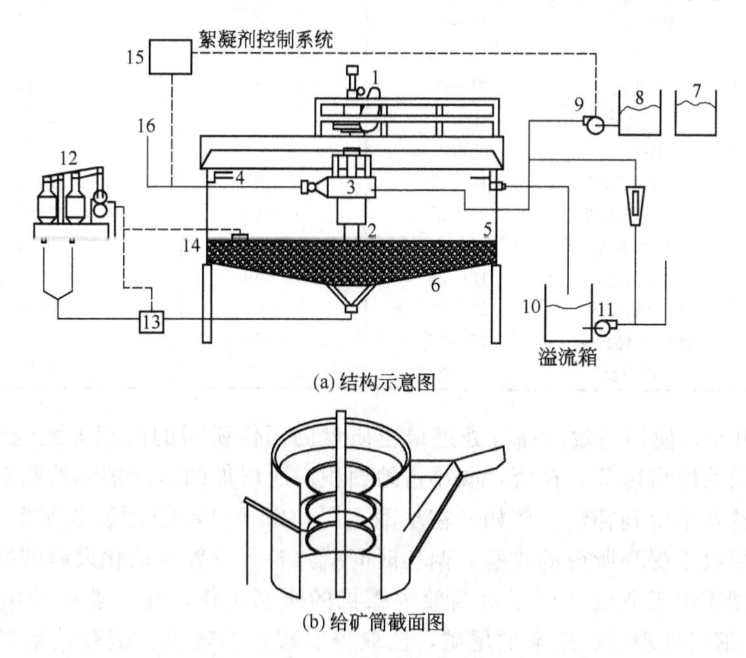

(a) 结构示意图

(b) 给矿筒截面图

图 5-9　道尔-奥利弗高效浓缩机结构

1—传动装置；2—竖轴；3—给矿筒；4—溢流槽；5—槽体；6—耙臂；
7—絮凝液搅拌槽；8—絮凝液贮槽；9—絮凝液泵；10—溢流箱；
11—溢流泵；12—底流泵；13—浓度计；14—浓相界面传感器；
15—絮凝剂控制系统；16—给矿管

恩维罗-克利阿型高效浓缩机的结构如图 5-10 所示。其中心有一个倒锥形的反应筒，矿浆沿给矿管从反应筒中心的循环筒的下部往上，经循环筒的上部进入反应筒，受旋转叶轮搅拌，与絮凝剂充分地混合后，再从反应筒底部进入沉砂层中。溶液穿过沉砂层的上部，向上运动形成溢流，进入溢流堰。该机具有放射状的或周边式的溢流槽。

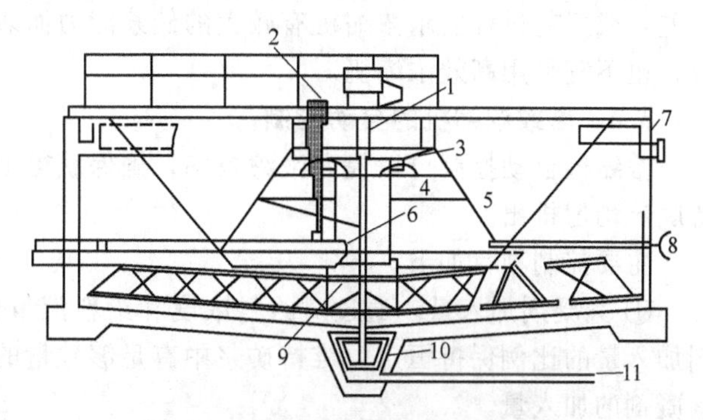

图 5-10　恩维罗-克利阿高效浓缩机

1—给料管；2—加药管；3—叶轮；4—缓冲器；
5—反应筒；6—循环筒；7—溢流出口；8—取样管；9—转鼓；10—锥形刮料板；11—排矿管

5.1.3.3　高效浓缩机的工业应用

目前国外使用的高效浓缩机直径已达 40 多米。在美国、加拿大和澳大利亚的铁矿（精矿和尾矿）、选煤（主要是尾煤）、铀矿（酸性矿坑水和逆流洗液）、磷酸盐、发电厂 SO_2 洗涤渣及有色金属工业中广泛使用。其主要工业指标列于表 5-8。

表 5-8 高效浓缩机的应用指标

序号	物料名称	矿浆浓度(质量分数)/%		单位定额/(m^2·d/t)
		进料	底流	
1	铜精矿	15～30	50～75	0.02～0.05
2	铜尾矿	10～30	45～65	0.04～0.01
3	铁精矿	15～25	50～65	0.02～0.10
4	铁尾矿	10～20	40～60	0.10～0.60
5	磷酸盐	1～5	10～15	0.10～0.29
6	氢氧化镁	3～10	15～30	0.51～2.09
7	煤泥	0.5～0.6	20～40	0.05～0.15
8	金氰化浸出渣	10～25	50～65	0.05～0.10
9	银氰化浸出渣	10～25	50～60	0.05～0.13
10	苏打细矿泥	1～2	10～20	0.31～0.62
11	铀矿酸性渣	15～25	40～60	0.02～0.05
12	铀矿碱性渣	15～25	40～60	0.03～0.08
13	铀矿中性渣	15～25	40～60	0.03～0.07
14	铀-铵沉淀	1～2	10～25	0.51～2.04

由表 5-8 可知，使用高效浓缩机处理单位质量的固体所需的面积大大低于普通浓缩机。因此，采用高效浓缩机可节省投资，减小占地面积。所增加的絮凝剂和控制系统的费用，可以从节省的基建费中得到补偿。例如，在水冶工厂，由于自动控制装置使得底流浓度稳定，而使洗涤作业回收率提高所得的收益，两年时间就弥补了设置自动化设施的投资。

近年来我国矿山工业也开展了对高效浓缩机的研制工作。在工业试验中采用小直径的 GX-3.6 高效浓缩机处理铁矿选矿的尾矿，已取得了较好的效果。试验结果表明，当给矿浓度为 12.48%的情况下，加凝聚剂与否，浓缩机底流浓度分别为 26.71%和 44.45%，溢流中悬浮物含量分别为 268.89mg/L 和 266.61mg/L。单位面积的处理能力比普通浓缩机高 5 倍，达到了国外同类设备的水平。采用高效浓缩机处理选矿厂尾矿，可实现尾矿高浓度输送，节约能源，增加回水利用率，减少环境污染，其社会效益和经济效益是显著的。但是，目前尚无对任何料浆都具有高效浓缩作用的设备。因此，现在的高效浓缩机仍不能完全取代所有的普通浓缩机。这是因为絮凝剂并非在任何情况下都是适用的。例如，当后续作业不允许使用絮凝剂或添加絮凝剂在经济上根本不合算时，是不宜采用的。此外，当料浆的压缩性很差，或工艺过程要求浓缩机有较大的储浆能力而兼起缓冲作用，以及对沉砂浓度要求很高时，也不宜采用高效浓缩机。

5.1.3.4 高效浓缩机的自动控制

浓缩机自动控制可以提高浓缩效率，确保获得浓度较高的底流及合乎要求的溢流，并保持底流均匀排出。

主要控制项目如下。

① 絮凝剂加入量。通过对给料浓度和给料流量的测定与计算，使矿浆中固体量与絮凝剂加入量的比例保持恒定，维持矿浆中有足够数量的絮凝剂。改变絮凝剂泵的转数可以控制絮凝剂的加入量。

② 底流浓度及压缩层的高度。将底流浓度与底流泵的转速相联锁，通过控制底流泵的转数来控制底流浓度。当底流浓度高时，泵的转数加快，扬出量加大，底流浓度由稠变稀；反之，则减少泵的转数，扬出量相应减小，底流浓度变稠。只有当底流浓度符合要求时，泵

的转速才保持不变。压缩区界面高度与底流泵的转数联锁而又与底流流量之间有一定的对应关系，所以底流泵的转数必须同时满足这两个参数的要求。底流泵在上、下限转速之间使底流浓度保持稳定。转速过大容易将浓缩机的压缩区内的物料抽空，造成底流浓度下降；转速过慢，则底流浓度增高，排料不畅易造成排矿管堵塞。底流泵的最佳转速应控制压缩区界面具有最适宜的高度，以便更好地发挥沉积层的作用。

5.1.4　深锥浓缩机

深锥浓缩机的结构与普通浓缩机和高效浓缩机不同，其主要特点是池深尺寸大于池径尺寸，整体呈立式桶锥形。其工作原理是由于池体（一般由钢板围成）细长，在浓缩过程中又添加絮凝剂，便加速了物料沉降和溢流水澄清的浓缩过程。它具有较普通浓缩机占地面积小、处理能力大、自动化程度高、节电等优点。

淮矿和中芬矿机生产的 GSZN 型高效深锥浓缩机是该公司综合前苏联及美国同类设备的优点及先进技术，研制、生产的一种高效浓缩澄清设备，用于处理各种煤泥水、金属选矿水及其他污水。

产品特点：a. 处理能力大，浓缩效果好，单位处理能力为 $2\sim3.5m^3/(m^2 \cdot h)$，最高可达 $5\sim8m^3/(m^2 \cdot h)$（煤泥水），溢流水浓度小于 1g/L，底流浓度大于 400g/L；b. 机内配置倾斜板，有效沉积面积增大；c. 占地面积小，投资少，省电，运行费用低，管理方便。

其技术参数见表 5-9。

表 5-9　GSZN 型高效深锥浓缩机主要技术参数（淮矿、中芬矿机）

型　号	有效沉淀面积/m^2	处理能力/(m^3/h)	相当于普通浓缩机
GSZN-5000/7500	72	180～250	ϕ12m
GSZN-7000/10500	128	320～450	ϕ18m
GSZN-9000/13500	213	530～750	ϕ24m
GSZN-11000/16500	315	780～1100	ϕ30m

长沙矿冶院研制、生产的 HRC 型高压高效深锥浓缩机是以获得高浓度底流为目的的高效浓缩机。这种大锥角的浓缩机采用高的压缩高度以及特殊设计的搅拌装置，但由于锥角大，设备大型化困难较大，固体颗粒在沉降段和过滤段的工作过程中，采用絮凝浓缩，可大大增加固体通过量，设备可以获得大的处理量。但进入浓缩过程的压缩段，固体颗粒的沉降变成了水从浓相层中挤压出来的过程。长沙矿冶院在深锥浓缩机研究中发现，浓缩进入到压缩阶段时，普通浓缩机中浓相层是一个均匀体系，仅依靠压力将水从浓相层挤压出来是一个极为困难和缓慢的过程，研究中还发现，通过在浓相层中设置特殊设计的搅拌装置，破坏浓相层中的平衡状态，可以在浓相层中造成低压区，并成为浓相层中水的通道，由于这一水的通道的存在，使浓缩机中的压缩过程大大加快。

5.1.5　水力旋流器

水力旋流器是一种利用离心力进行分级和选别的设备。在选矿厂中除了常用于各种物料的分级作业之外，还可作为离心选别设备，如重介质旋流器等。有时也用来对矿浆脱泥、脱水以及浮选前的脱药、精矿浓缩及回水设施等。当原有浓缩机面积不足时，可辅以水力旋流器作第一段脱水设备。水力旋流器结构简单，易制造，设备费低，生产能力大，占地面积小。设备本身无运动部件，操作维护简单。但由于它需要压力给矿，给矿压力还必须保持稳定，故采用动压给矿时，动力消耗较大。

我国于20世纪50年代开始在选矿厂使用水力旋流器。近些年，随着尾矿干式堆存技术的出现及应用，水力旋流器在尾矿高效脱水环节也有很多应用。具有代表性的是以水力旋流器为核心的联合浓缩流程，该流程分为“水力旋流器-浓密机串联流程”和“水力旋流器-浓密机闭路流程”两类。前者主要用于提高尾矿浓缩效率，后者可以获得高浓度浓缩产物。

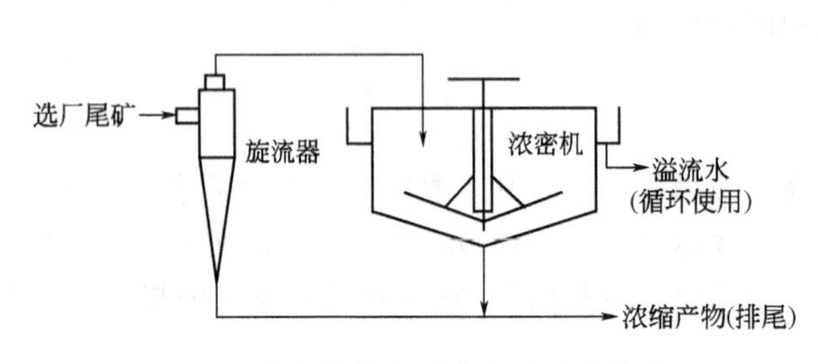

图 5-11　水力旋流器-浓密机串联浓缩流程

① 水力旋流器-浓密机串联流程。该流程的特点是选矿厂尾矿首先经过一段旋流器获得高浓度底流；旋流器溢流给入常规浓密机进行细粒级的澄清浓缩，获得细粒浓缩产物和澄清的溢流（图 5-11）。这一方面可以大大减轻浓密机处理能力的压力，避免浓密机跑浑，同时可获得高浓度的尾矿，并提高尾矿浓缩系统的处理能力，从而在整体上提高尾矿浓缩脱水效率。

② 水力旋流器-浓密机闭路浓缩流程。该流程由水力旋流器、分泥斗以及浓密机组成闭路流程（图 5-12）。选矿厂尾矿给入水力旋流器，产出两种产品，沉砂送分泥斗进行脱泥，旋流器溢流与分泥斗的溢流一起送浓密机处理。在浓密机中加入絮凝剂，得到清的溢流和较稀的沉砂。浓密机的沉砂返回至旋流器给矿，经旋流器进一步提高浓度。

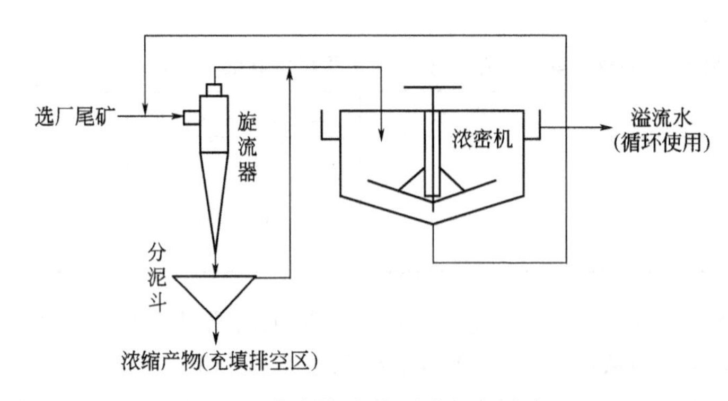

图 5-12　水力旋流器-浓密机闭路流程

5.2 尾矿过滤

5.2.1 过滤概述

过滤是从流体中分离固体颗粒的过程，基本原理是将液固两相的混合物给到多孔隙的介质（即过滤介质，一般用过滤布等）的表面，在压力差的作用下，液体通过介质，而固体颗粒残留于介质上，称为滤饼；液体通过滤饼层和介质层变为清的滤液。以滤液为产品的过滤机一般比以获得滤饼为产品的过滤机容易操作。对于经过初步脱水的细粒物料进一步脱水，目前最常用的方法就是过滤。与其他分离方法相比，过滤消耗能量是较低的。

5.2.1.1 过滤方法

工业上应用过滤的方法，按照过滤动力的不同，可分为四大类型。

① 重力过滤。该类过滤属于深床过滤（即厚滤层），其特点是固体颗粒的沉积发生在较厚的粒状介质床层内部。悬浮液中的颗粒直径小于床层孔道直径，当颗粒随流体在床层内的

曲折孔道中穿过时，便黏附在过滤介质上。这种过滤适用于悬浮液中颗粒甚小而且含量甚微的场合。例如自来水厂里用石英砂层作为过滤介质来实现水的净化。

② 真空过滤。利用真空泵造成过滤介质两侧有一定的压力差，在此推动力作用下，悬浮液的液体通过滤布，而固体颗粒呈饼层状沉积在滤布的上游一侧。该法一般适于处理液固比较小而固体颗粒较细的悬浮液。

③ 加压过滤。利用高压空气 785kPa（8kgf/cm^2）或高压水 883～1569kPa（9～166kgf/cm^2）充入装在滤室一侧或两侧的隔膜，借助于隔膜膨胀而均匀压榨滤饼，可以得到含水很低的滤饼。一般适于处理细黏颗粒而难过滤的物料。近几年又发展了加压-真空组合式过滤。

④ 离心过滤。利用离心力作用，使悬浮液中的液体被甩出，而颗粒被截留在滤布表面，离心力场可以提供比重力场更强的过滤推动力，分离速度高，效果好。适于处理含有微小固体颗粒的料浆。

5.2.1.2 过滤介质

常用过滤介质的种类很多，主要的可分为以下三类。

① 粒状介质。如细砂、石砾、玻璃碴、木炭、骨炭、酸性白垩土等。此类介质，颗粒坚硬，可以堆积成层，颗粒间的细微孔道足以将悬浮固体截留，而只允许液体通过。例如城市和工厂给水设备中的砂滤池就是应用这类介质构成的。

② 织物介质（或称为滤布介质）。是用天然的或人造的纤维编织而成的滤布。所用材料有棉花、麻、羊毛以及各种人造纤维与金属丝等。此类介质应用最广，其中尤以棉织帆布、尼龙类人造纤维、毛织呢绒等在选矿厂使用最普遍。

③ 多孔陶瓷或塑料介质。试验室中的砂滤器及饮水用的特制滤缸就用此类介质。过滤的目的在于得到含水较低的滤饼或不含固体的滤液。按性质差异，滤饼可分为两类，即不可压缩滤饼与可压缩的滤饼。前者由不变形的颗粒所组成，矿物晶体就属于此类；后者由无定形的颗粒所组成，主要的为胶体滤渣，如氢氧化铅以及各种水化沉淀物等。不可压缩的滤渣积聚在过滤介质上形成滤饼时，各个颗粒的相互排列位置，粒子间的孔道，均不会因为压力的增加而发生较大的变化。但在过滤可压缩性滤渣时，粒子与粒子间的孔道随压力的增加而显著地变小，因此对滤液的流动发生阻碍作用。

选矿厂的精矿滤饼如不含有具备特殊回收价值的成分时，一般很少洗涤。但在水冶（如电解铜、锰等）厂里，滤饼要经过洗涤，以便充分回收滤液，并使滤饼更加纯洁，既可保证产品质量又可提高对有用成分的回收率。

对于可压缩的滤饼，当过滤压强增大时颗粒间的孔道变窄，有时也因颗粒过于细密而将通道堵塞。遇此情况可将一些粒度较粗的物料混入悬浮液中，改善料浆性质，形成较疏松的滤饼，提高过滤效率。这些混入的物质可以是同成分的物料，也可以是其他物料或药剂，统称为助滤剂。

5.2.2 过滤理论

对于液固两相构成的流态物质通过有孔隙的物质进行过滤的理论研究始于19世纪后期。工业生产中的真空过滤的理论研究仅仅在20世纪初叶才开始，随着工业生产和技术的发展，精确地计算和选择过滤设备的要求更加迫切。近年来过滤理论的研究有一些发展，但是发展仍是很慢的。

过滤理论的研究所涉及的问题比较复杂。例如，仅就过滤的阻力而言，不仅与过滤介质（滤布）的编织方法，孔隙形状、大小和密度，滤布的表面糙度、膨胀率和破损率等诸多因素有关，而且在很大程度上也取决于滤布表面滤饼层的阻力大小，而这种阻力又取决于料浆的性质、滤液的温度、滤饼的疏松程度及内部结构情况，诸如物料颗粒的尺寸、形状、在饼内的相互位置，滤饼的孔隙率、孔径和孔道的弯曲情况等因素。可是，决定滤饼特性的绝大部分因素又与施于过滤机的压力有关。因而，过滤阻力的测算是很难找到确切的理论公式的。为了便于研究问题，人们在进行过滤理论研究时，不得不借助于有关过滤阻力的变化与其他因素的关系的某些假定条件。这样就使得过滤公式极其复杂，而且其实用价值也就大大降低了。因而，过滤理论现在还不能供给人们以更准确地计算过滤设备的全部资料。然而，却可以帮助说明过滤过程中存在的某些普遍情况和影响因素。到目前为止，对于工业应用的真空过滤机的预先计算和合理操作起着决定意义的，仍是由正确的模拟试验和实际生产所取得的经验数据。

无论过滤介质的种类和过滤的推动力来源如何，过滤机的生产能力决定于滤液通过滤饼和过滤介质的速度。通过多次的过滤实验可以确定，当被过滤的液体经过滤渣的孔道和过滤介质流动时，流体处于层流状态。据此，按照液体在毛细管道中层流运动的定律可以推导出过滤速度［即单位时间内通过 $1m^2$ 过滤面积的滤液流量，$m^3/(m^2 \cdot s)$］表达式，但由于滤饼和滤布中的毛细管的数量、半径和弯曲程度均难测定而无实用价值。后来进一步分析，并由实验证明，在一定的操作条件下，上述毛细管的有关参数、过滤面积和液体的黏度等均为常数。这时的过滤速度仅随所施加的推动力和滤饼的厚度而变化。在此基础上，并根据推动力和阻力的概念，提出了对过滤速度的新的认识，即过滤速度与过滤的推力成正比，与过滤的阻力成反比。此外，把过滤过程中单位时间内获得的滤液体积（m^3/s）称为过滤速率。经过合理的假定和推导后，可以建立过滤速率与各有关因素的一般关系式为

$$\frac{dV}{dt}=\frac{pA^2}{\mu\rho W(V+V_0)} \tag{5-24}$$

式中　V——实际的滤液体积，m^3；

p——毛细管两端的压力降，可用于滤饼前的真空计压力代之，Pa；

t——过滤时间，s；

μ——液体的黏度，Pa·s；

ρ——不可压缩的滤饼的单位厚度之阻力，即比阻，m^{-2}；

W——单位体积滤液所含的滤饼体积，无量纲或 m^3/m^3；

A——过滤面积，m^2；

V_0——自开始过滤到滤饼的阻力等于介质的阻力时所获得的滤液体积，称为过滤介质的当量滤液体积，或称为虚拟滤液体积，m^3。

当滤饼可压缩时，其阻力的变化为

$$\rho=\rho' p^S \tag{5-25}$$

式中　S——滤饼的压缩系数，由试验测定，不可压缩的滤饼的 $S=0$；

ρ'——当压力为 98.1kPa（$1kgf/cm^2$）时的滤饼比阻，m^{-2}。

故对可压缩滤饼而言，根据式（5-24）及式（5-25）可得

$$\frac{dV}{dt}=\frac{A^2 p^{1-S}}{\mu\rho' W(V+V_0)} \tag{5-26}$$

式（5-26）称为过滤基本方程式，表示过滤过程中任一瞬间的过滤速率与各有关因素间的关系，是进行过滤计算的基本依据。该式适用于可压缩滤饼及不可压缩滤饼。

应用式（5-26）作过滤计算时，还需针对过程进行的具体方式对该式积分。在积分时需

将式中的三个独立的变数即表压力 p、滤液体积 V 和过滤时间 t 三者中之一维持不变。实际上过滤操作有恒压、恒速以及先恒速后恒压三种方式。选矿厂过滤操作以恒压工作较多，恒速过滤较少见。在过滤开始时，因介质表面尚无滤饼，过滤阻力最小，若骤然加以最大压力，将使微细颗粒冲过介质孔道，致使滤液混浊或堵塞滤孔。

过滤机上进行的过滤都是恒压过滤，现仅就恒压过滤的理论计算予以讨论。

在恒压过滤中，滤饼不断增厚致使过滤阻力不断增加，但是过滤的推动力（压力）是恒定的，因而过滤的速率逐渐变小。因此式（5-26）中除 V 和 t 是变数外，其他参数均为常数。如果令

$$k=\frac{1}{\mu\rho' W} \tag{5-27}$$

可得出式（5-26）的积分形式为

$$\int (V+V_0)\mathrm{d}V = kA^2 p^{1-S}\int \mathrm{d}t$$

当过滤条件改变时，则过滤时间由 $0\rightarrow t_0$，再由 $t_0\rightarrow t+t$。滤液体积由 $0\rightarrow V_0$，再由 $V_0\rightarrow V+V_0$。

这里所指的过滤时间是指虚拟的过滤时间 t_0 与实际的过滤时间 t 之和；滤液体积是指虚拟的滤液体积 V_0 与实际的滤液体积 V 之和。于是在上述两个变化的条件下得到的两个积分式

$$\int_0^{V_0}(V+V_0)\mathrm{d}(V+V_0) = kA^2 p^{1-S}\int_0^{t}\mathrm{d}(t+t_0) \tag{5-28}$$

及

$$\int_{V_0}^{V+V_0}(V+V_0)\mathrm{d}(V+V_0) = kA^2 p^{1-S}\int_{t_0}^{t+t_0}\mathrm{d}(t+t_0) \tag{5-29}$$

积分式（5-28）和式（5-29）并令

$$K=2kp^{1-S} \tag{5-30}$$

可得到式（5-31）和式（5-32）

$$V_0^2=KA^2t_0 \tag{5-31}$$

及

$$V^2+2V_0V=KA^0t \tag{5-32}$$

由此可得出滤饼形成时间内的过滤方程式

$$(V+V_0)^2=KA^2(t+t_0) \tag{5-33}$$

式（5-33）称为恒压过滤方程式。它表明了恒压过滤时滤液体积与过滤时间的关系为一抛物线方程，如图5-13所示。图中曲线的 Ob 段表示实际的过滤时间 t 与实际的滤液体积 V 之间的关系；而 O_0O 段则表示与介质阻力相对应的虚拟时间 t_0 与虚拟滤液体积 V_0 之间的关系。

当过滤介质阻力可以忽略时，即 $V_0=0$，$t_0=0$，则式（5-33）可简化为

$$V^2=KA^2t \tag{5-34}$$

选矿厂过滤过程中，由于滤饼阻力远远大于介质阻力，故计算时可以只考虑滤饼阻力，而不计算介质阻力。在水处理系统中的过滤过程的计算则正好相反。如令

$$q=\frac{V}{A} \tag{5-35}$$

$$q_0=\frac{V_0}{A} \tag{5-36}$$

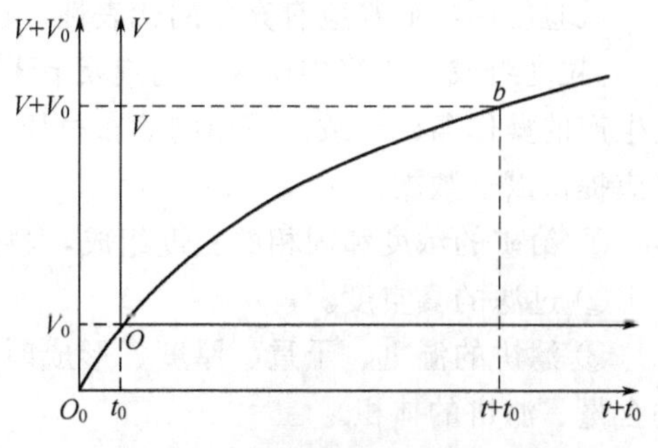

图5-13 恒压过滤的滤液体积与过滤时间关系曲线

则式（5-31）～式（5-33）可分别写为

$$q_0^2=Kt_0 \tag{5-37}$$

$$q_0^2+2q_0q=Kt \tag{5-38}$$

$$(q+q_0)^2=K(t+t_0) \tag{5-39}$$

式（5-39）也称为恒压过滤方程式。

恒压过滤方程式中的 K［式（5-30）］是由物料特性及过滤压强差所决定的常数，称为滤饼常数，其单位为 m^2/s，t_0 与 q_0 是反映过滤介质阻力大小的常数，均称为介质常数，其单位分别为 s 及 m^3/m^2，三者总称为过滤常数，可由过滤试验测出。获得上述试验参数之后，用式（5-34）并代入 K 和 k 值即可求出单位时间内处理一定数量的料浆所需要的过滤面积 A。

$$A=V\left(\frac{\mu\rho W}{2p^{1-S}t}\right)^{1/2} \tag{5-40}$$

式中　μ——液体的黏度，Pa·s；

p——过滤阶段压力，Pa；

ρ、W、V、S——同式（5-24）和式（5-26）。

式（5-40）中 t 为过滤阶段经历的时间（s），需与过滤机形式结合起来计算。因为在一个过滤循环中，过滤过程并非连续进行。因此，其过滤时间应做适当的变换。如筒型真空过滤机，设转鼓每转一周所需时间为 t_C，则：

$$t=ft_C \tag{5-41}$$

$$f=\frac{S_u}{S_w}=\frac{\beta}{2\pi}$$

式中　f——一个操作循环中过滤阶段所占的时间分率，对于转鼓而言，f 等于转鼓浸入料浆部分的面积分率；

β——转鼓在料浆中的浸没角，rad；

S_u——转鼓浸入料浆中的过滤面积，m^2；

S_w——转鼓总的过滤面积，m^2。

在全面而仔细地研究了矿浆性质并初步选定过滤机类型后，为了更准确地选择工业过滤机的类型、规格和台数，需用标准过滤叶片模拟工业过滤机的操作条件，对一定数量的有代表性的矿样测定其过滤性能，以提供设计计算的依据。如果条件允许，在滤叶片试验之后，再用过滤面积为 $0.5\sim1m^2$ 且结构与选定的过滤机相近似的中间试验机作更精确的测定。在中间工厂试验中，除了能获得更精确的过滤常数外，还可以得到有关滤饼洗涤、卸除，以及介质再生等方面的可靠数据。

试验使用的矿浆应有充分的代表性。矿浆初始浓度的变化、固体的物质组成（即矿物性质）、粒度组成、矿浆中所含的药剂及 pH 值、温度、受搅拌等预处理状况诸因素都应与工业生产的操作条件一致。使用的滤布材质、规格和给矿方法也应符合生产实际。真空过滤试验应提供以下数据。

① 给矿的浓度和固相的粒度组成，料浆的 pH 值、温度。

② 过滤的真空度。

③ 滤饼的湿重、干重、厚度、形成时间、冲洗时间、脱水时间、滤饼内可溶固体成分的含量、滤饼的体积。

④ 滤液的体积、体积浓度、可溶固体成分的含量。

⑤ 冲洗水的体积。

⑥ 穿过滤饼的气体体积和速度。

⑦ 观察滤饼的形成过程和状态、滤饼卸落、滤布堵塞和滤液状况。

过滤试验及各种参数的测定方法，见《选矿手册》二十二篇试验技术有关章节。对上述各项测试结果进行综合分析后，可以确定过滤机的类型、介质的材质和规格以及其他操作条件。

5.2.3　过滤机的分类、选择和计算

5.2.3.1　过滤机的分类

工业过滤机的出现及应用比较早，种类也很多。按照过滤推动力的来源不同，过滤机可以分为四大类型，即真空过滤机、压滤机、磁性过滤机和离心过滤机。按照设备的形状及结构特点，又可细分为表（5-10）所列的各种形式的过滤机。

随着工业生产和技术的进步，近几年国外过滤机不断向大型化方向发展，机体的结构不断地改进和完善，新型的高效率、高产量的过滤机如自动压滤机、大型盘式过滤机和水平带式过滤机等相继出现和应用，促进了过滤技术和设备以较快的速度向前发展。美国最大的盘式真空过滤机面积已达400～800m²，带有蒸汽罩的盘式过滤机最大规格为200m²。近几年还出现了水平盘式过滤机，其处理能力大，滤饼水分低，是较好的过滤设备之一。传统的圆筒型真空过滤机也向大型化方向发展，其最大直径已达8.5m。

表5-10　过滤机分类

<table>
<tr><th>分类及名称</th><th>按形状分类</th><th>按过滤方式分类</th><th>卸料方式</th><th>给料</th><th>应用范围</th></tr>
<tr><td rowspan="9">真空过滤机</td><td rowspan="5">筒型真空过滤机</td><td>筒型内滤式</td><td>吹风卸料</td><td rowspan="5">连续</td><td rowspan="4">用于矿山、冶金、化工及煤炭工业部门</td></tr>
<tr><td>筒型外滤式</td><td>刮刀卸料</td></tr>
<tr><td>折带式</td><td>自重卸料</td></tr>
<tr><td>绳索式</td><td>自重卸料</td></tr>
<tr><td>无格式</td><td>自重卸料</td><td>用于煤泥和制糖厂</td></tr>
<tr><td rowspan="3">平面真空过滤机</td><td>转盘翻斗</td><td>吹风卸料</td><td rowspan="4">连续</td><td rowspan="4">用于矿山、冶金、煤炭、陶瓷、环保等部门</td></tr>
<tr><td>平面盘式</td><td>吹风卸料</td></tr>
<tr><td>水平带式</td><td>刮刀卸料</td></tr>
<tr><td>立盘式真空过滤机</td><td></td><td>吹风卸料</td></tr>
<tr><td rowspan="3">磁性过滤机</td><td rowspan="3">圆筒型磁性过滤机</td><td>内滤式</td><td>吹风卸料</td><td rowspan="3">连续</td><td rowspan="3">用于含磁性物料的过滤</td></tr>
<tr><td>外滤式</td><td>刮刀卸料</td></tr>
<tr><td>磁选过滤</td><td>吹风卸料</td></tr>
<tr><td rowspan="3">离心过滤机</td><td>立式离心过滤机</td><td></td><td>惯性卸料</td><td rowspan="3">连续</td><td rowspan="3">用于煤炭、陶瓷、化工、医药等部门</td></tr>
<tr><td>卧式离心过滤机</td><td></td><td>机械卸料</td></tr>
<tr><td>沉降式离心过滤机</td><td></td><td>振动卸料</td></tr>
<tr><td rowspan="6">压滤机</td><td>带式压滤机</td><td>机械压滤</td><td></td><td></td><td rowspan="6">用于煤炭、矿山、冶金、化工、建材等部门</td></tr>
<tr><td>板框压滤机</td><td>机械或液体加压</td><td>吹风卸料</td><td>连续</td></tr>
<tr><td>板框自动压滤机</td><td>液压</td><td>自重卸料</td><td>间歇</td></tr>
<tr><td>厢式自动压滤机</td><td>液压</td><td>自重卸料</td><td>间歇</td></tr>
<tr><td>旋转压滤机</td><td>机械加压</td><td>排料阀排料</td><td>连续</td></tr>
<tr><td>加压过滤机
（筒式、带式等）</td><td>压缩空气压滤</td><td>阀控或压力排料</td><td></td></tr>
</table>

我国金属矿山选矿厂目前使用的过滤设备大多为筒型真空过滤机。近几年已开始使用大型盘式、折带式和绳带式过滤机。国产1000mm宽的带式压滤机和大型自动压滤机的研制成功，为解决我国细黏物料的脱水问题提供了新的途径。近几年我国除了发展新产品外，对原有的筒式真空过滤机和折带式真空过滤机规格进行了系列化整理，增补了新的规格。目前又生产了30m^{2}和40m^{2}的无格折带过滤机。磁滤机也有发展，除改进了原有的12m^{2}机型外，新添了8m^{2}和12m^{2}两种规格。

5.2.3.2 过滤机的选择和计算

(1) 过滤机的选择 选择过滤机时主要根据所处理物料的性质及对产品的要求，如被过滤物料的粒度特性、矿浆中固体含量、固体的密度、矿浆的温度及药剂含量、所要求的滤饼水分、滤液质量和选矿厂的生产规模（精矿数量）等因素。处理不同浓度及固体粒度的料浆时过滤机选型见表5-11及图5-14。

表5-11 过滤机选型

矿浆性能	过滤性能参数				
浓度/%	20	10～20	1～10	1	0.1
成饼速度/(mm/min)	>20mm/s	>20	<10	<1	无滤饼
单位过滤面积生产能力/[kg/(m^2·h)]	>3000	<3000	<500	<50	<5
滤液形成速度/[kg/(m^2·h)]	>15000	>1000	>100	50～5000	50～5000
推荐的过滤设备类型					
重力过滤	√				
上部给料过滤机	√				
筒型过滤机	√	√	√		
带式过滤机	√	√	√		
盘式过滤机		√	√		
带预涂层的过滤机				√	√
自动压滤机		√	√	√	√

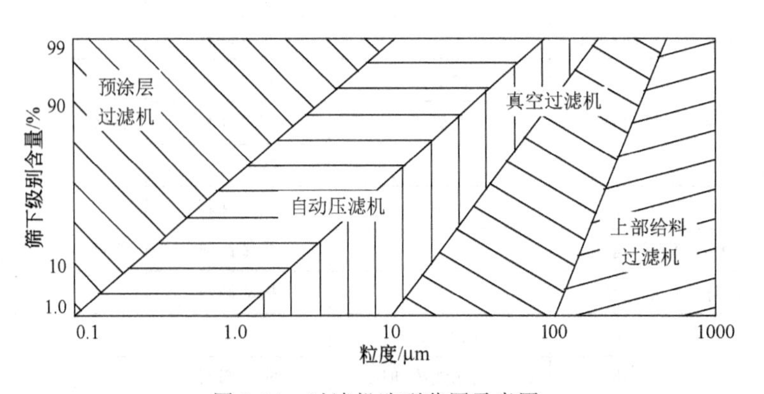

图5-14 过滤机选型范围示意图

对于颗粒较粗或粗、细夹杂、密度较大的物料，其沉淀速度也较快，一般应选用圆筒内滤式真空过滤机以使矿浆合理分层，既可提高过滤机生产能力又可以获得较好的脱水效率。大型筒型内滤式真空过滤机生产能力大，技术上可靠，操作容易。但是这种设备比较复杂，造价高，耗电较多，滤饼含水率较高，更换滤布不方便。

磁铁矿精矿或含有少量赤铁矿的混合精矿的脱水，可选用磁性过滤机。无论是永磁内滤式或永磁外滤式真空过滤机，对于粗粒或细粒（－0.074mm 粒级占 70%以下）以及浓度较稀的磁铁精矿脱水都能适应。这类设备机体小，产量却很高，脱水效率高。

对于细黏物料或密度和浓度较低的矿浆脱水，宜选用筒型外滤式真空过滤机、盘式过滤机、带式真空过滤机，折带式、无格式或绳带式真空过滤机及压滤机。

筒型外滤式真空过滤机的滤饼水分较低，过滤每吨精矿的滤布消耗量较小。但设备重，更换滤布较麻烦。

立盘式真空过滤机更换滤布方便。在机体尺寸相同的情况下，过滤面积比筒型真空过滤机大一倍左右。换滤布停车时间短。但滤饼水分较高，比鼓式过滤机约高 1%～2%。

水平盘式真空过滤机主要用于粗而重的颗粒的产品脱水，如钨、锡和含金矿物等重选产品。

水平带式真空过滤机是近代发展并广泛应用的过滤设备。过滤面积 1～120m^2，类型、规格多种多样。该类设备对粗、细粒物料脱水的适应性与筒型内滤式真空过滤机相似。但设备结构简单，滤布寿命长，可从两面清洗，洗涤效率高，并可分出不同品级的滤液。操作方便灵活，过滤面积可以按生产要求加大，生产和维修费用低。大型带式过滤机主要用在处理矿物选、冶产品和煤粉脱水。

折带式和绳带式过滤机卸料方便，滤布清洗条件较好，不易堵塞，滤布磨损较小。可省去鼓风卸料设施，防止滤液倒流进入滤饼。更换滤布较方便。滤饼水分较低，但滤布易跑偏，且要求较高的给料浓度，否则会降低脱水效率。该类设备适于处理粒度较细、密度小、黏性较大、难卸落的物料。

对于细粒、密度小、难沉淀、浓度较低的料浆，为了提高脱水效率，通常需进行絮凝浓缩。这种浓缩产品黏性增大，絮团内含有较多的孔隙水，用真空过滤机不易大量脱出，需选用压滤机，以高于大气压力数倍或十余倍的外加压力，强行挤压才能得到含水较低的滤饼。

手动板框压滤机间断工作，产量低，劳动强度高，但滤饼生成及洗涤时间可以调整，洗涤作业效果好，且水量消耗较连续操作的压滤机少。该类设备占地面积较大，而且在操作过程中不便观察。自动板框压滤机可连续工作，产量高，能克服上述缺点。

连续工作的自动压滤机生产能力都很大。其中各种加压过滤机可利用真空和压力两种推力进行脱水，能够较经济地除去絮团的孔隙水和孔内水。

水平板框式自动压滤机过滤速率高，产量大，节省能耗，需要的操作人员少。国外最大过滤面积达 200m^2。使用这类设备可省去干燥作业，简化生产流程，改善环境，是对付细而难过滤料浆的有效设备。国外已广泛用于工矿污水处理。但用在金属矿石脱水较少。

立式板框自动压滤机与上述水平板框自动压滤机相比，生产能力高，但大规格的机型较少，所以需用台数多。设备成本高造成基建费也比较高。

自动压滤机给矿压力高，要求专用的加压设备，辅助设施较多。滤布在受较高压力的状态下工作，影响其使用寿命。

离心过滤机一般用来处理微细而难沉淀的物料，例如高岭土矿浆的过滤及某些粒度细、浓度低的其他料浆的过滤。其生产能力较低，设备复杂，价格高，金属矿石产品脱水一般很少采用。该类设备过滤速度快，脱水效率高，滤液质量好。但设备的操作与维护较麻烦。

(2) 过滤机的计算　过滤机的工作台数，一般按单位过滤面积的生产能力来计算。可根据对有代表性的物料所做的过滤试验，测定出过滤常数之后，用理论公式（5-36）计算出单位过滤面积的生产能力。在缺少试验资料的情况下，可参照类似厂矿的实际生产指标（表

5-12）选取。当用理论公式计算时，由于影响因素较多，算出的单位面积生产能力与实际需要相比往往有一定差别。因此，应参照实际生产指标予以调整。在选用实际生产的经验数据时，一定要注意选用与现场过滤机的实际操作条件相同的情况下所得到的指标。因为滤饼的最初湿度与最终湿度、固体物质的矿物成分和粒度特性、矿浆中存在的可溶性盐类和药剂、矿浆的温度和滤布的种类等条件，对过滤机的工作指标都有较大的影响。

表 5-12　过滤机单位面积生产能力

被过滤的物料特性	单位生产能力/[t/(m² · h)]
细粒硫化-氧化铅锌矿	0.1～0.15
硫化铅精矿	0.15～0.2
硫化锌精矿	0.2～0.25
硫化铜精矿	0.10～0.2
硫化钼精矿	0.1～0.20
氧化铜、氧化镍精矿	0.05～0.1
黄铁矿精矿	0.4～0.5
含铜黄铁矿精矿	0.25～0.3
硫化镍精矿	0.1～0.2
锑精矿	0.1～0.2
锰精矿	1.0
萤石精矿	0.1～0.15
磁铁精矿，粒度 0.2～0mm	1.0～1.2
磁铁精矿，粒度 0.12～0mm	0.9～1.0
焙烧磁选精矿，粒度 0.12～0mm	0.65～0.75
浮选赤铁精矿，粒度 0.1～0mm	0.2～0.3
磁、浮选混合精矿，粒度 0.1～0mm	0.5～0.6
磷精矿	0.2～0.25

注：选用定额时应按过滤物料的物理性质确定，如氧化矿且磨得很细时应选取定额的低值。

需用的过滤机台数

$$n=\frac{Q}{Aq} \tag{5-42}$$

式中　n——过滤机工作台数，台；

Q——需处理的干矿量，t/h；

A——所选择的某种过滤机的过滤面积，m^2；

q——过滤机单位面积的生产能力，t/(m^2 · h)。

在按表 5-12 选用 q 值时需注意，该表数据是常用圆筒型内滤式、圆筒型外滤式和圆盘式真空过滤机使用棉织滤布总结的指标。对于选用新型过滤设备或用合成纤维等新型滤布时 q 值需按照实际生产矿厂经验数据或通过过滤试验取得。

由于过滤试验所用的料浆性质及过滤装置的操作连续性很难与工业生产完全一致，因此实际生产的过滤机的过滤速率往往低于小型过滤试验的速率。尤其在高的过滤压强范围内，差别更大。因而在工艺设计中除了首先必须保证正确的选型外，还必须考虑放大效应。在缺乏现场生产数据的情况下，对于转鼓过滤机，在用中间试验装置进行过滤试验时，放大设计应做到几何相似，要求过滤在一个循环中，用于吸滤、洗涤、抽干的转鼓面积的相互比例关系与实验装置相等。同时应使转鼓的转速、单位过滤面积的过滤速率以及过滤系统的所有参数保持不变，而且过滤机的转速应留有灵活性，转鼓的面积应有 25%的裕量。这种放大设计的缺点是中间工厂试验装置不易获得，而且需要大量的矿浆。

设计选用过滤机台数，在没有精矿浓缩机情况下，要根据计算的工作台数考虑备用。备用系数一般为 1.2，但不得少于 2 台，一台工作，一台备用。

5.3 尾矿输送

目前，尾矿干式堆存过程中的尾矿输送主要有以下几种方式：带式输送机或汽车输送含水率很低的尾矿滤饼，管道输送过滤前的尾矿浆或膏体尾矿。汽车输送尾矿滤饼实际操作较灵活，本节不做详细介绍。

5.3.1 带式输送机

5.3.1.1 带式输送机的发展

带式输送机是一种由无极环形输送带围绕着首、尾滚筒，一端由滚筒驱动，并由托辊支承而运行的一种输送松散或整件物料的运输设备。由于其具有规格众多、结构简单、操作维护方便、运行安全可靠、经营费低等优点，几乎在所有工业部门都得到广泛应用。带式输送机经历了近 200 年，直到 20 世纪 20 年代在托辊结构中采用了耐摩擦轴承为现代化带式输送机的发展打下了基础，从而使大规格、长距离的带式输送机成了一种经济的运输设备。目前，带式输送机的带宽已达 3.15m，单机长度已达 15km，提升高度已超过 1000m，下降高度已达 996m，驱动功率已达 10304kW（两台 5152kW 电动机驱动一个传动滚筒）。

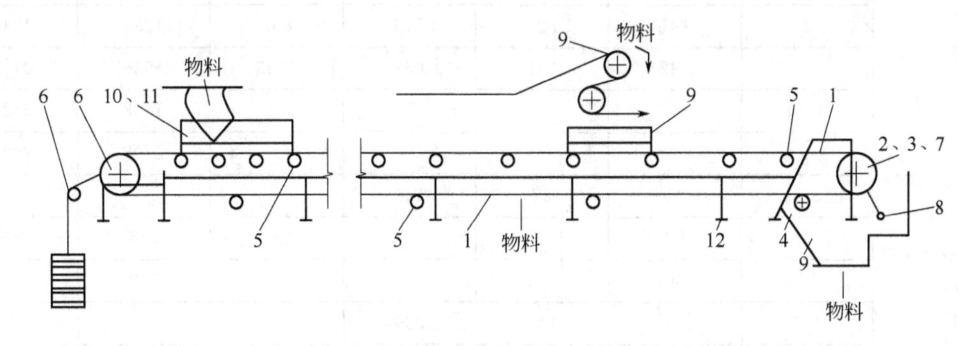

图 5-15 带式输送机结构示意图

1—输送带；2—驱动装置；3—传动滚筒；4—改向滚筒；5—托辊；
6—拉紧装置；7—制动及逆止装置；8—清扫器；9—卸料装置；
10、11—给料及导料装置；12—机架

5.3.1.2 带式输送机的种类

带式输送机的种类繁多。按其用途及安装条件分，有固定式、移动式、可逆配仓（梭式）式、位移式以及装载的转载带式；按输送带横截面的形状分，有平形、槽形及环形带式等；按其侧形（立面）分，有平行（平运）、上行（上运）及下行（下运）带式等；按输送机的平面线路途经方向分，有直线的、弯曲的；按驱动装置分，有单滚筒驱动、多滚筒驱动、直线摩擦驱动（使用多组小型带式驱动机对主机承载带进行直线摩擦驱动）带式输送机等；按其中间架的结构分，有型钢结构的、钢丝绳结构的；按输送带的带面结构分，有光面的、花纹的；按输送带覆盖层的材料分，有塑料带、橡胶带等；按输送带的带芯分，有普通型（棉织帆布芯）、强力型（维尼纶、尼龙、聚酯等编织带芯）和高强力型（钢丝绳芯）带式输送机等。

20 世纪 70 年代我国设计制造的系列产品有花纹型、TD75 型和 DX 型三种带式输送机，前两者分别配以棉织帆布带芯的花纹橡胶带、普通橡胶带或塑料带，在选用设计时也可配以维尼纶或尼龙编织带芯的强力橡胶带。它的规格（带宽，mm）有 500、650、800、1000、1200 和 1400 等六种。后者配以钢丝绳芯的高强力橡胶带，在选用时也可适当地配以强力型输送带。它的规格（带宽，mm）有 800、1000、1200、1400、1600、1800、2000 等七种。为了降低这两种带式输送机的输送带的张力和驱动装置的规格，都可以采用多滚筒驱动或直线摩擦驱动。

5.3.1.3 常用带式输送机

TD75 型通用固定式带式输送机（简称为 TD75 型）由于输送量大，结构简单，维护方便，成本低，通用性强等优点而广泛在矿山、冶金、煤炭、交通、水电等部门中用来输送散状物料或成件物品。TD75 型带式输送机技术参数见表 5-13。

表 5-13 TD75 型带式输送机技术参数

承载托辊形式	带速/(m/s)	带宽 B/mm					
		500	650	800	1000	1200	1400
		输送量 Q/(t/h)					
槽形托辊	0.8	78	131	—	—	—	—
	1	97	164	278	435	655	891
	1.25	122	206	348	544	819	1115
	1.6	156	264	445	696	1048	1427
	2	191	323	546	853	1284	1748
	2.5	232	391	661	1033	1556	2118
	3.15	—	—	824	1233	1858	2528
	4	—	—	—	—	2202	2996
平形托辊	0.8	41	67	118	—	—	—
	1	52	88	147	230	345	469
	1.25	66	110	184	288	432	588
	1.6	84	142	236	368	553	753
	2	103	174	289	451	677	922
	2.5	125	211	350	546	821	1117
功率/kW		1.5～30	1.5～40	2.2～75	4～100	4～185	4～185

注：输送量是在物料松散密度为 $1t/m^3$，输送机倾角 0°～7°，物料堆积角为 30°的条件下计算的。

5.3.2 管道输送

对于不同浓度的尾矿管道输送，浆体泵是管道输送系统的关键设备，合理选择输送泵及配置方式是保证尾矿浆体（或膏体）输送能力、安全运行和经济效益的关键。按泵的工作机理，浆体泵可划分为三种类型：离心式浆体泵、容积式浆体泵及特种泵。通常，浓度较低的尾矿浆多采用离心式浆体泵（如渣浆泵）输送；浓度较高的膏体尾矿多采用容积式浆体泵（如柱塞泵等）。

5.3.2.1 离心式浆体泵

离心式浆体泵是通过工作叶轮片的旋转离心作用使浆体直接获得能量的输送设备，如沃曼泵、两相流泵、离心式泥浆泵、离心式灰渣泵、衬胶泵、原矿泵等。

(1) 离心式浆体泵的特点

① 泵流量的适用范围广。此种泵国内有数十个系列和数百种型号的产品，可供选择的流量范围从每小时数十立方米到数千立方米，单台泵的流量随扬程的变化幅度也较宽，同型号泵可以在不同的流量下工作。

② 离心式浆体泵对物料的适应性广。此泵过流部件配以不同材质或不同结构，使其适应不同的浓度、硬度、粒度、温度和酸碱度的浆体，特别是夹有大粒度的浆体是其他泵类所不及的，而G（GH）系列沃曼泵和某些两相流泵，可以输送夹带相当于过流通道1/2～3/4的大粒度物料浆体。

③ 输送扬程相对较低。串联配置可以弥补扬程偏低的缺陷，但过多段串联，管理上不便，经济上也不合理，故在一定程度上影响它的使用范围。

④ 易损件较多，更换比较频繁。由于过流部件（护套、叶片、密封结构）直接接触运动速度很高的浆体，故磨损比较严重，需经常更换易损件（通常要求备用率为100%～200%），维修管理费用相对较高。

⑤ 离心泵构造简单，设备轻巧，易于操作，造价较低，应用广泛。

⑥ 离心式浆体泵一般采用加水的填料密封，沃曼泵和两相流泵有加水封的填料密封和副叶轮密封两种形式。通常加副叶轮密封需增加5%左右的功率消耗，水封形式需增加1%～3%的高压清水消耗。对于灌入压力过大的一级泵和串联的二级泵不能采用副叶轮密封形式。

⑦ 离心式浆体泵与容积式比较，效率较低，特别是在小流量区域尤为偏低。两相流泵从固液两相流体运动规律出发，改善水力条件，提高浆体泵的效率，且降低了磨蚀率。

(2) 离心式浆体泵的使用范围　一般用于近距离、低扬程的精矿、尾矿、原矿、灰渣、泥沙、煤泥、沉渣等固体物料浆体的提升和输送。直接或间接串联配置，在数千米的输送距离内，有时也是经济合理的，尤其是更适用于流量较大、粒度较粗的浆体管道系统。

(3) 离心泵的分类

根据用途，离心泵可以分为渣浆泵、泥浆泵、砂泵、砂砾泵、挖泥泵。在矿山系统，渣浆泵占相当大比例。

5.3.2.2　容积式浆体泵

容积式浆体泵属于往复式泵，主要包括活塞泵、油隔离泵、柱塞泵、隔膜式浆体泵（隔膜泵）、螺杆泵等。

(1) 容积式浆体泵的工作原理　容积式活塞泵整机分为动力端和液力端两部分。动力端由电动机、减速机构、偏心轮和连杆十字头机构组成。液力端由活塞（或柱塞）、液力缸、阀端、稳压防震安全装置及其他辅助设施组成。其工作原理：电动机驱动，经减速传动机构使偏心轮做旋转运动，再带动连杆、十字头机构往复运动，使活塞（柱塞）直接或间接推动浆体，经由阀箱进入或压出。由于多缸和双作用的功能，使各液力缸不同步的工作变成基本稳定的浆体流。

(2) 容积式浆体泵的特点

① 该类泵的主要优点是输出压力很高，国内产品最大标定输出压力为10MPa，国外产品高达25MPa。

② 该类泵 Q-H 性能曲线接近平行于 H 坐标的直线，即流量随压力变化系数，对缸径、冲程和冲次已确定的某种泵型，其流量基本为定值，适宜于恒定流量的输送。

③ 效率高，一般都为85%～95%。功率消耗较低，运行费用较低。

④ 结构复杂，体积庞大，价格昂贵，维护管理要求高。

⑤ 该类泵对输送物料要求较严，一般只能输送粒度小于1～2mm的物料浆体，油隔离泵一般要求进入缸体的物料颗粒粒径小于1mm。不同磨蚀性浆体，要求选择不同形式的泵，油隔离泵和活塞泵只能用于磨蚀性较低的浆体输送系统，柱塞泵和隔膜泵可以用于磨蚀性相对较高的浆体输送系统。

⑥ 要求有一定的灌入压力，油隔离泵需要2～3m静水压，其他泵型要求更高，国外油隔离泵的灌入压力一般为0.2～0.3MPa。

⑦ 除活塞泵外，其他泵型要求采用使浆体不与泵的运动部件直接接触的隔离措施。油隔离是以油介质隔离活塞泵与浆体接触，隔膜泵是以特制橡胶隔膜为隔离体，柱塞泵则以压力清水冲洗柱塞的方式使柱塞与浆体脱离接触。该类泵一般运行可靠，事故率低，作业率高，备用率低，通常备用率为50%～100%。

⑧ 排出端必须设置稳压、减震和安全装置，通常采用空气罐（包）为稳压减震手段，采用安全阀为超压安全装置。国外某些知名厂家（如GEHO）在隔膜泵压出端采用带压力开关和充氮的缓冲器为稳压安全措施。国内某些工厂生产的油隔离泵吸入端也常配带稳压空气包，以确保吸入压力和流量的均衡。

⑨ 该类泵的流量范围相对较窄。由于受缸径、冲程和冲次的限制，流量过大会引起泵的造价增加和磨蚀率上升。国内外生产的活塞泵、油隔离泵及柱塞泵单台流量均在200m^3/h以内。国外生产的隔膜泵流量可以达到850m^3/h，但大流量隔膜泵推荐用于中、低磨蚀性浆体输送系统。

(3) 适用性 容积式浆体泵广泛用于长距离浆体输送系统。国内油隔离泵在尾矿输送和灰渣输送系统已得到广泛应用，输送距离以数公里至数十公里不限。在铁精矿、磷精矿及煤浆远距离输送管道设计中开始应用柱塞泵、活塞泵和隔膜泵。国内对柱塞泵及隔膜泵的开发制造技术还不是十分成熟。国外在浆体长距离输送系统采用容积式泵比较广泛，在铜精矿、铁精矿、磷精矿、煤浆、石灰石、尾矿等管道输送系统中，最长输送距离达500km，最大输送量为1200万吨/年，最高输出压力高达23MPa。

容积式浆体泵对浆体的磨蚀性和物料粒度是有限制的，输送粒度一般要求在1～2mm以下，对磨蚀性要求比离心泵更严格。从技术角度分析，粒度过粗或磨蚀性过强，易引起容积泵效率下降和易损件寿命缩短，如从经济角度衡量，由于容积式浆体泵远比离心泵昂贵，长距离管道系统总体造价很高，不控制物料粒度和磨蚀性，会使整个系统经营费用增加。可见长距离浆体输送应严格控制物料粒度和磨蚀性。

5.3.2.3 特种浆体泵

该类泵以离心泵为动力泵，直接或间接推动泵体。运用了隔离技术和压力传递技术，综合了离心泵流量大、往复泵扬程高的双重特点。

(1) 特种浆体泵的特点

① 该类泵的Q-H性能与配用的清水泵性能基本一致，流量范围较宽，理论上可以随用户需要配备，但流量过大，泵的体积很大，投资、占地增大，且在制造和检修方面带来困难，该类泵流量一般在800m^3/h之内。

② 该类泵扬程选择范围比离心式浆体泵宽，它利用多级离心清水泵的主要扬程性能，使其扬程可达10MPa，但目前国内生产实际使用压力要小得多。

③ 该类泵效率一般高于离心式浆体泵。因为离心式清水泵一般高于离心式浆体泵，平均效率一般可达到70%～80%（油隔离泵为70%～85%）。

④ 该类泵对浆料有一定要求，一般要求输送粒度小于 2mm，输送浓度小于 70%。

⑤ 该类泵的易损件主要为排出口阀件与泵体隔离件，维护费用低。由于运行频率仅 1～$2min^{-1}$，所以逆止阀过流部件的寿命可达 3～6 个月，而柱塞泵、隔膜泵和油隔离泵的寿命一般为 1 个月。

⑥ 该类泵的运行自动化程度较高。由于该类泵体为多个并列容器，交替引入高压清水和浆体，各容器工作室不同步的，但要求启闭时差一致和滞后时差相同，以保证均匀、稳定地输送浆体。所以，清水引入阀门要求由自动化程度较高的油压站微机控制，水隔泵及膜泵还要设反馈检测装置，以准确、快速地把浮球或隔膜行程位置信号送给微机并调控清水阀的启闭。

⑦ 该类泵与容积泵相比，投资省或持平，与离心式浆体泵相比，投资较高，但经营费较省，尤其适宜以取代多段远距离、间接串联离心式浆体泵输送系统。

(2) 适用范围　特殊浆体泵在中等距离和扬程的细粒级精矿、尾矿、灰渣、煤粉等浆体输送工程中应用广泛。

5.4　尾矿堆排及筑坝

5.4.1　尾矿堆排

尾矿干堆在黄金矿山使用较多。目前我国干式尾矿堆场的类型主要包括山谷型堆场、傍山型堆场、平地型堆场、截沟型堆场和填充型堆场。山谷型堆场指在山谷谷口处筑坝形成的尾矿堆场；傍山型堆场指在山坡或山脚下依山筑坝所围成的尾矿堆场，通常为三面筑坝；平地型堆场指在平地四面筑坝围成的尾矿堆场；截沟型堆场指截取一段山沟，在其上、下游两端分别筑坝形成的尾矿堆场，该方法目前已很少使用；填充型堆场是利用露天采坑或天然的低洼坑，填满后覆土造田或绿化。

根据干式尾矿入库的顺序可将干式尾矿堆排形式分为上游式、中线式、下游式及倒排式。其中上游式、中线式、下游式较倒排式基建费用高，且需要在库区上部增加库区排水设施，由于库内存在积水，达不到尾矿干式堆存的效果，因此，上游式、中线式、下游式尾矿干式排放很少采用，只是在个别的老库改造中采用。

目前尾矿干式堆存多采用倒排式的排放方式，即从库尾开始堆筑，逐步向下游推进，形成库尾高，下游低。倒排式的优点是：库内不存水，周边及上游的洪水通过截洪沟排至下游；库内无水尾矿不饱和，不易液化；一旦失稳后不会长距离流动，不会形成大的泥石流危害。尾矿库出事故的最大根源就是水，把水排出后，尾矿库的安全度就大大提高，提倡倒排式干堆。

5.4.2　干式尾矿筑坝

根据尾矿堆存方式的不同，干式尾矿筑坝与否以及筑坝形式也有所区别。如前文所述，对于自由堆存的尾矿干堆场，没有必要为尾矿库的安全筑坝。只需在下游修建挡水坝，防止雨水冲刷后外流，对周围环境产生污染。此时，堆积体底部边缘与挡水坝之间距离应满足最小干滩长度的要求。对于筑坝堆存的干堆场，仅操作过程较湿式尾矿库更灵活、简单，尾矿坝的类型及要求与湿式尾矿库的尾矿坝相同。对此，不再赘述。

5.4.3 工程实例

(1) 山谷型尾矿干堆场设计实例 某大型山谷型尾矿干堆场年排尾量300万吨，设计最终堆放尾矿6300万立方米，服务29年。干堆场主要构筑物有拦泥坝、干堆体、溢洪道、场内公路等。全尾矿颗粒较粗，d_p为0.4mm，粒级小于0.074mm的尾砂占总质量的7.4%，脱水性能良好。在脱水车间通过多层振动筛筛选或压滤后，尾砂平均含水量在10%～12%之间。此尾矿反映了该地区铁矿山的典型特点，即原矿为超贫磁铁矿，进场尾矿量大，尾砂颗粒级配较粗。本节仅简要介绍尾矿滤饼堆放及干堆场防洪设计。

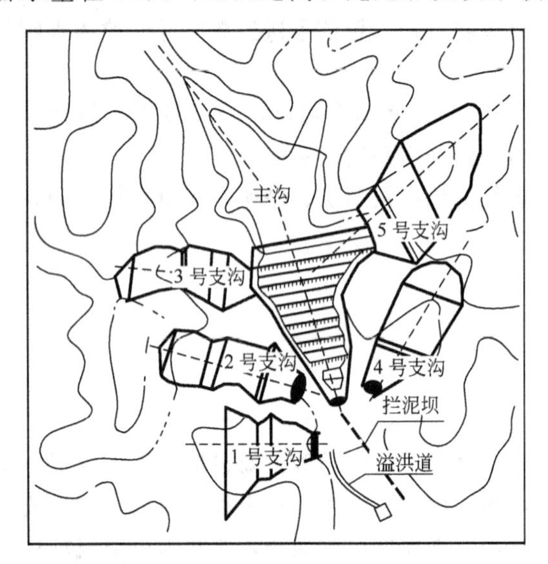

图5-16 某尾矿干堆场平面布置规划

① 尾矿滤饼堆放。干堆场有1条主沟，5条支沟。堆筑体分6个区进行堆筑，先堆筑1～3号支沟，形成运输道路后，进行主沟标高470m以下的堆筑，分层向沟谷下游推进，同时通过主沟堆筑坡面运输尾砂堆筑4、5号支沟。主沟平均外坡比为1∶3，支沟平均外坡比为1∶2.5。堆放思路为“先支后主，先上后下”，场地平面布置如图5-16所示。

② 干堆场防洪。干堆场汇水面积为0.94km^2，设计洪水重现期为500年。干堆场采用“下堆式”的尾矿堆放方式，可在堆积体和拦泥坝之间形成较大的淤积库容和滞洪库容。在拦泥坝侧岸修建溢洪道，溢洪道泄流能力大且安全可靠，施工费用低，还可兼作进场公路用。拦泥坝高、淤积高度、滞洪水深、安全超高等参数依照水利部门的水土保持规范制定，一期拦泥坝高15m，设计淤积高度7m，设计滞洪库容9.2万立方米，安全超高1m。图5-17为该干堆场的纵剖面示意图。

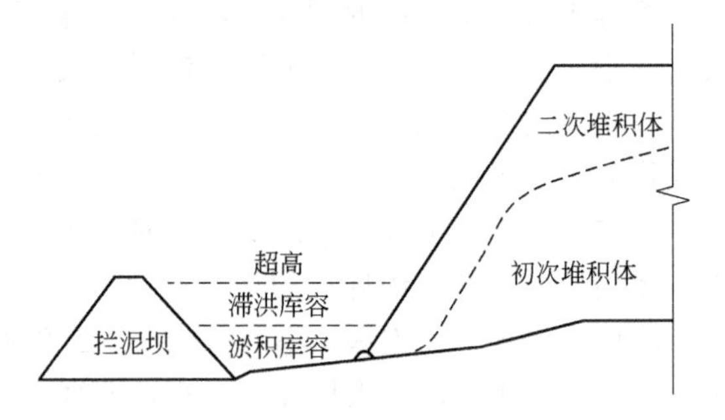

图5-17 某尾矿干堆场纵剖面示意图

(2) 塌陷区尾矿干式排放实例 “塌陷区尾矿干式排放工艺技术”方案是由铜兴公司和北京矿冶研究总院等科研单位针对塌陷区和尾砂特点制定，并建成了示范工程。工艺流程是：尾砂首先经过高压深锥浓缩成浓度50%，然后经过水隔离泵泵送至脱水车间，再经陶瓷过滤机脱水至含水15%的滤饼，最后经皮带输送至塌陷区。工艺流程示意图如图5-18所示。

① 尾矿浓缩与过滤。尾砂中值粒径d_{50}=0.071mm，粒级20μm以下颗粒占31.5%，粒级10μm以下颗粒占21.9%，颗粒组成较细。选用两套直径为25m的高压深锥浓缩池为尾砂浓缩，浓缩后浓度达50%左右。高压深锥浓缩池配备相应的药剂系统设备、给矿泵和自动控制系统。

高浓度尾矿采用水隔离泵输送至脱水车间。浓缩池溢流出的清水采用清水泵扬送至选厂

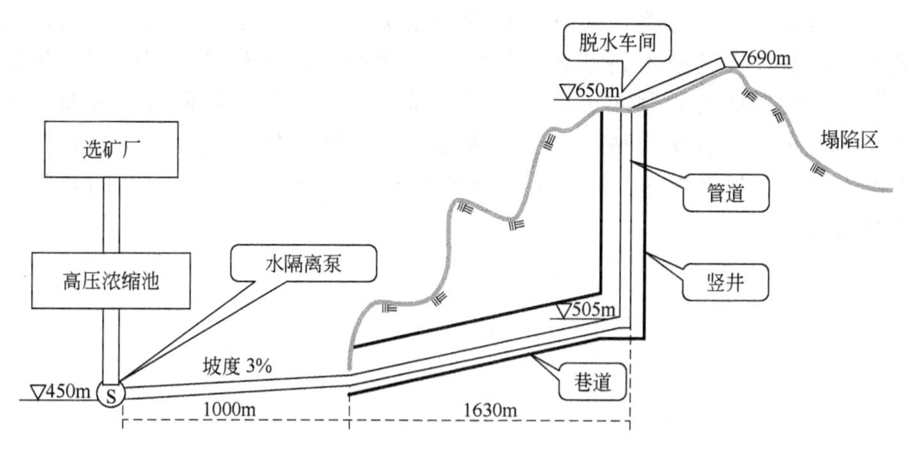

图 5-18　塌陷区尾矿干式排放工艺流程示意图

高位水池。

脱水过程采用 4 台单台过滤面积 $60m^2$ 的陶瓷过滤机，脱水后尾矿浓度达 90%以上。脱水后尾矿状态如图 5-19 所示。

② 塌陷区尾矿干式排放工艺。塌陷区总容积约 492 万立方米，四周封闭呈似倒圆台形。在沟谷排放区设置装运皮带，往塌陷区排放。脱水尾砂进入塌陷区后，在平硐下方形成一个半圆锥形尾砂堆。在塌陷区选择电耙绞车运送尾砂，使之形成台阶坡面形状，形成的尾砂台阶坡面工作面往外推进。选用两台 2DPJ-55 电耙绞车运送尾砂。塌陷区尾砂排放效果如图 5-20 所示。

图 5-19　脱水后尾矿滤饼状态

③ 堆场防洪与复垦。为防止雨季大气降雨将尾砂带入塌陷区，在塌陷区底部要铺设一层土工织物。为了让土工织物受力均匀，则在尾砂堆存厚度达到约 0.5m 后，在塌陷区尾砂上铺设土工织物滤层。塌陷区四周修建排水沟，把塌陷区以外的大气降水汇集在排水沟内排出塌陷区以外，其汇水面积大大减小，进入塌陷区的大气降水也大大减少。

塌陷区排满后，在排放尾砂上铺设一层 300mm 厚的表土层，在表土层上种植当地耐旱草种，进行植草绿化、种植灌木，逐渐恢复自然地貌。

图 5-20　塌陷区尾矿排放情况

近年来，尾矿干式堆存以其回水率高、操作灵活、安全度高的优点，在北方干旱地区矿山应用较为广泛，解决了部分矿山的实际问题，特别是黄金矿山应用较广泛。由于尾矿干式堆存涉及工程地质及水文地质勘测、岩土力学、渗流力学、尾砂浓缩及管道输送、固液分离技术、尾矿复垦等多学科，基础理论还不够完善，同时存在设备投资大、应用条件受限制、处理能力小等缺点，尾矿干式堆存工艺技术还处在发展之中。因此，需从解决尾矿浓缩、过滤以及输送设备投资大、能耗高的问题入手，寻求新的低成本、高效的尾矿脱水设备与工艺；研发新型低成本特殊添加剂或胶黏剂；深入研究尾矿干堆场地工勘与稳定性评估的实用方法、尾矿干堆场地预处理技术、尾矿干堆方式与相关参数对堆场稳定性的影响因素以及尾矿干堆场的复垦。

第6章　尾矿库安全评价

尾矿库安全评价属专项安全评价，包括建设期间的安全预评价和安全验收评价、生产运行期间及闭库前的安全现状评价。

尾矿库安全评价前期应进行现场考察，察看地形地貌、不良地质现象、人文地理、周边环境等。安全验收评价还应查看工程施工情况；安全现状评价还应查看尾矿坝运行情况、排洪设施完好程度等。

6.1　尾矿库安全预评价

按照AQ 8002—2007《安全预评价导则》和AQ 2005—2005《尾矿库安全技术规程》要求，尾矿库安全预评价工程程序主要包括准备阶段、辨识与分析危险有害因素、划分评价单元、选择评价方法、定性定量评价、提出安全对策措施建议、做出评价结论和编制安全评价报告。具体内容如下。

6.1.1　准备阶段

主要收集以下方面资料。

(1) 项目的批复文件　如立项批复、用地批复、环境影响评价批复等。

(2) 项目的技术资料

① 建设项目概况；

② 尾矿库现状地形及上、下游情况；

③ 水文气象资料；

④ 工程地质勘察报告；

⑤ 可行性研究报告；

⑥ 生产规模；

⑦ 工艺流程；

⑧ 主要设备；

⑨ 经济技术指标；

⑩ 公用工程及辅助设施；

⑪ 其他资料。

(3) 国家、地方、行业有关职业卫生方面的法律、法规、标准、规范。

6.1.2　辨识与分析危险有害因素

(1) 库址选择主要危险、有害因素　是否存在以下危险、有害因素：

a. 位于工矿企业、大型水源地、水产基地和大型居民区上游；

b. 位于全国和省重点保护名胜古迹的上游；

c. 地质构造复杂，或存在不良地质条件；

d. 位于有开采价值的矿床上面；

e. 汇水面积大。

f. 库区地质情况、库址周边环境等方面。

以上都是进行预评价时，需对可研方案进行分析评价的重点注意事项。

（2）坝体主要危险、有害因素 坝基地质条件、坝体施工质量差、坝身结构及断面尺寸不符合设计要求等可能导致裂缝的产生。

施工时坝体坡度过陡，填筑质量差，持续暴雨，地震坝体浆化，附近爆破或坝体上堆重物料等原因可导致坝体滑坡。

设计时没有采取有效的防渗措施，坝体过于单薄，边坡太陡，回填土碾压方式不当，砂石料质量和级配达不到设计要求，日常管理缺乏坝体维护，坝体反滤层及保护层损坏等原因，是引发坝体滑坡的主要因素。

渗透压力过大是导致管涌的重要原因。

浸润线过高，尾砂固结较差，尾矿库原设计抗震标准低于规范标准时，在地震条件下液化的可能性非常大。

尾矿库出现超出设计标准的洪峰流量时，水位急剧升高，排洪设施不能满足排洪要求；设计洪水资料偏低，排洪设施能力过小，不能满足排洪需求；发生排洪系统危害后不能及时采取补救措施；库内水位达到警戒水位，有无专人负责管理和检查水位情况；缺乏必要的防洪抢险措施，可能导致洪水漫顶。

（3）排洪系统主要危险、有害因素 排洪系统由于设计、施工不符合要求，日常维护不到位等原因导致堵塞、裂缝、断裂等现象出现。

（4）输送系统主要危险、有害因素

① 设计。敷设路线选择不当，将不利于输送管线的施工和维修，并易使输送管路遭受损坏。

② 管理。出现漏洞、砂眼、管路冲开等现象，会对周边环境造成污染，并对周围设施造成损坏；输送泵如不及时检修，一旦出事，将会影响生产；如生产中不按正规开停车程序操作，不但会造成矿浆喷溅四溢，还会造成机电设备损伤；输送系统在检修时未遵守安全规程，不仅会拖延工期，还会造成人身伤害和设备损伤。

（5）回水系统主要危险、有害因素 回水设施日常维护不善，易造成回水不畅，保持不了回水利用率。

（6）防洪度汛危险、有害因素 汛期持续的阴雨天气、多年一遇长时间的暴雨量和超过设计防洪标准的特大洪水，将使尾矿库遭受严峻考验。尾矿库处于高水位工作状态，这一阶段是事故的多发期，同时也使得坝体稳定性降低，易造成溃坝事故。

（7）其他危害 触电伤害，火灾，机械伤害，车辆伤害，淹溺。

（8）环境保护和职业卫生 粉尘，噪声。

（9）安全管理危险、有害因素

① 安全生产责任制不健全、不完善或不认真执行，责任不落实到位等，都可能导致事故发生。

② 安全生产管理制度不健全、不持续改进完善，不严格执行制度，可能导致安全管理混乱，事故多发。

③ 岗位安全技术操作规程不健全、不完善或操作者违章，是导致事故发生的直接因素。

④ 安全生产管理机构能否发挥其作用，安全主要负责人、分管负责人、专职安全管理人员的安全知识掌握多少、管理安全的责任心和能力如何，直接影响生产的安全。

⑤ 在其他岗位上的管理人员，安全生产意识不高，不能把安全工作摆在首位，也直接影响系统的安全。

⑥ 安全投入直接影响系统安全。不按规定投入，安全设施不到位，不安全因素就很难消除。

⑦ 对从业人员安全教育培训不够，员工自我保护意识不强、缺乏安全生产知识和技能，可能发生人的不安全行为，都可导致事故。

6.1.3　划分评价单元

一般结合可行性研究报告中对尾矿库的设计与下一阶段设计、建设和生产运行过程中可能存在的危险、有害因素的分析，将系统划分为以下几个评价单元：

① 尾矿库库址和周边环境单元；

② 尾矿库尾矿坝单元；

③ 尾矿库排洪系统单元；

④ 尾矿库输送和回水系统单元；

⑤ 尾矿坝监测系统单元；

⑥ 环境保护和职业卫生单元；

⑦ 尾矿库安全管理单元。

6.1.4　选择预评价方法

根据被评价尾矿库的特点，选择科学、合理、适用的定性、定量评价方法。常用安全预评价方法有安全检查表法、预先危险性分析、事故树、事件树、鱼刺图、软件分析等方法。图 6-1 为尾矿库危险源的鱼刺图分析。

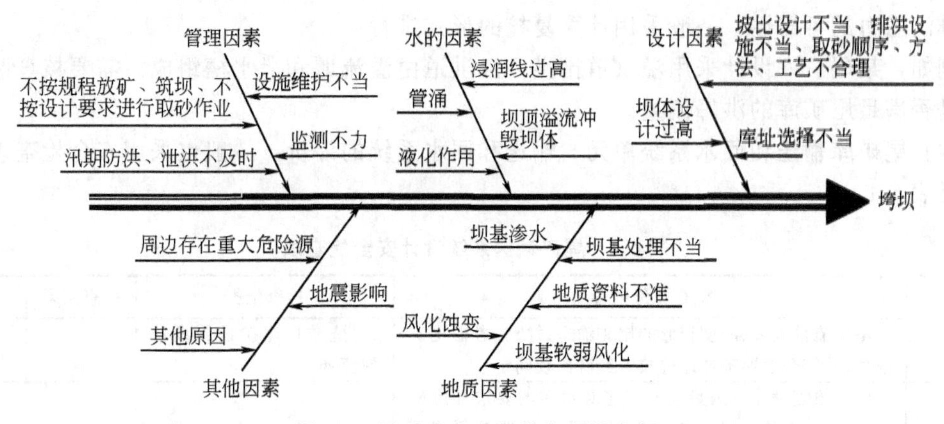

图 6-1　尾矿库危险源的鱼刺图分析

6.1.5　定性、定量评价

(1) 尾矿库库址和周边环境单元　针对尾矿库库址和库容，一般采用安全检查表的形式进行评价，见表 6-1。

表 6-1　库址设计安全检查表

序号	评价内容	依据	实际情况	结论
1	不宜位于工矿企业、大型水源地、水产基地和大型居民区上游			
2	不应位于全国和省重点保护名胜古迹的上游			
…	……	……	……	……

该部分内容中必须明确库址的合理性，尾矿库与周围环境的相互影响。

(2) 尾矿库尾矿坝单元 对于坝体一般可采用预先危险性分析、鱼刺图、事故树等方法进行定性或半定量评价，见表 6-2。而对于坝型则主要采用岩土计算软件进行数值模拟及计算，来辅助判断合理性。

表 6-2 尾矿库溃坝事故预先危险性分析

潜在事故	产生原因	事故后果	危险等级	措 施
洪水漫顶	① 排水构筑物堵塞、损毁 ……	① 形成泥石流，污染环境，对下游人员和设施的安全构成威胁 ……	Ⅲ	① 严格按照设计对排洪设施施工，保证其排洪能力足够 ……
坝体渗漏	……	……	…	……

(3) 尾矿库排洪系统单元 排洪系统布置的合理性，一般采用安全检查表，见表 6-3。

表 6-3 排洪系统安全检查表

序号	检查评价内容(一般规定)	检查依据	检查结果	备注
1	尾矿库的排洪方式，应根据地形、地质条件、洪水量、调洪能力、回水方式、操作条件与使用年限等因素，经过技术经济比较确定	《选矿厂尾矿设施设计规范》4.1.1		
2	排水系统宜采用排水井(或斜槽)-排水管(隧洞)系统，有条件时也可采用溢洪道或截洪沟等排洪设施	《选矿厂尾矿设施设计规范》4.1.1		
…	……	……	……	……

排洪能力的可靠性，一般采用计算复核的形式进行。

例如，某尾矿库设计采用溢洪道排洪，溢洪道由溢流堰和泄水槽组成。需要核算两者泄流量是否满足尾矿库的洪峰流量。

(4) 尾矿库输送和回水系统单元 输送和回水系统的评价，一般也采用安全检查表的形式，见表 6-4。

表 6-4 尾矿输送系统设计安全检查表

序号	检查评价内容	检查依据	检查结果	备注
1	尾矿流量较大、浓度较低的尾矿输送系统宜考虑尾矿浓缩，并结合地形条件通过技术经济比较确定	《选矿厂尾矿设施设计规范》6.0.1		
2	尾矿浓缩设计应满足选矿工艺对水质的要求和尾矿输送、筑坝对浓度的要求。溢流澄清水供选矿厂使用时，其悬浮物含量不宜大于 500mg/L，向下游排放时，应符合本规范第 9.0.3 条的要求。排矿浓度不宜小于 30%	《选矿厂尾矿设施设计规范》6.0.2		
…	……	……	……	……

(5) 尾矿坝监测系统单元 尾矿库的安全监测，必须根据尾矿库设计等别、筑坝方式、地形和地质条件、地理环境等因素，设置必要的监测项目及其相应设施，定期进行监测。

一等、二等、三等、四等尾矿库应监测位移、浸润线、干滩、库水位、降水量，必要时还应监测孔隙水压力、渗透水量、混浊度。五等尾矿库应监测位移、浸润线、干滩、库水位。一等、二等、三等尾矿库应安装在线监测系统，四等尾矿库宜安装在线监测系统。预评价阶段主要评价监测系统的完整性和可靠性，一般采用专家评议、安全检查表等方法，见表 6-5。

表 6-5　尾矿库监测系统安全检查表

序号	检查评价内容	检查依据	判定
1	4 级及以上的尾矿坝，应设置坝体位移和坝体浸润线的观测设施	《选矿厂尾矿设施设计规范》3.5.9	……
2	坝体必要时还宜设置孔隙水压力、渗透水量及其浑浊度的观测设施	《选矿厂尾矿设施设计规范》3.5.9	……
…	……	……	……

(6) 环境保护和职业卫生单元　环境保护和职业卫生单元，一般采用作业条件危险性分析法进行评价，见表 6-6。

表 6-6　环境保护与职业卫生设计安全检查表

序号	检　查　内　容	检查结果
1	为防止尾矿库使用期间沉积滩面尾矿飞扬对附近环境产生污染，可采取措施保持滩面湿润以防尘	
2	尾矿库应采用回水设施将库内排出水回收，循环利用，以节约水源，防止污染	
…	……	……

(7) 尾矿库安全管理单元　尾矿库安全管理单元一般采用安全检查表形式进行评价，见表 6-7。

表 6-7　安全管理单元安全检查表

序号	检　查　内　容	检查结果
1	企业法人营业执照	
2	矿长安全生产资格证	
3	尾矿库特种作业人员资格证	
4	有资质的设计单位提交的尾矿库可研报告	
…	……	……

6.1.6　提出安全对策措施建议

依据前面工作中对尾矿库设计中存在的主要危险、有害因素辨识结果与定性、定量评价结果，并遵循针对性、技术可行性、经济合理性的原则，提出消除或减弱危险、有害因素的主要技术和管理对策措施。以供下一阶段设计和企业安全管理过程中参考。

6.1.7　评价结论

必须对尾矿库设计方案的安全性做出明确结论。

6.1.8　编制安全评价报告

按照 AQ 8002—2007《安全预评价导则》和 AQ 2005—2005《尾矿库安全技术规程》要求，编制尾矿库预评价报告。

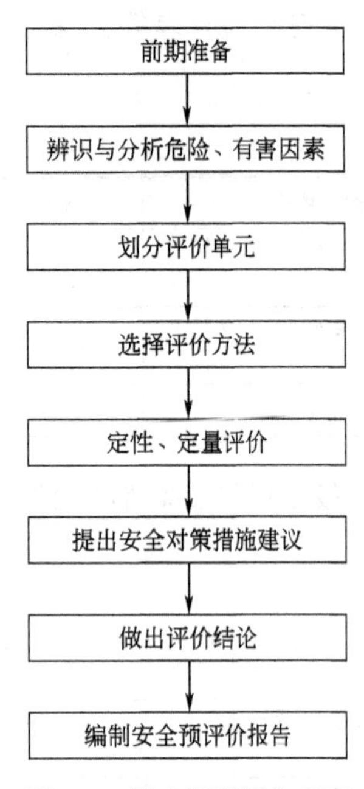

图 6-2 尾矿坝预评价程序

尾矿库预评价程序如图 6-2 所示。

6.2 尾矿库安全验收评价

按照 AQ 8003—2007《安全验收评价导则》和 AQ 2006—2005《尾矿库安全技术规程》要求，尾矿库安全验收评价工作程序和尾矿库安全预评价工作程序是一致的，但具体内容有部分区别。

6.2.1 准备阶段

主要收集以下方面资料。

(1) 项目的批复文件 尾矿库立项批复、用地批复、环境影响评价批复、安全预评价批复、水土保持方案批复、安全设施设计批复文件等。

(2) 项目的技术资料

① 建设项目概况。项目概述、尾矿库试运行状况、地形及上、下游情况、水文气象资料、生产规模、工艺流程、主要设备、经济技术指标等。

建设单位营业执照、安全生产许可证、施工单位营业执照、施工单位资质证明、监理单位营业执照、监理单位资质证明等材料。

② 设计依据。立项批准文件，可行性研究报告，工程地质勘察报告，初步设计批准文件，安全预评价报告。

③ 设计文件。可行性研究报告、安全预评价报告、初步设计、施工图设计图纸及变更。

④ 运行材料。安全检验、检测和测定的数据资料，试生产报告等。

⑤ 尾矿库竣工验收资料。岩样、土工布、复合土工膜、钢筋、碎石、砂、水泥、外加剂等材料检测资料；施工、监理记录；隐蔽工程记录；施工、监理工作总结；竣工图纸等。

⑥ 企业管理材料。企业负责人安全资格证书、安全管理人员资格证书、特种作业资格证、安全生产管理机构、职务任命通知、安全生产规章制度、工伤保险证明、救护协议、从业人员教育培训问题说明、安全专项投资说明、生产安全事故应急救援组织等材料。

⑦ 其他资料。

(3) 国家、地方、行业有关职业卫生方面的法律、法规、标准、规范。

6.2.2 辨识与分析危险有害因素

需要列出辨识与分析危险、有害因素的依据，阐述辨识与分析危险、有害因素的过程。并应明确在安全运行中实际存在和潜在的危险、有害因素。

危险有害因素辨识与分析的主要内容和预评价区别不大，详见上一节内容。

6.2.3 划分评价单元

结合设计内容、建设和生产运行过程中可能存在的危险、有害因素的分析，一般将系统划分为以下几个评价单元：

① 建设程序单元；

② 尾矿库尾矿坝单元；

③ 尾矿库排洪系统单元；

④ 尾矿库输送和回水系统单元；

⑤ 尾矿坝监测系统单元；

⑥ 环境保护和职业卫生单元；

⑦ 尾矿库安全管理单元。

以上各单元均应包括符合性评价和事故发生的可能性及其严重程度的预测的内容。

(1) 符合性评价　检查各类安全生产相关证照是否齐全，审查、确认尾矿库建设是否满足安全生产法律法规、标准、规章、规范的要求，检查安全设施、设备、装置是否已与主体工程同时设计、同时施工、同时投入生产和使用，检查安全预评价中各项安全对策措施建议的落实情况，检查安全生产管理措施是否到位，检查安全生产规章制度是否健全，检查是否建立了事故应急救援预案。

(2) 事故发生的可能性及其严重程度的预测　采用科学、合理、适用的评价方法对建设项目实际存在的危险、有害因素引发事故的可能性及其严重程度进行预测性评价。

不同的尾矿库，系统内容不一样。应根据实际情况确定划分的评价单元，切不可照搬照抄。

6.2.4　选择验收评价方法

结合验收评价的特点及尾矿库验收评价报告要求的重点——查看安全预评价在初步设计中的落实，是否有完备的经监理和业主确认的隐蔽工程记录，各单项工程施工参数与质量是否满足国家和行业规范、规程及设计要求，从而选择合适的评价方法。一般选用的方法有安全检查表法、专家评议法、LEC 评价法等。

6.2.5　定性、定量评价

(1) 建设程序单元　根据国家相关的法律、法规及文件，如《非煤矿矿山建设项目安全设施设计审查与竣工验收办法》(国家安全生产监督管理局令第 18 号)，利用检查表法对尾矿库工程的法律、法规符合性进行评价，见表 6-8。

表 6-8　建设项目法律法规符合性检查表

序号	检查对象	验收内容	验收情况	符合性
1	立项			
2	可行性研究			
3	安全预评价			
4	设计			
5	施工单位			
6	监理单位			
…	……	……	……	……

通过对项目建设各项法律手续的现场检查，得出该项目建设是否符合国家法律法规的规定的小结。

（2）尾矿库尾矿坝单元 首先，需要对坝体实际施工质量进行评价，一般采用专家评议、安全检查表等方法。评价坝基开挖及基础处理、坝体填筑、防渗结构和坝面护坡等工程的验收情况。

其次，对尾矿库坝体设计符合性一般采用安全检查表的形式进行评价，见表6-9。

表6-9 尾矿库坝体安全检查表

序号	检查评价内容	检查依据	判定	备注
1	对于设计地震烈度为7度及7度以下的地区宜采用上游式筑坝	设计图纸及说明书	√	水库坝的构筑要求设计
…	……	……	……	……

再次，需要对尾矿库坝体稳定性进行评价。由于尾矿库工程在预评价和设计阶段均作有坝体稳定性计算，因此，本阶段原则上只需在设计和施工落实的对比上来评价坝体的稳定性。

最后，对照上述的评价进行坝体单元的小结。

（3）尾矿库排洪系统单元 首先，需要对排洪系统实际施工质量进行评价，仍采用专家评议、安全检查表等方法。评价排洪系统各分部工程，如排水井（斜槽）、排水管（隧洞）、排水明渠和消力池等工程的验收情况。

其次，对排洪系统设计符合性一般采用安全检查表的形式进行评价，见表6-10。

表6-10 尾矿库排洪系统安全检查表

序号	检查评价内容	检查依据	检查结果	备注
1	当排水管地基为软弱土层或沉陷量过大时，应进行地基加固	设计图纸及说明书	√	多方面比较确定
…	……	……	……	……

最后，对照上述的评价进行排洪系统单元的小结。

（4）尾矿库输送和回水系统单元

① 尾矿库输送系统。首先，对尾矿输送系统实际施工验收情况评价；然后对尾矿输送系统设计符合性进行评价，见表6-11。

表6-11 尾矿输送系统安全检查表

序号	检查评价内容	检查依据	检查结果	备注
1	矿浆泵应根据输送的矿浆流量、扬程、矿浆浓度、尾矿粒度及磨蚀性等因素进行选型	设计图纸及说明书		
2	尾矿管道的输送能力应与排出尾矿量相适应	设计图纸及说明书		
…	……	……	……	……

最后，通过对照设计方案、现场状况、竣工资料，并参照相关规程、规范，对尾矿库输送系统单元的实际施工、试运行及规范符合性情况及砂泵站、矿浆泵和尾矿输送管线等各项设施按照设计进行施工的情况进行评价小结。

② 回水系统。对回水系统实际施工验收情况评价，然后对其设计符合性进行评价，见表6-12。

表 6-12 尾矿库回水系统安全检查表

序号	检查评价内容	检查依据	检查结果判定
1	当回收尾矿水供选矿厂生产复用时，回水量应结合生产供水要求，通过尾矿库水量平衡计算确定	设计图纸及说明书	符合要求
…	……	……	……

最后，通过对照设计方案、现场状况、竣工资料，并参照相关规程、规范，对尾矿库回水系统单元的实际施工、试运行及设计符合性情况进行评价小结。

(5) 尾矿坝监测系统单元 规程规定“4级以上尾矿坝应设置坝体位移和坝体浸润线观测设施。必要时还宜设置孔隙水压力、渗透水量及其浑浊度的观测设施”。因此，对尾矿库进行验收评价时，应考虑监测系统。据笔者实际工作经验，一般尾矿库在验收时监测系统建设不完善，特别是在线监测的建设往往滞后，此时需要根据实际情况进行评价，切不可虚乱评价。

(6) 环境保护和职业卫生单元 主要评价尾矿库在职业卫生方面的危险、有害因素，如粉尘污染和噪声等方面采取的预防措施情况。

(7) 尾矿库安全管理单元 首先，对机构设置、管理制度、管理制度、工程档案、应急救援预案等情况进行检查。

然后，对安全管理单元的符合性进行评价，见表 6-13。

表 6-13 安全管理单元安全检查表

序号	检 查 内 容	结果
一	企业证明与资料	
1	企业法人营业执照	
…	……	
二	安全机构	
1	安全生产管理机构	
…	……	
三	安全生产管理及安全投入	
1	企业主要负责人安全生产责任制	
…	……	
四	安全教育和培训	
1	培训制度与计划	
…	……	
五	事故预防	
1	主要事故预防措施	
…	……	

6.2.6 安全对策措施建议

根据评价结果，依照国家有关安全生产的法律法规、标准、规章、规范的要求，提出安全对策措施建议。安全对策措施建议应具有针对性、可操作性和经济合理性。

6.2.7 评价结论

尾矿库安全验收评价必须对工程是否满足安全要求做出明确结论，且结论中必须提出安全生产措施的补充建议。

例如：某尾矿库建设项目符合国家有关法律、法规和标准以及初步设计安全专篇的要求；工程设计、施工、监理等均为具有资质单位承担；主体工程质量均在合格等级以上；尾矿库的安全设施在试生产使用中是有效的；职业卫生危害轻微；在满足设计要求的前提下使用，整体运行是安全的。因此，判定该尾矿库具备安全生产的条件。

6.2.8 编制安全评价报告

按照AQ 8003—2007《安全验收评价导则》和AQ 2006—2005《尾矿库安全技术规程》要求，编制尾矿库验收评价报告。

尾矿库验收评价程序如图6-3所示。

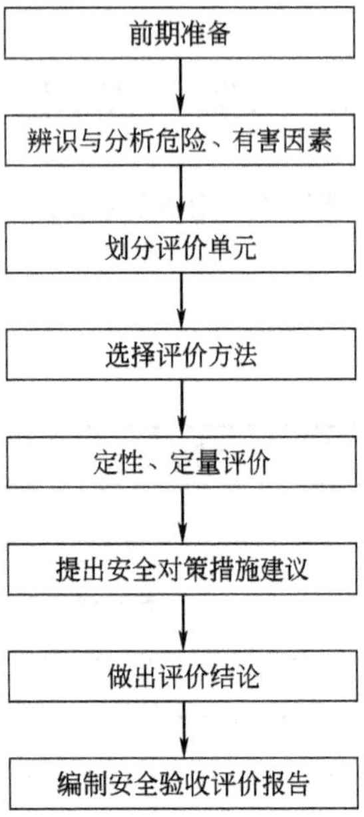

前期准备
↓
辨识与分析危险、有害因素
↓
划分评价单元
↓
选择评价方法
↓
定性、定量评价
↓
提出安全对策措施建议
↓
做出评价结论
↓
编制安全验收评价报告

图6-3 安全验收评价工作程序

6.3 尾矿库现状评价

尾矿库安全现状评价是在尾矿库运行过程中，通过对尾矿设施、管理状况、周围环境及地质情况等的调查分析，定性定量地分析尾矿库运行中存在的危险、有害因素，确定安全度，对其安全管理状况给予客观的评价，对存在的问题提出合理可行的安全对策措施及建议。

主要对以下内容进行评价。

① 尾矿库自然状况的说明及评价，包括尾矿库的地理位置、周边人文环境、库形、汇水面积、库底与周边山脊的高程、工程地质概况等。

② 尾矿坝设计及现状的说明与评价，包括初期坝的结构类型、尺寸，尾矿堆坝方法、堆积标高、库容，堆积坝的外坡坡比，坝体变形及渗流，采取的工程措施等。

③ 根据勘察资料对尾矿坝稳定性进行定量分析、说明采用的计算方法、计算条件，并给出计算分析评价结果。

④ 尾矿库防洪设施设计及现状的说明与评价，包括尾矿库的等别、防洪标准、暴雨洪水总量、洪峰流量、排洪系统的形式、排洪设施结构尺寸及完好情况等。

⑤ 复核尾矿库防洪能力及排洪设施的可靠性能否满足设计要求。

⑥ 当尾矿库防洪能力及排洪设施的可靠性或尾矿坝稳定性不能满足设计要求时，应进行必要计算，提出可行的对策。

⑦ 管理系统的完善程度及评价。

结合上述评价重点，完成以下各阶段工作。

6.3.1 准备阶段

主要收集以下方面资料。

(1) 基础资料

① 企业基本情况，包括隶属关系、职工人数、所在地区及其交通情况。

② 企业生产、经营活动合法证明材料，包括企业法人证明、矿山企业生产营业执照、矿产资源开采许可证等（提供证件的复印件）、尾矿库安全生产许可证。

③ 尾矿库名称（过去用名及现在名）。

④ 尾矿库地理位置及交通情况（含通达坝体的公路或马道情况）。

⑤ 当地水文及气象地震资料（尾矿库周围的河流、地表汇水、年平均降雨量、年平均蒸发量、年最大降雨量、日最大降雨量和最大月平均降雨量、雨季集中期、尾矿库所处区域的地震烈度）、当地最低气温。

⑥ 尾矿库的地质情况（库区地层、地质构造、有无断层或落洞等情况及地下水情况）。

⑦ 尾矿库上下游居民、工农业经济、运输干线及地下坑道或建筑物调查资料。

⑧ 尾矿库设计资料。

⑨ 尾矿库平面布置图。

⑩ 累计排放尾矿总量，服务年限、设计排放尾矿总量。

(2) 尾矿库坝体稳定性评价资料

① 初期坝设计资料及实际施工情况资料。包含筑坝材料、坝高、坝基最低标高、坝顶标高、坝轴线长、坝顶宽度、坝的内外坡比、反滤层的设置与否、初期坝高于 10m 以上时马道设置与否等。

② 子坝情况。

a. 子坝堆积方法，上游法筑坝或其他形式，若是上游法，又是冲击法、池填法、渠槽法或尾矿分级上游法四种中的哪一种；

b. 子坝上各台阶宽度、每个台阶坡比、堆积坝的整体坡比、子坝堆积高度、子坝坝顶最低标高；

c. 子坝堆积材料。尾矿颗粒组成、尾矿物理力学性质、中值粒径、不均匀系数、砂土相对密度、土的结构性等。

③ 整个坝体的构造情况（含坝体勘察图，及坝体纵横剖面图）。

④ 坝体的维护情况。有无渗漏、管涌、流土、裂缝、滑坡、冲沟、坝面沼泽化等情况。若有这些情况，应有具体位置等具体详细资料（实地查看）。

⑤ 坝前放矿。放矿支管间距、同时放矿支管数、支管直径、管道直径等。

⑥ 坝体观测设施。设置有哪几种监测、各种监测的监测设备（含型号、规格、出厂名、校核资料），坝体中布置的监测设施（布置图及文字说明）、各种监测的近期监测数据和结果、坝体当前浸润线与以外的浸润线对照图。

⑦ 坝体及坝基排渗设施。渗水量、渗水水质、排渗设施。

(3) 尾矿库排洪系统安全评价所需资料

① 排洪形式及排洪构筑物的设置位置。

② 排洪构筑物的设计结构尺寸及实际施工尺寸。井、隧洞、溢洪道、摊水沟、涵管、管道、截洪沟、消能设施等的结构尺寸。

③ 设计防洪标准。

④ 库区汇水面积。

⑤ 库区洪水总量、洪峰流量。

⑥ 沉积滩。沉积滩最小长度，沉积滩平均坡比。

⑦ 最小安全超高。

⑧ 当年防洪水位标高，调洪库容。

⑨ 库区违章建筑、违章施工（含违章爆破、放牧、开垦等）。

⑩ 防洪及抗震的物资、工具、机械等的准备资料。含物资的存放位置、具体的物资情况。

(4) 尾矿库水力输送系统安全评价所需资料

① 浓缩机。

a. 浓缩机台数及每台型号规格、出产厂商、产品合格证等；

b. 浓缩机的过载报警保护装置、计量及检测仪器及其这些装置的型号规格、出产厂商、产品合格证等；

c. 日常检修部位、操作设施的照明设置。

② 浓缩池。

a. 浓缩池的位置标高、池的尺寸和容积；

b. 给入和排出浓缩池的尾矿浆浓度、流量、粒度、相对密度及水质的设计资料及实际资料。

③ 尾矿泵站。

a. 泵站位置情况：地基、位置、与事故池的距离和高差、泵站的交通情况、事故池；

b. 泵站配置：泵（含备用泵）的台数及每台型号规格、出产厂商、产品合格证、扬程等；

c. 泵站用电设施：变压器型号规格、出产厂商、产品合格证以及用电来源等；

d. 泵站辅助设施：备用物资、围护设施、供电及照明、通信、起重设施及其他辅助设施；

e. 多台泵送及远距离输送时，是直接串联还是设置几个泵站。若有几个泵站则应注明前面的 a、b、c、d 项内容。

④ 矿浆池。

a. 池的容积；

b. 泵（含备用泵）的台数及每台型号规格、出产厂商、产品合格证、扬程等。

⑤ 输送尾矿的管槽沟渠。

a. 尾矿的输送方式：排往地表还是地下，或者两种兼有，尾矿排放是自流还是泵送；

b. 管槽沟渠的结构尺寸，输送距离；

c. 截流阀的设置：设置几处截流阀门、何种阀门。

(5) 尾矿库回水系统及环保安全评价所需资料

① 回水量。

② 回水取水方式。是回水泵站还是囤船回水，还是斜坡道缆车回水。

a. 回水泵站：泵站位置、高程、坝内还是坝外；泵（含备用泵）的台数及每台型号规格、出产厂商、产品合格证、扬程；泵站设施及辅助设施：井、管道沟渠长度、至选厂距离、照明、通信、调节水池等详细资料。

b. 囤船回水：囤船位置、高程；囤船中泵（含备用泵）的台数及每台型号规格、出产厂商、产品合格证、扬程；囤船承载能力：能承受多重、能装载多少人等；到达囤船的走道是怎样设置的；囤船设施及辅助设施：管道沟渠长度、至选厂距离、照明、通信等详细资料；囤船取水量，囤船材料、长宽、吃水、干舷、排水量，锚固方式及锚固材料；若兼排洪，则其应急措施，使用泵台数，排洪量等详细资料。

c. 斜坡道回水：提供的资料除与囤船回水中相同的以外，还应有卷扬机室及其设施的详细资料。

③ 挖泥船的需要资料同 b 项囤船回水。

④ 环保资料。

a. 水质分析资料；

b. 曾经的渗漏、陷落矿浆水的方向、流往何处。

(6) 尾矿库管理安全评价所需资料

① 尾矿库管理机构是怎样设置的。

② 尾矿库应急预案。

③ 尾矿库安全工作年度计划和长远计划。

④ 目前存有隐患的整改措施。

⑤ 尾矿回水泵站、尾矿泵站各配备的人员名单、人数、教育、培训情况，持证与否以及持何部门发给的作业证。

⑥ 尾矿排放时当班人数，教育培训情况，持证与否以及持何部门发给的作业证。

⑦ 尾矿库库区日常巡逻维护管理人员名单、人数、教育、培训情况，持证与否以及持何部门发给的作业证。

⑧ 尾矿库坝体监测人员名单、人数、教育、培训情况，持证与否以及持何部门发给的作业证。

⑨ 尾矿库设计单位及设计资质证明材料，若有加固，则有加固设计及其相应资质证明（证件的复印件）。

6.3.2　辨识与分析危险有害因素

列出辨识与分析危险、有害因素的依据，阐述辨识与分析危险、有害因素的过程。并应明确在安全运行中实际存在和潜在的危险、有害因素。

6.3.3　划分评价单元

根据尾矿库的实际运行情况，划分评价单元。

6.3.4　选择现状评价方法

安全现状评价通常采用的定性、定量安全评价方法如下：危险性预先分析法（PHA）、事故树分析法（FTA）、安全检查表分析法（SCL）、现场检查法、故障类型和影响分析、故障假设分析、故障树分析、危险与可操作性研究、风险矩阵法、QRA 定量评价、安全一体化水平评价方法、事故后果灾害评价以及数字模拟分析等。

6.3.5　定性、定量评价

(1) 坝体稳定性评价　一般采用瑞典圆弧法，利用成熟的岩土分析软件进行计算。

在充分考虑野外原位测试、室内常规试验等各种试验条件的基础上，综合确定计算剖面上各层岩土的天然重度、饱和重度、内聚力和内摩擦角参照表 6-14。

表 6-14　尾矿坝岩土体物理力学参数推荐表

项　目	地层 1	地层 2	地层 3	地层 4
天然重度 $\gamma/(kN/m^3)$				
内聚力 c/kPa				
内摩擦角/$\varphi/°$				
渗透系数/$K_v/(cm/s)$				

(2) 复核防洪能力 通过查阅当地《水文手册》，确定该区水文分区。然后，根据《选矿厂尾矿设计规范》(ZBJ 1—90)规定，及所在省份水文图集所载相关数据和公式进行计算。最终将计算所需下泄量和排洪系统的最大下泄能力比较，评价是否符合安全要求。

6.3.6 安全对策措施建议

当尾矿库防洪能力及排洪设施的可靠性或尾矿坝稳定性不能满足设计要求时，应提出可行的对策措施。

6.3.7 评价结论

安全现状评价报告的结论应包括：

a. 尾矿坝稳定性是否满足设计要求；

b. 尾矿库防洪能力是否满足设计要求；

c. 尾矿库安全度；

d. 尾矿库与周边环境的相互影响；

e. 安全对策。

第7章　尾矿库安全运行

7.1　安全生产管理职责

由于尾矿设施的管理目标是充分发挥尾矿库的工程功能，为矿山生产服务，保证人民生命财产和环境的安全。而企业是生产经营的主体，也是安全生产责任的主体。因此当前尾矿库管理应重点做好以下工作。

(1) 建立、健全安全管理责任制　企业应建立、健全以安全生产责任制为中心的尾矿库安全生产管理体制，明确责任主体，落实安全责任，制定完备的安全生产规章制度和操作规程。如：

a. 矿长安全生产职责；

b. 生产副矿长安全生产职责；

c. 总工程师安全生产职责；

d. 安全生产管理机构职责；

e. 车间主任安全生产职责；

f. 车间生产副主任安全生产职责；

g. 车间技术副主任安全生产职责；

h. 车间安全员安全生产职责；

i. 矿（车间）生产调度安全生产职责；

j. 班、组、段、机台长安全生产职责；

k. 职工岗位（放矿、筑坝、排水、回水、维修、巡视、观测等）责任制。

(2) 建立、健全管理机构，落实管理经费　企业应设立尾矿库安全生产管理机构，并配备与工作需要相适应的专业技术人员或者具有相应工作能力的人员。

(3) 推进科学化、规范化管理，加强安全检查　企业应根据《尾矿库安全技术规程》、《尾矿库安全监督管理规定》等并结合尾矿库设计要求和实际情况，建立并推进以科学技术为基础的尾矿库安全生产和安全检查制度。如：

a. 安全会议制度；

b. 安全检查制度；

c. 安全教育制度；

d. 安全交接班制度；

e. 安全维修制度；

f. 特种作业人员作业管理办法；

g. 事故应急处理预案；

h. 安全生产奖惩制度；

i. 尾矿坝工安全操作规程。

尾矿库安全设施的管理，按工作性质可以分为以下几种。

① 生产性工作。这类工作主要指尾矿的放矿、筑坝、回水等生产流程规定的内容，这些作业是完成尾矿堆存并向厂区直接回水满足生产要求的工作。

② 维护性工作。包括尾矿坝（含覆土、植被绿化）、排洪构筑物（排水井、排水管和井、洞）等的维修、养护等。

③ 灾害防护性工作。主要指防洪、度汛、抗震、环保等工作。

④ 检查和观测工作。包括库区、尾矿坝、排洪设施等日常巡视和定期安全检查，坝体位移、浸润线、库水位、渗透水等监测工作。

编制年、季作业计划和详细运行图表，其目的在于统筹安排和实施尾矿输送、分级、筑坝和排洪的管理工作，确保尾矿库在安全条件下完成输送、堆存尾矿和向厂区回水的任务，实现安全生产和保护环境的目标。

尾矿设施每年、季度作业计划和运行图表编制要点有以下几点

① 根据每年计划进入尾矿库的尾矿量和尾矿库特性曲线，安排尾矿坝堆筑计划高程和堆坝计划。

② 根据库内实际情况、回水要求和设计规定，通过调洪演算确定应控制的汛前水位和最高洪水位。

③ 尾矿坝、排洪设施和观测设施等检查维修计划。

在汛期，当出现环保和回水要求与安全要求相矛盾时，应坚持“安全第一”的原则，保证尾矿库安全。

尾矿库关系到下游人民生命财产安全，放矿筑坝、回水排水、防汛、抗震工作都直接影响尾矿库安全，因此，企业必须严格按照安全规定进行这些作业，严禁自行其是、违章作业。根据对尾矿库事故的统计、分析，造成尾矿库事故的原因除设计、施工方面之外，主要还是生产管理不善。我国矿山企业管理水平还很低，不了解国家规定、不掌握设计意图、自行其是、违章作业是酿成各种事故的最主要原因。因此，矿山企业应严格按照《尾矿库安全技术规程》、《尾矿库安全监督管理规定》和设计等要求，做好尾矿库放矿筑坝、回水排水、防汛、抗震等安全生产管理。

为及时发现安全隐患、防患于未然，矿山企业应做好尾矿库日常巡检和定期观测，并进行及时、全面的记录，这是安全生产管理工作的重要内容。发现安全隐患有一定难度，因此，负责尾矿库巡检人员应具备高度责任心和丰富的工作经验。对巡检中发现的安全隐患和监测中出现的异常变化，应按岗位责任制规定，及时处理并向企业主管领导报告，以免贻误时机，酿成事故。

7.2 应急预案

7.2.1 总则

第一条　制定尾矿库应急预案是为了确保迅速、有序、切实有效地实施现场急救和做好伤员安全转移，避免和降低因灾害性事故所造成的损失，保障员工和人民群众身心健康和生命财产安全，有效促进企业的发展，确保社会稳定。

第二条　事故发生突然，扩散迅速，涉及范围广，危害性大，应及时指导和组织员工和周边群众采取有效措施加强自身保护，必要时迅速撤离危险区或可能受到危害的区域。撤离过程中，应积极组织员工和周边群众开展自救和互救工作。

第三条　为迅速控制事态发展，对事故造成的危害进行检测、监测，测定事故危害区域、灾害性质及危害程度。及时控制住造成事故的危险源是应急救援工作首要任务，只有及时控制住危险源，防止事故继续扩展，才能及时有效实施救援工作。

第四条　各单位、部门必须高度重视安全生产工作，坚持“安全第一，预防为主，综合治理”的方针，遵守和执行国家的《安全生产法》、《矿山安全法》等法律法规，建立健全安全生产责任制，完善安全生产条件，加强监督管理，确保安全生产。

第五条　尾矿库发生生产安全事故（灾害）后，事故现场有关人员应当立即报告本单位负责人，事故单位负责人接报后，及时做出应急反应，并应及时向矿长报告事故情况（含时间、地点、事故现场简要情况）。

各单位、部门负责人接到事故（灾害）报告后，应迅速采取有效措施，组织抢救，防止事故扩大，减少人员伤亡和财产损失，同时向矿长报告有关情况及所需救援人员与物资；矿长接报后，必要时启动应急救援预案，并向公司总经理报告事故（灾害）有关情况，由公司按国家有关规定向当地安监管理等部门报告。

任何单位和个人都应支持、配合事故抢救，并提供一切便利条件。

第六条　定义（术语）。

1. 安全是指免除了不可接受的损害风险的状态。

2. 事故是指造成死亡、疾病、伤害、损坏或其他损害的意外情况。

3. 生产事故即在生产过程中发生的造成死亡、疾病（中毒）、伤害、损失或其他损害的意外情况。

7.2.2　事故应急救援组织机构及职责

第七条　指挥系统及其职责。

（一）指挥领导机构

总指挥：×××、副总指挥：×××、成员：×××。指挥部设在××。根据人事变动情况，应及时调整应急救援指挥部及领导小组成员。

（二）应急救援指挥部或领导小组职责

日常职责：

1. 负责“应急救援预案”的制订和完善工作。

2. 负责组建应急救援队伍。

3. 负责组织排险队、救援队的实际训练等工作。

4. 负责建立通信与警报系统，贮备抢险、救援、救护方面的装备、物资。

5. 负责督促做好事故的预防工作和安全措施的定期检查工作。尤其是汛期，要求各单位派人进行24h值班、巡查。对查出的隐患，应及时处理。

应急时职责：

1. 发生事故（灾害）时，应根据事故发展的态势及影响发布和解除应急救援命令、信号。按指挥人员、应急救援队的职责，立即组织应急救援。

2. 向公司及上级部门、当地政府和友邻单位通报事故的情况。

3. 必要时向当地政府和有关单位发出紧急救援请求。

4. 负责事故（灾害）调查的组织工作。

5. 负责总结事故的教训和应急救援经验。

（三）指挥部人员分工及各部门职责

1. 总指挥：负责组织本单位尾矿库的应急救援指挥工作（并对事故发展态势及影响及时、果断组织指挥、决策）。

2. 副总指挥：协助总指挥负责应急救援的具体指挥工作，及时汇报现场应急救援情况。

3. 技术部负责人及其成员：负责事故处理时设备和人员的调度工作；负责抢险救灾期间的信息收集，并及时报告总指挥及有关人员；负责事故现场通信联系和对外联系。协助总指挥负责工程抢险、抢修的设备安装现场指挥。

4. 办公室负责人及其成员：负责灭火、警戒、疏散、道路管制；负责将事故有关信息、影响、救援工作进展情况经领导审核后，适时、准确、统一发布，避免公众猜疑和不满；负责伤病员的有关必需品的供应和灾民衣、食、住、行的安排及工作，指挥救护车辆的调度。

5. 安全部门负责人及其成员：协助总指挥做好事故报警、情况通报及事故处置等工作；对事故现场、影响边界、食物、饮用水、卫生及水体、土壤、农作物及有害物质扩散区域内的监测和处理工作。

6. 医疗部门成员：负责对受伤人员采取及时有效的现场急救及合理地转送医院进行治疗；为现场急救、伤员运送、治疗及健康、监测等所做准备和安排。掌握和了解主要危险对员工造成伤害的类型，掌握危险化学品受害人员进行正确消毒和治疗的方法。

7. 供应部门负责人及成员：负责抢险救援物资的供应及运输工作；负责危险化学品的运输、储存安全跟踪及管理。

第八条　应急救援队伍：根据尾矿库管理情况组织应急求援队伍。

第九条　应急救援队伍职责。

1. 应急救援队日常职责

(1) 应急救援队伍的管理要实行专业化，建立健全以岗位责任制为中心的各项规章制度。

(2) 经常深入生产现场，检查尾矿库的安全运行情况。

(3) 做好各种工作和会议记录。

2. 教育、训练与演练

(1) 应对位于重大危险源周边的人群进行危害程度宣传，使其了解潜在危险的性质和健康危害，掌握必要的自救知识、了解预先指定的疏散路线和集合地点、各种警报的含义和应急救援工作有关要求。

(2) 基础培训与训练目的是保证应急人员具备良好体能、战斗意志和作风，明确各自职责，熟悉本单位潜在重大危险的性质、救援基本程序和要领，熟练掌握个人防护装备和通信装备的使用等；专业训练关系到应急队伍的实战能力，主要包括专业常识、堵源技术、抢运和现场急救等技术；战术训练是各项专业技术的综合运用，使各级指挥员和救援人员具备良好组织指挥能力和应变能力，以进一步提高救援队伍的救援水平。

(3) 应根据本单位的实际情况，针对危险源可能发生的事故（灾害）做好应急救援的技术、装备的维护和检查，应以多种形式的应急演练，包括每年至少一次实战模拟综合演习。

3. 应急救援队应急职责

一旦发生生产安全事故（或灾害），在指挥部的领导和指挥下，根据生产事故（灾害）的性质、现场情况和应急救援技术要求，正确穿戴好个人防护用品与安全器具，迅速组织应急救护人员，采取有力措施，以最短时间、最短距离、最快速度到达现场，按各自的任务及时有效地排除险情，控制并消除事故，抢救伤员，做好应急救援工作。

7.2.3　建立事故（灾害）应急救援的各种保障

第十条　通信保障。由办公室负责、有关部门配合支持，加强管理，使有线、无线、警报、协同通信的组成、任务和有关信号规定，保证完好畅通，联络无误。

第十一条　运输和工程机械保障。

1. 办公室、物资供应等部门，应把救护车、小车、正常运输车辆纳入应急救援运输保障系统，登记牌号，明确任务要求，做好日常的维护工作。

2. 救护车驾驶员未经批准，不得离开驻地，离开时必须指定他人接替。

3. 应急救援的工程机械按就近原则进行调配，任何单位应无条件地服从调配进行抢险救灾。

第十二条　抢险物资保障。物资供销部门负责对应急救援技术装备及物资的采购储备工作，包括抢险抢救装备物资的种类、数量、编号等要求。

第十三条　治安保障。执行现场应急救援的保卫（保安）人员应根据发生事故（灾害）的现场情况进行分工、重点警戒目标区的划分，保证道路交通的安全畅通，做好群众、员工的疏散工作，必要时请求当地派出所的支持。

7.2.4　应急救援运行（响应）程序

第十四条　接警与通知。

（一）各生产单位若发生事故（灾害），事故单位现场人员（或知情者）必须立即报告本单位负责人。内容应包括事故（灾害）发生时间、地点、伤亡情况、规模及严重程度。事故单位负责人接报后须立即向矿长汇报，同时告知安监部门。

（二）矿长接到汇报后应根据事故（灾害）性质和规模等初始信息决定启动应急救援。通知应急有关人员、开通信息与通信网络，通知调配救援所需技术装备、物资，以采取相应的行动。必要时向社会应急机构、政府发出事故救援请求。

（三）根据指挥人员和应急救援队的职责，在总指挥的指挥协调和决策下，对事故（灾害）进行初始评估，确认紧急状态，迅速有效地进行应急响应决策，建立现场工作区域，确定重点保护区域和应急行动优先原则，指挥和协调现场队伍开展救援行动，合理高效地调配和使用应急资源。

第十五条　应急救援体系响应程序（图 7-1）。

第十六条　警报和信息传递。

1. 接警报后，统一由办公室发布指令。

2. 矿区所有员工听到危险警报信号后，立即穿戴好劳保用品前往本区域集合，由部门领导指定专人带队前往事发现场并积极参与事故抢险工作。

3. 各区域集中地点：×××。

第十七条　办公室及有关人员应随时收集信息，及时向指挥部领导报告，以利决策。

第十八条　应急期间，由于抢险和救援需要的人员和设备，任何单位和个人必须顾全大局，服从指挥和调配。

第十九条　应急期间，指挥部人员、各区域（单位）负责人、值班巡查人员、应急救援队成员的一切通信工具不得关机，保持通信畅通。

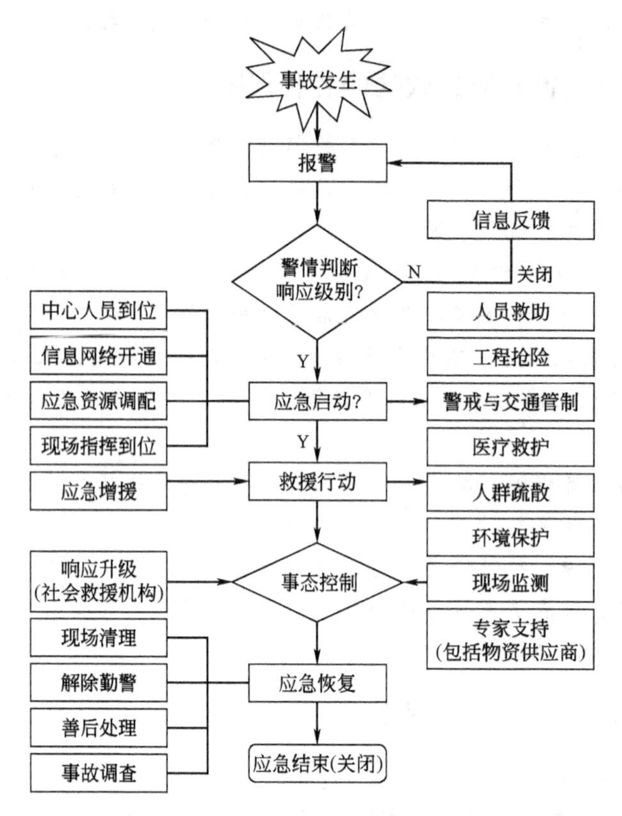

图 7-1 事故应急救援体系响应程序

7.2.5 现场恢复

第二十条 现场恢复（又称为紧急恢复）。

1. 事故被控制后，应根据各类事故现场实际进一步消除潜在危险，恢复到基本稳定状态。恢复过程中，应遵循各类事故现场处理知识，提供指导和建议。对恢复工程（或还需进一步监测）时间较长的，应做好交接工作。

2. 现场短期恢复完成后，并基本处于安全稳定状态，总指挥可以宣布应急救援工作结束，人员和设备正式安全撤离现场。

3. 事故调查及后果评价。

7.2.6 预案管理与评审改进

第二十一条 预案管理与评审改进。

1. 应对预案的制定、修改、更新、批准和发布做出明确的管理规定，并保证定期演习，应急救援后对应急救援预案进行评审。

2. 针对实际情况的变化以及预案中所暴露出的缺陷，不断地总结、补充、完善、更新和改进应急预案文件体系。

7.2.7 尾矿库的应急处理

根据对尾矿库大坝、排水构筑物、库区周边环境及生产作业活动的调查和分析，尾矿库主要存在坝体滑坡、漫堤溃坝、管涌、雷击、地震、淹溺等主要危险、有害因素。

(1) 尾矿库日常管理规定

① 认真贯彻执行国家安全生产监督管理总局公布的《尾矿库安全监督管理规定》，并结合单位的实际，建立完善各环节、各岗位、每个人的安全责任制，建立健全尾矿库安全管理的各项规章制度并严格执行。

② 尾矿库建设工程必须由具备相应资质的单位进行设计，并报安全监督管理部门进行审查和批复；尾矿库安全设施必须由具备相应资质的施工单位，竣工后须由安监部门竣工验收。

③ 根据《安全生产许可证条例》和《非煤矿山企业安全生产许可证实施办法》等有关法律法规的要求，尾矿库必须由具备资质的中介技术服务机构进行安全评价，并依此申领安全生产许可证。

④ 在尾矿库运行过程中，必须严格按设计和有关技术规定认真做好放矿、筑坝及坝面的维护管理工作。

⑤ 尾矿坝正常运行所需的沉积滩长度、沉积滩坡度、下游坝面坡度与回水所需的澄清距离，必须按设计控制，如不满足，应限期纠正，并记入技术档案。

⑥ 尾矿库水位控制。水位线在远离坝顶的安全位置，与坝轴线保持基本平行，与坝顶距离不宜变化太大，不得逼近坝前，也不得偏于坝端一侧；当回水与坝体安全对滩长的要求相互矛盾时，应确保坝体安全；凡出现尾矿库实际情况与设计要求不符时，应在汛前进行调洪演算，以指导防洪工作。

⑦ 尾矿库的日常管理工作由尾矿库管理车间（工段）或班组负责。当发现坝体局部隆起、沉陷、流土、管涌、渗水量增大或渗透浑浊等异常情况时，应立即采取措施，同时加强观察并报告有关部门；排渗设施在运行中必须按设计要求制定管理、维护和运行细则，以确保设施完好，充分发挥其功能。

⑧ 尾矿库管理车间（工段）或班组每天要对库区进行全面检查，掌握各种设施的工作状态及其变化规律，为正确管理、处理事故、维修等提供依据；及时发现不正常的迹象，分析原因，采取措施，防止事故发生。

⑨ 当尾矿设施遇到特殊运行及大暴雨等情况时，对工程的薄弱部位和重要部位，应特别仔细检查，发现威胁工程安全的严重问题，必须昼夜连续监视，并采取有效措施。

⑩ 对尾矿坝和构筑物的检查应注意它们有无裂缝、塌陷、隆起、流土、管涌、开裂或滑落等现象，坝顶高程是否一致，滩面是否平整，滩长、坡比是否符合设计要求，坝坡有无冲刷、渗水是否溢出，排渗设施是否完善等。

⑪ 雨季要实行24h安全巡查，并及时做好检查记录。如坝体、排水硐出现异常，必须及时报告厂、矿领导和有关部门，并积极采取有限措施进行处理。

⑫ 尾矿浆排放时，要进行全天候跟踪检查，保证矿浆不外泄，冲漏坝面。

⑬ 雨季要确保排洪沟的畅通，保证库区内水位不超过安全要求。平时要确保库区干滩长度和安全超高满足设计要求，干滩长度和安全超高达不到设计要求时，应做好控制库内水位的措施。

⑭ 汛期要经常检查库区外汇水是否进入排洪沟，并及时做好引水工作，确保库区安全度汛。

⑮ 及时做好坝堤的植被恢复工作，并确保成活率，防止坝面被雨水冲刷。

⑯ 加大宣传教育、培训力度。各单位应加强对尾矿库周边群众的宣传教育工作，引导群众充分认识尾矿库作为重大危险源的危害性，理解和支持企业采取的各项安全防范措施，

矿山企业要加强对尾矿库安全管理人员的培训，尾矿工等特种作业人员必须做到持证上岗。

(2) 尾矿坝洪水期抗洪抢险措施

① 检查尾矿坝潜在地质灾害事故的可能状况，重点关注以下几点。

a. 雨季时雨水对尾矿坝体的浸透饱和，易造成坝体的“坐落下陷”。

b. 随着坝体的增高、压力的增大，排水斜槽（与盖板）出现了裂缝，潜在排水斜槽发生突然性垮塌事故。

c. 库区上部的废弃渣石在大暴雨时，易随着洪水流到尾矿库排洪明渠进口端，从而堵住排洪明渠，这时将使洪水进入库区。

d. 库区干滩面的平缓，使库区调洪、蓄洪能力变小，易使洪水时漫过坝顶，因此必须保证尾矿库排洪系统的安全畅通，在应急情况下需打开溢流斜槽盖板，确保尾矿坝的安全。

② 为加强对防洪工作的领导，各单位应成立“防洪抢险小组”。在事故应急救援指挥部的领导下，尾矿坝发生紧急突发事故时，防洪抢险小组人员赶赴事故现场进行抢险。所有员工有责任和义务参与矿山及尾矿库防洪抢险工作，接到命令后必须立即赶到事故现场参与抢险。

③ 尾矿坝应急设施的日常管理要求。

a. 应定期检查排洪明渠和排洪斜槽等排洪构筑物，确保安全畅通无阻，特别是截洪沟，在汛期之前必须将沟内杂物清除干净，并将薄弱地段进行加固处理。汛期前应加强值班和检查，保证尾矿构筑物的安全运行。

b. 尾矿坝坡面上的排水沟除了要进行经常性清理疏通外，还要将坝面积水坑填平，让雨水顺利流入排水沟。

c. 在满足澄清要求的条件下，库区水位应经常性保持低水位状态运行。现场管理人员应随时收集气象预报，了解汛期水情。

d. 应准备好必要的抢险、交通、通讯供电和照明器材与设备（并应建立防洪物资清单），及时维修上坝道路，以便防洪抢险。

e. 现场管理人员暴雨期间必须 24h 值班巡查，设警报信号与应急联络，并组织好抢险队伍。

f. 平时加强尾矿坝体的安全检查，发现隐患及时处理，洪水过后，应对坝体和排洪构筑物进行全面认真的检查和清理。若发现有隐患应及时进行处理。

g. 洪水时应有专人看护斜槽盖板，必要时打开盖板，及时调节库内水位。当尾矿坝发现了危险迹象时，必须立即通知环保人员。

(3) 尾矿坝监测管理规定　由公司技术部门负责对坝体的位移、沉降等项目的监测，监测记录应及时报送给安全环保管理部门存档。

7.3 尾矿库的安全管理

7.3.1 尾矿库管理的任务、机构与职责

尾矿库管理的任务是做好尾矿的分级、输送、排放、筑坝、尾矿水调蓄、回水、防汛、抗震、环境保护和尾矿坝、排洪构筑物的检查、维护、监测、分析等各项工作，确保尾矿设施安全生产，防止发生事故和灾害。

为加强尾矿设施的安全管理，应设立不同层次的管理机构，各负其责。

(1) 各公司应设立尾矿坝安全生产管理机构　公司级安全生产管理机构的职责是：

① 贯彻上级有关方针政策，编制尾矿设施的长远规划和近期规划，审查所属尾矿库的年运行计划；

② 组织所属企业尾矿设施工程的设计、审查、技术鉴定和工程验收工作；

③ 组织对所属企业尾矿设施工程的安全运行状态进行检查和监督；

④ 及时处理下级单位的有关报告和报表，积累、分析、整编有关资料，建立健全技术档案，逐步走向管理科学化。

(2) 各厂矿应设立尾矿坝安全生产领导小组　其职责是：

① 认真贯彻上级单位下达的各项指令和任务，根据管理规程和设计要求，编制并实施本单位尾矿库安全生产规章制度，结合工程的实际情况，编制年、季度作业和运行图表；

② 定期或不定期（汛前）组织进行尾矿坝安全大检查，对尾矿库存在的隐患和问题及时进行整改；

③ 做好尾矿坝监测记录、资料的整理、分析工作；

④ 保持尾矿库管理队伍的稳定性，有计划地安排操作管理人员培训并进行日常安全管理教育工作，以加强安全生产意识和提高管理水平。

(3) 车间或工段是尾矿设施安全生产操作管理的基层机构　其职责是严格按照设计和有关技术规定，组织操作管理人员做好尾矿的排放、筑坝、回水、泄洪、坝体监测等项目的日常操作管理工作，其主要要求如下。

① 尾矿坝的坝顶标高（以最低点计）在满足尾矿堆存需要的同时，必须满足防汛、生产回水所需的库容（在寒冷地区尚应留有冬季冰下放矿的库容），并确保有足够的安全超高。

② 严格控制库内水位，在满足回水水质和水量要求的前提下，尽量降低库内水位；当回水与坝体安全要求的沉积滩滩长相矛盾时，应以确保坝体安全为主控制水位。

③ 尾矿库排水构筑物应经常保持畅通无阻，善后封堵工作必须严格按照设计要求施工，并保证其质量。

④ 尾矿沉积滩的长度和坡度、下游坝面坡度、澄清距离等，必须按设计或有关技术规定严格进行控制；如不满足，应限期纠正并记入技术档案。

⑤ 尾矿筑坝必须按作业计划及操作技术规定精心施工，注意坝体与岸坡结合部的清理和堆筑质量，对清理中发现的不良地质条件，应及时进行技术处理，并做好记录，经验收后才可开展下一步工作。

⑥ 坝体观测必须按规定的时间进行，认真记好原始记录。

⑦ 未经技术论证和主管部门批准，涉及生产安全的内容不得随意改变，如最终坝轴线的位置、坝外坡平均坡比、筑坝方式、坝体排渗形式、位置与数量、非尾矿废料、废水入库以及尾矿回采利用等。

⑧ 如发现不安全因素，应立即采取应急措施并及时向上级单位报告。

7.3.2　尾矿库的安全管理制度

尾矿库的安全管理制度主要包括责任制、安全检查制、奖惩制和考核制。

尾矿库的安全管理实行公司（矿）、厂、车间（工段）三级管理承包责任制。公司（矿）的经理（矿长）为全公司（矿）尾矿库的安全第一负责人；生产副经理（副矿长）为直接负责人；各厂厂长为选厂尾矿库的安全第一负责人；生产副厂长为直接负责人；车间（工段）主任（工段长）为尾矿库安全的直接负责人。

尾矿库的安全检查，作为安全管理制度的一项主要内容，可分为四级，即日常检查，定期检查、特别检查和安全鉴定。

① 日常检查。尾矿车间（工段或班组）应对尾矿库进行日常检查，交接班应有记录，并妥为保存。

② 定期检查。选厂应组织有关人员对尾矿库的安全运行情况进行定期检查，每月一次，发现问题及时研究处理，并将检查结果向主管领导报告，将有关技术资料归档；公司（矿）主管尾矿库安全部门应组织有关职能部门的人员，每年汛前、汛后对尾矿库的安全运行情况进行一次全面的检查，并于汛期前一个季度提出尾矿库度汛方案上报当地防汛指挥部，同时抄报当地安全生产监督管理部门。

③ 特别检查。当发生特大洪水、暴雨、强烈地震及重大事故等灾害后，公司（矿）主管应组织有关部门及基层管理单位对尾矿库的安全状态进行一次全面的大检查，必要时报请上级有关单位会同检查，检查结果应同时抄报上级主管部门。

④ 安全鉴定。对于大、中型及位于地震区的尾矿坝，当尾矿坝堆积坝高度达到总堆积高度的1/2～2/3时，应根据具体情况按现行规范标准进行1～2次安全鉴定工作，其重点应为抗洪能力及坝体稳定性。

尾矿库的安全管理应纳入矿山正常生产计划，并列入安全生产、质量评比工作内。建立严格的奖惩制度，对在确保尾矿库安全运行方面作出贡献的管理、操作人员实行奖励，并作为晋级的条件之一；对于玩忽职守、违反管理规程的人员及造成事故的直接责任人，要追究责任，进行严肃处理。

各级安全管理机构应设置一定数量的专职或兼职尾矿安全管理人员，负责具体技术工作，其人员应具备尾矿库安全管理方面的基本专业知识，掌握尾矿库设计文件及有关规定，了解尾矿处理的工艺流程，熟悉国家或部门有关标准及规定、规范等。

尾矿库操作人员已被国家劳动部列为特殊工种，必须经过培训考核合格后持证上岗。

7.3.3 尾矿库的规划

尾矿设施的建设应与矿山建设同时进行，并于矿山投产时，同期投入运行。但由于选址、占地、工期、投资等方面的原因，很难一次建成既满足工期要求又满足储存全部矿山储量要求的尾矿库；同时，矿山生产过程也是不断进行探矿的过程，往往会探明新的可采储量。因此，矿山尾矿库工程多数要分期建设，或建设多个尾矿库以满足矿山生产中尾矿堆存的需要。

尾矿库工程建设周期长，投资大，多存在资金紧张和征地等困难问题。为确保安全生产，应根据企业的生产年限，结合采场、选厂的总体规划，做好尾矿库中、长期规划和近期工程安排，做到既有长治久安之计，又解决好当务之急，远近结合，分期实施，确保新老尾矿库的合理衔接。加高增容扩建尾矿库工程应在尾矿库达到最终堆积标高前三年做好安全验证和扩建设计。切忌“临渴而掘井”，造成措手不及留下安全隐患。

每年年末，要在实测库内尾矿堆积情况的基础上，结合生产计划拟定好第二年的尾矿排放计划，对筑坝、尾矿沉积滩长度、库内泄洪、澄清水距离、排洪等相应措施，必须进行认真核算，做出安排，有条不紊地按计划实施。

当尾矿堆积坝高度达到设计最终高度的1/2～2/3时，应按规范的要求进行一次以尾矿库抗洪和坝体稳定性为重点的中期安全稳定性分析工作。

当尾矿库将达到设计最终堆积高程时，应委托设计部门进行闭库设计。

7.3.4　尾矿库的险情预测

根据不完全统计，导致尾矿库溃坝事故的直接原因中，洪水约占 50%，坝体稳定性不足约占 20%，渗流破坏约占 20%左右，其他约占 10%，而事故的根源则是尾矿库存在隐患。尾矿库建设前期工作对自然条件（如工程地质、水文、气象等）了解不够、设计不当（如考虑不周，盲目压低资金而置安全于不顾，由不具备设计资格的设计单位进行设计等）或施工质量不良是造成隐患的先天因素。在生产运行中，尾矿库由不具备专业知识的人员管理，未按设计要求或有关规定执行，是造成隐患的后天因素。

尾矿库险情预测就是通过日常检查尾矿库各构筑物的工况，发现不正常现象，借以研判可能发生的事故。

① 坝前尾矿沉积滩是否已形成，尾矿沉积滩长度是否符合要求，沉积滩坡度是否符合原控制（设计）条件，调洪高度是否满足需要，安全超高是否足够，排水构筑物、截洪构筑物是否完好畅通，断面是否够大，库区内有无大的泥石流，泥石流拦截设施是否完好有效，岸坡有无滑坡和塌方的征兆，这些项目中如有不正常者，就是可能导致洪水溃坝成灾的隐患。

② 坝体边坡是否过陡，有无局部坍滑或隆起，坝面有无发生冲刷、塌坑等不良现象，有无裂缝，是纵缝还是横缝，裂缝形状及开展宽度是趋于稳定还是在继续扩大，变化速度怎样（若速度加快，裂缝增大，且其下部有局部隆起，这是发生坝体滑坡的前期征兆），浸润线是否过高，坝基下是否存在软基或岩溶，坝体是否疏松，这些项目中如有异常者，就是可能导致坝体失稳破坏的隐患。

③ 浸润线的位置是否过高（由测压管中的水位量测或观察其溢出位置），尾矿沉积滩的长度是否过短，坝面或下游有无发生沼泽化，沼泽化面积是否不断扩大，有无产生管涌、流土，坝体、坝肩和不同材料结合部位有无渗流水流出，渗流量是否在增大，位置是否有变化，渗流水是否清澈透明，这些项目中如有不正常者，就是可能导致渗流破坏的隐患。

7.3.5　尾矿库的闭库

闭库设计方案中应包括以下内容。

① 根据现行设计规范规定的洪水设防标准，对洪水重新核定，并尽可能减少暴雨洪水的入库流量，可采取分流、截流等措施将洪流排至库外。

② 对现存的排洪系统及其构筑物的泄流能力和强度进行复核。

③ 对现存坝体的稳定性（静力、动力及渗流）做出评价。

④ 对库区及其周围的环境状况进行彻底调查并记录（重点是水及尾尘污染）。

⑤ 确保闭库后安全的治理方案。

尾矿库闭库必须根据闭库设计要求进行工程处理，竣工后经验收才可闭库。闭库后的尾矿库在库区范围内（不包括尾矿坝），应逐步进行植树造林工作，以利于防风及水土保持，并严禁滥伐、滥垦、乱牧。尾矿库干涸的沉积滩上，应按闭库设计的要求有计划地逐步实施土地复垦工作，使之恢复良好的生态环境和自然景观，以造福于人民。尾矿坝应设置警戒线，采取隔离措施，并设立警示牌，以防止对坝体及其坡面的人为破坏。尾矿坝外坡面应按闭库设计要求，做好排水设施及坝面防尘的维护工作。

闭库后，若发生新的情况，应按以下规定办理。

① 库内尾矿作为资源回收利用时，必须进行二次开发工程设计，并报主管部门批准，

同时报送当地安全生产监督管理部门备案后才可实施。

② 尾矿库若再次使用时，需进行加高增容工程设计，报请主管部门审批，同时报请同级安全生产监督管理部门审查备案。

尾矿库闭库后的资产及资源仍属于原单位所有，其管理工作仍由原单位负责。如因土地复垦等原因需要变更管理单位的，必须报请主管部门批准，并办理相应的法律手续。

7.3.6 尾矿库的档案工作

技术档案资料是尾矿库安全生产、维护、治理的重要依据。因此必须做好技术资料的整理归档工作。

(1) 尾矿库建设阶段资料

① 测绘资料。包括永久水准基点标高及坐标位置、控制网、不同比例尺的地形图等。

② 工程、水文地质资料。包括地表水、地下水以及降雨、径流等资料，库区、坝体、取土采石场及主要构筑物的工程地质勘察资料及试验资料。

③ 设计资料。包括不同设计阶段的有关设计文件、图纸以及有关审批文件等。

④ 施工资料。包括开工批准文件，征地资料，工程施工记录，隐蔽工程的验收记录，质量检查及评定资料，主要建筑物，构筑物测量记录，沉降变形的观测记录，图纸会审记录，设计变更、材料构件的合格证明，事故处理记录，竣工图及其他有关技术文件等。

(2) 尾矿库运行期的资料 尾矿库工程的特点是投入运行期即是进入续建工程施工期，如筑坝工作是利用排放出的尾矿材料自身进行堆筑，而且是边生产边筑坝的。同时各主体构筑物随着尾矿库的投入运行，荷载逐年加大，各种溶蚀、冲刷、腐蚀等也随着使用时间的增长而加剧，相应的运行状态也在不断地变化。因此运行期的技术档案，观测数据及分析资料等尤为宝贵，必须认真做好档案的保存工作。

① 尾矿库运行资料。

包括正常期、汛前汛后期尾矿沉积滩长度、坡度，不同位置上沉积滩的尾矿粒度分析资料，尾矿库内的正常水位、汛前水位、汛后水位、澄清距离及水质、库内调洪高度及安全超高、交接班记录、事故记录以及安全管理的有关规定、管理细则和操作规程等。

② 尾矿筑坝资料。包括逐年堆筑子坝前、后的尾矿坝体断面（注明标高、坝顶宽度、堆坝高度、平均坝外坡比），堆筑质量，堆坝中存在的问题及处理结果，新增库容，筑坝尾矿的粒度分析资料，坝体浸润线及变形观测资料，渗流情况（包括部位、标高、渗流量、渗水水质等），坝外坡面排水设施及其运行情况等。

③ 排水构筑物资料。包括尾矿排水构筑物过流断面及结构强度情况、运行状态、封堵情况（方法、材料、部位）、发生的问题及处理等有关文件及图纸等。

④ 其他资料。如运行发生的事故（部位、性质、形态）及处理方法、结果，环境保护及环境影响情况，运行期有关尾矿库安全管理的往来文件以及基层报表和分析资料等。

所有这些资料的原始资料应在基层单位妥善保存，复制整理的资料应在公司（矿）的管理机构中按库逐一分类保管，以便随时查找调阅。有条件的尚应建立数据库，逐步实现标准化管理。

7.4 尾矿库水位控制与防汛

控制尾矿库内水位应遵循的原则如下。

a. 在满足回水水质和水量要求前提下，尽量降低库内水位；

b. 在汛期必须满足设计对库内水位控制的要求；

c. 当尾矿库实际情况与设计不符时，应在汛前进行调洪演算，保证在最高位水位时滩长与超高都满足设计要求；

d. 当回水与尾矿库安全对滩长和超高的要求有矛盾时，必须保证尾矿库安全；

e. 边线应与坝轴线基本保持平行。

尾矿库库内水位是关系到尾矿库安全、生产和环境保护非常重要的控制指标。从安全角度分析，库内水位越低，则干滩越长，浸润线越低，坝体稳定性越高；从生产角度分析，库内水位越高，则库内存水量越多，更有利于满足生产回水量和回水水质要求；从环保分析看，库内水位越高，则澄清距离越长，越有利于提高尾矿库排水水质。当安全、生产、环保出现矛盾时，应坚持“安全第一”的方针，尤其在库内水位必须控制在防洪要求的汛前水位以下，使尾矿库留出足够的防洪库容。

设计上，一般应通过调洪演算绘出尾矿库在不同运行期（即坝顶或滩顶达到某高程时）应控制的库内水位，有时也可给出不同运行期应控制的坝顶或滩顶与库内汛前水位的高差。当尾矿库运行情况符合设计要求时，汛前水位应按设计要求确定。当设计未给出控制水位或尾矿库运行情况与原设计条件不符时，应按照实际情况进行调洪演算确定。尾矿库调洪演算可以由企业自行计算，也可委托设计等单位计算。需指出，重新计算确定的最高洪水位还应满足尾矿坝稳定要求。

汛期前应对排洪设施进行检查、维修和疏通，确保排洪设施畅通。根据确定的排洪底坎高程，将排洪底坎以上1.5倍调洪高度内的挡板全部打开，清除排洪口前水面漂浮物；库内设清晰醒目的水位观测标尺，标明正常运行水位和警戒水位。

水工混凝土结构的有关知识如下。

7.4.1 结构的基本功能

按照国家工程结构可靠度设计统一标准，必须满足下列承载能力、正常使用、耐久性和坚固性四项功能要求。

① 在正常施工和使用时，能承受出现的各种作用。

② 在正常使用时，具有良好的工作性能。

③ 在正常维护下，具有足够的耐久性。

④ 在设计规定的偶然事件发生及发生后，能保持必要的稳定性。

7.4.2 混凝土建筑物病害的主要现象

混凝土建筑物病害的主要现象有三种：裂缝、渗漏和剥蚀。

(1) 裂缝 裂缝对水工混凝土建筑物的危害程度不一，严重的裂缝不仅危害建筑物的整体性和稳定性，而且还会产生大量的漏水，使坝体及其他水工建筑物的安全运行受到严重威胁。另外，裂缝往往会引起其他病害的发生与发展，如渗漏溶蚀、环境水侵蚀、冰融破坏及钢筋锈蚀等。这些病害与裂缝形成恶性循环，会对水工混凝土建筑物产生很大危害。

按深度不同，裂缝可分为表层裂缝、深层裂缝和贯穿裂缝；按裂缝开度变化，裂缝可分为死缝（其宽度和长度不再变化）、活缝（其宽度随外界环境条件和荷载条件变化而变化，长度不变或变化不大）和增长缝（其宽度或长度承受时间而增长）；按产生原因分，裂缝可分为温度裂缝、干缩裂缝、钢筋锈蚀裂缝、超载裂缝、碱骨料反应裂缝、地基不均匀沉陷裂缝等。

① 温度裂缝。为了减少温度裂缝，施工中还应严格采取温控措施，尽量避免裂缝发生。

② 干缩裂缝。置于未饱和空气中的混凝土因水分散失而引起的体积缩小变形，称为干燥收缩变形，简称为干缩。干缩的扩散速度比温度的扩散速度要慢。对大体积混凝土内部不存在干缩问题，但其表面干缩是一个不能忽视的问题。

③ 钢筋锈蚀裂缝。混凝土中钢筋发生锈蚀后，其锈蚀产物（氢氧化铁）的体积将比原来增长 2～4 倍，从而对周围混凝土产生膨胀应力。当该膨胀应力大于混凝土抗拉强度时，混凝土就会产生裂缝，这种裂缝称为钢筋锈蚀裂缝。钢筋锈蚀裂缝一般都为沿钢筋长度方向发展的顺筋裂缝。

④ 碱骨料反应。裂缝碱骨料反应主要有碱-硅酸盐反应和碱-碳酸盐反应。当反应物增加到一定数量，且有充足水时，就会在混凝土中产生较大的膨胀作用，导致混凝土产生裂缝。碱骨料反应裂缝不同于最常见的混凝土干缩裂缝和荷载引起的超载裂缝，这种裂缝的形貌及分布与钢筋限制有关，当限制力很小时，常出现地图状裂缝，并在缝中白色浸出物；当限制力强时则出现顺筋裂缝。

⑤ 超载裂缝。当建筑物遭受超载作用时，其结构构件产生的裂缝称为超载裂缝。此外，其他混凝土裂缝还有地基不均匀沉陷裂缝、地基冻胀裂缝等。

(2) 渗漏 水工混凝土建筑物的主要任务是挡水、引水、输水和泄水，都是与“水”密切相关，而水又是无孔不入，特别是压力水。因此，渗漏也是水工混凝土建筑物常见的主要病害之一。渗漏会使建筑物内部产生较大的渗透压力和浮托力，甚至危及建筑物的稳定与安全；渗漏还会引发溶蚀、侵蚀、冻融、钢筋锈蚀、地基冻胀等病害，导致混凝土结构老化，缩短建筑物的使用寿命。

按照渗漏的几何形状可以分为点渗漏、线渗漏和面渗漏三种。线渗漏较为常见，发生率高。线渗漏又可分为病害裂缝渗漏和变形缝渗漏两种。

根据渗漏水的速度，渗漏又可分为慢渗、快渗、漏水和射流四种，渗漏水量与渗径长度、静水压力、渗流截面积三个因素有关。

水工混凝土建筑物的渗漏问题是一种较为普遍的病害。归纳起来造成渗漏的原因主要有以下几个。

① 裂缝。尤其是贯穿性裂缝是产生渗漏的主要原因之一，而漏水程度又与裂缝的性状(宽度、深度、分布)、温度及干湿循环等有关。冬季温度低、裂缝宽度大，在同样水位下其渗漏量就大。

② 止水结构失效。沥青止水井混进了水泥浆、止水片材料性能不佳，发生断裂、腐烂，伸缩缝变形大导致止水带渗漏，还有止水带施工工艺不当等也会引起渗漏。

③ 混凝土施工质量差。密实度低，甚至出现蜂窝孔洞，从而导致水在混凝土中渗漏。

(3) 剥蚀 水工混凝土产生剥蚀破坏是由于环境因素（包括水、气、温度、介质）与混凝土及其内部的水化产物、砂石骨料、掺和料、外加剂、钢筋相互之间产生一系列的、物理的、化学的复杂作用，从而形成大于混凝土抵抗能力（强度）的破坏应力所致。

7.4.3 裂缝检查与治理

通过安全检查，查明构筑物的病害位置、程度、原因，再结合具体情况及时进行处理。

处理裂缝常用方法有水泥灌浆、加筋网喷浆、磨细水泥灌浆、化学灌浆和黄杨树脂合成物填塞等。对于还处于发展中的裂缝，有可能继续变形，不易堵塞，可采用弹性材料堵塞、水溶性聚氨酯灌缝，也可以用环氧树脂粘贴橡皮。

为防止水库水位骤降影响土坝上游坡稳定，在排出库内蓄水或大幅度降低库内水位时，应注意控制流量，非紧急情况不宜骤降。

由于岩溶发育地区的落水洞洞口处常被第四系覆盖层充填，当顶部压力增大时，充填物可能陷落，发生漏水事故，因此岩溶或裂隙发育地区的尾矿库，应控制库内水深，防止落水洞漏水事故。

非紧急情况，未经技术论证，不得用常规子坝挡水。

对于在汛期最高洪水位时不能满足干滩长度要求的尾矿坝，可以采用宽顶子坝的方法。该方法是采取池田法或渠槽法修筑宽子坝，其宽度不小于最小干滩长度，并且宽顶子坝顶的标高还应满足安全超高要求。

与水库相比，尾矿库汇水面积和库容都相对较小，汇水调节能力较低，一般在尾矿库防洪设计中是采用24h设计洪水，且规定一次洪水排除时间不宜超过72h，以备下一次防洪之用。因此洪水过后应对坝体和排洪构筑物进行全面认真的检查与清理，发现问题及时修复，同时，采取措施降低库水位，防止连续降雨后发生垮坝事故。

在尾矿库排水构筑物停用后，必须严格按设计要求及时封堵，并确保施工质量。严禁在排水井井筒顶部封堵。正常的封堵是在排水井井座顶部即井筒底部用预制的钢筋混凝土梁或拱圈封堵。对于排水井与排洪隧洞连接的排水形式，应在隧洞支洞处封堵。

7.5　尾矿坝的维护

在尾矿坝的维护管理中，首先要严格按设计要求及有关的技术规程、规范的规定进行管理，确保尾矿坝安全运行所必需的尾矿沉积滩长度、坝体安全超高，控制好浸润线，根据各种不同类型尾矿坝特点做好维护工作，防止环境因素的危害，及时处理好坝体出现的隐患，使尾矿坝在正常状态下运行。

7.5.1　尾矿坝的安全治理

(1) 尾矿坝裂缝的处理　裂缝是一种尾矿坝较为常见的病患，某些细小的横向裂缝有可能发展成为坝体的集中渗漏通道，有的纵向裂缝也可能是坝体发生滑坡的预兆，应予以充分重视。

① 裂缝的种类与成因。土坝裂缝是较为常见的现象，有的裂缝在坝体表面就可以看到，有的隐藏在坝体内部，要开挖检查才能发现。裂缝宽度最窄的不到1mm，宽的可达数十厘米，甚至更大。裂缝长度短的不到1m，长的数十米，甚至更长。裂缝的深度有的不到1m，有的深达坝基。

裂缝的走向有的是平行坝轴线的纵缝，有的是垂直坝轴线的横缝，有的是大致水平的水平缝，还有的是倾斜的裂缝。总之，有各式各样的裂缝，且各有其特征，归纳起来列于表7-1。

裂缝的成因，主要是由于坝基承载能力不均衡、坝体施工质量差、坝身结构及断面尺寸设计不当或其他因素等所引起。有的裂缝是由于单一因素所造成，有的则是多种因素所形成。

表 7-1 裂缝种类及特征

种类	裂缝名称	裂缝特征
按裂缝部位分类	表面裂缝	裂缝暴露在坝体表面，缝口较宽，深处变窄逐渐消失
	内部裂缝	裂缝隐藏在坝体内部，水平裂缝常呈透镜状，垂直裂缝多为下宽上窄的形状
按裂缝走向分类	横向裂缝	裂缝走向与坝轴线垂直或斜交，一般出现在坝顶，严重的发展至坝坡，铅垂或稍有倾斜
	纵向裂缝	裂缝走向与坝轴线平等或接近平行，多出现在坝坡浸润线溢出点的上下
	龟纹裂缝	裂缝呈龟纹状，没有固定的方向，纹理分布均匀，一般与坝体表面垂直，缝口较窄，深度 10～20cm，很少超过 1m
按裂缝成因分类	沉陷裂缝	多发生在坝体与岩坡接合段、河床与台地接合面、土坝合龙段、坝体分区分期填土交界处、坝下埋管的部位
	滑坡裂缝	裂缝段接近平行坝轴线，缝两端逐渐向坝脚延伸，在平面上略呈弧形，缝较长。多出现在坝顶、坝肩、背水坡坝坡及排水不畅的坝坡下部。在地震情况下，迎水坡也可能出现。形成过程短，缝口有明显错动，下部土体移动，有离开坝体倾向
	干缩裂缝	多出现在坝体表面，密集交错，没有固定方向，分布均匀，有的呈龟纹裂缝形状，降雨后裂缝充窄或消失，有的也出现在防渗体内部，其形状呈薄透镜状
	冷冻裂缝	发生在冰冻影响深度以内，表层呈破碎、脱空现象，缝宽及缝深随气温而异
	振动裂缝	在经受强烈振动或烈度较大的地震以后发生纵横向裂缝，横向裂缝的缝口，随时间延长逐渐变小或弥合，纵向裂缝缝口没有变化

② 裂缝的检查与判断。裂缝检查需特别注意坝体与两岸山坡接合处及附近部位、坝基地质条件有变化及地基条件不好的坝段、坝高变化较大处、坝体分期分段施工接合处及合拢部位、坝体施工质量较差的坝段、坝体与其他刚性建筑物接合的部位。

当坝的沉陷、位移量有剧烈变化，坝面有隆起、坍陷，坝体浸润线不正常，坝基渗漏量显著增大或出现渗透变形，坝基为湿陷性黄土的尾矿库开始放矿后或经长期干燥或冰冻期后以及发生地震或其他强烈振动后应加强检查。

检查前应先整理分析坝体沉陷、位移、测压管、渗流量等有关观测资料。对没条件进行钻探试验的土坝，要进行调查访问，了解施工及管理情况，检查施工记录，了解坝料上坝速度及填土质量是否符合设计要求；采用开挖或钻探检查时，对裂缝部位及没发现裂缝的坝段，应分别取土样进行物理力学性质试验，以便进行对比，分析裂缝原因；因土基问题造成裂缝的，应对土基钻探取土，进行物理力学性质试验，了解筑坝后坝基压缩、重度、含水量等变化，以便分析裂缝与坝基变形的关系。

裂缝的种类很多，如果不了解裂缝的性质，就不能正确地处理，特别是滑动性裂缝和非滑动性裂缝，一定要认真予以辨别。应根据裂缝的特征（表 7-1）进行判断。滑坡裂缝与沉陷裂缝的发展过程不同，滑坡裂缝初期发展较慢而后期突然加快，而沉陷裂缝的发展过程则是缓慢的，并到一定程度而停止。只有通过系统的检查观测和分析研究才能正确判断裂缝的性质。

内部裂缝一般可结合坝基、坝体情况进行分析判断。当库水位升到某一高程时，在无外界影响的情况下，渗漏量突然增加的，个别坝段沉陷、位移量比较大的，个别测压管水位比同断面的其他测压管水位低很多，浸润线呈现反常情况的，注水试验测定其渗透系数大大超过坝体其他部位的，当库水位升到某一高程时，测压管水位突然升高的，钻探时孔口无回水或钻杆突然掉落的，相邻坝段沉陷率（单位坝高的沉陷量）相差悬殊等现象都可能预示产生内部裂缝。

③ 裂缝的处理。发现裂缝后都应采取临时防护措施，以防止雨水或冰冻加剧裂缝的开展。对于滑动性裂缝的处理，应结合坝坡稳定性分析统一考虑；对于非滑动性裂缝可采取以下措施进行处理。

a. 采用开挖回填是处理裂缝比较彻底的方法，适用于不太深的表层裂缝及防渗部位的裂缝。

处理方法有梯形楔入法（适用于裂缝在不深的非防渗部位）、梯形加盖法（适用于裂缝不深的防渗斜墙及均质土坝迎水面的裂缝）和梯形十字法（适用于处理坝体或坝端的横向裂缝）等。

裂缝的开挖长度应超过裂缝两端 1m 以外，开挖深度应超过裂缝尽头 0.5m。开挖坑槽的底部宽度至少 0.5m，边坡应满足稳定及新旧填土接合的要求，应根据土质、碾压工具及开挖深度等具体条件确定。较深坑槽也可挖成阶梯形，以便出土和安全施工。开挖前应向裂缝内灌入白灰水，以利掌握开挖边界。挖出的土料不要大量堆积在坑边，不同土质应分区存放。开挖后，应保护坑口，避免日晒、雨淋或冰冻，以防干裂、进水或冻裂。

回填的土料应根据坝体土料的裂缝性质选用，并应进行物理力学性质试验。对沉陷裂缝应选用塑性较大的土料，控制含水量大于最优含水量 1%～2%；对滑坡、干缩和冰冻裂缝的回填土料，应控制含水量长远规划中低于最优含水量的 1%～2%。坝体挖出的土料，要鉴定合格后才能使用。对于浅小裂缝可用原坝的土料回填。

回填前应检查坑槽周围的含水量，如偏干则应将表面润湿；如土体过湿或冰冻，应清除后再进行回填。回填土应分层夯实，填土层厚度以 10～15cm 为宜。压实工具视工作面大小，可采用人工夯实或机械碾压。一般要求压实厚度为填土厚度的 2/3。回填土料的干重度，应比原坝体干重度稍大一些。回填时，应将弄挖坑槽的逐层削成斜坡，并进行刨毛，要特别注意槽边角处的夯实质量。

b. 对坝内裂缝、非滑动性很深的表面裂缝，由于开挖回填处理工程量过大，可采取灌浆处理。一般采用重力灌浆或压力灌浆方法。灌浆的浆溶剂化物，通常为黏土泥浆；在浸润线以下部位，可掺入一部分水泥，制成黏土水泥浆，以促进基体硬化。

对于表面裂缝的每条裂缝，都应在两端及转弯处、缝宽突变处以及裂缝密集和错综复杂部位布置灌浆孔。灌浆孔距导渗设施和观测设备应有足够的距离，一般不应小于 3m，以防止因串浆而影响其正常工作。

对于内部裂缝，则采用帷幕灌浆式布孔。一般宜在坝顶上游侧布置 1～2 排，必要时可增加排数。孔距可根据灌浆压力和裂缝大小而定，一般为 3～6m。

浆液制备应选用价格低廉，可就地取材（如黏土等材料），有足够的流动性、灌入性，凝固过程中体积收缩变形较小，凝固时间适宜并有足够的强度，凝固时与原土结合牢固，浆液的均匀性和稳定性较好的造浆材料。黏土浆液的质量配合比一般可采用（1∶1）～(1∶2)（水∶固体），浆液稠度一般按重度控制，应尽量采用较浓的浆液。浸润线以下裂缝灌浆采用的黏土水泥浆，水泥的渗入量一般为干料的 10%～30%。在渗透流速较大的裂缝中灌浆时，可掺加易堵塞通道的掺和物，如砂、木屑、玻璃纤维等。造浆用的黏土及掺和料等，应通过试验来确定。

灌浆压力的大小，直接影响到灌浆质量。要在保证坝体安全的前提下选用灌浆压力，压力过大，对坝体稳定将会造成不利影响。采用的最大压力应小于灌浆部位以上的土体重量。在裂缝不深及坝体单薄的情况下，应首先使用重力灌浆；采用的压力大小，应经过试验决定。对于长而深的非滑动性纵向裂缝，灌浆时应特别慎重，一般宜用重力或低压灌浆，以免影响坝坡的稳定。对于尚未判明的纵向裂缝，不应采用压力灌浆处理。在雨季及库水位较高时，由于泥浆不易固结，一般不宜进行灌浆。

灌浆后，浆液中的水分向裂缝两侧土体渗入，土体含水量增高，构筑物自身强度降低，因此采用灌浆处理时，要密切注意坝坡稳定情况。要防止浆液堵塞滤层或进入测压管等观测设备中，以免影响观测工作。在灌浆过程中，要加强土坝沉陷、位移和测压管的观测工作，发现问题，及时处理。

c. 对于中等深度的裂缝，因库水位较高不宜全部采用开挖回填办法处理的部位或开挖困难的部位可采用开挖回填与灌浆相结合的方法进行处理。裂缝的上部采用开挖回填法；下部采用灌浆法处理。先沿裂缝开挖至一定深度（一般为 2m 左右）即进行回填，在回填时按上述布孔原则，预埋灌浆管，然后对下部裂缝进行灌浆处理。

（2）尾矿坝渗漏的处理 尾矿坝坝体及坝基的渗漏有正常渗流和异常渗漏之分。正常渗流有利于尾矿坝坝体及坝前干滩的固结，从而有利于提高坝的整体稳定性。异常渗漏则是有害的。由于设计考虑不周，施工不当以及后期管理不善等原因而产生非正常渗流，导致渗流出口处坝体产生流土、冲刷及管涌多种形式的破坏，严重的可导致垮坝事故。因此，对尾矿坝的渗流必须认真对待，根据情况及时采取措施。

① 渗漏的种类与成因。渗漏的种类及特征见表 7-2。

表 7-2 渗漏的种类与特征

分类	渗漏类别	特征
按渗漏的部位分类	坝体渗漏	渗漏的溢出点均在背水坡面或坡脚，其溢出现象有散漫（也称为坝坡湿润）和集中渗漏两种
	坝基渗漏	渗水通过坝基的透水层，从坝脚或坝脚以外覆盖层的薄弱部位溢出，如坝后沼泽化、流土和管涌等
	接触渗漏	渗入从坝体、坝基、岸坡的接触面或坝体与刚性构筑物的接触面通过，在下游坡相应部位溢出
	绕坝渗漏	渗入通过坝端岸坡未挖除的坡积层、岩石裂缝、溶洞或生物洞穴等，从下游岸坡溢出
按渗漏的现象分类	散浸	坝体渗漏部位呈湿润状态，随时间延长可使土体饱和软化，甚至在坝下游坡而形成细小而分布较广的水流
	集中渗漏	渗水可从坝体、坝基或两岸山坡的一个或几个孔穴集中流出

造成坝体渗漏的设计方面原因有：土坝体单薄，边坡太陡，渗水从滤水体以上溢出；复式断面土坝的黏土防渗体设计断面不足或与下游坝体缺乏良好的过渡层，使防渗体破坏而漏水；埋设于坝体内的压力管道强度不够或管道埋置于不同性质的地基，地基处理不当，管身断裂；有压水流通过裂缝沿管壁或坝体薄弱部位流出，管身未设截流环；坝后滤水体排水效果不良；对于下游可能出现的洪水倒灌防护不足，在泄洪时滤水体被淤塞失效，迫使坝体下游浸润线升高，渗水从坡面溢出等。

造成坝体渗漏的施工方面的原因有：土坝分层填筑时，土层太厚，碾压不透致使每层填土上部密实，下部疏松，库内放矿后形成水平渗水带；土料含砂砾太多，渗透系数大；没有严格按要求控制及调整填筑土料的含水量，致使碾压达不到设计要求的密实度；在分段进行填筑时，由于土层厚薄不同，上升速度不一，相邻两段的接合部位可能出现少压或漏压的松土带；料场土料的取土与坝体填筑的部位分布不合理，致使浸润线与设计不符，渗水从坝坡溢出；冬季施工中，对碾压后的冻土层未彻底处理，或把大量冻土块填在坝内；坝后滤水体施工时，砂石料质量不好，级配不合理，或滤层材料铺设混乱，致使滤水体失效，坝体浸润线升高等；其他方面原因，如白蚁、獾、蛇、鼠等动物在坝身打洞营巢；地震引起坝体或防渗体发生贯穿性的横向裂缝等也是造成坝体集中渗漏的原因。

造成坝基渗漏的设计方面原因有：对坝址的地质勘探工作做得不够，设计时未能采取有效的防渗措施，如坝前水平铺盖的长度或厚度不足，垂直防渗墙深度不够；黏土铺盖与透水砂砾石地基之间，未设有效的滤层，铺盖在渗水压力作用下破坏；对天然铺盖了解不够，薄弱部位未做处理等。

造成坝基渗漏的施工方面的原因有：水平铺盖或垂直防渗设施施工质量差；施工管理不善，在库内任意挖坑取土，天然铺盖被破坏；岩基的强风化层及破碎带未处理或截水墙未按设计要求施工；岩基上部的冲积层未按设计要求清理等。

造成坝基渗漏的管理运用方面的原因有：坝前干滩裸露暴晒而开裂，尾矿放矿水等从裂缝渗透；对防渗设施养护维修不善，下游逐渐出现沼泽化，甚至形成管涌；在坝后任意取土，影响地基的渗透稳定等。

造成接触渗漏的主要原因有：基础清理不好，未做接合槽或做得不彻底；土坝两端与山坡接合部分的坡面过陡，而且清基不彻底或未做防渗齿墙；涵管等构筑物与坝体接触处，因施工条件不好，回填夯实质量差，或未设截流环（墙）及其他止水措施，造成渗流等。

造成绕坝渗漏的主要原因有：与土坝两端连接的岸坡属条形山或覆盖层单薄的山坡而且有透水层；山坡的岩石破碎，节理发育，或有断层通过；因施工取土或库内存水后由于风浪的淘刷，岸坡的天然铺盖被破坏；溶洞以及生物洞穴或植物根茎腐烂后形成的孔洞等。

② 渗漏的研判。掌握渗漏的变化规律，才能对渗漏作出正确的研判。土坝坝基渗透破坏，可分为管涌和流土两种。管涌为细颗粒通过粗颗粒孔隙被推动和带出；流土则为土体表层所有颗粒同时被渗水顶托而移动。渗透破坏与坝基情况、颗粒级配及水力条件等因素有关。对于非岩石坝基，不均匀系数 $\eta<10$（$\eta=d_{60}/d_{10}$，其中，d_{60} 为筛下量等于 60％的颗粒直径，d_{10} 为筛下量等于 10％的颗粒直径）的均匀砂土，其渗透破坏的形式为流土。对正常级配的砂砾石，当细粒含量小于 30％～35％，不均匀系数 $\eta<10$ 时产生流土；$10<\eta<20$ 时，可能产生流土，也可能产生管涌；$\eta>20$ 时产生管涌，当细粒含量大于 35％时，其渗透破坏形式为流土。缺乏中间粒径的砂砾料，其细料含量小于 25％～30％的为管涌，大于 30％的为流土。对于不同的坝基土料，其允许的水力坡降（渗水水头与渗径之比）为：

a. 黏性土　0.5；

b. 非黏性土 $\eta<10$　0.4；

c. 非黏性土 $10<\eta<20$　0.2；

d. 非黏性土 $\eta>20$　0.1；

e. 缺乏中间粒径且细粒含量小于 30％的砂砾或砂卵石　<0.1。

此外，在研究渗透破坏时，还应对渗水进行化学分析，判断地基岩土发生化学溶蚀和化学管涌的可能性以及对工程可能产生的危害。

绕坝渗漏溢出点如离坝址较远，岸坡地质较好，可予以监视，以观其变化和影响；如果岸坡比较单薄、节理发育、溢出点较高而又距坝址较近，则应在渗漏部位安装测压管进行观测，岸坡可适当增设测压管，进一步了解三向渗流对坝体浸润线的影响。

根据观测资料，掌握渗漏量与库水位、渗漏量与浸润线的关系。如库水位到达某一高程以上，坝后的溢出点便急剧抬高或渗漏量突然增大，则应在该水位线附近仔细检查坝体和坝端岸坡迎水面有无裂缝和孔洞等现象。必要时，可做渗水染色观察。

土坝渗漏易引起浸润区扩大，降低土壤的抗剪强度，并增大浮托力，对坝坡稳定不利。因此，应对坝坡稳定性进行核算，特别是核算最高洪水位情况下的坝坡稳定。为此，应根据库水位与测压管水位关系曲线的延伸线，推求出最高洪水位时的测压管水位。按推求所得的测压管水位，绘制出最高洪水位时的浸润线。

正常渗流和异常渗漏可由表面观察和对渗漏观测资料的分析进行判别。从排水设施或坝后地基中渗出的水，如果清澈不含土颗粒，一般属于正常渗流。若渗水由清变浑，或明显地看到水中含有土颗粒，则属于异常渗漏。坝脚出现集中渗漏且渗漏通道顶壁坍塌，是坝体内部渗漏破坏进一步恶化的危险信号。在滤水体以上坝坡出现的渗水属异常渗漏。对于均质砂土地基或表层具有较厚的弱透水覆盖层的非均质地基（上层为砂层，下部为透水性大的砂砾石层），往往有翻砂冒水现象。开始时，水流带出的砂粒沉积在涌水口附近，堆成砂环。砂环随时间延长而增大，但发展到一定程度因渗量增大砂被带走，砂环虽不再增大，但有可能出现塌坑。对于表层有较薄的弱透水覆盖层的非均质地基（表层大都为较薄的中细砂或黏性土层，下部为透水性较大的砂砾石层），往往发生地基表层被渗流穿洞、涌水翻砂、渗流量随水头升高而不断增大。有的土坝，渗水中含有化学物质，这种物质有黄色、红色或黑色等，但都是松软物质，外表很像黏土。

根据库水位、测压管水位、渗流量等过程线及库水位与测压管水位关系曲线、库水位与渗流量关系曲线来判断渗水情况。在同水位下，渗漏量没有变化或逐年减少，坝后渗水即属正常渗流；若渗漏量随时间的增长而增大，甚至发生突然变化，则属于异常渗漏。

③ 渗漏的处理。渗漏处理的原则是“内截、外排”。“内截”就是在坝上游封堵渗漏入口，截断渗漏途径，防止渗入。“外排”就是在坝下游采用导渗和滤水措施，使渗水在不带走土颗粒的前提下，迅速安全地排出，以达到渗透稳定。

除少数库后放矿的尾矿库（坝前为水区）可考虑采用在渗漏坝段的上游抛土作铺盖等方式进行“内截”外，一般的尾矿库主要采用坝前放矿，在坝前迅速地形成一定长度的干滩，起到防渗作用。若某坝段上无干滩或干滩单薄，则应在此处加强放矿。“外排”常用的方法有反滤、导渗、压渗等。

(3) 尾矿坝滑坡的处理 尾矿坝滑坡往往导致尾矿库溃决事故，因此，即使是较小的滑坡也不能掉以轻心。有些滑坡是突然发生的，有些是先由裂缝开始的，如不及时注意，任其逐步扩大和漫延，就可能造成重大的垮坝事故。如 1962 年云锡公司的火谷都尾矿库事故，就是从裂缝、滑坡而溃决的。

① 滑坡的种类及成因。按滑坡的性质可分为剪切性滑坡、塑流性滑坡和液化性滑坡；按滑面的形状可分为圆弧滑坡、折线滑坡和混合滑坡。

造成滑坡的原因有以下几种。

a. 勘探设计方面。在勘探时没有查明基础有淤泥层或其他高压缩性软土层，设计时未能采取相应的措施；选择坝址时，没有避开位于坝脚附近的渊潭或水塘，筑坝后由于坝脚处沉陷过大而引起滑坡；坝端岩石破碎、节理发育，设计时未采取适当的防渗措施，产生绕坝渗流，使局部坝体饱和，引起滑坡；设计中坝坡稳定分析所选择计算指标偏高，或对地震因素注意不够以及排水设施设计不当等。

b. 施工方面的原因。在碾压土坝施工中，由于铺土太厚，碾压不实，或含水量不合要求，干重度没有达到设计标准；抢筑临时拦洪断面和合拢断面，边坡过陡，填筑质量差；冬季施工时没有采取适当措施，以致形成冻土层，在解冻或蓄水后，库水入渗形成软弱夹层；采用风化程度不同的残积土筑坝时，将黏性土填在土坝下部，而上部又填了透水性较大的土料，放矿后，背水坡上部湿润饱和；尾矿堆积坝与初期坝二者之间或各期堆积坝坝体之间没有结合好，在渗水饱和后，造成滑坡等。

c. 其他原因。强烈地震引起土坝滑坡；持续的特大暴雨，使坝坡土体饱和，或风浪淘刷，使护坡遭破坏，致使坝坡形成陡坡以及在土坝附近爆破或者在坝体上部堆有物料等人为因素。

② 滑坡的检查与判断。滑坡检查应在高水位时期、发生强烈地震后、持续特大暴雨和台风袭击时以及回春解冻之际进行。

从裂缝的形状、裂缝的发展规律、位移观测资料、浸润线观测分析和孔隙水压力观测成果等方面进行滑坡的判断。

③ 滑坡的预防及处理。防止滑坡的发生应尽可能消除促成滑坡的因素。注意做好经常性的维护工作，防止或减轻外界因素对坝坡稳定的影响。当发现有滑坡征兆或有滑动趋势但尚未坍塌时，应及时采取有效措施进行抢护，防止险情恶化；一旦发生滑坡，则应采取可靠的处理措施，恢复并补强坝坡，提高抗滑能力。抢护中应特别注意安全问题。

滑坡抢护的基本原则是上部减载、下部压重，即在主裂缝部位进行削坡，而在坝脚部位进行压坡。尽可能降低库水位，沿滑动体和附近的坡面上开沟导渗，使渗透水能够很快排出。若滑动裂缝达到坝脚，应该首先采取压重固脚的措施。因土坝渗漏而引起的背水坡滑坡，应同时在迎水坡进行抛土防渗。

因坝身填土碾压不实，浸润线过高而造成的背水坡滑坡，一般应以上游防渗为主，辅以下游压坡、导渗和放缓坝坡，以达到稳定坝坡的目的。在压坡体的底部一般可设双向水平滤层，并与原坝脚滤水体相连接，其厚度一般为80～100cm。滤层上部的压坡体一般用砂、石料填筑，在缺少砂石料时，也可用土料分层回填压实。

坝体有软弱夹层或抗剪强度较低且背水坡较陡而造成的滑坡，首先应降低库水位，如清除夹层有困难时，则以放缓坝坡为主，辅以在坝脚排水压重的方法处理。地基存在淤泥层、湿陷性黄土层或液化等不良地质条件，施工时又没有清除或清除不彻底而引起的滑坡，处理的重点是清除不良的地质条件，并进行固脚防滑。因排水设施堵塞而引起的背水坡滑坡，主要是恢复排水设施效能，筑压重台固脚。

处理滑坡时应注意：开挖与回填应符合上部减载、下部压重的原则。开挖回填可分段进行，并保持允许的开挖边坡。开挖中，对于松土与稀泥都必须彻底清除。填土应严格掌握施工质量、土料的含水量和干重度必须符合设计要求，新旧的结合面应刨毛，以利结合。对于溢流中填土坝，在处理滑坡阶段进行填土时，最好不要采用碾压施工，以免因原坝体固结沉陷而开裂。滑坡主裂缝，一般不宜采取造浆方法处理。

滑坡处理前，应严格防止雨水渗入裂缝内。可用塑性薄膜、沥青油毡或油布等加以覆盖。同时还应在裂缝上方修截水沟，以拦截和引走坝面的积水。

(4) 尾矿坝管涌的处理 管涌是尾矿坝坝基在较大渗透压力作用下而产生的险情，可采用降低内外水头差，减小渗透压力或用滤料导渗等措施进行处理。

① 滤水围井。在地基好、管涌影响范围不大的情况下可抢筑滤水围井。在管涌口沙环的外圈，用土袋围一个不太高的围井，然后用滤料分层铺压，其顺序是自下而上分别填0.2～0.3m厚的粗砂、砾石、碎石、块石，一般情况要用三级级配。滤料最好要清洗，不含杂质，级配应符合要求，或用土工织物代替砂石滤层，上部直接堆放块石或砾石。围井内的涌水，在上部用管引出。

如险处水势太大，第一层粗砂被喷出，可先以碎石或小块石消杀水势，然后再按级配填筑；或铺设土工织物，如遇填料下沉，可以继续填砂石料，直至稳定。若发现井壁渗水，应在原井壁外侧再包以土袋，中间填土夯实。

② 蓄水减渗。险情面积较大，地形适合而附近又有土料时，可在其周围填土埂或用土工织物包裹，以形成水池，蓄存治水，利用池内水位升高，减小内外水头差，控制险情发展。

③ 塘内压渗。若坝后渊塘、积水坑、渠道、河床内积水水位较低，且发现溢流中有不断翻花或间断翻花等管涌现象时，不要任意降低积水位，可用荒芜杆和竹子做成竹帘、竹箔、苇箔围在险处周围，然后在围圈内填放滤料，以控制险情的发展。如需要处理的管涌范围较大，而砂、石、土料又可解决时，可先向水内抛铺粗砂或砾石一层，厚15～30cm，然后再铺压墩石或块石，做成透水压渗台。或用柳枝干料等做成 15～30cm 厚的柴排（尺寸可根据材料的情况而定），柴排上铺草垫厚 5～10cm，然后再在上面压砂袋或块石，使些排潜埋在水内（或用土工布直接铺放），也可控制险情的发展。

④ 如堤坝后严重渗水。采用一些临时防护措施远不能改善险情时，宜降低库内的水位，以减小渗透压力，使险情不致迅速恶化，但应控制水位下降速度。

7.5.2 尾矿坝的抢险

尾矿坝的险情常在汛期发生，而重大险情又多在暴雨时发生。汛期尾矿库处于高水位工作状态，调洪库容有所减小，遇特大暴雨极易造成洪水漫顶。同时，浸润线的位置处于高位，坝体饱和区扩大，使坝的稳定性降低。此外，风浪冲击也易造成坝顶决口溃坝。因此，做好汛期尾矿坝抢险工作对于确保尾矿库的安全运行至关重要。

首先，应根据气象预报和库情，制订出各种抢险措施及下游群众安全转移措施等计划和预案，从思想、组织、物质、交通、联络、报警信号等各个方面做好抢险准备工作。其次，加强汛期巡检，及早发现险情，及时采取抢护措施。

(1) 防漫顶措施 尾矿坝多为散粒结构，如果洪水漫顶就会迅速冲出决口，造成溃坝事故。当排水设施已全部使用水位仍继续上升，根据水情预报可能出现险情时，应抢筑子堤，增加挡水高度。

在堤顶不宽、土质较差的情况下，可用土袋抢筑子堤，在铺第一层土袋前，要清理堤坝顶的杂物并耙松表土。

用草袋、编织袋、麻袋或蒲包等装土七成左右，将袋口缝紧，铺于子堤的迎水面。铺砌时，袋口应向背水侧互相搭接，用脚踩实，要求上下层袋缝必须错开。待铺叠至预计水位以上时，再在土袋背水面填土夯实。填土的背水坡度不得大于 1∶1。

在缺土、浪大、堤顶较窄的场合下，可采用单层木板或埽捆子堤。其具体做法是先在堤顶距上游边缘约 0.5～1.0m 处打小木桩一排，木桩长 1.5～2.0m，入土 0.5～1.0m，桩距 1.0m。再在木桩的背水侧用钉子、铅丝将单层木板或预制埽捆（长 2～3m，直径约 0.3m）钉牢，然后在后面填土加戗。

当出现超过设计标准的特大洪水时，应在抢筑子堤的同时，报请上级批准，采取非常措施加强排洪，降低库水位。选定单薄山脊或基岩较好的副坝炸出缺口排洪，开放上游河道预先选定的分洪口分洪或打开排水井正常水位以下的多层窗口加大排水能力（这样做可能会排出库内部份悬浮矿泥），以确保主坝坝体的安全。严禁任意在主坝坝顶上开沟泄洪。

(2) 防风浪冲击 对尾矿坝坝顶受风浪冲击而决口的抢护，除参照前面有关办法进行处理外，还可采取防浪措施处理。用草袋或麻袋装土（或砂，约 70%），放置在波浪上下波动的部位，袋口用绳缝合，并互相叠压成鱼鳞状。当风浪较小时，还可采用柴排防浪。用柳枝、芦苇或其他秸秆扎成直径为 0.5～0.8m 的柴枕，长 10～30m，枕的中心卷入两根长 5～7m 的竹缆做芯子，枕的纵向每 0.6～1.0m 用铅丝捆扎。在堤顶或背水坡钉木桩，用麻绳或竹缆把柴枕连在桩上，然后扒放到迎水坡波浪拍击的地段。可根据水位的涨落，松紧绳缆，使柴排浮在水面上。

挂树防浪是砍下枝叶繁茂的灌木，使树梢向下放入溢流中，并用块石或砂袋压住；其树干用铅丝、麻绳或竹缆连接于堤坝顶的桩上。

7.5.3　尾矿库的巡检

尾矿库的任何事故都不是突然爆发的，而是由隐患逐渐发展扩大，最终导致事故形成。巡检工作就是从不正常现象的蛛丝马迹上及时发现隐患，以便采取措施消除之。因此，尾矿库的巡检工作非常重要。应建立巡检制度，规定巡检工作的内容，办法和时间等。

尾矿库的巡检应检查尾矿堆积坝顶高程是否一致，坝上放矿是否均匀，尾矿沉积滩是否平整，沉积滩长度、坡度是否符合要求，水边线是否与坝轴线大致平等，库内水位是否符合规定，子坝堆筑是否符合要求，尾矿排放是否冲刷坝体、坝坡，坝体有无裂缝、滑坡、塌陷、表面冲刷、兽蚁洞穴等危及坝体安全的现象，坝面护坡、排水系统是否完好，有无淤堵、沉降、积水等不良现象，坝体下游坡面、坝脚、坝下埋管出坝处、坝肩等部位有无散浸、渗水、漏水、管涌、流土等现象，渗流水量是否稳定，水质是否有变化，观测设施（测压管、测点、水尺、警示设备、孔隙水压力计、测压盒、量水堰等）是否完好等。

排水构筑物的巡检应检查排水井、排水管涵、隧洞、截洪道是否完好，有无淤堵，排水井、斜槽盖板的封堵方式、材料、方法是否符合要求，有无损坏，启闭设备有无锈蚀，是否灵活可靠，下游泄流区有无障碍物妨碍行洪等。

其他还应检查交通道路是否畅通，通信、照明系统是否完好有效，防汛物资、器材和工具是否完好、齐备，岗位人员是否到位，管理制度与细则是否完善并行之有效等。

值得特别指出的是，上述巡检工作仅是日常的巡检内容。汛期尚应根据气象预报加强检查，并做好预警工作。汛前、汛后、暴雨期、地震后等应对尾矿库进行全面的安全大检查，必要时应请主管部门派员参与共同检查。

第8章　尾矿库安全检查

尾矿库安全检查的目的在于及时发现安全隐患，以便及时处理，避免隐患扩大，防患于未然，这是防止尾矿库事故发生的重要措施，是“安全第一，预防为主，综合治理”方针的体现。尾矿库安全检查是企业安全生产管理的一项重要内容，也是各级安全生产监督管理部门的责任。安全检查分为日常安全检查（含日常巡视）、定期安全检查、特殊安全检查和安全评价4级。尾矿库日常安全检查和定期安全检查的内容和周期可参照表8-1，并对检查记录和资料进行分析、整理。

本章所述的安全检测为传统检查方式，若尾矿库建立了全过程在线监测系统，则以本章介绍的方法作为对比和参考。

表8-1　尾矿库生产运行期安全检查项目及检查周期

检查项目	检查周期	备注
一、防洪安全检查		
① 防洪标准检查		尾矿库等别变化时检测一次
② 库水体检测	1次/月	汛期1次/日
③ 滩顶高程的测定	1次/月	汛期1次/月或自动监测
④ 干滩长度及坡度测定	1次/月	汛期1次/月或自动监测
⑤ 防洪能力复核	1次/年	每个汛前1个月完成
二、排洪设施安全检查		
① 排水井	1次/月	排洪时应设专人看守，防止漂浮物淤堵
② 排水斜槽	1次/季	
③ 排水涵管	1次/季	
④ 排水隧洞	1次/季	
⑤ 截洪沟、溢洪道	1次/月	汛期1次/日
三、尾矿坝安全检查		
① 外坡比	2次/年	
② 位移	1次/月	出现异常，增加次数或自动监测
③ 坝面裂缝、滑坡等变形	1次/月	出现异常，增加次数
④ 浸润线	1次/月	出现异常，增加次数或自动监测
⑤ 排渗设施	2次/月	出现异常，增加次数或自动监测
⑥ 尾矿坝渗漏水水量及水质	1次/月	
⑦ 排水沟等保护设施	1次/季	
四、库区安全检查		
① 周边地质稳定性	1次/季	
② 违章作业、违章建筑	1次/月	

8.1 防洪安全检查

防洪标准是国家规定构筑物或设施应具备的抵御洪水的能力，进行尾矿库防洪安全检查首先检查其防洪标准是否满足要求，已建、拟建和在建的尾矿库都应满足国家现行防洪标准。因此尾矿库防洪安全检查应检查尾矿库设计的防洪标准是否符合规程规定。当设计的防洪标准高于或等于堆积规定时，可按原设计的洪水参数进行检查；当设计的防洪标准低于本规程规定时，应重新进行汇水计算及调洪演算。

尾矿库水位检测，其测量误差应小于 20mm。在遇有风浪时，更需准确测定其稳定水位，控制其衰减在规定范围内。

检测方法有：

a. 查阅现场实测记录；

b. 查阅库内水位标尺记录；

c. 根据排水设施关键部位的标高进行推算；

d. 用水准仪实测；

e. 采用尾矿库水位自动监测系统。

尾矿库滩顶高程的检测，应沿坝（滩）顶方向布置测点进行实测，其测量误差应小于 20mm。当滩顶一端高一端低时，应在低标高段选较低处检测 1～3 个点；当滩顶高低相同时，应选较低处不少于 3 个点；其他情况，每 100m 坝长选较低处检测 1～2 个点，但总数不少于 3 个点。各测点中最低点作为尾矿库滩顶标高。

由于要找出最小干滩长度及沉积坡坡比，以此复核是否满足设计规定，因此需测定沉积干滩。尾矿库干滩长度的测定，视坝长及水边线弯曲情况，选干滩长度较短处布置 1～3 个断面。测量断面应垂直于坝轴线布置，在几个测量结果中，选最小者作为该尾矿库的沉积滩干滩长度。

检查尾矿库沉积干滩的平均坡度时，应视沉积干滩的平整情况，每 100m 坝长布置不少于 1～3 个断面。测量断面应垂直于坝轴线布置，测点应尽量在各变坡点处进行布置，且测点间距不大于 10～20m（干滩长者取大值），测点高程测量误差应小于 5mm。尾矿库沉积干滩平均坡度，应按各测量断面的尾矿沉积干滩加权平均坡度平均计算。

安全检查还需通过检查确定库内水位、最低滩顶标高、沉积滩面坡度，再根据排洪设施的排水能力，进而可进行调洪演算，确定最高洪水位及相应的安全超高和安全滩长是否满足设计要求。

调洪演算是尾矿库安全检查和安全现状评价中对尾矿库防洪能力复核的主要手段和主要内容，应认真对待，保证其复核的可靠性。

由于尾矿库排洪设施基本上是属于进水和排水类水工构筑物，而排洪构筑物安全检查主要内容为：构筑物有无变形、位移、损毁、淤堵，排水能力是否满足要求等。因此为保证尾矿库排洪设施功能有效，其稳定、结构强度和过水能力都应达到设计要求。

排水井的检查内容包括：井的内径、窗口尺寸及位置，井壁剥蚀、脱落、渗漏、最大裂缝开展宽度，井身倾斜度和变位，井、管连接部位，进水口水面漂浮物，停用井封盖方法等。

钢筋混凝土排水井常见的问题是裂缝、井身倾斜、封井方式不当等，应及时进行加固处理，必要时增建新设施。严禁在停用排水井井身顶部封堵，应按设计要求，在井座顶部封堵。如发现已在井身顶部封堵，则应采取补救措施，在井座顶部实行封堵。

排水斜槽检查的内容包括：断面尺寸、槽身变形、损坏或坍塌，盖板放置、断裂，最大裂缝开展宽度，盖板之间以及盖板与槽壁之间的防漏充填物，漏砂，斜槽内淤堵等。

排水涵管检查的内容包括：断面尺寸，变形、破损、断裂和磨蚀，最大裂缝开展宽度，管间止水及充填物，涵管内淤堵等。

对于无法入内检查的小断面排水管和排水斜槽可根据施工记录和过水畅通情况判定。

钢筋混凝土结构的允许裂缝开展宽度应符合表8-2的规定。

表8-2 钢筋混凝土结构构件最大裂缝宽度的允许值

结构构件所处的条件			最大裂缝宽度/mm
水下结构	水质无侵蚀性	水力坡度≤20%	0.3
		水力坡度≤20%	0.2
	水质有侵蚀性	水力坡度≤20%	0.25
		水力坡度≤20%	0.15
水位变动区	水质无侵蚀性	年冻融循环次数≤50	0.25
		年冻融循环次数≤50	0.15
	水质有侵蚀性		0.15
水上结构			0.3

排水隧洞的检查内容包括：断面尺寸，洞内塌方，衬砌变形、破损、断裂、剥落和磨蚀，最大裂缝开展宽度，伸缩缝、止水及充填物，洞内淤堵及排水孔工况等。

当隧洞进口段出现水压过大有漏沙现象时，必须引起高度重视，应查明原因，妥善处理，必要时可进行高压灌浆处理。

溢洪道、截洪沟检查内容包括：断面尺寸，沿线山坡滑坡、塌方，护砌变形、破损、断裂和磨蚀，沟内淤堵等。对溢洪道还应检查溢流坎顶高程、消力池及消力坎等。

8.2 尾矿坝安全检查

尾矿坝安全检查包括以下内容：坝的轮廓尺寸、变形、裂缝、滑坡和渗漏，坝面保护等。尾矿坝的位移监测可采用视准线法和前方交汇法。尾矿坝的位移监测每年不少于4次，位移异常变化时应增加监测次数。尾矿坝的水位监测包括库水位监测和浸润线监测。水位监测每月不少于1次，暴雨期间和水位异常波动时应增加监测次数。

① 检查坝的外坡坡比。每100m坝长不少于2处，应选在最大坝高断面和坝坡较断面。水平距离和标高的测量误差不大于10mm。尾矿坝实际坡陡于设计坡比时，应进行稳定性复核，若稳定性不足，则应采取措施。

② 检查坝体位移。要求坝的拉长量变化应均衡，无空谈现象，且应逐年减小。当位移量变化出现突变或有增大趋势时，应查明原因，妥善处理。

③ 检查坝体有无纵、横向裂缝。坝体出现裂缝时，应查明裂缝的长度、宽度、深度、走向、形态和成因，判定危害程度，妥善处理。

④ 检查坝体滑坡。坝体出现滑坡时，应查明滑坡位置、范围和形态以及滑坡的动态趋势。

⑤ 检查坝体浸润线的位置。应查明坝面浸润线溢出点位置、范围和形态。

⑥ 检查坝体排渗设施。应查明排渗设施是否完好、排渗效果及排水水质。

⑦ 检查坝体渗漏。应查明有无渗漏溢出点，溢出点的位置、形态，流量及含沙量等。

⑧ 检查坝面保护设施。检查坝肩截水沟和坝坡排水沟断面尺寸，沿线山坡稳定性，护砌变形、破损、断裂和磨蚀，沟内淤堵等；检查坝坡土石覆盖保护层实施情况。

尾矿坝应重点检查外坡坡比、位移、塌陷、裂缝、冲沟、浸润线、渗透水及沼泽化。当尾矿坝外坡坡比陡于设计时，应进行稳定复核；当出现异常时，应及时查明原因，妥善处理。

8.3 库区安全检查

尾矿库库区安全检查主要内容有：周边稳定性，违章建筑、违章施工和违章采选作业等情况。

检查周边滑坡、塌方和泥石流等情况时，应详细观察周边山体有无异常和急变，并根据工程地质勘察报告，分析周边山体发生滑坡可能性。

检查库区范围内危及尾矿库安全的主要内容有：违章爆破、采石和建筑，违章进行尾矿回采、取水，外来尾矿、废石、废水和废弃物排入，放牧和开垦等。

第9章　尾矿库闭库

9.1　闭库设计

(1) 闭库概念　闭库不能简单地理解为尾矿库已经停用。闭库的概念是代表一个过程，是表明一座停用的尾矿库能达到长期安全稳定的要求而进行一系列工作的全过程。

(2) 闭库尾矿库范围　凡长期停用的尾矿库都应进行闭库，包括以下两类。

① 尾矿库已达到设计最终堆积高程并不再进行继续加高扩容的。

② 尾矿库尚未达到设计最终堆积高程，但由于各种原因提前停止使用的。

(3) 闭库程序

① 对停用尾矿库应进行安全现状评价，确定尾矿库不安全的因素并提出相应对策，作为闭库设计依据，并报安全监管部门备案。

② 针对安全现状评价结果进行闭库设计，采取必要的工程治理措施，保证闭库后的尾矿库长期安全稳定，满足《尾矿库安全监督管理规定》、《尾矿库安全技术规程》、《中华人民共和国环境保护法》、《一般工业固体废物贮存、处置场污染控制标准》、《防止尾矿污染环境管理规定》等法律法规和技术规范。闭库设计需报经安全监管部门和其他有关部门审批。

③ 闭库治理工程施工、监理。

④ 闭库治理工程安全验收评价，并报经安全监管部门备案。

⑤ 闭库申请和闭库治理工程安全验收。

(4) 闭库设计的重点

① 坝体（包括初期坝、堆积坝和副坝）整治。

② 尾矿库排洪系统整治。

③ 周边环境整治。

④ 完善观测设施。

⑤ 闭库后尾矿库管理。

目前，在尾矿库闭库工作中，有不少尾矿库未进行现状安全评价而直接进行闭库设计，应该说这是不符合规定的。如果设计单位具备评价资质，也可将安全评价和闭库整治设计合编。

尾矿库闭库设计中安全整治内容主要为尾矿坝和排洪系统两大项。尾矿坝整治包括坝体稳定性加强和坝面整治。当尾矿坝稳定性不足时可采取压坡、削坡，降低浸润线或加固处理等工程措施。

压坡是指在由坝的外坡脚按一定的坡度堆压一定厚度堆料，常用的压坡材料为堆石、废石等。

削坡是指由于坝坡的某些隆起或突出部位影响尾矿坝稳定时，对这些隆起或突出部位采取削坡措施来满足坝体的稳定要求。有的尾矿坝总体坡比过陡，可采取上部削坡下部压坡方式放缓坡比。

降低浸润线是指由于尾矿坝浸润线较高不能满足坝体稳定性要求时，用于降低坝体浸润线的工程措施。常用的有辐射井、虹吸井、水平顶管与垂直沙袋井组合形式、自流排渗井、水平排渗管等方法。

加固处理是指由于坝体强度较低造成坝体稳定性不足时采用机械处理提高坝体强度的工程措施，常用振冲、碎石桩、旋喷等方法。

坝面治理应按照正常库要求完善排水沟和土石覆盖或植被绿化、坝肩截水沟、观测设施等。

另外，对出现的裂缝、沉陷、坍塌、管涌或流土等现象应查明原因，妥善处理。

排洪系统整治：当尾矿库防洪能力不足时，可采取以下措施。

① 在坝顶用当地材料加筑宽顶子坝，增加调洪库容。

② 扩建或增设排洪设施，提高排洪能力。

为安全可靠，闭库的尾矿库常开设永久性溢洪道排洪。应指出，这种永久性溢洪道应设于地形地质条件有利的位置，一般应设在尾矿库较低的垭口处或坝肩，并应置于基岩上。同时应将原排洪系统进行可靠的封堵。当原排洪设施结构受损严重时，可采取加固处理或新建排洪设施封堵原排洪设施。

9.2 施工及验收

闭库治理工程的实施是维持尾矿库闭库后长期安全稳定的重要环节，应按尾矿库闭库设计和有关规范规定要求进行。尾矿库闭库设计施工方案必须报安全生产监督管理部门审批。未经安全生产监督管理部门审批和审查不合格的，企业不得进行尾矿库闭库施工。

(1) 闭库工程施工

① 企业根据安全生产监督管理部门批准的闭库设计确定的工程等级，并按照建设程序规定，分别委托具有相应资质的单位承担闭库治理工程施工和施工监理。

② 闭库治理工程施工要求可执行《尾矿设施施工及验收规程》(YS 5418—1995)，特殊设施施工执行再选的有关规范、规程。

③ 施工单位必须按照已经批准的闭库设计和施工方案施工，如需局部修改设计须经设计单位认可，重大方案修改必须报经安全生产监督管理部门批准。

④ 尾矿库闭库治理工程施工应建立技术档案，做好施工原始记录、各种试验记录、隐蔽工程记录和质量检查记录等。

⑤ 对于隐蔽工程必须进行阶段验收，未经验收和验收不合格的不得进行下一阶段施工。

⑥ 在施工全过程中，企业和施工监理单位应对设备、器材质量和施工质量做好监督检查。

⑦ 施工单位在施工结束后应编制竣工报告和竣工图。

⑧ 工程竣工后应进行安全验收评价。

(2) 闭库工程验收

① 尾矿库闭库安全验收由安全生产监督管理部门负责并组织实施。

② 尾矿库闭库工程安全设施竣工安全验收的主要标准是：

a. 符合已批准的闭库设计规定；

b. 符合有关施工验收规程的要求。

③ 尾矿库闭库工程安全验收结果分为合格、基本合格、不合格。

a. 完全符合已批准的闭库设计规定和施工验收规程要求的为合格；

b. 基本符合已批准的闭库设计规定和施工验收规程要求的但仍需做局部完善的为基本合格；

c. 不符合已批准的闭库设计规定和施工验收规程要求规定的为不合格。

④ 安全生产监督管理部门对于尾矿库闭库工程安全验收合格的企业颁发闭库批准书；对于尾矿库闭库工程安全验收基本条件的企业，可待局部工程完善后颁发闭库批准书；对于尾矿库闭库工程验收不合格的企业必须限期整改并经重新验收合格后，才可颁发闭库批准书。

9.3 尾矿库闭库后的维护

闭库后的尾矿库，必须做好坝体及排洪设施的维护。未经论证和批准，不得贮水。严禁在尾矿坝和库内进行乱采、滥挖、违章建筑和违章作业。

停用的尾矿库经闭库治理只能为其长期安全稳定打下一个坚实的基础，但闭库后的尾矿库仍是一个危险源，要维持尾矿库长期安全稳定还必须进行长期维护管理。可以概括为：闭库是基础，管理是条件，缺一不可。

① 必须确定管理单位和安全管理责任。《尾矿库安全监督管理规定》第二十三条规定“尾矿库闭库工作及闭库后的安全管理由原生产经营单位负责。对解散或者关闭破产的生产经营单位，其已关闭或者废弃的尾矿库的闭库工作，由生产经营单位出资人或者其上级主管部门负责；无上级主管部门或者出资人不明确的，由县级以上人民政府指定管理单位”。

② 抓住闭库后尾矿库安全维护管理的重点。初期坝、堆积坝和副坝的监测和维护，保证其安全稳定；排洪设施的监测和维护，保证其安全畅通；监测设施的维护，保证其有效可靠；尾矿库周边环境的监视和维护，避免尾矿库受到自然和人为的破坏。

未经由相应资质的设计部门进行专门论证、设计和安监部门批准，对闭库的尾矿库重新启用或改作他用是不能保证其安全的。因此，闭库后的尾矿库，未经设计论证和批准，不得重新启用或改作他用。

第10章　尾矿综合利用

10.1　尾矿综合利用的意义

(1) 尾矿的堆存与危害　尾矿是矿石经磨矿后进行选别，将有用矿物选出后，所排弃的残渣。它含有多种脉石矿物，是冶金矿山的一种工业废料。它具有量大、集中、颗粒细小的特点。

国内外对于尾矿的处理，不论尾矿中有用矿物是否有回收价值，大都是在地面予以堆存。由于尾矿的产出量庞大，自然安息角小，如采用自然堆存的方法，则不能堆得太高，因而必须建坝堆存，占用大量田地。此外，由于尾矿的体重小、表面积大，遇水容易流走，而在原地干燥之后，遇风又容易飞扬，因此，必须进行防洪、尾矿堆表面覆土等措施，否则，被风吹扬，尾矿粉尘污染大气；被水冲走，流入农田，危害农业生产；流入江河，污染河水，破坏水质，填塞河道，造成公害；如建坝不稳固，防洪不周密，尾矿随洪泛滥，尾矿坝溃决造成淹没村庄，毁坏田地，甚至死伤人畜，所造成的灾害损失，更是无法估计。

随着现代工业的飞跃发展，钢铁和有色金属产量的不断增长，矿山选厂排出的尾矿量与日俱增，同时伴随着富矿资源的日益枯竭，贫矿资源开采比重的不断增大，金属矿山选厂的数目日益加多，选厂的规模日益扩大，因此，金属矿山选厂排出的尾矿量急剧增加，在有的国家已堆积成山，造成灾害，据有关文献报道，美国1965年选矿厂排出的尾矿量约有11亿吨。苏联、加拿大、日本三个国家单在1969年生产铁、铜、铅、锌四种金属时，选厂所排出的尾矿量就达5.6亿吨。具有“铜矿之国”之称的赞比亚，从1962～1971年的10年时间，所排出的铜尾矿量约为1.6亿吨。在这些国家中尾矿堆存所占用的田地是相当惊人的，如1965年美国选矿厂排出的尾矿竟占地200万英亩（折合1200万市亩），人口稠密、国土狭小的日本，迄今为止，尾矿堆积场就达730余个，目前已感到由于尾矿的堆存而购置土地是非常困难的了。在矿业开发较发达的一些国家中，因尾矿的堆存处理不善，而造成严重公害的则比比皆是，如1933年德国别尔鲍尔苏打厂尾矿坝坍陷，致使几万立方米的矿泥流入查阿拉河；1936年11月日本尾去泽矿山中泽尾矿坝的后期坝采用内填式加高沉积法冲积，发生破坏后，死伤数人；1959年12月苏联阿库尔斯克选厂尾矿坝发生坝体冲毁事故和马格尔尼托矿山的尾矿池初期坝发生溃决，均造成人身伤亡；1970年9月25日赞比亚的穆富利拉铜矿的尾矿池，因位于矿体的上盘崩落区的岩层上，由于地下崩落法的开采，而导致了71万立方米的尾矿涌入彼得森矿区坑内，死亡89人，在435m中段以下至732m中段“几乎全部彼得森矿区都被淹没，水平范围达600m”，“在坑内作业区的泥浆估计约45万立方米”，赞比亚政府五人委员会在“穆富利拉铜矿事故调查报告”中提到：大约还有26万立方米的尾矿停积在上盘围岩内，必须着重指出的是，现在还没有确实证据表明这些尾矿本身已经滤干了或者已经稳定了，因此目前的局面仍然是非常危险的。1964年英国威尔士北部的巴尔克铅锌矿尾矿池被洪水冲刷，尾矿流失后毁坏了大片肥沃的草原，其覆盖层厚达0.5m，在一般土壤中，铅锌含量超过500mg/kg就会严重毒害植物和牲畜，而覆盖的尾矿层中，有的铅锌含量高达（6～8）×10^4mg/kg，对土壤污染的严重性可以想见。美国由于选矿与选煤及尾矿池与废石堆所产生的化学与物理污染，使900mile（14480km）以上河流的水质恶化。美国佛罗里达州的磷酸盐矿，在开采和选矿过程中产出大量的呈悬浮状的胶质尾矿与矿泥，由于贮存池的两座高坝倒坝，因而磷酸盐泥浆淹没周围地区，河流和平原地带矿泥泛滥成灾，造成了非常严重的大范围的环境污染；英国特罗根铅锌矿的尾矿粉尘被吹到弗林特撤尔地区，而弗龙勾茨铅锌矿的尾矿粉尘又被刮到威尔士中部地区，造成了大范围的空气污染。由此可见，由于尾矿的堆存不善而造成的危害是非常严重的。

综观国外尾矿堆存不善所造成的危害教训，如何正确认识、妥善堆存和综合利用尾矿，是具有重要意义的。

（2）尾矿综合利用的重大意义 我国对尾矿的处理，是利用荒地筑坝堆存，并采取一系列可靠的措施，同时进行维护管理。随着冶金工业的迅速发展，金属矿山选厂的处理量日益加大，相应排出的尾矿量日益增多，据长沙有色冶金设计院初步调查50余个矿山年排出的尾矿量约达数千余万吨，占田地上万亩，为了妥善堆存尾矿需要建坝。根据32个矿山的统计，建坝工程费约达5370万元。近年来，不少工矿企业和科研部门积极地对尾矿进行了综合利用的试验研究工作，如利用尾矿充填采矿空场，在尾矿堆积场上覆土造田，利用尾矿制造各种建筑材料等，已取得了一定的成绩。

尾矿的综合利用，不仅可以减少尾矿的堆存，节约建坝、防洪等工程费用，改善矿区的环境卫生，而且还能为国家创造财富。这不仅充分利用了国家资源，为人民兴利除害，而且还为建筑材料的原料开辟出了一条新的途径，对于积极发展材料工业，推动国民经济的迅速发展具有积极的作用。同时，尾矿的综合利用，还可少占地或采取占地还田的方式，这对于解决工业建设与农业争地的矛盾，体现工业支援农业，贯彻"以农业为基础，工业为主导"的方针，加强工农联盟，是具有重要政治意义的。

10.2 提取有价金属

我国矿产大多数呈多组分共生或伴生且品位较低，并且技术、自动化和管理水平较低，导致有用矿物回收水平普遍较低，开发利用率不高，资源损失和浪费严重。随着我国工业的健康稳定发展，矿产资源的大量开发和利用，需求量日益增加，资源日渐贫乏，尾矿作为潜在的二次矿产资源近年来越来越受到重视。国家已把"尾矿的处置、管理及资源化示范工程"列入了优先领域的优先计划，把尾矿资源综合利用列为国家鼓励发展的资源节约综合利用和环境保护项目。目前，我国尾矿的综合利用率仅为7%，与国外综合利用率为60%的先进水平相距甚远，但在资源回收和尾矿利用上做了很多尝试，其中尾矿再选是矿产资源综合利用和矿山污染治理以及提高企业经济效益的重要措施。

目前我国发现的矿产有150多种，建设的矿山有8000多座，累计产生尾矿59.7亿吨，占地800km^2以上，而且每年仍以3亿吨的速度增长。

我国铁矿山尾矿的全铁品位在8%～12%左右，有的甚至高达27%；金矿尾矿中的含金量一般为0.2～0.6g/t；铜矿尾矿含铜0.02%～0.1%左右；铅锌矿尾矿含铅锌0.2%～0.5%左右。以当前可选铁尾矿总堆存量26亿吨计算，尾矿中相当于存有铁2.6亿吨；以当前可选黄金尾矿总堆存量5亿吨计算，其中尚含有黄金300t左右。此外，我国矿产资源共、伴生组分丰富，其中铁矿石中大约有30多种有价成分，但能回收的仅20多种，一些金属元素尚遗留在尾矿中，每年矿产资源开发损失总价值约780亿元。而尾矿中的非金属矿物不但存量巨大，而且有些已经具备高附加值应用的潜在特性，随着技术的进步其潜在价值将远远超过金属元素的价值。

国内外在尾矿综合利用方面已经进行了大量的研究工作，部分科研成果已经应用于工业生产中，取得了良好的经济、环境和社会效益。目前发达国家从废弃物中回收的金属占当年金属产量的比例为金 15.9%，银 42.7%，铜 28%，铅 50%，锌 28%，锡 20%等。

目前我国尾矿再选主要包括以下几种。

① 黄金尾矿再选回收。

② 铁尾矿再选回收。

③ 铜尾矿再选回收。

④ 铅锌尾矿再选回收。

⑤ 钨尾矿再选回收。

⑥ 钼、锰、镍等尾矿再选回收。

10.3 利用尾矿烧制水泥

金属矿山选矿厂排出的尾矿是一种磨细的、量大的工业废料，其粒径细小，与水泥生料的颗粒略同。因此，研究并利用以方解石、石英为主的尾矿作为水泥生料的配料，烧制水泥有着重要意义。

一般金属矿山产出的尾矿为全粒级尾矿，也称为原粒级尾矿。全粒级尾矿是指从矿山选厂产出的、不经分级处理的、自然级配状态的尾矿。当矿山井下采用水砂充填时，常将全粒级尾矿进行分级，粒径在 30～37μm 以上的尾矿称为粗粒级尾矿，而粒径在 30～37μm 以下的尾矿称为细粒级尾矿。

矿山通常是把全粒级尾矿或细粒级尾矿排弃于尾矿库中。因此，研究这两类尾矿作为水泥的原料，对解决尾矿的堆存及为建筑材料开辟了原料的新途径等，都具有重要的意义。

1966 年北京建筑材料科学研究院、凡口矿、长沙矿山研究院、长沙有色冶金设计院、原北京水泥工业设计院等单位，对凡口尾矿进行了试验研究工作，并获得了优异的成果，试验研究证明得出以下结论。

① 利用含适宜的全粒级（或细粒级）尾矿可炼制成质量良好的井下胶结充填的低标号水泥，产品 28d 的强度可达 100～200kg/cm^2，其强度基本上能满足井下胶结充填的要求。

② 含适宜组分尾矿经一定的温度煅烧后，可作硅酸盐水泥的混合材，其用量可达 15%～55%。掺入 15%的尾矿熟料作混合材时，水泥标号仍能维持 600 号；掺入 30%时，水泥标号可达 500 号；掺入 50%时，水泥标号达 400 号。其掺入量为 15%～30%时，水泥性能良好，凝结、安定性正常。

③ 利用含适宜的全粒级（或细粒级）尾矿，作为硅酸盐水泥的原料代替黏土，可烧制出品质优良的尾矿硅酸盐水泥，其标号在 400 号以上，水泥性能良好，凝结、安定性正常。

尾矿硅酸盐水泥是指用适宜成分的尾矿与适量的石灰石混磨后，烧至部分熔融，得以硅酸钙为主要成分的熟料，再加入适量的石膏磨成细粉而制成的水硬性胶凝材料。

10.4 利用尾矿制砖

普通墙体砖是建筑业用量最大的建材产品之一，而国家为了保护农业生产，制定了一系列保护耕地的措施，因此制砖的黏土资源越来越显得紧张，利用尾矿制砖则不失为一条很好的途径。利用尾矿制砖应从砖体结构和加工工艺上开展研究，尽早生产出经济、耐用、轻质的产品。

目前我国已经成功制砖的尾矿有铁尾矿、铅锌尾矿、铜尾矿、金尾矿及钨尾矿。

10.4.1 铁尾矿制砖

马鞍山矿山研究院采用齐大山、歪头山铁矿的尾矿，成功地制成了免烧砖。这两种尾矿砖经测试，各项指标均达到国家建材局颁布的《非烧结黏土砖技术条件》规定的100号标准砖的要求。鞍钢大孤山铁矿尾矿加入石灰及其他材料及外加剂，研制的尾矿砖标号可以达到100号以上标准砖的要求。梅山铁矿选矿厂利用梅山尾矿加入中砂、水泥及其他外加剂，制成的标准砖样，主要技术指标均达到《非烧结黏土砖技术条件》的要求，标号可达75以上。齐大山和歪头山的铁矿还被用来制作墙、地面装饰砖。铁尾矿制作装饰面砖，工艺简单，原料成本低，物理性能好，表面光洁、美观，装饰效果相当于其他各类装饰面砖。金岭铁矿选厂结合矿山的特点，利用尾矿生产机压灰砂砖，该砖是以铁尾矿为主，加入适量水泥，经干搅拌均匀，再加入少量黏结材料进行碾压，提高其表面活性，经压砖机压制成型后，自然养护而成。该矿于1989年10月建成了生产线，生产的灰砂砖经测试，各项物理性能指标均达到机压灰砂砖100号标准的技术要求。此外，用铁尾矿还可制作碳化尾矿砖，蛇纹石釉面砖、瓦，三免尾矿砖及玻化砖。

10.4.2 铅锌尾矿制砖

我国利用铅锌尾矿已经制成的砖有湖南邵东铅锌选矿厂尾矿制成的耐火砖与红砖及江西铜业公司下属的银山铅锌矿尾矿制成的蒸压硅酸盐砖。

10.4.3 铜尾矿制砖

月山铜矿每年生产排出的尾砂达7.5万吨，目前堆存量达110多万吨，本矿铜尾砂是以石英为主的由十多种矿物构成的细砂，经技术分析，证明无综合回收价值。该矿进行了利用尾矿制砖的扩大试验，已取得成功。所制灰砂砖经检验，质量均达部颁标准，按外观指标为一等砖，其技术指标均超过红砖，其利用前景广阔。目前我国已成功用铜尾矿烧成陶瓷墙地砖、蒸压标准砖、榫式砖及饰面砖。

10.4.4 金尾矿制砖

山东建材学院利用焦家金矿尾砂，添加少量当地的廉价黏土研制出符合国家标准的陶瓷墙地砖制品。烧成的制品经测试，其物理力学性能符合有关的国家标准，外形尺寸及外观质量也符合有关国家标准。

山东省教委科技发展计划课题TM94J5项目“利用选金尾矿开发系列新型墙体材料研究”于1996年5月通过了技术鉴定，该课题利用选金尾矿为主要原料研制生产出蒸压标准砖、榫式砖。生产的成品经测试满足FB 11945—89质量标准。

丹东市建材研究所利用金矿矿渣为主要原料，加入其他原料，经烧结而制成废矿渣饰面砖。经小试产品性能达到并优于饰面砖的技术标准。经烧结制成的饰面砖，密度为$2.19g/cm^3$，吸水率为6.07%，抗折强度为26.85MPa，抗冻性、耐急冷急热性、耐老化等性能都超过规定标准。

10.4.5 钨尾矿制砖

西华山钨矿的钙化砖厂在1989年建成，1990年投入批量生产，利用尾矿与石灰生产钙化砖，年生产砖达1000万块，每年创利20多万元。

经检测，该成品各项指标均达国家150号标准砖的要求，符合国家建材放射卫生防护标准，可在建筑业上普遍使用。

10.5 利用尾矿制造其他建筑材料

10.5.1 铸石

(1) 概述 铸石是硅酸盐的结晶材料之一，是一种新型工业材料，其耐磨性比锰钢高5～10倍，比一般碳素钢高10多倍；耐腐蚀性比不锈钢、铝和橡胶高得多，除氢氟酸和过热磷酸外，其耐酸碱度几乎接近百分之百。此外，铸石还具有良好绝缘性和较好的力学性能。在一定条件下，它是钢铁、有色金属、合金材料、橡胶等较为理想的代用材料。可用作风力和水力输送管、槽和贮酸、碱槽的衬板、衬管等。

目前我国已有三十多个铸石厂生产板材、管材、溜槽和设备的衬里、耐酸粉等四千余种，为国内五百多个企业提供了铸石制品，节约代用各种金属材料近百万吨，解决了生产中不少问题。国内外除利用辉绿岩、玄武岩、角闪石生产铸石外，目前还利用工业废渣或选厂尾矿进行生产和试制铸石制品。

(2) 制造铸石的原料 铸石是利用天然基石和工业废渣经配料熔融、浇铸、结晶、退火等工序制成。铸石的主要原料为辉绿岩、角闪石、玄武岩，附加原料为石灰石、白云石、蛇纹石、菱镁矿、萤石等，其作用为调整铸石的化学成分，铬铁矿或铬铁渣作结晶剂。因此，对于尾矿中含石英、角闪石、橄榄石、辉石、斜长石、蛇纹石、白云石、方解石、萤石等的矿物组分则可考虑作为铸石的原料，进行铸石制品的试制工作。但不论哪种原料制造铸石，各种原料配合后的化学成分应符合铸石的一般化学组成之要求，不可过高或过低，否则，影响制品质量。

(3) 利用尾矿试制铸石 目前国内家用来试制铸石的尾矿有铁尾矿及铜尾矿。国外某企业利用铁尾矿（主要矿物为角闪石）为主要原料，附加20%石英砂和3%的铬铁矿制成铸石。制品的物理和化学性能如下。

抗压强度：		19980～26830kPa
抗折强度	粗组织结构	3000～4000kPa
	细组织结构	5930～6490kPa
耐磨性	粗组织结构	0.01～0.02g/cm^2
	细组织结构	0.004～0.006g/cm^2
耐酸性	良好	

安徽省基本建设局科学研究所利用铜官山的铜尾矿为主要原料，附加铝矾土、蛇纹石、白云石、硅石、萤石、铬铁矿试制成铸石板材。铜尾矿铸石制品的化学成分见表10-1。

耐酸碱腐蚀性能见表10-2。

物理性能见表10-3。

试验中曾以铜矿螺旋尾矿（即提出少量金属后的铜尾矿）代替原尾矿，仍按3号配合比做过一次试验，从所得板材敲击声音和外观来看，并不次于用原尾矿按 3 号配合比所制的板材。

表 10-1 化学成分 单位：%

编号	SiO_2	Al_2O_3	Fe_2O_3	CaO	MgO
2(三种配料)	46.10	18.26	13.59	18.06	4.06
3(五种配料)	47.24	16.21	12.79	15.71	8.08

表 10-2 耐腐蚀性能

编　　号	耐酸度（硫酸相对密度 1.84）	耐碱度（烧碱浓度 20%）
1	接近 100%	98.63%
2	99.92%	98.00%
3	99.36%	98.30%

表 10-3 物理性能

编号	抗压强度/kPa		抗折强度/kPa		抗冲击值/(kg·cm/cm³)		耐磨率/(g/cm²)		容重/(g/cm³)
	平均	最高	平均	最高	平均	最高	平均	最高	
1	—	—	—	1070	—	—	—	—	—
2	16300	24000	2416	3196	68.1	80.8	0.231	0.177	3.06
3	14700	18430	3257	3677	90.3	133.6	0.127	0.096	2.94

另以铜尾矿 67%、白云石 8%、硅石 15%、铝矾土 10%、铬铁矿（外加）4%，试制 180mm×110mm×20mm 铸石板材。制品的抗折强度见表 10-4。

表 10-4 以铜矿为主料的铸石抗折强度

编号	断面尺寸		热处理情况		抗折强度/kPa	附　注
	宽	厚	第一次	第二次		
10	10.6	1.65	700℃,1.5h	800℃,3h	5459	未做加工的原板材试验跨距为 10cm 和 15cm
11	2.25	1.50	700℃,1.5h	800℃,3h	11407	

以铜尾矿为原料的铸石制品与玄武岩铸石制品的物理性能对比见表 10-5，耐急热、急冷的情况见表 10-6 和表 10-7。

表 10-5 物理性能

名称	抗折强度/kPa	抗压强度/kPa	抗冲击值/(kg·cm/cm³)		耐磨率/(g/cm²)	容重/(g/cm³)	第二次热处理/h
			平均	最高			
以铜尾矿为原料的铸石	5459	30450	69.3	147.2	0.086	—	3
嘉山厂玄武岩铸石	3550	36050	66	—	0.184	2.85	—

表 10-6　耐急热情况

名称	热处理	试件尺寸/cm	耐急热温度/℃	变化情况
玄武岩铸石	一次	4.5×4.5×2.2	1200	软化
铜尾矿铸石	二次	4.3×4.3×1.5	1200	面包状

表 10-7　耐急冷情况

温度/℃	玄武岩铸石	铜尾矿铸石	备　注
100	未发现裂缝	未发现裂缝	热稳定性能试验参照《铸石》一书，试验水温为19.5℃
200	发现丝裂纹	未发现裂缝	
300		发现丝裂纹	

10.5.2　玻璃

(1) 概述　玻璃是一种由熔融物过冷而获得的无定形非结晶体的均质同向的固体材料。同时又是一种化学稳定性很高的材料。玻璃是硅酸钾、钠、钙、镁、铝等的络合物，其化学成分主要是二氧化硅（SiO_2）、其次是氧化钠（Na_2O）、氧化钾（K_2O）、氧化钙（CaO）、氧化镁（MgO）和三氧化二铝（Al_2O_3）等。

制造玻璃的主要原料为石英砂或石英砂岩；其次为长石、石灰石、白云石、萤石、纯碱、芒硝、硼酸、重晶石、钾碱、红丹、锌白等。除上述原料外，目前国内外还利用以石英或长石为主的尾矿作为玻璃的主要原料或添加配料，进行熔制玻璃的试验研究，并且有的已用于生产。

(2) 利用尾矿熔制玻璃

① 以长石为主的尾矿作玻璃生产的原料。株洲玻璃厂现生产三种质量较高的玻璃。该厂所用石英原料，除广东的海砂，湖南雷子排石英砂岩外，还利用中南03矿的尾矿，该尾矿主要矿物为石英、长石。

最近上海化工学院为了节约制玻璃时纯碱的消耗，对利用花岗岩类型尾矿作为玻璃原料进行了有关厂矿的调查工作，并对两个矿山的尾矿做了初步熔制玻璃的试验。从所调查的矿山尾矿矿物组成来看，其主要矿物为长石、石英，其次为云母族类矿物，化学成分大都很接近。而合肥玻璃厂利用瓷石作原料生产了瓶罐玻璃，上海日用器皿公司所属玻璃六厂和八厂也用瓷石和宿迁砂生产了棕色药用瓶和食品罐头瓶。因而指出利用花岗岩类型尾矿作某些玻璃用品的原料是完全可能的。

在利用长石类的尾矿生产玻璃时，为避免因尾矿含铁量过高而使玻璃着色、产生气泡、玻筋或斑痕，因此，需研究尾矿中含铁物质与共生或伴生矿物的关系，晶体嵌布粒度等，以便能选别分离，降低尾矿中的含铁量。对于含铝较高的尾矿，可用来制瓶罐玻璃、纤维中碱球、低碱无硼玻璃等，从发展新品种建筑材料方面来看，利用尾矿来制造有色微晶平板玻璃、彩色微晶玻璃“马赛克”、彩色微晶玻璃饰面砖，以及其他微晶玻璃建筑材料等都有广泛的应用前途。

② 铁矿的尾矿试做玻璃器皿。鞍山焦耐设计院利用鞍山一个选矿厂的尾矿试制玻璃器皿，进行了初步的探索试验。

此后，又在鞍山某厂内进行较大型试验，熔炼在坩埚窑内进行，坩埚容量为400kg，原料分三次加入，4h后，温度为1230℃，取出之样品呈茶色，未发现气泡和未化颗粒；再经

9h，温度到1270℃样品呈深咖啡色；又经4h，温度至1320℃，样品颜色更深且转黑。在温度为1270℃时，进行了人工吹制和机械吹制玻璃瓶，在空气中和冷却窑内冷却后，结果尚好，只是颜色呈黑色。

由此看来，利用尾矿熔制玻璃，对尾矿中所含有害组分，特别是氧化铁和硫等的含量不能太高，因氧化铁在熔化过程中，使热量不易传至熔融体的中部，原料难以烧透，同时使玻璃的颜色深。如用选矿方法将尾矿中的铁、硫、钛、铬等杂质去掉，再加适当的其他配料，烧制日用玻璃器皿是完全可能的。

10.5.3 耐火材料

(1) 概述 耐火材料是主要用于热工设备中抵抗高温作用的结构材料和用作其他高温容器或部件的无机非金属固体材料。

耐火材料按照耐火基体的化学矿物组成可以分为多种，其中硅砖及半硅砖与尾矿化学成分较接近。

(2) 利用尾矿制造耐火材料 一般工业国家的耐火材料约有60%～70%是用于冶金工业，其中55%～65%是用于钢铁工业。因此，在发展冶金工业的同时必须发展耐火材料工业，不断革新耐火材料，可为提高冶金技术创造条件。制造高质量的耐火材料必须从选用优质原料着手。但是，也有某些热工设备对耐火材料的技术性能要求不是很高，可以考虑利用工业废渣制作，如金属矿山的尾矿当其矿物组分基本符合某种耐火材料的组分时，可以利用作为原料。

鞍山焦耐设计院曾利用鞍山某选厂尾矿和鞍山附近黏土在硅砖窑内试烧耐火砖。据初步试验结果，用尾矿与黏土配比为9∶1较好。但还不够理想，主要原因是尾矿中含铁太高。

江苏某瓷土矿利用选厂尾矿配以适量的焦宝石、4号瓷土自烧熟料等原料烧制成耐火砖，该矿已利用所排出的高岭土尾矿生产了三百余吨耐火砖，而且还建成了两座倒焰窑，一座为$20m^3$。

10.5.4 陶粒

(1) 概述 陶粒是一种质量较轻而强度较高的球状轻集料，其作用与浮石、火山凝灰岩、火山熔岩、石灰凝灰岩、冶金炉渣、燃料炉渣等相似，可掺和于水泥中制成轻质混凝土。轻混凝土具有重量轻和导热性低的特别，用作保暖建筑物和高层建筑物的墙板和楼板具有一定的优越性。上海于1965年用粉煤灰陶粒混凝土建成了$10000m^2$的五层楼试点住宅。

陶粒可分为轻、重两种：轻陶粒的容重为400～600kg/m^3，块状抗压强度极限为250～1000kPa；重陶粒的容重为700～800kg/m^3，块状抗压强度极限为500～2000kPa。

在城市，冶金炉渣和燃料炉渣是易得的集料，在矿山则有大量的尾矿可利用于烧制陶粒，作为轻质混凝土的集料。

(2) 利用尾矿烧制陶粒 1973年沈阳市第一建筑工程公司和辽宁工业建筑设计院，利用沈阳地区的尾矿粉掺配煤矸石制成（容重为640～1000kg/m^3，松散容重为420～700kg/m^3），的陶粒。陶粒的外壳坚硬，内部有均匀细小而互不连通的蜂窝状孔洞，可用作配制各种用途的轻集料混凝土。

10.5.5 型砂

造型用砂历来都是用硅砂。因其SiO_2含量高达98%以上，在铸造过程中产生大量高浓

度的游离 SiO_2 粉尘，对工人的身体危害极大。1970 年以来研究采用了石灰石加工的“七〇砂”大大减少了硅沉着病（旧称硅肺）的危害，“七〇砂”成功后，旅大市劳动卫生研究所和辽宁某石棉矿加工铸造试验了一种新型的造型材料。1974 年以来，大连有四个单位进行了铸钢试验，有六个单位进行了铸铁试验。试验表明：它在保护工人身体健康和简化铸铁造型工艺、提高铸件质量等方面都取得了较好的效果。

采用白云质石棉尾矿作型砂，大大简化了造型工艺，白云质石棉尾矿中加入 5%的膨润土和 3%左右的水，经混砂机搅拌 5min 后就可直接造型，可节约圆钉 95%以上。芯模不需干燥，只要用喷灯将表面干燥约 10m 厚，再用稠液铅粉涂刷两遍，就可以合箱浇铸（即潮模浇铸），其质量高，表面光滑，便于清砂。有的单位在同种工件硅砂造型时废品率曾高达 70%，改用白云质石棉尾矿造型时废品率却下降到 5%以下。白云质石棉尾矿与硅砂用同样的操作方法造型，白云质石棉尾矿的透气性好，而且，白云质石棉尾矿，可以多次使用，复用性比“七〇砂”好，80%以上可以再用，吃砂量占 5%左右，白云质石棉尾矿可以长期保存，不怕风化，不怕水浸。且成本比“七〇砂”低。

据两年来生产试验结果，白云质石棉尾矿是铸铁造型很有前途的一种新材料，但因熔点较低，因而直接用于铸钢还需进行一些研究工作。

10.5.6 混凝土的掺和料

(1) 概述 有不少混凝土建筑物、构筑物和混凝土预制件，要求标号为 140、110、90、70 就可以满足强度要求，至于某些工程的混凝土垫层或基础，要求标号可低到 70～50，而当前国内生产的水泥、大多数标号为 400，在确保工程质量安全可靠的前提下，为了节约水泥用量，可在现场施工拌制混凝土时，掺以适量的活性的（水硬性的）或填充性的（非活性的）材料。使水泥的标号达到不超过混凝土标号的 2～2.5 倍，这不但可提高混凝土的和易性，并可增加混凝土的密实性。特别对于蒸压或蒸养的混凝土，加以适量的掺和料时，可以加速混凝土硬化并提高混凝土的标号。

(2) 利用尾矿作混凝土的掺和料 填充性的材料一般为河砂或山砂，只要其中硫化物和硫酸盐中的 SiO_2 含量不超过 1%，有机质含量用比色法试验不深于标准色，粒度 65%在 4900 孔/cm^2 以下，就可作为掺和料。但是，如果某些混凝土工程，当取用河砂或山砂的运距较远，而就地有符合上述标准的尾矿，则可利用尾矿作为河砂或山砂的代用品。例如鞍山建筑公司，于 1957 年曾利用尾矿作混凝土的掺和料，该尾矿含 SiO_2 70%，含 SO_3 很低，用量在 200kg/m^3 以内的混凝土，效果甚好。掺尾矿粉的混凝土使用范围较广，该公司曾用于工业建筑的厂房基础，瓦斯管道基础，烟囱基础以及民用住宅的板、梁等工程上。施工时混凝土的和易性与保水性是良好的，而且在混凝土硬化以后经较长时间的观察，其表面也无不良的迹象。至于使用在浸水或循环潮湿的冻结的结构中，还没有作系统的试验，在未明确它的结果前暂以不使用为妥。

尾矿作为掺和料掺用时，可以采用湿法或干法，要求严格掌握配合、拌和、浇捣、养护等操作技术，这样就可以做出品质优良的混凝土。

需特别指出的是，根据苏联一般《土建工程施工验收技术规范》中规定，细填料的掺入，只限用于普通水泥的混凝土内，其他水泥不得掺入。

由于在水泥厂中掺混合材制造低标号水泥并不是最经济的，所以我国水泥生产趋向高标号，而在一般民用建筑工程上 140 号、110 号、90 号、70 号等低标号混凝土又用得很多的情况下，在现场掺加就地取材的掺和料降低水泥标号的措施，合理地使用和节约烧结性胶结材料，相对地增加水泥产量，降低工程造价，是具有重大意义的。

10.6 利用尾矿作充填材料

10.6.1 概述

近十多年来，我国应用充填采矿法的金属矿山日益增多，在充填料制备、料浆输送技术、充填材料开发和充填采矿工艺技术等方面均取得了长足的进步，加之井下无轨自行设备的广泛应用，充填采矿法已成为有效促进我国金属矿山高效、清洁采矿的重要开发方法。随着现有探明矿产资源的不断消耗，采矿向深部发展，地温地压的增加，环保要求的日趋严格，充填采矿法在21世纪可得到更大的发展。

(1) 尾砂充填技术

① 采场隔墙技术。开采蚀变岩型中厚且矿岩较稳固矿床一般用分级尾砂充填采矿法。我国金属矿山先后使用过下述3种隔墙技术。

a. 袋装尾砂隔墙技术。

b. 胶结充填隔墙技术。

c. 柔性隔墙技术。

② 泄水构筑物。分级尾砂充填，其料浆浓度（质量分数）为65%～70%，有大量水需从采场渗滤出去，采场必须有泄水构筑物。最早使用钢板围成直径1.0m圆筒，里面焊上角钢或圆钢，外面钻孔，并包裹麻袋片，当作采场泄水井并兼作行人通风井。此外，有的矿山用方木架设方形泄水井。

由于钢质圆筒泄水井成本高，泄水速度慢，效果差，尹格庄金矿研制成功增强塑料泄水桶外缠2层土工布，并在2层土工布之间包一层苇箔。这样，既增大泄水面积，又提高了泄水效果。其原材料成本仅是钢质成本的1/9，经济效益显著，申请了实用新型发明专利。该种泄水井，材质轻便，利于安装，角度可调，机动灵活。

③ 负压脱水技术。分级尾砂充填采场使用负压脱水，可大大加快脱水速度，减小密闭墙静水压力，提高充填能力和尾砂利用率。

此技术原理是利用水射流过程，由于改变管径而形成负压，从而带动采场多余的水快速流出。负压脱水装置包括负压器、负压箱、渗滤管、水泵、供水管、压风管、排水管等。用水泵向负压器供水时，所形成的负压带动负压箱、渗滤管加速采场脱水；当停止供水，向负压器供高压风时，可把负压器与渗滤管吹洗干净，不因细泥堵塞而降低脱水速度。故此，该装置有三个功能：一是自然脱水；二是负压脱水；三是过滤材料清理。

此装置由长春黄金研究院研制，并在五龙金矿四道沟分矿成功应用。结果表明，最大脱水量可达41.7～59.8m^3/h，为自然脱水量的3.7～7.6倍，并申请了国家发明专利。

④ 压缩空气清洗充填管道技术。高浓度砂浆自流输送充填在每次开始或停止充填作业时，都要注入大量的水进行引流和刷洗充填管道，以保证充填管道的畅通。通常这些水都被注入到充填采场中，这样削弱了高浓度充填的意义。多数矿山充填过程中非正常停充次数频繁。为从根本上解决充填工艺中存在的问题，提高充填体的质量，金川二矿区研制了压风喷射器。该装置串联于充填管上，利用射流原理，使高压风以一定的方向作用于充填砂浆，在压风强有力的冲击下，砂浆获得动力而向前移动，使之达到引流和清刷充填管道的目的。喷射器主要由单向逆止阀、喷嘴、喷射管组成，其特点是：作用线路长，在平直水平管路上，

每个喷射器的有效工作距离可达 200m 左右；工作风压小，一般为 3×10^5Pa 以上，启动风压仅为 0.8×10^5Pa；结构简单，工作安全可靠，可有效防止返浆；操作简单，喷射器间隔安装在充填管道上，只需开启总阀门便可使喷射器自动地顺序启动，检查维修方便。

⑤ 充填搅拌站造浆控制技术。近年来，计算机技术在充填搅拌站得到广泛应用。金川二矿区西部充填搅拌站采用了先进的计算机集散控制系统。该系统以计算机为主体、以智能化仪器仪表为骨干，操作人员通过 SCC-CRT 操作站上的键盘和显示器可对搅拌过程中的砂量、水量、灰量、制浆浓度、料浆流量、搅拌桶液位等工艺参数进行集中监视和控制，可根据生产工艺要求，对搅拌过程中的各参数进行调整。该系统除自动控制外，还配备有手动控制和用于事故处理的强制执行功能，并在表盘、操作站上分别配有声光报警系统，提高了搅拌系统运行的可靠性。

(2) 充填材料 20 世纪 80 年代末，我国开始研制与开发用于矿山充填的新型胶结材料，其中在高水材料、高炉矿渣、赤泥和灰煤等胶凝材料的研究与应用方面取得了较大进展。

① 高水速凝全尾砂胶结充填材料。高水速凝固化胶结充填的最大优点是能以很小的体积固液比（$C_V=0.1\sim0.5$）在较短时间内凝固、硬化，最终形成一种有一定强度的高含水固体。我国从 1986 年开始试验研究高水充填材料及其充填工艺，试验获得成功后，在煤炭矿山广泛推广应用。其充填工艺为：用甲料（高铝水泥、缓凝剂）和乙料（膨润土、二水石膏、生石灰、速凝剂）分别加水制成胶结料浆，经双活塞往复式充填泵以 1∶1 等量分别输送，在管道出口处，由多孔板混合器混合进行袋式充填。

② 高炉矿渣胶凝材料。1994 年，济南钢铁公司张马屯铁矿为降低充填成本，进行了高炉矿渣取代水泥作胶凝材料的胶结充填试验研究。试验结果表明，采用尾砂∶(水泥+炉渣)为 7∶1 的配比，用磨细的高炉矿渣替代胶结充填料中的部分水泥，充填体强度不仅不会降低，反而随着炉渣替代水泥量的增加，充填体强度提高。

③ 尾矿充填采矿技术发展方向。

a. 创造新型采矿工艺。

b. 提高机械化作业水平及效率。

c. 深部充填采矿技术。

10.6.2 全尾砂胶结充填技术

全尾砂胶结充填技术有全尾砂和高浓度两大特点。在浆体管道的输送过程中，充填料浆“高浓度”是指大于临界流态浓度而小于极限可输送浓度。随着料浆浓度的提高，充填料浆的流态特性将逐渐发生变化：当料浆浓度达到临界流态浓度时，料浆的水力坡度随流速的增大而从 $n>1$ 的指数函数关系逐步变为 $n=1$ 或 $n<1$ 的指数函数关系。究其实质，是因为料浆浓度较低时，传统的水力充填是非均质的两相流动，固体颗粒与流体之间将发生相对运动，或沿管壁滑动、滚动、作不连续的跳跃，或呈悬浮状态，增大了管道的输送阻力。而全尾砂高浓度充填料浆呈满管低速流动，为似均质的结构流体，并且，在管道横截面上沿径向由外向里形成三个层次：水膜层、薄浆层和膏状充填料浆芯柱，水膜和薄浆层在管道周壁形成了阻力很小的润滑层，确保芯柱处于“柱塞流”状态，使料浆管道输送阻力明显降低。

当然，随着充填料浆浓度的提高，料浆的黏性系数必然增加，且当高浓度的充填料浆浓度超过某一限值（极限可输送浓度）时，料浆的黏性系数将急剧增加，致使管道输送阻力大幅度增加。因此，全尾砂高浓度充填料浆输送时应低于该浓度极限值。根据我国试验测定，该极限浓度值略高于临界流态浓度3%～5%。

其次，良好的充填料须能最大限度地占据空间，并具有较小的孔隙率和沉缩率，以便最大限度地发挥充填体的承载作用，这样就要求充填料中必须具有一定的细粒级组成。从充填料粒级级配来看，充填材料按0.25mm划分为粗粒级和细粒级，小于0.25mm的细粒级与水混合后形成浆体黏附在粗粒级表面，并填充其空隙，尤其－25μm的微细粒级，在高浓度浆体的输送过程中却发挥着更加重要的作用。一方面微细粒级在浆体管道的输送过程中，极易趋向于管道周壁，形成润滑层，并阻止粗颗粒下沉或堆积，从而确保高浓度浆体形成“柱塞流”，极大地降低管道输送阻力，减小管道磨损；另一方面微细粒级使高浓度充填料浆具有触变性能，即静止时浆体的内聚力和黏性加大，运动时则减小，这样确保高浓度料浆具有良好的保水性能，使充填料浆尤其粗颗粒不至于在输送过程中，特别是停泵时造成大量水泌出，产出沉淀、离析而导致堵管，因而微细粒级促使高浓度充填料浆具有良好的稳定性。因此，从理论上讲，传统的分级尾砂充填由于去掉－20μm或－37μm的微细粒级部分，同时削弱了高浓度输送润滑层的形成，恶化了高浓度输送的必要条件，而全尾砂高浓度胶结充填是切实可行的。

不同粒级组成的充填料具有不同的高浓度值，进而得到不同的高浓度充填料浆的输送性能（流动性、可塑性、稳定性）和流变特性。目前我国多采用可泵性作为衡量全尾砂高浓度充填料浆输送性能的一个综合指标，并借用混凝土输送经验中坍落度和泌水率两个概念来表示。而全尾砂高浓度充填料浆是否具有良好的可泵性和流变特性决定着全尾砂高浓度胶结充填能否顺利进行。根据我国全尾砂高浓度胶结充填试验，适宜泵送的料浆坍落度值：全尾砂膏体为12～20cm，全尾砂细石膏体为10～20cm；在满足充填料浆稳定性条件下，充填料浆的泌水率一般应小于3%，压力相对泌水率应小于30%。为了改善全尾砂高浓度料浆的可泵性及流变特性，并降低胶结充填成本，目前多采用在全尾砂充填料中加入一定的粗骨料和胶黏剂代用品。由于粗骨料的加入，充填材料粗细搭配，充填料浆密度和高浓度值明显提高，并且，充填料浆的坍落度值逐渐增加，泌水率逐渐降低。因此，在全尾砂充填料中粗骨料的加入量必然存在一最优值。根据我国金川公司等的试验，全尾砂与细石的质量比1∶1为最优。

(1) 全尾砂胶结充填系统 根据全尾砂高浓度胶结充填特点，全尾砂高浓度胶结充填系统通常包括脱水系统、搅拌系统、检测系统和管路系统；其中脱水系统和搅拌系统是全尾砂高浓度胶结充填成功应用的关键。

① 脱水系统。为了制备全尾砂高浓度料浆，一般全尾砂采用两段脱水工艺，即先将选矿厂来的20%左右浓度的尾矿浓缩到50%左右，然后再进行过滤，这样不仅可保证过滤时的回水质量，还可提高尾矿过滤效率。

高效率浓缩机是近年来发展起来的新设备，广泛用于尾矿的第一段脱水。它借助于高分子聚合物絮凝剂的作用，并采用下部给矿（絮凝层下方）方式，大大提高了浓缩机效率。真空过滤机是目前常用的尾矿浓缩设备，广泛用于尾矿的第二段脱水。

② 搅拌系统。普通搅拌很难破坏微细颗粒固体和水产生的聚凝集合体，因此，一般的搅拌设备要使微细颗粒的尾砂和水泥混合均匀是非常困难的。为了实现全尾砂高浓度胶结充填搅拌机理，前苏联诺斯克矿采用补充具体类型活化搅拌机使微细分散材料能较好地混合均匀，从而开创了固体颗粒活化搅拌先例。

全尾砂高浓度胶结充填料浆通常采用两段搅拌流程以提高搅拌质量。

③ 检测系统。高浓度料浆具有良好的性能，并且料浆浓度的变化对充填料浆特性的影

响极为敏感，为了确保全尾砂高浓度胶结充填正常，全尾砂高浓度胶结充填系统必须能够对制备的胶结充填料浆浓度、流量及各种物料配比等进行监测和控制，建立一套可靠、完善的充填监控系统。

④ 管路系统。全尾砂高浓度胶结充填料浆，由于细粒级含量高、浓度高，在管路内呈稳定的均质流，而且其流速处于层流区域内；对于膏体泵压充填，为节约能源，降低泵压，输送流速应选择 0.5～1.0m/s，因此，全尾砂高浓度胶结充填必须依照高浓度料浆的流变特性设计其管路系统。

根据充填管路的布置原则，井下管路大多采用阶梯形布置，其中任一梯段的管网倍线均不能大于总倍线。值得说明的是，对于高浓度自流输送的充填倍线，除计算正常输送时的充填倍线外，还应该考虑清洗管道时的充填倍线，因为当冲洗管道时，高浓度料浆所形成的垂直段自然压头被水柱取代后，由于高浓度料浆密度通常要比水的大 1.8～1.9 倍，造成同样输送条件下，充填倍线要降低很多。如凡口铅锌矿生产充填时正常输送的充填倍线为 6.4～8，而当清洗管道时，充填倍线降低为 4～3.2。

其次，管路系统的管径主要根据充填能力、流速和充填料的组成确定。在同等流量下，压力损失随管径增大而显著减小，工程中应尽量采用大管径。

再次，全尾砂高浓度胶结充填料浆管内的压力较大，充填管路系统中开始段和垂直向下段的压力都有可能超过 6～10MPa，必须采用快速接头，耐压须达到 12MPa，并且接头内壁必须平滑等径，弯头曲率半径应大于 0.7～1.2m。泵压充填时，还必须考虑泵往复冲程产生的振动，在下向满管泵送段设置排气装置和电动液压阀等，采取减震措施。

(2) 国内外全尾砂胶结充填技术的应用现状　20 世纪 80 年代，全尾砂胶结充填技术首先在德国、南非取得成功，随后在前苏联、美国和加拿大等国得到应用。20 世纪 80 年代末期，我国开始在广东凡口铅锌矿和金川有色金属公司进行试验研究，并用于工业生产。

由于各矿山的开拓和采矿工艺的要求不同，故所采用的料浆制备、输送工艺、充填方法及设备等方面各有差异。下面仅对几个有代表性的典型矿山进行介绍。

① 凡口铅锌矿高浓度全尾砂胶结充填自流输送工艺。由凡口铅锌矿、长沙矿山研究院和长沙有色冶金设计研究院共同合作，于 1991 年完成了高浓度全尾砂胶结充填新工艺和装备的研究。

来自选厂的尾矿浆（质量分数 15%～20%），经 Φ9000mm 高效浓密机一段脱水，沉砂（质量分数约 50%）进入圆盘真空过滤机二段脱水，含水率约 20%的滤饼由皮带机运至卧式砂仓。湿尾砂由 55kW 电耙间断耙运到贮料仓，经带破拱架的振动放料机、计量皮带运输机给入双轴桨叶式搅拌机。水泥经水泥筒仓、双轴螺旋喂料机、冲量流量计进入搅拌机，与尾砂和水混合搅拌。充填料浆再自流入高效强力搅拌机进行二次强力活化搅拌后，经垂直钻孔和充填管路（ϕ125mm）自流到井下充填采场。

由检测仪表、中央控制台和微机组成的自动检测与综合处理系统检测尾砂的含水率、水泥添加量、加水量及充填料浆的质量分数和灰砂比。

该矿全尾砂中 $-74\mu m$ 粒级的含量占 62%～84%。充填料浆质量分数为 70%～76%，水泥耗量 214kg/m^3，充填能力为 48～54m^3/h。充填体 28d 龄期单轴抗压强度为 3MPa 左右。

② 德国格隆德（Bad Ground）铅锌矿全尾砂泵送胶结充填工艺。格隆德铅锌矿的充填材料选用重选尾砂（粒度 0.8～30mm）和浮选全尾砂（粒度 0.5mm，其中 $-60\mu m$ 占 50%），分别脱水后按比例（1∶1）再加入少量的水搅拌成高浓度砂浆，用给料机喂入 160kW 的双活塞泵加压，通过管路（ϕ152mm）经竖井送入井下。东采区水平距离短，不需

要再加压，西采区输送距离长，需要用中继给料机和160kW双活塞泵再加压一次。水泥贮存在地表一个100m^{3}的水泥仓中，充填时，借助压风管中的压缩空气将干水泥输送到距充填管出口约30m处，通过一个水泥喷射装置，将干水泥喷入充填管路中与全尾砂充填料浆混合，进入到充填采场。

该充填工艺充填料浆的质量分数高达85%左右；在水泥添加量为60～100kg/m^{3}时，便可达到该矿下向胶结充填所要求的充填体28d龄期单轴抗压强度大于2MPa的数值。

20世纪80年代末期，德国P.M公司在某金矿采用了全部不分级尾砂作充填料，经浓缩、过滤成固体含量达76%～78%滤饼进入螺旋搅拌输送机，与水泥、粉煤灰混合后，经双活塞泵加压，通过管路向坑内输送，进行采场充填。该系统的使用取得了良好的经济效益和社会效益。

③ 金川公司全尾砂泵送充填系统。金川有色金属公司与北京有色冶金设计研究总院合作，于1987～1991年在金川矿区进行了全尾砂下向胶结充填技术及设备的研究。

试验研究使用的选厂全尾砂经ϕ8m浓缩机和20m^{3}的鼓式折带过滤机过滤后，用汽车运至搅拌站并转载到砂仓内。全尾砂经砂仓下部盘式给料、计量皮带运输机进入第一段双轴叶片式搅拌机。－25mm粒级的碎石经仓下电振给料机、核子秤、皮带机转载至运送全尾砂的主皮带机上，与全尾砂同时进入搅拌机，水泥按配比制浆后流入搅拌机。全尾砂、碎石和水泥经第一段搅拌混合后，自流到第二段双轴螺旋搅拌输送机，经喂料口给入PM双缸液压活塞泵（Q=70m^3/h、P=60MPa）加压，通过ϕ139mm钻孔和井下ϕ123mm管路将充填料浆送至采场。

工业试验共充填了1615m^3。其中，全尾砂胶结充填1100m^3，全尾砂加碎石胶结充填515m^3。在满足该矿下向充填采矿法要求$R_{28}\geqslant$4MPa的条件下，采用全尾砂充填时，选用灰砂比为1∶4，水泥耗量280～310kg/m^3，料浆的质量分数为74%～76%，100m管道阻力损失1.0～1.2MPa；采用全尾砂加碎石胶结充填时（配比为1∶1），水泥耗量180～200kg/m^3，质量分数为81%～84%，100m管道阻力损失为0.8～1MPa。试验中还对全尾砂胶结充填材料的物理力学性质、料浆流变特性、脱水、搅拌设备、泵送工艺等方面进行了研究。

（3）全尾砂胶结充填技术改进及发展方向 全尾砂充填提高了尾砂的利用率及充填材料的选择范围，另一方面高浓度充填降低了充填料浆的水灰比，从而大大改善了充填特性，充填强度提高，充填料沉缩率降低。这些对于充分发挥充填体承载作用，满足待定生产技术条件下的采矿要求以及提高矿石的回收率等都具有非常重要的作用，促进了全尾砂高浓度胶结充填技术的迅猛发展。目前，除凡口铅锌矿和金川公司获得了全尾砂高浓度（膏体）胶结充填的成功应用外，焦家金矿、武山铜矿、铜泉山铜铁矿等正积极与有关单位合作，拟进行全尾砂高浓度（膏体）胶结充填试验研究。

当然，由于全尾砂高浓度胶结充填系统中，尾矿浓缩脱水及充填料浆的搅拌工艺都采用了先进的专用设备，其关键设备仍依赖进口，加之自动检测控制仪表等，一次性投资费用较大，大大限制了全尾砂高浓度充填技术的发展和在中小型矿山或地方矿山的推广应用。为了全面发展全尾砂高浓度胶结充填，必须大力研制和改进全尾砂高浓度胶结充填系统中专用设备，实行专用设备国产化。

全尾砂高浓度（膏体）浆体管道输送有其固有的特点，必须进一步研究减阻措施，降低矿山能源消耗。根据浆体的滑移特性，目前广泛开展了在充填料浆中加入一定量减阻剂或在长距离管线中每隔一定距离设置减阻环定量加入清水或减阻剂的研究，促进输送管道环形管壁处低黏度层的形成，上述方向的研究必将有利于充填料特别是粗颗粒骨料的顺利输送，减少管道磨损，无疑对全尾砂高浓度（膏体）胶结充填获得实际应用具有重要的指导意义。

全尾砂胶结充填技术的研究和应用，经过十几年不断地探索，在充填料浆的制备、充填系统、输送工艺及设备和理论研究诸方面都取得了较大的发展。根据该项技术在国内外的应用状况及存在的问题，就其改进和发展方向进行初浅的探讨。

① 充填材料的选择。提高充填采矿法经济效益的一个重要途径就是降低充填成本。而降低充填成本的关键在于降低充填料浆中水泥的消耗和选用廉价的充填材料。使用全尾砂和水泥作充填材料已经获得了明显的经济效益和社会效益，为进一步降低充填成本，可从以下几方面予以改进。

a. 添加粉煤灰。

b. 添加粗粒级骨料。

c. 添加其他材料。

近几年，研制出一些添加于充填料浆中的特种水泥、吸水剂、高水速凝固化剂等新型材料，为进行不脱水全尾砂充填在技术上提供了可能性。在料浆中添加流动剂、减阻剂等会有效地改善全尾砂的泵送性能，从而提高充填料浆的输送浓度。

② 输送工艺。全尾砂胶结充填料浆的输送有自流和泵送两种。高浓度料浆的自流输送在理论上已不同于传统的水砂充填，流体中固体颗粒受惯性力约束影响已很小，而进入似均质非牛顿流范畴，近似于宾汉姆体，可在较低流速下的层流状态运行，甚至短时间在管道内停留也不沉淀。当料浆浓度进一步提高到牙膏状时，其塑性黏度与屈服应力均很大，因此，必须采取泵压输送。

由于自流输送工艺简单，基建投资不大，充填成本适宜，且许多矿山已建有分级尾砂自流充填系统，因此，建议在充填倍线小，选用全尾砂或添加粗骨料粒径在－5mm时，优先采用自流输送工艺。

为了提高充填料浆自流输送时的浓度，应增设高速强力活化搅拌环节。充填料浆的活化搅拌是以物理化学和胶体化学的理论为基础，料浆经过高速强力搅拌，颗粒之间的内聚力急剧减小，固相与液相间相互作用形成的聚凝体破坏，而形成胶体，从而可制备出流动性好，浓度高的均质充填料浆。同时，搅拌强化了水泥的水化作用，提高了充填体的强度。

哈萨克斯坦工业大学等单位在试验中处理未脱泥的细粒级尾砂（$-43\mu m$占70%～100%），使之形成浓度为80%～83%具有触变性的标准分散系浆体，自流输送到井下充填采场。凡口铅锌矿在料浆浓度为72%～76%，充填倍线为3时，仍获得了良好的自流输送性能。

在充填倍线较大，充填料浆中含有粗粒级骨料或要求浓度较高时，则应采用泵压输送工艺。

③ 水泥的添加方式。往充填料中添加水泥是为了满足对充填体强度的要求。添加方式的不同会影响到水泥的用量、强度的变化及工艺的繁简。

a. 根据水泥添加的地点和添加水泥的特点，大致有以下几种方式：地表添加干水泥；地表添加水泥浆；坑内添加干水泥；坑内添加水泥浆（地表制浆）；坑内添加水泥浆（坑内制浆）。各种方式各有优缺点，在地表添加水泥可省去水泥输送系统和添加装置，但充填结束后需认真清洗管路，而且冲洗水容易流入充填采场；添加干水泥可提高料浆浓度，从而提高充填体的强度，但水泥难以和其他材料充分搅拌和混合；坑内添加水泥浆又降低了充填料浆的浓度。

b. 当采用自流输送工艺时，推荐采用地表添加水泥浆的方式。这种方式制浆简单、不需要水泥输送系统，水泥和其他材料混合充分，但在清洗管路时，应防止冲洗水进入充填采场。

当采用泵压输送工艺时，推荐采用坑内添加干水泥的方式。在充填管道出口前30～50m处往管道中添加干水泥，可使进入采场的料浆浓度提高1%～2%，又不至于增加管道输送阻力而提高充填体的强度。每次充填后仅需清洗加水泥后的一段短管，而将充填料存留在长距离的输送管路中，下次充填时可继续泵送，而不至于“凝固”。水泥喷射装置是使水泥和其他充填料均匀混合的关键设备，目前国内有关资料很少，尚需开展引进、研究和试验工作。

全尾砂胶结充填作为一项新技术，在理论和试验研究方面仍需进一步地探索，朝着改善充填体的质量、降低采矿成本、减少环境污染和生态破坏等方向努力，进一步扩大全尾砂胶结充填技术的应用范围，以便提高企业的经济效益和社会效益。

10.6.3 高水固结尾砂充填技术

10.6.3.1 高水固结充填采矿研究现状

高水固结充填采矿新工艺是金属矿山胶结充填采矿工艺的一项重大技术革新。其实质是在金属矿山尾砂胶结充填工艺中，不使用水泥而使用“高水速凝固化材料”（以下简称为高水材料）作胶凝材料，使用矿山选厂全尾砂作充填骨料，按一定配比加水混合后，形成高水固结充填料浆。根据工艺设备条件和现场技术要求，充填料浆浓度可在30%～70%之间变化。高水固结充填料浆充入采场后不用脱水便可以凝结为固态充填体。

从20世纪70年代末、80年代初开始，国内外矿业界人士在全尾砂作充填骨料方面的研究，主要集中在提高充填料浆的浓度上，因而在全尾砂高浓度胶结充填工艺和全尾砂膏体泵压胶结充填工艺上，取得了令世人瞩目，颇有价值的技术成果。但是，上述工艺技术在充填料浆的制备和输送方面还尚未取得令人满意的结果，又加之其技术设备昂贵、工艺流程复杂，运营维修不便，故大量推广应用尚存在一定的困难。高水固结充填新工艺，在改革金属矿山胶结充填工艺及使用胶凝材料方面另辟新径。由于高水材料的应用，该工艺可以达到输送中低浓度料浆充填而井下不用脱水的目的。

(1) 高水材料 高水材料是由高铝水泥为主料，配以膨润土等多种无机原料和外加剂，像制造水泥那样经磨细、均化等工艺，而制成的甲、乙两种固体粉料，使用时，加水制成甲、乙两种浆液。英国曾采用具有该种性能的材料与水混合用于煤矿支护，目前推广应用的“特九派克”高水材料，由“特克本”和“特克西姆”两种料组成，其充填施工工艺是先将两种料按水固比为2.5∶1的比例分别加水制成A、B浆液，然后通过两条管路分别将A、B浆液按1∶1的比例输送到充填地点混合。但英国所用材料相对来说价格昂贵，配料中某些材料在我国也难找到，且未开在金属矿山应用之先例。我国学者所研制的高水材料的原材料在中国有着丰富的储量，分布范围广，所研制的高水材料具有一系列优良特性。

高水材料在中国已实现了工厂化生产。自1990年开始已在中国煤炭系统沿空留巷开采中进行了巷旁支护实际工程应用。实践证明，这种材料用于巷旁支护，简化了支护施工工艺，减轻了工人劳动强度，降低了成本，同时加快了施工速度，提高了施工的安全性。而当高水材料用于金属矿山采场充填时，则在料浆制备、充填能力、充填方式、充填体体积及强度等方面均与煤炭中使用时有所不同。

(2) 高水固结充填 金属矿山采场胶结充填中要用尾砂等作充填骨料，料浆浓度较煤矿使用的高。1989年9月，山东省招远金矿对使用高水材料添加全尾砂浆，配制成不脱水的高水固结充填材料进行了评议。随后，在煤炭开采中作为沿空留巷采煤法的巷旁支护材料进行了工业试验并取得了满意的结果。1991年6月至1992年6月，在招远金矿进行了高水固结充填采矿的工业应用试验研究。通过实验室研究，评议和现场试验，可以得出如下结论。

① 高水固结充填材料特性。

a. 充填料浆的自然沉降性。

b. 充填料浆的凝结时间，要根据采矿生产（满足凝固快、早期强度高、生产能力大）和充填工艺（如果料浆凝结速度过快，就易造成堵管，充填体强度不均，平场效果不好等；过慢则会影响采矿生产）两方面的要求，综合考虑和选择充填料浆的凝结时间。

c. 充填浆的可泵性，充填料浆的视黏度和动切应力比没有添加高水材料的充填料浆的视黏度和切应力要小。

d. 高水固结充填体的强度特性。

e. 水的酸碱度、尾砂成分对高水充填材料强度的影响。

f. 环境温度对充填体强度的影响。

g. 高水固结充填体的强度及其他性能。

h. 高水材料的成本。

② 高水固结充填采矿工艺。高水固结充填材料对充填工艺有如下要求。由于高水甲料、乙料加水混合后具有速凝性，这就要求用两套独立的系统分别完成甲、乙两种充填浆液的制备及输送。甲、乙两种充填浆液经独立输送系统输送到充填采场附近，经专用混合器混合后注入采空区。进入采空区的充填浆液不需脱水，而能自流到采空区各个充填部位，形成一个整体的作业面，并能迅速凝固。

20世纪80年代以来，高水固结充填采矿已在山东省焦家金矿、招远金矿灵山分矿、安徽新桥硫铁矿、广西大厂矿务局、甘肃小铁山铅锌矿、金川龙首矿、湖北铜绿山铜矿、鸡冠山金矿、辽宁红旗岭镍矿等矿山进行了工业化应用或工业试验，并取得了可贵的经验。利用矿山全尾砂砂浆，加上高水材料料浆制成充填料浆，实现全尾砂充填料浆低浓度、大能力输送，充填料井下脱水，充填体快速凝固，充填接顶效果好，改善了井下的工作环境。对于尾砂产率高的矿山，使用部分全尾砂，既可省去尾砂分级工艺，又可以延长尾砂库的服务年限，缓解了细粒尾砂筑坝难的问题；在尾砂产率低的矿山，又可以以水代砂，从而节省了补充的费用。高水固结充填在用于上向分层充填采矿法铺面和接顶，下向分层充填法构筑人工假顶以及全尾砂胶结充填等方面已经有了丰富的实践经验。为了适应资源环境，作业条件对工艺的要求，为了矿业可持续发展，这一技术必将在地下充填采矿领域推广应用。

10.6.3.2 高水固结充填采矿工艺

高水固结充填采矿工艺是使用高水材料做固化剂，掺加尾砂和水，混合成浆充入采场后不用脱水便可以凝结为固态充填体的一种新的充填采矿工艺。该工艺的主要特点是：

a. 可将高比例水凝结为固态结晶体，从而使高水固结尾砂充填料浆在一般浓度条件下不脱水而变成固体。利用新的固结材料的特性，可使全尾砂、分级尾砂，其他充填集料（如江砂，海砂等）产生固结。

b. 高水固结充填料浆在30%～70%的浓度范围内输送，甲、乙高水固结充填料浆在采空区混合后快速凝结。充填体早期强度高，采场不用脱水，从而可大幅度地缩短回采作业周期，提高采矿生产率，改善井下作业环境。

c. 高水材料具有良好的悬浮性能，加入高水材料后，所形成的充填料浆中的尾砂沉降减缓，使充填料浆的悬浮性和流动性得到了改善，因而充填料浆便可以利用国产普通泥浆泵实现长距离输送，并有利于克服管道水力输送中易堵管、磨损快、投资大、能耗高等技术难题。

d. 高水固结充填料浆具有良好的流变特性，其充填体具有再生强度特性，因而充填料浆流动性好，利于采场充填接顶，利于采场地压管理，利于矿产资源的充分回收。

e. 高水固结充填采矿工艺在充分地利用原有的采准布置、回采方式、回采工艺及采掘设备的基础上，配以高水固结充填材料，高水固结充填工艺及简单易行的充填料浆制备系统，因而可以广泛地用于各种采矿方法及采空区处理。

(1) 上向过路高水固结尾砂充填采矿法

① 方法特点。

a. 采用下盘脉外采区斜坡道，阶段运输水平穿脉沿脉的采准布置方式。

b. 采用上向过路式回采。回采进路垂直矿体走向布置（矿厚大于 10cm），回采进路成水平布置。

c. 采用浅孔钻机凿岩，实行控制爆破，顶板采用锚杆紧跟工作面支护。

d. 用高水固结尾砂充填。先用配比 5%～6%充填料浆充填进路高度的 2/3～4/5，充填体强度为 0.5～1.0MPa；进路其余部分再用配比为 9%～10%的高水固结充填料浆充填，其充填体强度达到 1～2MPa。

e. 阶段高 40m，分段高 9m，每个分段控制 3 个分层，分层高 3m，进路宽 3m。

f. 上向进路式回采适用于矿体厚度大于 5～6m，矿石中等稳固到不稳固的倾斜、急倾斜矿体。

② 采准。阶段在垂直高度上划分为 3 个分段，各分段巷道之间用分段联络道与分段巷道联系起来，各回采分层通过分层联络与分段巷道联系起来，每个分层布置的回采进路与下盘沿脉分层道巷道连通。在下盘脉外分段联络道的一侧掘进溜矿井，随着分层的上采，在矿体内用钢板卷成 ϕ2m 的圆筒，顺路向上接高。在分段联络道的另一侧布置人行充填井，井内安装有梯子和充填管道，并兼作人行安全出口和回风之用。

③ 回采顺序及方式。各分层间采用自下而上的回采顺序，在同一分层采场之间采用前进式回采；各采场的回采进路从采场的一侧向另一侧回采。整个分层回采进路充填完毕后，便可采用后退式［从里向分段（层）联络道方向］分面充填沿脉分层巷道。

④ 回采工作。凿岩用 7655 钻机，钻杆长 2.0m，柱齿形或一字形针头，针头直径 38mm，进路工作面一般布置 15 个炮孔。爆破用 2 号岩石炸药，柱状药包，直径 32mm，药包长 200mm，人工装药。采用非电导爆管，毫秒电雷管起爆，毫秒间隔 50ms。大块在同采用覆岩爆破二次破碎或浅眼爆破二次破碎。铲运机装运碎石，溜矿井放矿，穿脉运输巷道装车。进路顶板采用管缝式锚杆支护，每平方米 1 根。局部破碎冒落地段采用加密锚杆、木垛支护等措施。

(2) 下向进路高水固结充填采矿法

① 方法特点。

a. 采用高水固结尾砂充填。高水固结充填料浆的质量分数为 65%～74%，其中高水材料的质量分数为 6%～13%，尾砂为 56%～61%，水 31%～33%。充填体 1d 的强度为 1.0～2.5MPa，7d 的终强度达到 2.5～4.5MPa。

b. 用下向进路式回采。进路沿矿体走向水平布置（原采用倾角 6°～8°的倾斜进路）。

c. 高水固结尾砂充填体的结构见表 10-8。

表 10-8 高水固结尾砂充填体的结构

顶板条件	人工假顶层				充填层			
	首采层厚/m	各分层厚/m	高水材料掺量/%	设计强度/MPa	首采层厚/m	各分层厚/m	高水材料掺量/%	设计强度/MPa
较稳定	1.0	0.8	10～13	4.0	2.0	2.2	6～8	1～2
破坍	1.2	1.0	10～13	4.0	1.8	2.0	6～8	1～2

d. 采用浅孔凿岩，实行控制爆破，复式起爆，顶板采用管缝式锚杆或木棚（垛）与锚杆联合支护。

e. 采用脉外人行溜矿井或脉外斜坡道。溜矿井采准，阶段运输水平穿脉沿脉的采准布置方式。

f. 阶段高度 40m，采场长 50m（采用电耙运搬）或 90m（采用铲运机运搬），分层高 3～4m，矿体厚大于 5～6m，矿体倾角大于 40°。

② 采准。采用铲运机采场运搬时，阶段垂高上划分分段，分段高为 12～13m，脉外布置采区斜坡道，人员、设备、新鲜风流经斜坡道、分段联络道、分段平巷、分层联络道进入矿房。在采场两翼布置溜矿井和充填井。充填井兼作人行安全出口和回风之用。

当采场运搬用电耗时。阶段在垂直上划分分层，利用脉外探矿井作人行溜矿井用，开采分层以上敷设梯子，水、电、风、充填等管线，作为人行通风之用；开采分层以下部分作溜矿井用。从人行溜矿井向矿体方向开掘分层联络道，用它与沿矿体走向布置的进路相连通。

③ 回采顺序及方式。自上而下地顺序回采各分层。同一分层从分层联络道开始向采场两翼回采，各回采进路采用向人行溜矿井退采的顺序进行，或采用间隔回采的顺序。当顶板破碎时，先在进路设计断面的一侧先掘 2m×2m 的小断面，然后挑顶刷帮至设计断面规格；当顶板较稳定时，则全断面开挖。

④ 回采工作。工序与上向进路高水固结充填法基本相同，不再赘述。

(3) 高水固结尾砂充填工艺

① 充填前的准备工作。采场充填前的准备工作包括：提交待充进路的实测平面图和纵剖面图、待充进路实测体积等资料；研究制订充填方案，确定配比、充填量、排气管和充填管悬挂位置等工作参数；检查充填管路，放空溜矿井碎石，平整底板，铺平碎矿石垫层，铺人工假顶钢筋网、铁丝网、挂吊筋，架设充填管和排气管、构筑充填板墙等。在上向分层回采时，充填准备工作中所不同的是不留碎石垫层、不构筑人工假顶、不挂吊筋等。

② 人工假顶的铺设。与上向进路高水固结尾砂充填法不同的是，下向进路充填法顶构筑人工假顶。在进路底板上耙平厚为 0.2～0.3m 的碎石垫层。碎石垫层上敷设筋网，主筋采用 Q235A、ϕ14mm 的钢筋，网度为 1.5m×2.0m，副筋采用 Q235A、ϕ6.5mm 钢筋，网度为 0.5m×0.5m，钢筋相交处用铁丝绑牢。在钢筋网上再铺设网孔为 80mm×80mm 的网，钢筋网与铁丝网、铁丝网与铁丝网之间均用铁丝扎牢，并用 ϕ14mm 钢筋或 ϕ6.5mm 双股钢筋将其与顶板和两帮锚杆相连接，随后便可充填含高水材料 10%～13%的充填料浆，直至充填达到设计要求的人工假顶层厚。

③ 采场充填管路布置。甲、乙料浆充填管道一般在采场分层联络道口处进行混合，混合器由三通和三通阀组成，其作用有二：一是将甲、乙料浆混合；二是控制充填前管路系统试水和充填后冲洗管路的废水排入分层联络道水沟内。三通的出水口要稍向上抬起，以防堵管。充填管进入待充进路和排气管在进路空区内均要吊挂在顶板最高处，一般情况下要使排

气管略高于充填管，且两管之间要离开一定的距离，以防充填料浆流入排气管后造成堵管，使进路空区内的空气无法排出，引起待充进路内气压增高，增加对板墙的压力，影响正常的充填工作。在待充进路顶板超高时，在板墙以外难以观察到充填情况，则需设置报警器。

④ 充填板墙构筑。板墙架设在待充进路入口处的适当位置。板墙中间要留出可供一人通过的观察口，并预留出排气管、充填管通过板墙的位置。板墙靠四周岩壁处，要用麻袋片填塞，然后用水泥砂浆密封严实。同时，还要在板墙靠进路空区的一面，将塑料薄膜钉挂上，以防漏水或跑浆。

⑤ 采场充填。开始充填前要先试水，证明管路畅通才可放砂充填；充填完毕后，要及时放水冲洗管路。充填试水及冲洗废水要通过三通将其排至待充进路外，以保证充填质量。

当进路长度大于20～25m时，必须实行分段充填，以确保充填体的质量。由于上向进路充填体起支承围岩及工作地板的作用，并且相邻进路回采时，还要求充填体具有一定的自立性和抗爆破冲击，这就要求充填体必须具有一定的强度，按照《采矿设计手册》的要求，上向分层充填采矿法中，充填体要满足自行设备正常运行，表面强度达到1.0～2.0MPa，其他部分达到0.5～1.0MPa。根据上述强度要求，在实验室进行了大量试验。试验中所用的尾矿砂浆的质量分数为30%～70%，高水材料的掺量范围是6%～19%，按不同养护期对试块进行了单轴抗压强度试验，结果表明，高水材料配比的合理范围是5%～10%，在此范围内可完全满足上向进路高水固结充填采矿法的要求。因此，某矿在尾矿砂浆的质量分数为65%时，进路下部2.0～2.4m厚的充填体，高水材料配比为5%～6%，上部0.6～1.0m厚的表层，高水材料配比为9%～10%。

在用下向进路回采时，充填层部分起人工矿柱的作用，同时要求当相邻进路回采时，充填体不致垮落，故其所需强度相对要求不高，充填时为保证料浆不致泌水，又使充填体能充分接顶，设计高水材料配比为6%～8%；而人工假顶层起“梁”的作用，应具有较高的承载能力和抗爆破冲击力，设计高水材料配比为10%～13%。

10.7 尾矿土地复垦

10.7.1 概述

土地复垦是指对在生产建设过程中，因挖损、塌陷、压占等造成破坏的土地进行整治，使其恢复到可供利用状态的活动。尾矿复垦是指在尾矿库上复垦或利用尾矿在适宜地点充填造地等与尾矿有关的土地复垦工作。

(1) 尾矿复垦特点 尾矿是经过一系列加工的矿岩，不同类型的矿山、不同的选矿工艺所产生的尾矿，其理化性质有很大差别，有的尾矿还有再利用的价值需要回收。且尾矿库多处于山地或凹谷，取土与运土困难，对复垦极为不利。另外，尾矿库由于形成大面积干涸湖床，刮风天气易引起尘土飞扬，污染当地环境。基于尾矿的这些特点，一般尾矿复垦利用初期大多以环保景观为目的，后期根据其最终复垦利用目标改为实业性复垦，或作半永久性复垦（这一情况是考虑经过一段时期后，尾矿还需回收利用）。目前我国尾矿复垦现状，大致有以下3种情况。

① 仍在使用的尾矿库复垦。

② 已满或已局部干涸的尾矿库复垦。

③ 尾矿砂直接用于复垦。

(2) 尾矿复垦利用方式　尾矿复垦工作在我国起步较晚，可以说还处在初级阶段，总结近些年来我国尾矿复垦情况，主要有如下几种复垦利用方向：复垦为农业用地，复垦为林业用地，复垦为建筑用地，尾砂直接用于种植改良土壤。

(3) 尾矿土地复垦的一般程序　尾矿复垦作为一个工程，其工作程序离不开工作计划和工程实施两个阶段。由于土地和生态系统的形成往往是经过较长时间的自组织、自协调过程，复垦工程实施后所形成的新土壤和生态环境，往往也需要一个重新组织和各物种、成分之间相互适应与协调的过程才能达到新的平衡。而复垦工程实施后的有效的管理和改良措施可以促使复垦土地的生产能力和新的生态平衡尽早达到目标，所以，复垦工作后的改善与管理工作是必不可少的。因此，根据土地复垦工程的特点，其一般可概括为以下三大阶段。第一阶段，尾矿复垦规划设计阶段；第二阶段，尾矿复垦工程实施阶段，即工程复垦阶段；第三阶段，尾矿工程复垦后改善与管理阶段，除复垦为建筑或娱乐用地外即生物复垦阶段。

10.7.2　尾矿复垦规划

复垦规划阶段的目的就是确定复垦土地的利用方向和制定复垦规划，提交土地复垦规划报告和规划图。

(1) 尾矿复垦规划的意义

① 保证土地利用结构与矿区生态系统的结构更合理。

② 避免尾矿复垦工程的盲目性和浪费，提高尾矿复垦工程的效益。

③ 保证尾矿复垦项目时空分布的系统性和合理性。

④ 保证土地部门对尾矿复垦工作的宏观调控。

(2) 尾矿复垦规划的任务

① 确定尾矿复垦后土地的利用方向。

② 制定尾矿复垦规划。详细的尾矿复垦规划应形成书面报告，并应经过土地管理部门批准。尾矿复垦规划报告的主要内容是：

a. 待复垦区自然条件概述（地理、气候、人口、耕地、社会、经济等）；

b. 尾矿理化性质及其变化情况；

c. 矿山采选现状、尾矿占地及其发展概况；

d. 复垦土地利用方向的确定及其依据；

e. 复垦总体设计方案及可行性论证；

f. 复垦工程量的确定；

g. 复垦工程投资及收益估算；

h. 复垦工程实施的方法及设备；

i. 复垦工程进度安排；

j. 待复垦区总体规划图。

(3) 尾矿复垦规划的原则

① 现场调查及测试的原则。

② 因地制宜原则。

③ 综合治理的原则。

④ 服从土地利用总体规划的原则。

⑤ 最佳效益原则。

⑥ 把尾矿复垦纳入矿山开发和采选计划的原则。

⑦ 动态规划原则。

10.7.3 尾矿工程复垦

工程复垦阶段的目的是完成规划的复垦工程量，达到复垦土地的可利用状态。

(1) 尾矿工程复垦基本要求 尾矿工程复垦的实施主要应遵循以下原则。

① 保质、保量原则。

② 按时完成的原则。

③ 符合土地利用方向具体要求的原则。

(2) 尾矿工程复垦技术 尾矿工程复垦的任务是建立有利于植物生长的表层和生根层，或为今后有关部门利用尾矿复垦的土地（包括水面）做好前期准备工作。主要工艺措施有堆置和处理表土和耕层、充填低洼地、建造人工水体、修建排水工程、地基处理与建设用地的前期准备工作等。适合我国的具体尾矿工程复垦技术主要有以下几种。

① 尾矿库分期分段复垦模式。

② 尾矿充填低洼地或冲沟复垦模式。

③ 围池尾矿复垦模式。

10.7.4 生物复垦

(1) 生物复垦的概念及任务 生物复垦是采取生物等技术措施恢复土壤肥力和生物生产能力，建立稳定植被层的活动，它是农林用地复垦的第三阶段工作。

尾矿复垦，除作为房屋建筑、娱乐场所、工业设施等建设用地外，对用于农、林、牧、渔、绿化等复垦土地，在工程复垦工作结束后，还必须进行生物复垦，以建立生产力高、稳定性好、具有较好经济和生态效益的植被。狭义的生物复垦是利用生物方法恢复用于农、林、牧、绿化复垦土地的土壤肥力并建立植被。广义的生物复垦包括恢复复垦土地生产力、对复垦土地进行高效利用的一切生物和工程措施。生物复垦主要内容包括土壤改良与培肥方法等。

工程复垦后用于农林用地的复垦土壤一般具有以下特点。

① 尾矿复垦的土地一般土壤有机质、氮、磷、钾等主要营养成分含量均较低，属贫瘠地土壤。

② 复垦土壤的热量主要来自太阳辐射及矿物化学反应和微生物分解有机物放出的热量，其土壤热容量较小，温度变化快、幅度大，不易作物出苗和生长，当复垦土地含硫较多时，可被空气氧化提高地温。

③ 尾矿复垦土壤内动植物残体、土壤生物、微生物含量几乎没有，土壤自然熟化能力较差，有时还含有害物质。

由上述复垦土壤特性可知，工程复垦后的土地，可供植物吸收的营养物质含量较少，复垦土壤的孔性、结构性、可耕性及保肥保水性均较差，土壤的三大肥力因素水、气、热条件也较差。因此，生物复垦的主要任务与核心工作是改良和培肥土壤，提高复垦土地土壤肥力。

土壤肥力是指土壤为植物生长供应及协调营养条件和环境条件的能力，包括水分、养分、空气和温度四大肥力因素。植物健康生长不仅要求这四大肥力因素同时具备，而且诸因素之间必须处于高度的协调状态。肥沃的土壤应具备下列特征：土壤熟土层厚、地面平整、温暖潮湿、通气性好、保水蓄水性能高、抗御旱涝能力强、养分供应充足、适种作物范围广、适当管理可以获得高产。

土壤改良和培肥，不是简单地增加土壤中有机质和营养物质含量，而是针对复垦土壤对植物的所有限制因素，全面改善水、肥、气、热条件及相互间关系。主要生物复垦技术措施有：种植绿肥增加土壤有机质和氮、磷、钾含量，并疏松土壤；对地温过高和不易种植的复垦土壤覆盖表土；初期多施有机肥和农家肥，加速土壤有机质积累，针对复垦土壤缺乏的养分实行均衡施肥；利用菌肥或微生物活化药剂加速土壤微生物繁殖、发育，快速熟化土壤；加强耕作、倒茬管理，加速土壤熟化和增加土壤肥力。如初期种植能增加土壤肥力的豆科植物及可以忍受严酷环境的先锋植物等。

(2) 尾矿生物复垦技术

① 绿肥法。凡是以植物的绿色部分当作肥料的称为绿肥。作为肥料利用而栽培的作物，叫做绿肥作物。翻压绿肥的措施称为“压青”。种植绿肥是改良复垦土壤、增加土壤有机质和氨、磷、钾等多种营养成分的最有效方法之一。绿肥的主要改良作用有：

a. 增加土壤养分；

b. 改善土壤理化性状；

c. 覆盖地面，固沙护坡，防止水土流失。

② 微生物法。微生物是利用菌肥或微生物活化药剂改善土壤和作物的生长营养条件，它能迅速熟化土壤、固定空气中的氮素、参与养分的转化、促进作物对养分的吸收、分泌激素刺激作物根系发育、抑制有害微生物的活动等。现主要应用有菌肥改良土壤及微生物快速改良法（即微生物复垦）。

③ 施肥法。施肥法改良土壤主要以增施有机肥料来提高土壤的有机质与肥分含量，改良土壤结构和理化性状，提高土壤肥力，它既可改良砂土，也可改良黏土，这是改良土壤质地最有效最简便的方法。

另外，精耕细作结合增施有机肥料，是我国目前大多数地区创造良好土壤结构的主要方法。在耕作方面，我国农民冬耕冻垡、伏耕晒垡以及根据季节和土壤水分状况进行适时耙、锄地，以改善土壤的结构状况。在耕层浅的土壤上采用深耕，加深耕层，结合施用有机肥料，加速土壤熟化，充分发挥腐殖质的胶结作用。我国各地的高产肥沃土壤也都是通过这种措施来创造优良结构的。

10.7.5　生态农业复垦技术

(1) 生态农业复垦概念　生态农业复垦是根据生态学和生态经济学原理，应用土地复垦技术和生态工程技术，对尾矿复垦土地进行整治和利用。

生态农业复垦不是单一用途的复垦，而是农、林、牧、副、渔、加工等多业联合复垦，并且是相互协调、相互促进、全面发展；它是对现有复垦技术，按照生态学原理进行的组合与装配；它是利用生物共生关系，通过合理配置农业植物、动物、微生物、进行立体种植、养殖业复垦；依据能量多级利用与物质循环再生原理，循环利用生产中的农业废物，使农业有机物废物资源化，增加产品输出；它充分利用现代科学技术，注重合理规划，以实现经济、社会和生态效益的统一。

(2) 生态农业复垦基本原理　对尾矿土地复垦进行生态农业复垦后，就会形成生态农业系统，它是具有生命的复杂系统，包括人类在内，系统中的生物成员与环境具有内在的和谐性。人既是系统中的消费者，又是生态系统的精心管理者。人类的经济活动直接制约着资源利用、环境保护和社会经济的发展。因此，人类经营的生态农业着眼于系统各组成成分的相互协调和系统内部的最适化，着眼于系统具有最大的稳定性和以最少的人工投入取得最大的生态、经济、社会综合效益。而这一目标和指导思想是以生态学、生态经济学原理为理论基础建立起来的。主要理论依据包括以下几个方面。

① 生态位原理。

② 生物与环境的协同进化原理。

③ 生物之间链锁式的相互制约原理。

④ 能量多级利用与物质循环再生原理。

⑤ 结构稳定性与功能协调性原理。

⑥ 生态效益与经济效益统一的原理。

第11章 尾矿库事故教训

11.1 因洪水而发生的事故

(1) 美国布法罗河煤泥库 该库位于美国西弗吉尼亚州的布法罗河上，该库由三座相连的小库组成，下游库坝高45m、顶宽152m、坝长365m，坝材为煤矸石、低质煤、页岩、砂岩等。

在下游坝上游180m及364m处又用煤矸石新建新坝，新坝坝高13m、顶宽146m、坝长167m，库内设有直径610mm排水管，以控制上游库内水位。

自1972年2月23日起，连续降雨3d，至25日雨量达94mm致库内水位急剧上涨，水位高于坝顶标高2m，上游坝体出现纵向裂缝，继而坝坡产生大滑动。塌滑体挤压第二库（中库），致造成第二库（中库）内泥浆涌起而越过坝顶，高达4m进入下游库区，致泥浆流冲开下游坝体宽度15m、深达7m的缺口，使上游库内$4.8\times10^5m^3$煤泥废水在15min内全部泄空，3h内泄流距离24km，达到布法罗河口。

布法罗河煤泥库溃坝事故，造成125人死亡、4000多人无家可归，并冲毁桥梁9座、一段公路，经济损失达6200多万美元。

(2) 岿美山尾矿库 该库位于我国江西省赣州地区，因尾矿库泄洪能力不足，1960年8月27日，汇水漫顶造成溃坝。

该库初期坝坝高17m、宽度3m、坝长198m、相应库容$5.0\times10^5m^3$，库内设有直径1.6m的排水管、上部为0.5m×0.6m双格排水斜槽。

溃坝之前已连续降雨16h，雨量达136mm，库内已是汪洋一片，排水斜槽盖板已被泥沙覆盖，泄流不足，导致汇水漫顶、坝体溃决，冲走土方$4\times10^4m^3$，近千亩地受害。

(3) 年角垅尾矿库 该库位于湖南省郴州地区，为一山谷型尾矿库。初期坝坝高16m、坝顶宽度3m、坝长92m。后期坝采用上游法水力冲填坝，尾矿堆积坝坝高41.5m、库容$1.5\times10^6m^3$。

库内设有断面为1.2m×1.9m的排水沟及涵洞、长度约570m，库尾还设有断面为4m×2.9m、长度222.7m的截洪沟，将库区内汇水排入东河。

溃坝前该库已堆尾矿约$1.1\times10^6m^3$，溃坝前连降暴雨，雨量达到429.8mm，属于数百年不遇之特大洪水（郴州地区最大降水量为180mm），1985年8月25日由于汇水超标，加之暴雨时大量泥石流下泄，上游汇水越过截水沟进入尾矿库，超标汇水致尾矿库水位上涨，造成汇水漫顶冲垮坝体近60m长的缺口，致高达23m的尾矿堆积坝全部冲溃，尾砂流失量达1×10^6t左右。

本次超标汇水灾害造成49人死亡，冲毁房屋39栋，输电、通信线路被毁近8km，公路损坏7.3km，直接经济损失达1300多万元。

此外，类似汇水漫顶溃坝事故实例还有：银山铅锌矿尾矿坝于1962年7月2日，因洪水造成初期坝决口溃坝，致部分尾矿泄漏造成环境污染，所幸未造成人员伤亡；新冶铜矿龙角山尾矿坝于1994年7月12日，因发生超标汇水，造成汇水漫顶导致溃坝，本次事故造成26人死亡、2人失踪和重大经济损失。

11.2 因坝体失稳而发生的事故

11.2.1 火谷都尾矿库

(1) 概况 该库位于我国云南省红河州境内，为一个自然封闭地形。它位于个旧市城区以北6km，西南与火谷都车站相邻，东部高于个旧—开远公路约100m，水平距离160m，北邻松树脑村，再向北即为乍甸泉出水口，高于该泉300m，周围山峦起伏、地势陡峻。库区有两个垭口，北面垭口底部标高1625m，东部垭口底部标高1615m，设计最终坝顶标高1650m，东部垭口建主坝，等尾矿升高后，再以副坝封闭北部垭口。

(2) 坝体构造 该库位于溶岩不甚发育地区，周边有少许溶洞，主坝位于库区东部垭口处。原设计为土石混合坝，因工程量大分两期施工。第一期工程为土坝，坝高18m，坝底标高1615m，坝顶标高1633m，内坡为（1∶2）～（1∶2.5），外坡为1∶2，相应库容$4.75\times10^6m^3$，土方量$1.2\times10^5m^3$。第二期工程为土石混合坝，坝高35m，坝顶标高1650m，相应库容$1.275\times10^7m^3$，土方量$3.2\times10^5m^3$，石方量$1.8\times10^5m^3$。

第一期土坝工程施工质量良好，实际施工坝高降低了5.5m，坝顶标高为1627.5m，相应减小土方工程量$9\times10^4m^3$，相应库容量为$3.25\times10^6m^3$。生产运行中，坝体情况良好，未发现异常现象。

按原设计意图在第一期工程投入运行后，即应着手进行尾矿堆筑坝体试验工作，若不能实现利用尾矿堆筑坝体，则应按原设计进行二期工程建设。

该库于1958年8月投入运行，至1959年底，库内水位已达1624.3m，距坝顶相差3.2m，库容将近满库，此时尚未进行第二期工程施工。

为了维持生产，于1960年全年，生产单位组织人员在坝内坡上分5层填筑了一座临时小坝，共加高了6.7m、坝顶标高为1634.2m，筑坝与生产放矿同时进行（边生产边放矿），大部分填土没有很好夯实，筑坝质量很差。

1960年12月，临时小坝外坡发生漏水，在降低水位进行抢险时又发生了滑坡事故。经研究将二期工程的土石混合坝坝型改为土坝，坝顶标高1639.5m，并将坝体边坡改至内坡1∶1.5，外坡（1∶1.5）～（1∶1.75），以维持生产。

第二期筑坝工程施工质量理应按第一期工程的质量要求进行工程施工，至于第二期坝体能否堆筑在临时小坝坝体之上以减少筑坝工程量，必须等待工程地质勘察做出结论后再行决定。

1961年3月第二期工程坝体已施工至1625m标高，但筑坝速度（坝体增高）落后于库内水位上升速度。为了维持生产并减少筑坝工程量，在没有进行工程地质勘察情况下，即决定将第二期工程部分坝体压在临时小坝上，同时提出进一步查明工程地质情况和尾矿沉积情况后，再决定第二期工程坝体采取前进（全部压在临时小坝上）方案或后退（只压临时小坝1/3）方案。1961年5月，在未进行工程地质勘察的情况下，决定将第二期工程坝体全部压在临时小坝上，且坝体增高4.5m，即坝顶标高为1644m，土坝内坡为1∶1.5，外坡分别为1∶1.5、1∶1.6、1∶1.75。

第二期工程从1961年2月开工到1962年2月完工。按原设计要求施工时每层铺土厚度

15～20cm、土料控制含水率 20%时，相应干密度不小于 1.85t/m³。但施工中压实后坝体干密度降低为 1.7t/m³，没有规定土坝土料的含水率，并且施工与生产运行齐头并进，甚至有 4～5 个月时间，由于库内水位上升很快，不得不先堆筑土坝来维持生产，因此施工中坝体的结合面较多（较大的结合面有 6 处）。坝体的结合部位没有采取必要的处理措施，施工质量差，施工中经试验后规定每层铺土厚度为 50cm，实际铺土厚度大部分为 40～60cm，个别铺土厚度达 80cm，施工中质检大部分坝体湿密度达 1.7t/m³ 以上。在施工期间已发现临时小坝后坡有漏水现象，有一段 100m×1m×1m 的坝体（为后来的决口部位）含水较多，没有压实。在临时小坝内还存在抢险时遗留的钢轨、木杆、草席等杂物，以及临时小坝外坡长约 43m、高 5～9m 的毛石挡土墙。

第二期工程完工后不久，于 1962 年 3 月曾发现坝顶有长 84m、宽 2～3cm 的纵向裂缝一条，经过一个多月的观测，裂缝仍在发展，于 1962 年 5 月将裂缝进行了开挖回填处理。

(3) 溃坝事故　由于施工期生产与施工作业同时进行，未进行坝前排放尾矿、坝前水位较高，加之事故前 3 天下了中雨，至库内水位已达 1641.66m；1962 年 9 月 20 日曾发现坝南端及后来溃坝决口处的坝顶上各有宽 2～3mm 的裂缝两条，长度约 12m 左右；另外，在内坡距坝顶 0.8m 处（事故决口部位上）也发现同样裂缝一条。

1962 年 9 月 26 日，在坝体中部（坝长 441m）发生溃坝，决口顶宽 113m，底宽 45m（位于 1933m 一期坝高）深约 14m，流失尾 3.3×10⁶m³，澄清水 3.8×10⁵m³，共流失尾矿及澄清水达 3.68×10⁶m³。

此次溃坝事故共造成 171 人死亡、92 人受伤，造成 11 个村寨及 1 座农场被毁，近 8200 亩农田被冲毁及淹没，冲毁房屋 575 间，受灾人达 13970 人，同时还冲毁和淹没公路长达 4.5km，本次事故造成了巨大的人民生命、财产损失，是我国尾矿库事故中最为严重的一次。

产生本次溃坝事故的主要原因是：坝体边坡过陡；施工质量差，且临时小坝基础为尾矿和矿泥，自身不稳，而二期坝体又筑在临时小坝之上；坝前又未排放尾矿，坝体完全处于饱和状态；对事故发生前已有滑坡迹象又未得到足够的重视，最终导致坝内临时小坝失稳向库内滑动，从而导致整个坝体溃决。

11.2.2　鸿图选矿厂尾矿库

鸿图选矿厂位于广西壮族自治区南丹县大厂镇，是一家民营企业，设计生产规模120t/d。1999 年建成投产，实际处理能力为 200t/d。尾矿库为山谷型，未进行正规设计，初期坝是浆砌石不透水坝，坝顶宽 4m，坝长 25.5m，地上部分高 2.2m，埋入地下约 4m，后期坝采用集中放矿上游式筑坝，后期坝总高 9m，库容 2.74×10⁴m³，尾矿库基本未设排洪设施。尾矿坝下有几户农民和铜坑矿基建队的 10 多间职工宿舍，1999 年下半年，便陆续有外地民工在此搭建工棚。

2000 年 10 月 18 日上午 9 时 50 分，尾矿库后期坝中部底层首先垮塌，随后整个后期堆积坝全面垮塌，尾砂和库内积水直冲坝下游对面山坡反弹后，再沿坝侧 20m 宽的山谷向下游冲出 700m，共冲出水和尾砂 1.43×10⁴m³，其中水 2700m³，尾砂 1.16×10⁴m³，库内尚留存尾砂 1.13×10⁵m³。此次垮坝事故造成 28 人死亡，56 人受伤，其中铜坑矿基建队职工家属死亡 5 人，外来人员死亡 23 人，冲毁民工工棚 34 间和铜坑矿基建队的房屋 36 间，直接经济损失 340 万元。

事故的直接原因是初期坝不透水，尾矿库长期高水位运行（干滩长仅 4m），坝体处于饱和状态，坝面沼泽化严重，造成坝体失稳。

11.2.3 镇安金矿尾矿坝

镇安金矿位于陕西商洛市镇安县，目前选矿厂日处理量 450t。尾矿库为山谷型，原设计初期坝高 20m，后期坝采用上游法尾矿筑坝，尾矿较细，粒径小于 0.074mm 的占 90%以上。堆积坡比 1∶5，并设排渗设施。堆积高度 16m，总坝高 36m，总库容 $2.8\times10^5m^3$。1993 年投入运行，在生产中改为土石料堆筑后期坝至标高 735m 时，已接近设计最终堆积标高 736m，下游坡比为 1∶1.5。此后，未经论证、设计，擅自进行加高扩容，采用土石料按 1∶1.5坡比向上游推进实施了三次加高增容工程，总坝高 50m，总库容约 $1.05\times10^6m^3$。2006 年 4 月又开始进行第四次（六期坝）加高扩容，采用土石料向库内推进 10m 加筑 4m 高子坝一道，至 4 月 30 日 18 时 24 分子坝施工至最大坝高处突发坝体失稳溃决，流失尾矿浆约 $1.5\times10^5m^3$，造成 17 人失踪，伤 5 人，摧毁民房 76 间，同时流失的尾矿浆还含有超标氰化物污染了环境，经采取应急措施已得到控制。

11.3 因渗流破坏而发生的事故

（1）黄梅山（金山）尾矿库 该库位于安徽省马鞍山市，隶属黄梅山铁矿，该库原设计初期坝坝址位于金山坳公路，库区纵深 338m，尾矿坝总高 30m，库容 $2.4\times10^6m^3$，库区汇水面积 $0.25km^2$。

施工中为减少占地，将初期坝址向库内推移 188m，库区纵深仅为 150m，汇水面积 $0.2km^2$，当尾矿堆积坝顶标高 50m 时，相应库容 $1.03\times10^6m^3$。

初期坝坝高 6m，为均质土坝，于 1980 年建成投入运行，采用上法筑坝，至发生事故时，总坝高 21.7m（至子坝顶），库内贮存尾矿及水 $8.4\times10^5m^3$。

由于库深仅为 150m，为确保澄清水质、尾矿库内经常处于高水位运行状态，一般干滩长度仅保持在 20m 左右，达不到规范要求。

1986 年 4 月 30 日凌晨发生溃坝事故，溃坝前子坝顶部标高 45.7m（此前设计单位经核算已明确提出尾矿坝顶标高不得超过 45m）、子坝前滩面标高 44.88m（子坝高 0.82m、坝顶宽 1.2m、为松散尾矿所堆筑）、库内水位已达 44.96m（处于子坝拦水状态，并且根据此前观测记录，坝内浸润线已接近坝坡，坝体完全饱和）。由于松散尾矿堆筑的子坝的渗流破坏导致溃坝、坝顶溃决宽度 245.5m、底部溃决宽度 111m，致使库内 $8.4\times10^5m^3$ 的尾矿及水大部分倾泻。下游 2km 范围内的农田及水塘均被淹没，坝下回水泵站不见踪影（仅有设备基础尚存）。本次事故造成 19 人死亡、95 人受伤，生命财产损失惨重。

造成此次溃坝的主要原因是子坝挡水，是典型的渗流破坏导致溃坝的实例。

（2）前苏联诺戈尔斯克选矿厂尾矿库 诺戈尔斯克选矿厂尾矿库初期坝为均质土坝，坝高 10m，未设排渗设施，后期尾矿堆积坝高 30m、总坝高 40m、库内水位较高、坝前尾矿干滩面较短。坝前形成不透水夹层和细矿泥沉积体，造成尾矿堆积坝体浸润线从初期坝（土坝）顶部溢出，尾矿堆积坝外坡下段较陡（坡度为 1∶2），1965 年造成尾矿堆积坝下部因发生局部严重管涌造成渗流破坏。

11.4 因排洪设施损坏而发生的事故

（1）栗西沟尾矿库 栗西沟尾矿库位于陕西省华县，隶属于金堆城钼业公司。栗西沟属于黄河水系的南洛河的四级支流，栗西沟水流入麻坪河经石门河进入南洛河中。栗西沟尾矿库汇水面积 10km^2，尾矿库洪水经排洪隧洞排入邻沟中再注入麻坪河。

尾矿库初期坝为透水堆石坝，坝高 40.5m，上游式筑坝，尾矿堆积坝高 124m，总坝高 164.5m，总库容 1.65×10^{8}m^3。

尾矿库排洪系统设于库区左岸，原设计由排洪斜槽、两座排洪井、排洪涵管及排洪隧洞组成。后因排洪涵管基础存在不均匀沉陷等问题，将原设计排洪系统改为使用 3～5 年后，另外建新的排洪系统。

新排洪系统是在距排洪隧洞进口的 49.5m 处新建一座内径 3.0m 的排洪竖井，井深 46.774m，上部建一柜架式排洪塔，塔高 48m，新建系统简称为新一号井。排洪隧洞断面为宽 3.0m、高 3.72m 的城门洞形，底坡坡比 1.25%，全长 848m，其中进口高 30m 为马蹄形明洞，隧洞中有 614m 长洞段拱顶未进行衬砌。

该库于 1983 年 10 月投入运行、排洪隧洞于 1984 年 7 月起开始排洪。随着生产运行，库内尾矿堆积逐年增高，隧洞内漏水量也相应增大，至 1988 年 4 月 6 日漏水量已达 332.3m^3/h（库内水位 1189m）。

1988 年 4 月 13 日 23 时左右在距新一号井 43～45m 处，隧洞线上（距轴约 1.5m）水面发生旋涡，水面开始下降。至 4 月 14 日凌晨 3 时 30 分左右，库内水位已下降 1m 多，库内存水已基本泄尽。此时，库面发现 1 号塌陷区，长约 26.5m、宽度 42m、深度约 27m、塌陷体约为 1.8×10^{4}m^3。至晚上 9 时左右又发生第二个塌陷区、长度约 14m、宽度 27m、深度达 48m、塌陷体约为 1.5×10^{4}m^3，两塌陷体总体积达 3.3×10^{4}m^3。

本次隧洞塌落事故共流失尾矿及水体 1.36×10^{6}m^3，造成栗西沟下游的栗峪河、麻坪河、石门沟、洛河、伊洛河及黄河沿线长达 440km（跨两省一市）范围内河道受到严重污染。本次事故造成 736 亩耕地被淹没，危及树木 235 万株、水井 118 眼，冲毁桥梁 132 座（中小型）、涵洞 14 个，公路 8.9km 被毁，受损河堤长度 18km，死亡牲畜及家禽 6885 头（只），致沿河 8800 人饮水困难，经济损失近 3000 万元。

产生这一事故的主要原因是在排洪隧洞施工中未及时处理塌落的临空区（高达 19m 多），造成隐患。当库内堆存尾矿达到一定厚度时，临空区上部承载力失衡造成突然塌落，从而导致隧洞被破坏，造成我国尾矿库运行史上的重大污染事故。

(2) 木子沟尾矿库　该库位于陕西省华县金堆城镇，隶属于金堆城铜业公司。木子沟为文峪河支流，文峪河直接入南洛洞。

该库为山谷型尾矿库，汇水面积为 5km^2。初期坝为透水坝，筑坝材料为采矿废石，坝高 61m，坝长 160m，坝顶宽度 40m，内坡比 1∶1.66，外坡比 1∶1.68。由于坝体不均匀沉陷，曾进行了加固处理，处理后坝顶宽度 30m，外坡比调整为 1.3～3.5。尾矿后期坝采用上游法筑坝，最终堆积标高 1240.5m，尾矿堆积坝高 61.5m，总坝高 122.5m，总库容 2.2×10^{7}m^3。

尾矿库排洪系统由排水斜槽（双格 0.8m×0.8m、长度 50m）、涵洞（断面为 2m^2 的蛋形钢筋混凝土结构，长 317.07m）及隧洞（断面为 4m^2，长 604.2m）所组成。

该库于 1970 年投入运行，运行前 10 年情况基本正常。但在 1980 年底以后，先后多次发现尾矿库内沉积滩面发生塌陷，经检查发现在 3 号井与 4 号井之间涵洞产生横向断裂，裂缝呈左宽右窄、上宽下窄形状，为环向贯通裂缝，裂缝宽度最小 20mm，最大 180mm，裂缝深度达 250mm 以上。分布钢筋全部断开，在裂缝两边各 3m 范围尚有 10 余处小裂缝，裂缝宽度 2～8mm 不等。在距大裂缝 6m 处原施工沉降缝有较大开裂（原设计缝宽 30mm，现在缝宽度已达 120mm）并在底部形成上高下低的台阶状。

经洞内衬砌封堵处理后，仍不能正常运行，在洞顶水头（从底板起标）25.67m（库内水位标高1208m）条件下，发生呈间歇式阵发型大量泄漏尾矿，裂缝处呈喷射状泄漏，射距达4m。

再次处理后，并采取了封闭灌浆，在断裂处经聚氨酯灌浆进行固砂封闭后，基本上未再发生新的泄漏事故。

产生排洪涵洞断裂原因是基础的不均匀沉降和侧向位移所致。该处工程地质资料表明断裂地段是淤泥质亚黏土与基岩的过渡地段，且涵洞基础又置淤泥质亚黏土地基之上。

本次涵洞断裂事故造成了对木子沟及文峪河的严重污染，经济损失达450万元。

11.5 其他原因造成的溃坝事故

11.5.1 责任事故

2008年9月8日上午7时58分，山西省临汾市襄汾县新塔矿业有限公司980沟尾矿库发生溃坝事故，造成277人死亡、4人失踪、33人受伤，直接经济损失9619.2万元。

980沟尾矿库是1977年临钢公司为与年处理5万吨铁矿的简易小选厂相配套而建设，位于山西省临汾市襄汾县陶寺乡云合村980沟。1982年7月30日，尾矿库曾被洪水冲垮，临钢公司在原初期坝下游约150m处重建浆砌石初期坝。1988年，临钢公司决定停用980沟尾矿库，并进行了简单闭库处理，此时总坝高约36.4m。2000年，临钢公司拟重新启用980沟尾矿库，新建约7m高的黄土子坝，但基本未排放尾矿。2006年10月16日，980沟尾矿库土地使用权移交给襄汾县人民政府。

2007年9月，新塔公司擅自在停用的980沟尾矿库上筑坝放矿，尾矿堆坝的下游坡比为1∶1.3～1∶1.4。自2008年初以来，尾矿坝子坝脚多次出现渗水现象，新塔公司采取在子坝外坡用黄土贴坡的方法防止渗水并加大坝坡宽度，并用塑料膜铺于沉积滩面上，阻止尾矿水外渗，使库内水边线直逼坝前，无法形成干滩。事故发生前，尾矿坝总坝高约50.7m，总库容约36.8万立方米，储存尾砂约29.4万立方米。

山西省襄汾县新塔矿业公司“9.8”特别重大尾矿库溃坝事故是一起责任事故。

事故的直接原因是：新塔公司非法违规建设、生产，致使尾矿堆积坝坡过陡。同时，采用库内铺设塑料防水膜防止尾矿水下渗和黄土贴坡阻挡坝内水外渗等错误做法，导致坝体发生局部渗透破坏，引起处于极限状态的坝体失去平衡、整体滑动，造成溃坝。

事故的间接原因是：新塔公司无视国家法律法规，非法违规建设尾矿库并长期非法生产，安全生产管理混乱；山西省地方各级有关部门不依法履行职责，对新塔公司长期非法采矿、非法建设尾矿库、非法生产运营等问题监管不力，少数工作人员失职渎职、玩忽职守；山西省地方各级政府贯彻执行国家安全生产方针政策和法律法规不力，未依法履行职责，有关领导干部存在失职渎职、玩忽职守问题。

山西襄汾特大尾矿库事故为尾矿库的管理敲响一记警钟，国家发展改革、国土资源、环境保护等有关部门应进一步重视尾矿库事故灾害的危险性，加强有关尾矿库建设、运行、闭库监管等方面的政策研究，尽快落实尾矿库重大隐患整改专项资金；督促地方各级人民政府相关部门认真执行有关安全标准、规程，严格尾矿库准入条件，强化尾矿库的立项审批、监督检查和运行管理；完善联合执法机制，严厉打击各类非法采矿、违法建设和违法生产活动。

11.5.2　因地震液化而发生的溃坝

(1) 智利白拉奥诺尾矿坝　1928 年 10 月因附近发生持续 1min 40s 强地震，导致尾矿坝液化，流失尾矿达 400 多万立方米，伤亡 54 人。

(2) 智利埃尔、得布雷等 12 座尾矿坝　12 座尾矿坝坝高 5～35m、坡度 1∶1.43～1∶1.75，其中有一座坝高 15m、坡度 1∶3.37。这些坝的共同特点是坝坡过陡，尾砂过细（−200μm粒级占 90%），浸润线较高。1965 年 3 月 28 日，圣地亚哥以北 140km 处，发生 7.25 级强地震，12 座尾矿库尾矿坝瞬间液化溃坝，其中尾矿流失最多的达 $1.9\times10^6 m^3$。失事时尾矿浆冲出决口到对面山坡上，水头高达 8m 以上，短时间内泥浆流下泄 12km，造成 270 人死亡。此次事故是世界尾矿史上最严重的一次灾难性事故。

(3) 白灰埝渣库　天津碱厂白灰埝渣库因 1976 年 7 月 28 日唐山丰南大地震（震级为 7.8 级强度）而发生坝体液化溃决。

(4) 美国加费尔选厂尾矿坝　加费尔选厂尾矿坝，于 1942 年 2 月，因地震导致尾矿坝体液化、产生弧状大滑动而失事。

11.5.3　因坝基沉陷发生的事故

(1) 西华山尾矿库　该库位于江西省赣州地区大余县境内，隶属于西华山钨矿，于 20 世纪 60 年代发生坝体下沉达 1.8m，坝外坡局部滑动，下部隆起。所幸下游坡脚处有一天然台阻挡，而未溃坝失事。究其产生原因是该处坝基下部淤泥层厚较大，施工时未予全部清除。坝体筑在其上，因坝基承载不足导致坝体局部下沉，致使边坡滑动。

(2) 郑州铝厂灰渣库　该库位于郑州铝厂西南 2.5km，上下游均为铝厂赤泥库，用于堆存电厂排出的灰渣。随着库水位逐年升高，在该库西侧垭口处以赤泥采用池填法堆筑副坝，其坝基坐落于湿陷性黄土地基上。由于库内排水钢管结垢排水能力降低，水位上升很快，加之事故前连续降雨，1989 年 2 月 25 日，致使副坝处黄土地基失稳塌陷发生溃决，近 $3\times10^5 m^3$ 塌陷黄土、灰渣及水直冲而下，冲毁下游专线铁路和道路，死亡 2 人。

11.5.4　因非法开采造成的事故

庙岭沟铁矿尾矿库已闭库，2006 年 4 月 23 日因临近露天采场违章作业，破坏了尾矿库尾部的副坝稳定性，发生溃坝，死亡 2 人，失踪 4 人。

11.6　事故教训及对策

根据尾矿库失事的直接原因分析，尾矿库事故可以归纳为三种类型：洪水及排水系统引起的事故、坝体及坝基失稳的事故、周边环境不利因素引起的事故。对各类事故的因素和对策概括如下。

(1) 洪水及排水系统引起事故的因素及对策

① 防洪设防标准低于现行标准，造成尾矿库防洪能力不足，发生洪水漫顶溃坝。避免措施如下。

a. 按现行防洪标准进行复核，当设计的防洪标准不足时，应重新进行洪水计算及调洪演算。

b. 经计算确认尾矿库防洪能力不足时，应采取增大调洪库容或扩大排洪设施排洪能力的措施。

② 洪水计算依据不充分，洪峰流量和洪水总量计算结果偏低。避免措施如下。

a. 应用当地最新版本水文手册中的小流域或特小流域参数进行洪水计算及调洪演算。

b. 采用多种方法计算，经对比分析论证，确定应采用值，一般应取高值。

③ 尾矿库调洪能力或排洪能力不足，安全超高和干滩长度不能满足要求，造成溃坝。避免措施：可采取增大调洪库容或扩大排洪设施排洪能力的措施，必要时，可增建排洪设施。

④ 排洪设施结构原因和阻塞造成尾矿库减少或丧失排洪能力。避免措施如下。

a. 对因地基问题引起排洪设施倾斜、沉陷断裂和裂缝的，应及时进行加固处理，必要时，可新建排洪设施；对地基情况不明的，禁止盲目设计。

b. 对因施工质量问题或运行中各种不利因素引起排洪设施损坏（如混凝土剥落、裂缝漏沙、沙石磨蚀、钢筋外露等）应及时进行修补、加固等处理。

c. 对排洪设施堵塞的，应及时检查、疏通。

d. 对停用的排水井，应按设计要求进行严格封堵。

⑤ 子坝挡水无效，溃坝。避免措施如下。

a. 生产上应在汛前通过调洪演算，采取加大排水能力等措施达到防洪要求，严禁子坝挡水。

b. 必要时，可增大尾矿子坝坝顶宽度，使其达到最高洪水位时能满足设计规定的最小安全滩长和安全超高要求。

(2) 坝体及坝基失稳事故的因素及对策

① 基础情况不明或处理不当引起坝体沉陷、滑坡。避免措施如下。

a. 查明坝基工程地质及水文地质条件，精心设计。

b. 及时进行加固处理。

② 坝体抗剪强度低，边坡过陡，抗滑稳定性不足。避免措施如下。

a. 上部削坡，下部压坡，放缓坡比。

b. 压坡加固。

c. 碎石桩、振冲等加固处理，提高坝体密度和抗剪强度。

③ 坝体浸润线过高，抗滑稳定性不足。避免措施如下。

a. 设计上采用透水型初期坝或具有排渗层的其他形式初期坝，尾矿堆积坝内预设排渗设施。

b. 生产上可增设排渗降水设施，如垂直水平排渗井、辐射排水井等。

c. 降低库内水位，增加干滩长度。

④ 坝面沼泽化、管涌、流土等渗流破坏。避免措施如下。

a. 增设排渗降水设施。

b. 采用反滤层并压坡处理。

⑤ 振动液化。避免措施如下。

a. 设计上应进行专门试验研究，采取可行措施。

b. 降低浸润线。

c. 废石压坡，增加压重。

d. 加密坝体，提高相对密度。

(3) 周边环境引起事故的因素及对策

① 非法采掘，引起地质灾害，导致尾矿库事故。避免措施如下。

a. 尾矿库建设中应查明周边地质条件，对不良地质现象应采取必要的治理措施。

b. 采取有效措施杜绝尾矿库周边非法采掘。

c. 加强巡视，发现异常，及时查明原因，采取措施，防治地质灾害发生。

② 周边非法采矿企业向库内排放尾矿，占据尾矿库调洪库容。避免措施如下。

a. 政府有关部门应坚决取缔非法采矿作业。

b. 必要时采取加高坝体等工程措施，增加尾矿库调洪库容，满足尾矿库防洪要求。

③ 在尾矿坝上和库内进行乱采滥挖，破坏坝体和排洪设施。避免措施如下。

a. 严禁非法作业。

b. 及时巡视并修复尾矿库安全设施。

这里需要强调指出，任何一起尾矿库事故，都离不开人为因素的主导作用，事在人为，只要在尾矿库建设、运行、闭库和闭矿后再利用全过程中，勘察、设计、施工、评价、生产企业、政府监管等有关单位和人员增强安全意识，认真贯彻“安全第一，预防为主，综合治理”的方针，按照国家法律、法规、标准、规范等要求和规定，各负其责，尽职尽责，尾矿库事故是完全可以避免的。

附录　尾矿库建设与管理相关法规和技术规范

一、相关法律、法规及有关规定

1.《中华人民共和国安全生产法》(2002.11.01)

2.《中华人民共和国劳动法》(1995.01.01)

3.《中华人民共和国矿山安全法》(1993.5.01)

4.《中华人民共和国环境保护法》(1989.12.26)

5.《中华人民共和国水污染防治法》(1996.05.01)

6.《中华人民共和国固体废物污染环境防治法》(1996.04.01)

7.《中华人民共和国职业病防治法》(2002.05.01)

8.《中华人民共和国水土保持法》(1993.8)

9.《土地复垦条例》(中华人民共和国国务院令第 592 号，2011.03.05)

10.《尾矿库安全监督管理规定》(国家安监总局 38 号令，2011.07.01)

11.《关于开展重大危险源监督管理工作的指导意见》(安监管协调字 [2004] 56 号)

12.《建设项目安全设施“三同时”监督管理暂行办法》(国家安全生产监督管理总局令第 36 号，2011.02.01)

13.《非煤矿矿山企业安全生产许可证实施办法》(国家安全生产监督管理总局第 20 号令，2009.06.08)

二、技术标准、规范

1.《尾矿库安全技术规程》(AQ 2006—2005)

2.《尾矿设施施工及验收规程》(YS 5418—95)

3.《金属非金属矿山安全标准化规范尾矿库实施指南》AQ 2007.4—2006)

4.《选矿厂尾矿设施设计规范》(ZBJ 1—90)

5.《尾矿库安全监测技术规范》(AQ 2030—2010)

6.《一般工业固体废物贮存、处置场污染控制标准》(GB 18599—2001)

7.《铜、镍、钴工业污染物排放标准》(GB 25467—2010)

8.《防洪标准》(GB 50201—94)

9.《中国地震动参数区划图》(GB 18306—2001)

10.《水工建筑物抗震设计规范》(DL 5073—2000)

11.《构筑物抗震设计规范》(GB 50191—93)

12.《建筑抗震设计规范》(GB 50011—2001)

13.《中国地震动峰值加速度区划图》(GB 183006—2001)

14.《砌石坝设计规范》(SL 25—2006)

15.《碾压式土石坝设计规范》(SL 274—2001)

16.《碾压式土石坝施工技术规范》(DL/T 5129—2001)

17.《给水排水工程构筑物结构设计规范》(GB 50069—2002)

18.《水工混凝土结构设计规范》(SL/T 191—1996)
19.《溢洪道设计规范》(SL 253—2000)
20.《水工隧洞设计规范》(SL 279—2002)
21.《土工合成材料应用技术规范》(GB 50290—1998)
22.《安全评价通则》(AQ 8001—2007)
23.《安全预评价导则》(AQ 8002—2007)
24.《安全验收评价导则》(AQ 8003—2007)
25.《金属非金属矿山安全规程》(GB 16423—2006)
26.《工业企业总平面设计规范》(GB 50187—93)
27.《厂矿道路设计规范》(GBJ 22—87)
28.《矿山电力设计规范》(GB 50070—2009)
29.《建筑边坡工程技术规范》(GB 50330—2002)
30.《生产过程安全卫生要求总则》(GB/T 12801—2008)
31.《企业职工伤亡事故分类》(GB 6441—86)
32.《污水综合排放标准》(GB 8978—1996)
33.《大气污染物综合排放标准》(GB 16297—1996)
34.《矿山安全标志》(GB 14161—2008)
35.《安全标志及其使用导则》(GB 2894—2008)
36.《工业企业设计卫生标准》(GBZ 1—2007)
37.《工作场所有害因素职业接触限值》(GBZ 2.1—2007)
38.《工作场所有害因素职业接触限值》(GBZ 2.2—2007)
39.《作业场所空气中呼吸性岩尘接触浓度管理标准》(AQ 4203—2008)
40.《开发建设项目水土保持方案技术规范》(SL 204—1998)

参 考 文 献

[1] 吕宪俊，连民杰. 金属矿山尾矿处理技术进展 [J]. 金属矿山，2005，8：1-4.

[2] 《选矿手册》编辑委员会. 选矿手册（第四卷）[M]. 北京：冶金工业出版社，1991.

[3] 张礼学. 尾矿干式排放的安全管理 [J]. 劳动保护，2010，2：107-109.

[4] 范向伟. 尾矿干式堆存工艺的研究与实践 [J]. 现代矿业，2010，11（增刊）：139-140.

[5] 付永祥. 大型山谷型尾矿干堆场设计理念与实例 [J]. 金属矿山，2009，10：1-4.

[6] 龙涛，谢源等. 塌陷区尾砂干式排放综合工艺技术研究 [J]. 有色金属（矿山部分），2007，59（6）：41-44.

[7] 田文旗，薛剑光. 尾矿库安全技术与管理 [M]. 北京：煤炭工业出版社，2006.

[8] 《尾矿设施设计参考资料》编写组. 尾矿设施设计参考资料 [M]. 北京：冶金工业出版社，1980.

[9] 《中国有色金属尾矿库概论》编辑委员会. 中国有色金属尾矿库概论 [M]. 北京：中国有色金属工业出版社，1992.

[10] 金有生. 尾矿库建设、生产运行、闭库与再利用、安全检查与评价、病案治理及安全监督管理实务全书 [M]. 北京：中国煤炭出版社，2005.

[11] 安监总管一 [2009] 68 号. 国家安全监管总局关于山西省襄汾县新塔矿业公司“9.8”特别重大尾矿库溃坝事故结案的通知 [Z].

[12] 陈仲颐，周景星，王洪瑾. 土力学 [M]. 北京：清华大学出版社，1994.

[13] 李大美，杨小亭. 水力学 [M]. 武汉：武汉大学出版社，2004.

[14] 詹道江，徐向阳，陈元芳. 工程水文学. 第 4 版 [M]. 北京：水利水电出版社，2010.

[15] 李廉锟. 结构力学 [M]. 第 5 版. 北京：高等教育出版社，2010.

[16] 顾淦臣，沈长松，岑威钧. 土石坝地震工程学 [M]. 北京：中国水利水电出版社，2009.

[17] 徐宏达. 我国尾矿库病害事故统计分析 [J]. 工业建筑，2001，31（1）：69-71.

[18] 赵志仁. 大坝安全监测设计 [M]. 郑州：黄河水利出版社，2003.

[19] 吴中如. 水工建筑物安全监控理论及其应用 [M]. 北京：高等教育出版社，2003.